智能节电技术

周梦公 编著

北京

冶金工业出版社

2016

内 容 提 要

本书分为上、下两篇，共14章。上篇为用电系统智能节电技术，其中第1章阐述用电设备与用电负荷及其特性优化；第2~5章主要介绍电力传动设备、电加热设备、电化学工业设备、电气照明设备的智能节电技术；第6章和第7章介绍电能平衡管理、产品电耗定额管理；第8章介绍工业企业管理信息系统与能源管理系统。下篇为输配电、发电系统智能节电技术，其中第9章介绍电力需求侧管理与智能电网；第10~12章介绍降低供电线损、无功功率的合理补偿、电能质量的改善；第13章介绍分布式发电与能源系统优化利用技术；第14章介绍电力企业管理信息系统。本书可供从事电力科研、设计、运行的科技人员阅读，也可供高等院校电气工程及自动化专业的师生参考。

图书在版编目(CIP)数据

智能节电技术/周梦公编著 . —北京：冶金工业
出版社，2016.7
ISBN 978-7-5024-7253-5

Ⅰ.①智… Ⅱ.①周… Ⅲ.①节电—智能技术
Ⅳ.①TM92

中国版本图书馆 CIP 数据核字(2016)第 143704 号

出 版 人　谭学余
地　　址　北京市东城区嵩祝院北巷 39 号　邮编　100009　电话　(010)64027926
网　　址　www.cnmip.com.cn　电子信箱　yjcbs@cnmip.com.cn
责任编辑　戈　兰　陈慰萍　美术编辑　彭子赫　版式设计　孙跃红
责任校对　石　静　责任印制　李玉山
ISBN 978-7-5024-7253-5
冶金工业出版社出版发行；各地新华书店经销；三河市双峰印刷装订有限公司印刷
2016 年 7 月第 1 版，2016 年 7 月第 1 次印刷
787mm×1092mm　1/16；25 印张；604 千字；384 页
96.00 元
冶金工业出版社　投稿电话　(010)64027932　投稿信箱　tougao@cnmip.com.cn
冶金工业出版社营销中心　电话　(010)64044283　传真　(010)64027893
冶金书店　地址　北京市东四西大街 46 号(100010)　电话　(010)65289081(兼传真)
冶金工业出版社天猫旗舰店　yjgycbs.tmall.com
(本书如有印装质量问题，本社营销中心负责退换)

前　言

节能减排，是可持续发展的永恒主题。140多年来，节电按其发展历程，已由传统的单体设备节电、系统节电阶段，进入智能节电新阶段。

本书是拙作《工厂系统节电与节电工程》的升级版。值此大众创业、万众创新，共圆中华民族伟大复兴中国梦的时代，作为一名参加过"一五"计划的建设者，有幸在"十三五"开局之年出版本书。本书在传统的单体设备节电、系统节电的基础上，探讨智能节电的内涵，并由此导出智能节电的概念。研究表明，历经半个多世纪的发展，智能节电的内涵已在实践中逐渐形成，是由系统节电、合理用电、经济用电、分布式能源与能源系统优化利用、电力供需企业管理信息化等五个方面的要素组成。为实现电力系统智能节电内涵五大要素所需采取的智能化节电措施和方法，就称为智能节电技术。也就是说，智能节电技术是由系统节电技术、合理用电技术、经济用电技术、分布式能源与能源系统优化利用技术、基于互联网的电力供需企业管理信息化技术等五大现代节电技术组成。据此，可以进一步导出智能节电的基本概念：所谓智能节电，就是通过依托五大智能节电技术，借助基于互联网的电力供需企业管理信息化技术，为电力系统及其发电、供电、用电等各个环节提供智能平台和节能减排解决方案，实现高效、低耗、优质、少排，走智能制造、绿色制造之路。

本书分为上、下两篇，共14章。上篇为用电系统智能节电技术，其中第1章阐述用电设备与用电负荷及其特性优化；第2~5章主要介绍电力传动设备、电加热设备、电化学工业设备、电气照明设备的智能节电技术；第6、7章介绍电能平衡管理、产品电耗定额管理；第8章介绍工业企业管理信息系统与能源管理系统。下篇为输配电、发电系统智能节电技术，其中第9章介绍电力需求侧管理与智能电网；第10~12章介绍降低供电线损、无功功率的合理补偿、电能质量的改善；第 13 章介绍分布式发电与能源系统优化利用技术；第 14 章介绍电力企业管理信息系统。

　　本书引用了部分节电事业理论和实践先行者撰写的著作（见书末所列参考文献）中的部分内容，在此谨向有关作者表示由衷的感谢，衷心感谢冶金工业出版社的大力支持和帮助，感谢周红对本书的全部原稿的录入，感谢朱湘蝶、周梅占、高韬、施建平在经济、标准的收集等方面的大力支持和帮助。

　　由于本人水平所限，且涉及技术领域较广，题目较大，书中不妥之处，望广大读者批评指正。

周梦公

2016 年 1 月

目　录

绪论 ……………………………………………………………………… 1

0.1 节电与节电技术的发展历程 ……………………………………… 1

0.1.1 单体设备节电 ………………………………………………… 1

0.1.2 系统节电 ……………………………………………………… 1

0.1.3 智能节电 ……………………………………………………… 2

0.2 智能节电技术 ……………………………………………………… 3

0.2.1 系统节电技术 ………………………………………………… 3

0.2.2 合理用电技术 ………………………………………………… 4

0.2.3 经济用电技术 ………………………………………………… 5

0.2.4 分布式能源与能源系统优化利用技术 ……………………… 6

0.2.5 电力供需企业管理信息化技术 ……………………………… 6

0.2.6 智能节电技术 ………………………………………………… 8

0.3 智能节电技术的展望 ……………………………………………… 8

0.3.1 智能节电的哲学基础与互联网是智能节电的利器 ………… 8

0.3.2 "互联网＋"智能节电与五大智能节电技术的深化创新发展 ……… 9

上篇　用电系统智能节电技术

第1章　用电设备、用电负荷及其特性优化 ……………………… 11

1.1 用电设备的分类 ………………………………………………… 11

1.2 用电负荷的分类 ………………………………………………… 12

1.2.1 电力负荷分类 ………………………………………………… 12

1.2.2 用电负荷分类 ………………………………………………… 12

1.2.3 用电负荷构成 ………………………………………………… 12

1.3 用电负荷特性 …………………………………………………… 13

1.3.1 负荷曲线 ……………………………………………………… 13

1.3.2 负荷率 ………………………………………………………… 15

1.3.3 不同行业的用电负荷特性 …………………………………… 16

1.3.4 工业用电负荷特性 …………………………………………… 16

1.3.5 影响用电负荷特性的主要因素 ……………………………… 19

1.3.6 用电负荷特性对电力系统的影响 …………………………… 20

1.4　用电负荷特性的优化 ………………………………………………… 20
　　1.4.1　优化负荷特性的意义 ……………………………………………… 20
　　1.4.2　优化负荷特性的措施 ……………………………………………… 22

第2章　电力传动设备的智能节电技术 …………………………………… 24

2.1　电力传动设备 ………………………………………………………… 24
2.2　三相异步电动机节电技术概述 ……………………………………… 24
　　2.2.1　电动机的节电技术 …………………………………………………… 24
　　2.2.2　电动机的损耗 ………………………………………………………… 24
　　2.2.3　电动机的主要运行参数及其效率、功率因数曲线 ……………… 26
2.3　三相异步电动机的合理选择 ………………………………………… 28
　　2.3.1　电动机的选择 ………………………………………………………… 28
　　2.3.2　高效三相异步电动机及其选用 …………………………………… 29
2.4　三相异步电动机的经济运行 ………………………………………… 30
　　2.4.1　电动机的软起动节能技术 ………………………………………… 30
　　2.4.2　电动机的调速节能技术 …………………………………………… 37
　　2.4.3　电力传动的计算机控制系统 ……………………………………… 40
2.5　电动机的经济运行管理 ……………………………………………… 42
　　2.5.1　电动机运行档案的建立 …………………………………………… 42
　　2.5.2　电动机设备的运行监视 …………………………………………… 42
　　2.5.3　电动机的检查与维护 ……………………………………………… 43
　　2.5.4　数据记录与整理分析 ……………………………………………… 43
2.6　泵系统的节电技术 …………………………………………………… 43
　　2.6.1　泵系统节电技术概述 ……………………………………………… 43
　　2.6.2　泵系统的合理选择 ………………………………………………… 48
　　2.6.3　泵系统的经济运行 ………………………………………………… 49
　　2.6.4　非经济运行泵系统的技术改造 …………………………………… 50
　　2.6.5　泵系统的经济运行管理 …………………………………………… 51
2.7　风机系统的节电技术 ………………………………………………… 52
　　2.7.1　风机系统节电技术概述 …………………………………………… 52
　　2.7.2　风机系统的合理选择 ……………………………………………… 57
　　2.7.3　风机系统的经济运行 ……………………………………………… 61
　　2.7.4　非经济运行风机系统的技术改造 ………………………………… 63
　　2.7.5　风机系统的经济运行管理 ………………………………………… 64

第3章　电加热设备的智能节电技术 ……………………………………… 65

3.1　电加热及其设备 ……………………………………………………… 65
3.2　炼钢电弧炉概述 ……………………………………………………… 65
　　3.2.1　电弧炉炼钢工艺过程 ……………………………………………… 65

3.2.2　炼钢电弧炉的电气性能参数 ……………………………… 67

3.2.3　炼钢电弧炉的热平衡 …………………………………………… 76

3.2.4　炼钢电弧炉的技术经济指标曲线 ………………………… 79

3.2.5　炼钢电弧炉的节电技术 ……………………………………… 80

3.3　炼钢电弧炉的合理选择 …………………………………………… 80

3.3.1　电弧炉与变压器容量的合理匹配 ………………………… 80

3.3.2　电弧炉变压器的二次电压 …………………………………… 81

3.4　炼钢电弧炉的经济运行及其管理 ……………………………… 81

3.4.1　减少输入电能的措施 ………………………………………… 81

3.4.2　减少有用热的措施 …………………………………………… 81

3.4.3　减少电损失的措施 …………………………………………… 81

3.4.4　减少热损失的措施 …………………………………………… 82

3.4.5　缩短单位冶炼时间的措施 …………………………………… 82

3.4.6　电弧炉在合理用电制度下的运行 ………………………… 83

3.4.7　对现有炉子的技术改造 ……………………………………… 89

3.4.8　炼钢电弧炉的经济运行管理 ………………………………… 89

3.5　直流电弧炉的节电技术 …………………………………………… 89

3.5.1　直流电弧炉的供电系统 ……………………………………… 89

3.5.2　直流电弧炉的合理用电制度 ………………………………… 92

3.6　电焊机的节电技术 ………………………………………………… 93

3.6.1　电焊机概述 …………………………………………………… 93

3.6.2　电焊机的选择 ………………………………………………… 94

3.6.3　电焊机的经济运行及其管理 ………………………………… 96

3.7　空调设备的节电技术 ……………………………………………… 98

3.7.1　空调设备节电技术概述 ……………………………………… 98

3.7.2　空调设备的选择 ……………………………………………… 101

3.7.3　空调设备的经济运行 ………………………………………… 101

3.7.4　空调设备的经济运行管理 …………………………………… 103

第4章　电化学工业设备的智能节电技术 ……………………………… 104

4.1　电化学工业及其设备 ……………………………………………… 104

4.2　铝电解生产概述 …………………………………………………… 105

4.2.1　铝电解生产过程 ……………………………………………… 105

4.2.2　铝电解槽的性能参数 ………………………………………… 109

4.2.3　铝电解槽的能量平衡（热平衡） …………………………… 114

4.2.4　铝电解槽的物理场 …………………………………………… 115

4.3　铝电解槽的节电技术 ……………………………………………… 116

4.3.1　铝电解槽的节电技术概述 …………………………………… 116

4.3.2　合理选择铝电解槽的供电与整流 ………………………… 117

4.3.3　铝电解槽的经济运行 ……………………………………………… 119
4.3.4　铝电解槽的经济运行管理 …………………………………………… 126
4.4　氯碱电解槽的节电技术 …………………………………………………… 126
4.4.1　氯碱电解生产概述 …………………………………………………… 126
4.4.2　氯碱电解槽的性能参数 ……………………………………………… 128
4.4.3　氯碱电解槽的节电措施 ……………………………………………… 130

第5章　电气照明设备的智能节电技术 ……………………………………… 132

5.1　电气照明设备节电概述 …………………………………………………… 132
5.1.1　电气照明的主要技术特性参数 ……………………………………… 132
5.1.2　电气照明设备 ………………………………………………………… 132
5.1.3　电气照明设备的节电措施 …………………………………………… 133
5.2　电气照明的设计 …………………………………………………………… 133
5.2.1　照明方式的选择 ……………………………………………………… 133
5.2.2　高效光源和灯具的选择 ……………………………………………… 134
5.2.3　照度的选择 …………………………………………………………… 135
5.2.4　照明电压的选择 ……………………………………………………… 135
5.2.5　照明供配电和控制方式的选择 ……………………………………… 135
5.2.6　导线截面的选择 ……………………………………………………… 136
5.3　电气照明设备的经济运行及其管理 ……………………………………… 137
5.3.1　影响电气照明设备经济运行的因素 ………………………………… 137
5.3.2　保证电气照明设备经济运行的措施 ………………………………… 138
5.3.3　电气照明设备的经济运行管理 ……………………………………… 140
5.4　绿色照明工程的实施 ……………………………………………………… 140
5.4.1　绿色照明概述 ………………………………………………………… 140
5.4.2　高效照明设备的开发与应用 ………………………………………… 141
5.4.3　合理的照明设计 ……………………………………………………… 144
5.4.4　照明节能管理 ………………………………………………………… 146

第6章　电能平衡管理 ………………………………………………………… 147

6.1　电能平衡概述 ……………………………………………………………… 147
6.1.1　电能平衡 ……………………………………………………………… 147
6.1.2　电能利用率 …………………………………………………………… 149
6.1.3　电能分布图 …………………………………………………………… 149
6.2　供配电设备电能利用率测定计算 ………………………………………… 150
6.2.1　配电线路电能利用率测算 …………………………………………… 150
6.2.2　变压器电能利用率测算 ……………………………………………… 152
6.3　用电设备电能利用率测定计算 …………………………………………… 153
6.3.1　电力传动设备电能利用率测算 ……………………………………… 153
6.3.2　电加热设备电能利用率测算 ………………………………………… 160

6.3.3　电化学设备电能利用率测算 …………………………………… 161

6.3.4　电气照明设备电能利用率测算 ………………………………… 163

第7章　产品电耗定额管理 ……………………………………………… 164

7.1　电耗定额概述 ………………………………………………………… 164

7.1.1　电耗和电耗定额 …………………………………………………… 164

7.1.2　电耗定额的分类 …………………………………………………… 164

7.1.3　电耗定额计算范围 ………………………………………………… 165

7.2　电耗定额制定 ………………………………………………………… 168

7.2.1　电耗定额制定的原则 ……………………………………………… 168

7.2.2　电耗定额制定前的准备工作 ……………………………………… 168

7.2.3　制定电耗定额的方法 ……………………………………………… 168

7.2.4　电耗定额的计算 …………………………………………………… 170

7.3　电耗定额管理 ………………………………………………………… 172

7.3.1　加强电耗定额管理的意义 ………………………………………… 172

7.3.2　电耗定额的管理 …………………………………………………… 173

第8章　工业企业管理信息系统与能源管理系统 ……………………… 174

8.1　工业企业管理信息系统 ……………………………………………… 174

8.1.1　工业企业管理信息系统的发展趋势 ……………………………… 174

8.1.2　工业企业管理信息系统结构 ……………………………………… 175

8.2　能源管理系统 ………………………………………………………… 177

8.2.1　能源管理系统简介 ………………………………………………… 177

8.2.2　能源管理系统的构成 ……………………………………………… 177

8.2.3　能源管理系统的功能结构 ………………………………………… 178

8.2.4　能源管理系统电力部分的功能 …………………………………… 181

下篇　输配电、发电系统智能节电技术

第9章　电力需求侧管理与智能电网 …………………………………… 195

9.1　电力需求侧管理 ……………………………………………………… 195

9.1.1　电力需求侧管理基本概念 ………………………………………… 195

9.1.2　电力需求侧管理实施手段 ………………………………………… 196

9.1.3　电力需求侧管理的运作机制 ……………………………………… 198

9.2　智能电网 ……………………………………………………………… 202

9.2.1　智能电网基本概念 ………………………………………………… 202

9.2.2　智能电网与节能一体化技术 ……………………………………… 203

9.2.3　智能电网与物联网 ………………………………………………… 213

9.2.4　智能电网与智能电力需求侧管理 ……………………………………… 215

9.3　智能电力需求侧管理技术支持系统 ………………………………………… 215

　　9.3.1　智能电力需求侧管理技术支持系统架构 ……………………………… 215

　　9.3.2　智能电力需求侧管理技术支持系统功能 ……………………………… 216

第 10 章　供电线损的降低 ……………………………………………………… 220

10.1　供电线损概述 ……………………………………………………………… 220

　　10.1.1　供电线损 ………………………………………………………………… 220

　　10.1.2　线损率 …………………………………………………………………… 222

　　10.1.3　降低供电线损的措施与供电系统的经济运行 ………………………… 223

10.2　线损的理论计算和降损分析 ……………………………………………… 223

　　10.2.1　电力网线损理论计算 …………………………………………………… 223

　　10.2.2　电力网线损理论计算的方法 …………………………………………… 224

　　10.2.3　线损分析 ………………………………………………………………… 224

　　10.2.4　电力网线损管理系统 …………………………………………………… 225

10.3　降低供电线损的技术措施 ………………………………………………… 227

　　10.3.1　影响供电线路损耗的因素及降损的技术措施 ………………………… 227

　　10.3.2　合理使用电力减少负荷功率的措施 …………………………………… 227

　　10.3.3　合理提高线路电压的措施 ……………………………………………… 229

　　10.3.4　提高负荷功率因数的措施 ……………………………………………… 230

　　10.3.5　减少线路电阻的措施 …………………………………………………… 231

　　10.3.6　合理网络结构与电网的优化运行 ……………………………………… 238

10.4　降低供电线损的管理措施 ………………………………………………… 246

第 11 章　无功功率的合理补偿 ………………………………………………… 248

11.1　无功补偿概述 ……………………………………………………………… 248

　　11.1.1　无功功率补偿与功率因数的提高 ……………………………………… 248

　　11.1.2　电力系统无功功率的平衡 ……………………………………………… 249

　　11.1.3　提高功率因数的措施 …………………………………………………… 249

11.2　异步电动机的综合经济运行 ……………………………………………… 250

　　11.2.1　异步电动机的综合经济运行计算与判定 ……………………………… 250

　　11.2.2　保证异步电动机综合经济运行的措施 ………………………………… 251

11.3　电力变压器的节电技术 …………………………………………………… 254

　　11.3.1　电力变压器节电技术概述 ……………………………………………… 254

　　11.3.2　电力变压器的合理选择 ………………………………………………… 258

　　11.3.3　电力变压器的经济运行 ………………………………………………… 260

　　11.3.4　电力变压器经济运行的管理 …………………………………………… 263

11.4　电力变流器的节电技术 …………………………………………………… 264

　　11.4.1　电力变流器概述 ………………………………………………………… 264

11.4.2　电力变流器的经济运行 ………………………………………………… 267

11.5　同步电动机补偿 ………………………………………………………………… 269

11.5.1　同步电动机补偿概述 ……………………………………………………… 269

11.5.2　同步电动机的补偿能力 …………………………………………………… 270

11.5.3　同步电动机的经济运行 …………………………………………………… 271

11.6　并联电容器补偿 ………………………………………………………………… 271

11.6.1　并联电容器补偿概述 ……………………………………………………… 271

11.6.2　确定并联电容器补偿容量的一般方法 …………………………………… 271

11.6.3　并联电容器的补偿方式 …………………………………………………… 273

11.6.4　并联电容器的接线方式和投切方式 ……………………………………… 275

11.6.5　并联电容器运行的管理 …………………………………………………… 276

11.7　并联补偿器补偿 ………………………………………………………………… 276

11.7.1　静止无功补偿器 …………………………………………………………… 276

11.7.2　晶闸管控制电抗器型静止无功补偿器 …………………………………… 278

11.7.3　晶闸管投切电容器型静止无功补偿器 …………………………………… 283

11.7.4　静止无功发生器和静止同步补偿器 ……………………………………… 284

第12章　电能质量的改善 …………………………………………………………… 286

12.1　电能质量概述 …………………………………………………………………… 286

12.1.1　电能质量的基本概念 ……………………………………………………… 286

12.1.2　电能质量控制技术 ………………………………………………………… 287

12.1.3　电能质量的改善措施 ……………………………………………………… 288

12.2　频率偏差及其调整措施 ………………………………………………………… 289

12.2.1　频率偏差限值 ……………………………………………………………… 289

12.2.2　频率偏差对电力系统的影响 ……………………………………………… 289

12.2.3　有功功率平衡与频率调整 ………………………………………………… 290

12.3　电压偏差及其调整措施 ………………………………………………………… 290

12.3.1　电压偏差及其限值 ………………………………………………………… 290

12.3.2　电压偏差对电力系统的影响 ……………………………………………… 291

12.3.3　无功功率平衡与电压调整 ………………………………………………… 293

12.3.4　电压无功管理 ……………………………………………………………… 296

12.4　电压波动与闪变及其改善措施 ………………………………………………… 298

12.4.1　电压波动与闪变概述 ……………………………………………………… 298

12.4.2　炼钢电弧炉引起的电压波动与闪变及其改善措施 ……………………… 300

12.4.3　电阻焊机引起的电压波动与闪变及其改善措施 ………………………… 302

12.4.4　电动机起动引起的电压变动与闪变及其改善措施 ……………………… 302

12.4.5　轧钢机引起的电压波动与闪变及其改善措施 …………………………… 303

12.5　谐波及其抑制措施 ……………………………………………………………… 304

12.5.1　谐波及其允许值 …………………………………………………………… 304

12.5.2　电力系统的谐波源 ·············· 307

12.5.3　谐波的危害 ·············· 308

12.5.4　谐波的抑制措施 ·············· 308

12.5.5　谐波管理 ·············· 315

12.6　三相电压不平衡及其改善措施 ·············· 316

12.6.1　三相电压不平衡及其限值 ·············· 316

12.6.2　三相不平衡的危害 ·············· 318

12.6.3　三相电压不平衡的改善措施 ·············· 322

第13章　分布式发电与能源系统优化利用技术 ·············· 326

13.1　分布式发电概述 ·············· 326

13.1.1　集中式发电与分布式发电 ·············· 326

13.1.2　发展分布式能源系统的重要意义 ·············· 327

13.1.3　分布式发电与智能能源网 ·············· 328

13.2　分布式能源系统发电技术 ·············· 328

13.2.1　基于燃用化石能源的分布式发电技术 ·············· 328

13.2.2　基于新能源和可再生能源的分布式发电技术 ·············· 329

13.2.3　基于能源的梯级利用与资源的综合利用发电技术 ·············· 333

13.3　储能 ·············· 336

13.3.1　储能技术的作用与储能形式的分类 ·············· 336

13.3.2　机械储能 ·············· 337

13.3.3　电磁储能 ·············· 337

13.3.4　电化学储能 ·············· 338

13.3.5　相变储能 ·············· 339

13.4　微电网 ·············· 340

13.4.1　分布式发电与微电网 ·············· 340

13.4.2　微电网的基本结构 ·············· 341

13.4.3　微电网的运行 ·············· 346

13.4.4　微电网的控制 ·············· 347

13.4.5　微电网的监控与能量管理及优化控制 ·············· 353

第14章　电力企业管理信息系统 ·············· 358

14.1　电力企业管理信息系统概述 ·············· 358

14.2　能量管理系统 ·············· 358

14.2.1　能量管理系统的技术发展 ·············· 359

14.2.2　能量管理系统总体结构 ·············· 359

14.2.3　能源管理系统的硬件结构 ·············· 359

14.2.4　能量管理系统的应用软件 ·············· 361

14.2.5　能量管理系统与其他系统的连接 ·············· 361

14.3　配电管理系统 ……………………………………………………… 361
　14.3.1　配电管理系统概述 …………………………………………… 361
　14.3.2　配电管理系统的组成与功能 ………………………………… 362
　14.3.3　配电管理系统与其他相关系统的互联 ……………………… 364
14.4　电力负荷管理系统及用电信息采集系统 ………………………… 365
　14.4.1　我国电力负荷管理系统的发展 ……………………………… 365
　14.4.2　电力负荷管理系统结构 ……………………………………… 365
　14.4.3　电力负荷管理系统功能 ……………………………………… 366
　14.4.4　用电信息采集系统的发展历程 ……………………………… 367
　14.4.5　用电信息采集系统架构 ……………………………………… 368
　14.4.6　用电信息采集系统功能 ……………………………………… 374
14.5　智能用电服务系统 ………………………………………………… 376
　14.5.1　智能用电服务系统概述 ……………………………………… 376
　14.5.2　互动服务平台 ………………………………………………… 376
　14.5.3　技术支持平台 ………………………………………………… 377
　14.5.4　信息共享平台 ………………………………………………… 382
　14.5.5　通信网络与安全防护 ………………………………………… 382

参考文献 ……………………………………………………………… 384

绪　论

0.1　节电与节电技术的发展历程

节能减排，是可持续发展的永恒主题。140 多年来，节电与节电技术按其发展历程，已由传统的单体设备节电与节电技术、系统节电与节电技术阶段进入到智能节电与节电技术的新阶段。

0.1.1　单体设备节电

电能的社会应用是从 1875 年法国巴黎北火车站用弧光灯照明开始的，但由于弧光灯亮度过强，只适用于广场照明。1877 年，美国人 T·爱迪生研制出炭素白炽灯后，以电为能源的照明才真正开始用于室内，并在社会上获得推广应用。在白炽灯获得社会推广应用的同时，一种"随手关灯"的节电行为在素朴的节约用电意识指引下随之出现。其后随着电能转换器具的发展及其技术进步，各种电气照明设备、电力传动设备、电加热设备、电化学设备不断涌现。基于电能极好的变换性能，电能通过上述设备可以很方便地转化为光能、机械能、热能和化学能，满足不同的工业生产需要，从而促进电能在工业各个部门获得广泛的应用。随着电能的广泛应用，进而出现了由于社会电力发展的不平衡，电能的发电、供电、用电需在瞬间同时完成，不能大量储存，以及各行业用电负荷时间特性不尽相同等原因导致电力供需矛盾。世界上多数国家在一定时期都曾发生过电力供应不足，为了缓解电力供应不足，提高电能使用效率，降低电能消耗，减少电费开支，降低生产成本，增强企业市场竞争能力，普遍的做法是：实行有限制的行政干预；对电力建设采取经济倾斜，加速电力工业发展；开展节约用电和应用节约用电技术。于是节约用电从"随手关灯"的简单行为逐渐发展到单体设备节电技术，如电气照明节电技术、电动机节电技术、变压器节电技术、风机水泵节电技术等。在对各种单体用电设备运用节电技术节约有功功率消耗的同时，减少无功功率需要量，如通过改善单体用电设备本身的性能提高自然功率因数，以及采用加装并联电容器人工提高功率因数的无功补偿等技术也得到发展。

0.1.2　系统节电

0.1.2.1　系统节能的提出

20 世纪 70 年代初，由于爆发世界性的能源危机，世界多数国家开始研究能源政策，节能问题被列为重要课题，节能和节能技术的开发应用由此得到普遍重视，节能和节能技术进入一个前所未有的大变革、大发展时期。工业发达国家为克服传统的单体设备节能的局部性，进一步深挖整体节能潜力，将系统工程的优化概念应用到节能领域，提出了多层次总能系统优化的概念，以提升综合能效，并由此演化产生系统节能的新概念。从而将传统的单体设备节能扩展到系统节能的新时期。80 年代初，我国鞍钢在相关院校和研究单位的配合下，积极研究应用系统节能，到 1986 年，鞍钢吨钢可比能耗已降到 898kg 标准煤，达到当时国家特等企业标准。1987 年 9 月，冶金部召开全国钢铁企业第五次节能工作会议，明确提出运用系统工程方法，把注重单体设备节能扩展到系统节能，指出这是深挖企业节能潜力的新途径。从此，系统节能在冶金部的支持与推动下在全国冶金企业全面展开，并在市场驱动下，通过 30 余年的实践，全流程、全系统、多能源介质统筹优化的系统节能已成为我国冶金行业有效保障节能减排的基本理念。2003 年宝钢利用系统节能技术、企业管理信息系统和能源管理系统技术，使吨钢综合能耗下降到 675kg 标准煤，低于韩国浦钢、日本新日铁等大型钢铁企业，达到世界先进水平，从而提高了宝钢国际竞争能力。

0.1.2.2　系统节电的提出与发展

节约电能是节约能源的重要组成部分。研究表明，受系统节能的影响，无论用电企业还是电力企业，在节电方面均是按相同的规律发展，即在实践中传统的单体设备节电向全过程、全系统两个方向扩展形成系统节电。具体的对于用电企业来说，一方面把节电和节电技术的开发应用横向贯穿于企业节能用电设备的设计制造、合理选择、优化用电、运行管理、技术改造的全过程；另一方面，把节电和节电技术的开发应用纵向贯穿于企业工艺用电系统、供配电系统和企业管理信息系统三个层次子系统构成的企业用电系统全系统，从而使企业节电减排获得整体最佳绩效。

这里需要指出的是，从单体设备节电向系统节电演进，是科学技术发展的必然，但不能因此误认为可以忽视单体设备节电的作用，相反应该强化单体设备节电。应遵循"单体做优系统最佳"的准则，只有这样才能实现电力系统整体节能减排的最佳绩效。

同时，对于电力企业来说，20 世纪 70 年代初爆发的世界性能源危机，促使作为重要能源生产行业的电力行业也从系统的角度进行反思，认识到与其从电力供应侧新建电厂增加发电，还不如在需求侧深挖节电潜力，减少或延缓电厂及电网建设更为经济合理，从而走向整合电力供需侧各种形式的节电资源，提高能源资源利用效率，有效减少资源消耗，实现供需资源协同优化整合的系统节电之路。在此思想指导下，1981 年由美国电力科学研究院（EPRI）提出了电力需求侧管理（DSM），它是在传统的电力负荷管理基础上向电力系统全系统扩展的能效管理、负荷管理活动。电力需求侧管理由于是一种先进的能效管理、负荷管理方法和长效的节电运作新机制，很快在数十个国家和地区得到广泛应用。研究表明，经过 30 余年的发展，电力需求侧管理实际上已在传统电力负荷管理以及单体设备节电的基础上，整合电力供需侧各种形式的节电资源，向电力系统全过程、全系统两个方向扩展成系统节电。即一方面把节电和节电技术的开发应用横向贯穿于电力系统供需企业节能用电设备的设计制造、合理选择、优化用电、运行管理、技术改造的全过程；另一方面把节电和节电技术的开发应用纵向贯穿于用电系统、输配电系统、发电系统和电力企业管理信息系统五个层次子系统构成的电力系统全系统，从而使电力系统节能减排可以获得整体最佳绩效。

0.1.3　智能节电

随着 20 世纪 60 年代我国电力供需企业开始信息化建设，特别是 21 世纪初现代信息通信技术的飞速发展以及智能电网的提出与建设，时至今日，电力供需侧已逐步建立起的电力供需企业管理信息化体系架构，推动系统节电进入智能节电的新阶段。电力供需企业管理信息化体系架构是把以计算机为基础的电力系统发电、输电、配电、用电等的全部环节，通过数字化信息网络进行系统集成，无缝链接，形成一个完整的基于互联网的电力供需企业管理信息化体系。电力供需企业管理信息系统也就成为电力系统智能节电技术支持系统。研究表明，历经半个多世纪的发展，智能节电的内涵是由以下五个方面的要素组成：

（1）系统节电。节电是系统工程，应从整体、全局考虑。系统节电就是落实电力系统节电作为一项系统工程，依托智能节电技术，借助电力供需企业管理信息化平台，推动各环节从广度和深度两个方面挖掘节能潜力，进行电力系统全过程、全系统系统节电，实现电力供需侧整体节能减排的最佳绩效目标。

（2）合理用电。合理用电就是从电量和电力利用的合理性出发，一方面对企业用电系统采用以电量平衡为基础的电能平衡管理技术，降低损失电量，提升电能利用效率来节约电量；另一方面对电力系统采用以电力供需平衡为基础的电力负荷管理技术，有效地降低电力峰荷需求或增加电力低谷需求，提高电力系统供电负荷率来节约电力，从而促使电量和电力得到充分、合理利用。

（3）经济用电。经济用电就是从电能利用的经济性出发，采用电耗定额管理的方法，或借助企业管理信息系统通过智能控制优化用电的方法，实现以最少的电能消耗生产出最多的优质产品。

（4）分布式能源与能源系统优化利用。分布式能源系统是一种全新的能源综合利用系统，它能够充分利用各种能源资源，实现能源利用效率与能效的最大化。分布式能源与能源系统优化利用，就是使用分布式能源与能源系统优化利用技术，实现能源梯级利用、资源综合利用及新兴能源综合优化利用，以提升资源、能源利用效率及促进新兴能源发展跃上新台阶。这里所说的新兴能源包括新能源、可再生能源、清洁能源和传统能源清洁利用。应用智能能源网解决各种新兴能源综合优化利用问题，也是当前智慧能源重要研究课题之一。

（5）电力供需企业管理信息化。基于互联网的电力供需企业管理信息系统由电力企业管理信息系统和用电企业管理信息系统两部分组成。完整的电力供需企业管理信息化体系架构也成为电力系统供需方智能节电技术支持系统。

0.2　智能节电技术

为实现电力系统智能节电内涵五大要素所需采取的智能化节电措施和方法称为智能节电技术。智能节电技术由系统节电技术、合理用电技术、经济用电技术、分布式能源与能源系统优化利用技术、基于互联网的电力供需企业管理信息化技术五大现代节电技术组成。

0.2.1　系统节电技术

经过50余年的发展，电力系统供需侧已从技术层面上建立起一整套如图0-1所示的电力系统系统节电技术体系结构。该体系结构为电力系统智能节电减排提供局部（各环节）及整体（系统）的解决方案。

由图0-1可见，电力系统系统节电技术由全过程和全系统节电技术组成。全过程节电

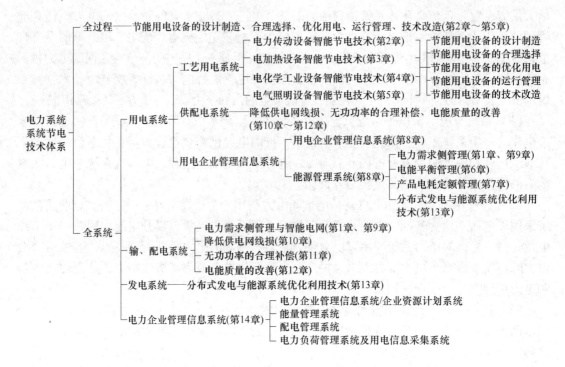

图 0-1　电力系统系统节电技术体系结构

技术包括企业节能设备的设计制造、合理选择、优化用电、运行管理、技术改造等技术。按照系统的观点，电力系统全系统具多层次结构，由用电系统，输、配电系统，发电系统以及电力企业管理信息系统五个层次子系统构成。

　　基于用电系统（以用电企业为例）的智能节电技术由工艺用电系统、供配电系统和用电企业管理信息系统三个层次子系统构成。因此，其工艺用电系统主要包括四类终端用电设备，如电力传动设备、电加热设备、电化学工业设备和电气照明设备的智能节电技术；供配电系统主要包括降低供电网线损、合理补偿无功功率和改善电能质量三项技术；用电企业管理信息系统则包括用电企业管理信息系统与能源管理系统两项技术，以及需要能源管理系统来处理的电力需求侧管理、电能平衡管理、产品电耗定额管理、分布式能源与能源系统优化利用技术等项功能。

　　输、配电系统智能节电技术主要包括电力需求侧管理与智能电网、降低供电网线损、合理补偿无功功率和改善电能质量，发电系统智能节电技术包括分布式能源与能源系统优化利用技术；电力企业管理信息系统包括电力企业管理信息系统/企业资源计划系统、能量管理系统、配电管理系统与负荷管理系统/用电信息采集系统。

0.2.2　合理用电技术

　　合理用电技术包括以电量平衡为基础的电能平衡管理技术和以电力供需平衡为基础的电力负荷管理技术。

　　在节电技术的发展过程中，一方面人们为定量地研究和降低用电系统内的损失电量，提高电能利用效率，使供给电量得到充分、合理的利用，根据能量守恒定律，建立起表示

用电系统内电能输入量和输出量之间关系的电能平衡方程式，即

$$供给电量 = 有效电量 - 损失电量$$

利用电能平衡方程式，可以定量分析系统内电能损耗各组成部分的分配状况，借以设法改善这种分配状况，并进而计算出电能利用效率。电能利用效率是表示用电系统内有效电量占供给电量的百分数。它是考核用电系统耗能水平与衡量电能合理利用程度的一项综合指标。

另一方面，基于电能生产存在着发电、供电、用电三者是瞬间同步完成不能大量储存的特点，因此，必须设法使电力供需平衡，均衡用电，提高负荷率，使系统电力得到充分、合理的利用。电力需求侧在时序上的不均衡分布表明电力供需不平衡，负荷曲线出现峰和谷，而峰、谷悬殊的程度可以用负荷率来表示。负荷率是指系统在一定时间内的平均负荷与最大负荷之比的百分数。负荷率是反映系统发电、供电、用电设备是否充分利用和均衡用电的一项重要指标。

为了反映供给电量和电力在系统内得到充分、合理利用这一用电特征，引出了合理用电的概念。所谓合理用电，就是从电量和电力利用的合理性出发，对企业用电系统内采用以电量平衡为基础的电能平衡管理技术，不断采取相应的合理化措施，调整、改进系统内有效电量占供给电量的百分数，降低损失电量，提升电能利用效率，减少电量消耗；另外，对电力系统采用以电力供需平衡为基础的电力负荷管理技术，调整负荷，均衡用电，提高负荷率，降低电力需求，使电量和电力得到充分、合理利用。为达到系统合理用电的目的所采取的合理化措施和方法，称为合理用电技术。

合理用电技术的组成与 0.2.3 节经济用电技术的组成基本相同，实为使用同一套系统节电技术达到合理用电和经济用电的双重功效。

为加强企业用电管理，促进企业合理用电，我国制定了一系列合理用电标准，如《评价企业合理用电导则》（GB/T 3485—1998）、《三相异步电动机经济运行》（GB/T 12497—2006）等。

0.2.3　经济用电技术

企业要获得最大的利润，就必须降低生产成本，尽可能以最少的电能消耗生产出最多的优质产品。经济用电是降低生产成本获取最大利润的重要手段。

在经济用电技术的发展过程中，为定量地反映企业以最少的电能消耗生产出最多的优质产品，降低单位产品（产值）电耗，使每千瓦小时电能发挥出最大经济效益的这一用电特征，引出经济用电的概念。所谓经济用电，就是从电能利用的经济性角度出发，采用电耗定额管理的方法，即以单位产品电耗和电耗定额为基础依据，比较单位产品电耗与预定的、先进的电耗定额之间的差距，找出单位产品电耗产生差距的原因，进而采取优化措施，协调好产量与耗电量两大因素之间的关系，提高产量及降低耗电量，最大限度地降低产品单耗，实现以最少的电能消耗生产出最多的优质产品。为达到企业用电系统经济用电所采取的优化措施和方法，称为经济用电技术。

我国为科学地制定产品电耗定额，促进降低产品单耗，特颁发了《产品电耗定额制定和管理导则》（GB/T 5623—2008）。

除运用产品电耗定额管理的方法实现企业经济用电外，同时在企业管理信息系统的生产控制系统通过对用电系统的工艺用电设备进行智能化控制优化用电，协调产品单耗与生产率之间的最佳关系，保障最大限度地降低其产品单耗和提高生产率，实现用电系统设备的经济用电。

0.2.4　分布式能源与能源系统优化利用技术

分布式能源系统的概念是 1978 年在美国开始得到提倡发展的。所谓分布式能源系统是指位于或临近负荷中心的能源梯级利用、资源综合利用和新能源和可再生能源的综合优化利用系统。由于其具有充分利用各种能源资源，提高能源利用效率，降低能源消耗量，减少化石能源对环境的污染，提高供电系统的稳定性、可靠性和电能质量等优点，而后被其他发达国家接受推广应用。

分布式能源系统为电力用户改变用能方式，进一步应用能源系统优化利用技术，充分利用各种能源资源，实现能源利用效率最大化和效能的最优化提供了可能。

0.2.5　电力供需企业管理信息化技术

如图 0-2 所示，电力供需企业管理信息化体系架构由电力供方的电力企业管理信息系统和电力需方的工业企业管理信息系统两部分组成。该架构把电力系统发电、输电、配电、用电的全部环节，通过计算机网络有机地集成在一起，形成一个完整的基于互联网的电力供需企业管理信息系统体系。该体系也成为电力系统供需方智能节电技术支持系统。

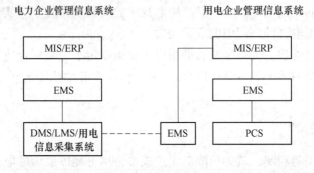

图 0-2　电力供需企业管理信息化体系架构

用电企业管理信息系统由生产过程控制系统（PCS）、制造执行系统（MES）和企业管理信息系统（MIS）或企业资源计划系统（ERP）三级系统集成而成，具有企业生产过程自动控制系统与企业管理信息系统相融合的管控一体化结构形式。用电企业可以通过该管理信息系统对生产过程实现采集、控制、优化、调度、管理和决策，达到增加生产、降低成本、提高产品质量、减少环境污染和降低消耗的目的，以提高企业经济效益和市场竞争能力。图 0-2 中，用电企业管理信息系统的 ERP 与其子系统能源管理系统（EMS）相连接。宝钢是我国第一个于 20 世纪 80 年代初设置 EMS 的钢铁企业。EMS 是一个集现场能源数据采集、处理和分析、控制和调度、能源管理为一体的管控一体化计算机网络系统。EMS 通过信息化技术与企业生产工艺能量过程和能源管理技术的融合，这种融合为企业建立起系统节能管理支撑平台，EMS 技术也就成为实现企业全流程、全系统、多能源介质综合优化的系统节能管控一体化的新技术。2009 年和 2010 年工信部和财政部发文支持冶金、化工、有色、建材等高耗能企业建设企业能源管理系统。当前，用电企业 EMS 已逐渐被不同行业所接受、推广，并将在我国推进企业系统节能减排工作中产生积极作用。

用电企业 EMS 还与电力负荷管理系统（LMS）或用电信息采集系统相连，以改变企业用电方式，调整负荷，提高负荷率，减少电力需求，减少新建电厂投资和降低电能消耗，降低环境污染，实现电力系统可持续发展。

电力企业管理信息系统由电力企业管理信息系统（MIS）或企业资源计划系统（ERP）、能量管理系统（EMS）、配电管理系统（DMS）及电力负荷管理系统或用电信息采集系统进行系统集成而成。因此，电力企业管理信息系统也是由生产过程自动控制系统与企业管理信息系统两大范畴相融合的管控一体化结构形式。EMS 是一种针对发电和输电的系统，是电力系统监视与控制的硬件及软件的总成，以保证电网安全运行，提高电网质量和改善电网运行的经济性。DMS 是一种对变电、配电到用电过程进行监视、控制和管理的综合自动化系统，以保证电网安全、经济和优质运行。

DMS 中的电力需求侧管理是指通过采取有效的激励措施，引导电力用户改变用电方式，提高终端用电效率，优化资源配置，改善和保护环境，实现最小成本电力服务所进行的用电管理活动。

电力负荷管理系统就是针对电力负荷进行数据采集、处理和实时监控的自动化系统。通过电力负荷管理系统及时、有效地调整负荷、错峰避峰、平衡电力供需矛盾，是实施电力需求侧管理的重要技术手段。

智能电网的建设给配电自动化提出了新的内涵，形成全新的智能配电网（SDG），也推进了用电信息采集系统的建设。

用电信息采集系统是对电力用户的用电信息进行采集、处理和实时监控的系统。该系统通过采集终端、智能电能表、智能监控等设备，实现用电信息自动采集、计量异常监测、电能质量监测、用电分析与管理、相关信息发布、分布式电源监控、智能用电设备的信息交互等功能。用电信息采集系统是建设智能电网用电环节的重要基础和用户用电信息的重要来源。它整合了原有的电力负荷管理系统、公用配电变压器监测系统和集中抄表系统。

智能用电服务系统作为用电信息系统的延伸，为用户提供智能化、多样化、互动化的用电服务，实现与用户能量流、信息流、业务流的友好互动，达到提升用户服务质量和服务水平的目的。该系统通过各种智能传感器、智能交互终端等设备实现用能信息采集与设备监控，为用户提供用能策略、用能信息管理、能效管理、智能家电辅助控制等多样化服务功能，指导用户科学合理用能。

智能电网的发展，也从技术手段上推动传统的电力需求侧管理向智能电力需求侧管理演进，从而使传统的电力需求侧管理的负荷管理与能效管理被赋予新的内涵：对于负荷管理主要是自动需求响应和智能有序用电，调节供需；对于能效管理主要是产生能效电厂、合同能源管理以及远程能耗监测与能效诊断等。

综上所述可以得出结论：五大智能节电技术是实现智能节电的根本基础。所谓智能节电，就是通过依托五大智能节电技术，借助基于互联网的电力供需企业管理信息化技术，为电力系统及其发电、供电、用电等各个环节提供智能平台和节能减排解决方案，实现高效、低耗、优质、少排，走智能制造、绿色制造之路。

0.2.6　智能节电技术

图 0-3 所示为电力系统智能节电技术的组成。

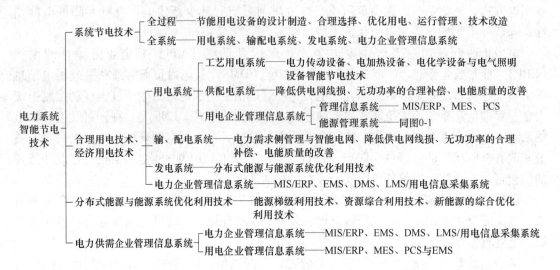

图 0-3　电力系统智能节电技术的组成

对照图 0-1 与图 0-3 不难看出，图 0-3 由五大现代节电技术构成的智能节电技术是图 0-1 电力系统系统节电技术体系结构元素。这种有着一整套成熟的由电力系统全系统五个层次子系统具体应用五大智能节电技术所构成的系统智能节电技术体系，其结构具有系统化、合理化、经济化、泛能化和信息化特征，使电力系统智能节电更加科学化、有序化和规范化，能有效地保障以更高的水平全面实现智能节电五个方面内涵的目标，从而实现系统能效的最大化，促进能源与环境的和谐、可持续发展。

0.3　智能节电技术的展望

0.3.1　智能节电的哲学基础与互联网是智能节电的利器

物质、能量和信息是构成客观世界的三大基础。唯物史观认为：世界是由物质构成，运动是物质存在的形式，能量则是物质运动的动力，是物质的属性，换句话说，没有能量，物质就静止呆滞，从而失去了物质固有的属性而不能再称之为物质。由于物质存在各种不同的运动形态，因此能量也就具有不同的形式，如机械能、热能、电能、辐射能、化学能、核能等。信息是客观事物和主观认识相结合的产物，通过信息，人们得以认识物质和能量，乃至感知世界，认识世界，改造世界。因此，从应用角度讲，人们可以利用智能节电技术、互联网技术，形成信息和能量的深度融合，构建基于企业生产和能源合理、经济消费的能量平衡回路，智能节电，从而实现系统能效的最大化，促进能源与环境的和谐、可持续发展。

当前，"互联网＋"时代正在拉开帷幕。在"互联网＋"时代，互联网已经不是传统意义上的信息网络，而是包括移动互联网、云计算、大数据、物联网等现代信息技术在内的新型互联网，更是物质、能量和信息互相交融的物联网。亦即，今天的互联网传递的不仅是传统意义上的信息，而且还可以包括物质和能量的信息。也就是说，互联网中存在着信息流、物质流和能量流，它们彼此可以相互转换、控制。因此，互联网得天独厚地成为智能节电的利器。

（1）在工业3.0（工业自动化）时代，以计算机控制为代表的自动化技术、信息化技术被广泛应用，主要有计算机集成制造系统和非制造业的综合自动化技术。同时，现场总线控制系统、分布式计算机控制系统和信息网络也得到广泛应用，过程控制也已发展为生产过程管理、控制一体化系统。由此可见，在工业3.0时代，工业企业自动化、信息化及管控一体化技术得到大力发展。在此技术背景下，将传统产业的智能节电工作作为主体，传统意义上的信息网络——互联网作为一种工具，即采用智能节电"＋互联网"的方式来解决生产效率和能源消费效率之间的矛盾。亦即依托五大智能节电技术，借助基于互联网的电力供需企业管理信息化技术，为电力系统及其发电、供电、用电等各个环节提供智能平台和节能减排解决方案，实现高效、低耗、优质、少排，走绿色节能之路。

（2）在当今以"互联网＋"为特征的工业4.0以及"中国制造2025"（工业自动化和信息化深度融合）时代，新一代互联网因自身的演进使其已经超越工具成为一种创新能力。因此，在"互联网＋"时代，为解决生产效率和能源消费效率之间的矛盾，采用"互联网＋"智能节电的方式，其根本意义，是利用"互联网＋"的融合与创新本质，依托五大智能节电技术，通过两者的深度融合，使之在包括移动互联网、云计算、大数据、物联网等技术支持下，更好更快地为电力系统及其各个环节提供全部且是个性化的工艺过程量身定制的节能减排解决方案，推动五大智能节电技术进步、效率提升、质量改善，攀登节能减排之巅，精准节能。

0.3.2　"互联网＋"智能节电与五大智能节电技术的深化创新发展

"互联网＋"智能节电不改变智能节电五个方面内涵的本质，而是继续推进五大智能节电技术不断深化创新发展，具体表现在：

（1）对于电力供需企业管理信息化技术。在企业信息化建立起各单项应用系统的基础上，1974年，美国约瑟夫·哈林顿博士进一步提出了计算机集成制造系统（CIMS）的概念。哈林顿认为企业生产中各环节，包括市场分析、产品设计、加工制造、经营管理到售后服务，是一个不可分割的整体。生产过程的实质是一个数据采集、传递和加工处理的过程，最终产品可以看成是数据的物质表现。从这两个基本观点出发，他提出了电子计算机可以把整个制造过程综合集成起来的新概念，同时也解决了信息孤岛的问题以及实现系统之间信息共享和信息互通。但由于各工业生产特点的不同，其CIMS类型也不相同。以钢铁企业的CIMS为例，CIMS分成五级，即检测驱动级、设备控制级、过程控制级、生产管理级和公司管理级。随着信息技术、自动化技术和管理方法的不断创新，五级系统演变为三级系统，即生产控制系统（PCS）、制造执行系统（MES）、企管资源计划系统（ERP）。

（2）对于分布式能源与能源系统优化利用技术。最初仅为分布式发电，继之发展为冷、热、电三联产的分布式能源系统，随后以这些系统为基础发展微电网，再将微电网并入智能电网，乃至进一步发展为国内专家们所讲的智慧能源与智能能源网（泛能网）以及国外专家们所讲的能源互联网。它们在某种意义上均可以说是分布式能源与能源系统优化利用技术的深化创新发展。

（3）对于能源互联网将推动储能系统从传统的能源体系中独立出来，并构成一个新的产业体系。它推动能量从单一流向演变为双向、多向流动，推动能源系统从集中式控制演变为扁平化分散控制。由此在能源互联网体系中开拓出储电利用新思路，并有望借助现代互联网的创新能力实现发电、供电、用电实时综合平衡，解决由于电力不能大量储存，发电、供电、用电过程必须同时进行的难题。

上篇 用电系统智能节电技术

第1章 用电设备、用电负荷及其特性优化

1.1 用电设备的分类

在工厂中各种消耗电能的设备系统称为用电设备。用电设备的分类方法很多，例如：

按能量转换器具性质的不同，用电设备可分为电能转换为机械能的电力传动设备、电能转换为热能的电加热设备、电能转换为化学能的电化学设备、电能转换为光能的电气照明设备。

按电流性质的不同，用电设备可分为直流用电设备和交流用电设备。大多数用电设备为交流用电设备。

按电压性质的不同，用电设备可分为低压用电设备（1000V 及以下）和高压用电设备（1000V 以上）。

按频率性质的不同，用电设备可分为低频用电设备（50Hz 以下）、工频用电设备（50Hz）、中频用电设备（50～10000Hz）和高频用电设备（10000Hz 以上）。绝大多数用电设备为工频用电设备。

按电路参数性质的不同，用电设备可分为电阻性用电设备、电感性用电设备、电容性用电设备以及由参数电阻（R）、电感（L）、电容（C）不同组合的用电设备。

此外用电设备按工作制性质的不同，还可分为：

（1）长时工作制用电设备。长时工作制用电设备是指使用时间较长、连续工作的用电设备，如风机、泵、压缩机、电弧炉、电阻炉、电解设备以及照明设备等。

（2）短时工作制用电设备。短时工作制用电设备是指工作时间甚短，而停歇时间相当长的用电设备，如金属切削机床用的辅助机械（横梁升降、刀架快速移动装置）等。

（3）反复短时工作制用电设备。反复短时工作制用电设备是指周期性时而工作、时而停歇，这样反复断续进行的用电设备，如吊车、电焊设备等。

反复短时工作制用电设备的特点可用负载持续率（即暂载率）来表征。负载持续率是指一个周期中的工作时间与一个周期时间之比值的百分率。

$$F_C = \frac{t_W}{t_W + t_S} \times 100\% \tag{1-1}$$

式中　F_C——负载持续率，% ；

　　　t_W——一个周期中的工作时间，min；

　　　t_S——一个周期中停歇时间，min；

$t_W + t_S$——一个工作周期时间（一般规定为 10min），min。

反复短时工作制用电设备的负载持续率，一般均有标准的额定值。例如，吊车电动机的标准负载持续率有 15%、25%、40%、60% 四种；电焊设备标准负载持续率有 15%、25%、40%、60%、80%、100% 六种。

1.2　用电负荷的分类

1.2.1　电力负荷分类

电力负荷是指发电厂、供电地区或电力系统，在某一瞬间实际承担的工作负载，单位为 kW。

电力负荷可分为用电负荷、供电负荷和发电负荷。

（1）用电负荷：是指用户的用电设备在某一瞬间所耗用的功率的总和。

（2）供电负荷：是指供电企业、供电地区或电力网在某一瞬间实际承担的供电工作负载。它是发电厂上网负荷再加（减）互馈负荷后的功率数。

（3）发电负荷：是指发电厂或电力系统瞬间实际承担的发电工作负载，即某一瞬间的发电实际出力。

1.2.2　用电负荷分类

用电负荷可从多种角度进行分类。

（1）按国民经济行业分类，用电负荷可分为工业负荷、农业负荷、交通运输负荷、市政负荷、商饮服务业负荷和生活照明负荷等。

（2）按用户的重要性分类，用电负荷可分为一级负荷、二级负荷和三级负荷。

1）一级负荷：是指中断供电将造成人身伤亡；中断供电将在政治、经济上造成重大损失以及中断供电将影响有重大政治、经济意义的用电单位的正常工作。

2）二级负荷：中断供电将在政治、经济上造成较大损失；中断供电将影响重要用电单位的正常工作。

3）三级负荷：不属于一级和二级者。

（3）按能量转换器具的性质分类，用电负荷可分为电动机负荷、电加热负荷、电化学负荷、照明负荷。其中电动机负荷、电加热负荷、电化学负荷在工厂中习惯统称为动力负荷。

（4）按电气特性分类，用电负荷可分为直流负荷与交流负荷；单相负荷与三相负荷；阻性、感性、容性负荷；有功负荷与无功负荷；冲击负荷；对称负荷与不对称负荷；线性负荷与非线性负荷。

1.2.3　用电负荷构成

用电负荷构成（简称用电构成）是对一定范围（一个国家、一个地区、一个部门、一个企业、一个车间等）用电负荷组成的种类、比重及其相互关系的总体表述。

对于一个企业或一个车间，用电构成可以有不同的分类，不同的分类用于不同的目的。表 1-1 列出的按生产工序分类的煤矿用电构成，即可根据生产工序用电量的比重的大小，确定煤矿节电的重点工序。

表 1-1　按生产工序分类的煤矿用电构成

序　号	生产工序	用电量占比/%	序　号	生产工序	用电量占比/%
1	排　水	29.20	10	坑木加工	1.10
2	通　风	18.68	11	机　修	1.10
3	提　升	11.25	12	井巷运输	4.70
4	打眼、卸煤	6.85	13	矿　灯	0.58
5	采区内部运搬	5.85	14	巷道维修	1.00
6	选　煤	5.85	15	企业管理	0.49
7	生产掘进	5.45	16	工业用水	0.15
8	压缩空气	6.60	总　计		100
9	地面工业照明	1.15			

分析表 1-1 可知，一般情况下，排水、通风、提升、打眼、卸煤、采区内部运搬、选煤、生产掘进、压缩空气等工序占矿井用电量的很大部分，故上述工序是节约用电的重点。其余工序虽占矿井用电量的很小部分，然而由于矿井用电量的绝对值较大，所以其余工序的用电量的绝对值也是不小的，因此不应忽视这些用电量比重较小的工序的节电工作。

如果一个用电企业按生产产品用电量分类，则可用来考核单位产品耗电量等。

用电构成反映出一个企业或一个车间在一个统计年度内用电量的结构状况，因此，如前所述可以用来确定企业节电的侧重点。此外，若将企业不同年度的用电构成相对比，可得出该企业年度之间用电量水平的差异；若将同类企业用电构成相对比，可得出企业之间用电量水平的差异。从这些差异中找出问题所在，这对进一步采取节电措施有极为重要的意义。

1.3　用电负荷特性

用电负荷特性通常用负荷曲线及负荷率来描述。负荷曲线是对负荷特性的一种直观的描述方式，而负荷率则是用来衡量负荷特性优劣的一项重要指标参数。

1.3.1　负荷曲线

用电负荷是一个随机变动量。它随时间变化的规律，可以按时间序列绘制成曲线来表示。这种横坐标表示时间、纵坐标表示用电负荷值的特性曲线，就称为负荷曲线。

负荷曲线分为有功负荷曲线和无功负荷曲线两种。有功负荷曲线的纵坐标为有功负荷，以 kW 为单位，无功负荷曲线的纵坐标为无功负荷，以 kvar 为单位。有功负荷曲线的函数表达式为：

$$P = f(t) \tag{1-2}$$

按时间分，负荷曲线可分为日负荷曲线、月负荷曲线、年负荷曲线。

日负荷曲线反映发、供、用电企业一日内的负荷变化情况。它是以全日小时数为横坐标、以负荷值为纵坐标绘制而成的曲线。

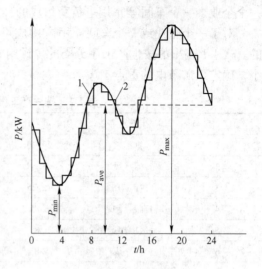

图 1-1 所示为工厂日有功负荷曲线。由图 1-1可见，负荷曲线可以绘制成两种形式：折线形和阶梯形。

由于日用电量 A 等于功率 P 和时间 t 的乘积，所以日负荷曲线下的面积也就是工厂日用电量。为便于计算，通常将曲线绘制成梯形的，此时，阶梯形日负荷曲线下的面积所表示的工厂日用电量 A 可用下式计算：

图 1-1　工厂日负荷曲线
1—折线形负荷曲线；2—阶梯形负荷曲线

$$A = \int_0^{24} P(t)\,\mathrm{d}t = \sum_{i=1}^{24} P_i \Delta t_i \qquad (1\text{-}3)$$

式中　A——工厂日用电量，kW·h；

　　　Δt_i——时间间隔，h；

　　　P_i——Δt_i 时间间隔内的平均负荷，kW。

已知日用电量后，即可确定其平均负荷 P_{ave}。

$$P_{ave} = \frac{\sum_{i=1}^{24} P_i \Delta t_i}{24 \Delta t_i} = \frac{\sum_{i=1}^{24} P_i}{24} \qquad (1\text{-}4)$$

图 1-1 曲线中负荷的最高值称为最高负荷 P_{max}，曲线中负荷的最低值称为最低负荷 P_{min}。

此外，还应注意到在图 1-1 中，负荷曲线两次出现高峰，两次出现低谷。这里，我们把负荷高的时间称为峰，负荷低的时间称为谷。负荷出现峰和谷，反映了工厂不均衡用电的特点。为定量起见，把最高负荷与最低负荷之差称为峰谷差 ΔP。

$$\Delta P = P_{max} - P_{min} \qquad (1\text{-}5)$$

把日峰谷差最大值与当日最高负荷的比率称为峰谷差率。

$$\Delta P_r = \frac{\Delta P_{max}}{P_{max}} \times 100\% \qquad (1\text{-}6)$$

式中　ΔP_{max}——日峰谷差最大值，kW。

日负荷曲线是工厂最基本的和使用得最多的曲线。日负荷曲线可由接在工厂总降压变电所中的自动记录有功功率表直接绘出，也可根据 24h 每个正点有功电度表的读数记录绘制而成。

月负荷曲线反映发、供、用电企业一个月内用电负荷的变化情况，负荷值可以每天的最高负荷或平均负荷表示。

年负荷曲线表达发、供、用电企业 12 个月用电负荷的变化情况，负荷值可以每个月的最高负荷或月平均最高负荷表示。

用户全年所消耗的电能与一年内的最高负荷之比所得到的时间，称为年最高负荷利用小时。

$$T_{max} = \frac{W_y}{P_{max}} \qquad (1-7)$$

式中　T_{max}——年最高负荷利用小时，h；

　　　W_y——全年消耗的电能，kW·h；

　　　P_{max}——最高负荷，kW。

年最高负荷利用小时是反映电力负荷特征的一个重要参数。式（1-7）的意义是：如果用户以年最高负荷 P_{max} 持续运行，则工作 T_{max} 之后，就消耗掉全年的电能。故 T_{max} 的大小，说明用户消耗电能的程度，也反映电力系统的利用率。

按用电区域分，负荷曲线可分为网、省（区）、地（市）、县（市）用电负荷曲线。

按用电性质分，负荷曲线可分为第一产业（主要是农业）负荷曲线、第二产业（主要是工业）负荷曲线、第三产业负荷曲线和居民生活负荷曲线，也可细化为行业负荷曲线等。

基于负荷曲线是工厂用电情况的最好表达方式，因此负荷曲线有着广泛的用途，除在工厂供电设计中用来确定电力设备最合适的数量、容量等外，在工厂用电管理中也是极为重要的，它主要用于：

（1）应用负荷曲线可观察或预测工厂某一期间内的负荷需求值，并以此作为编制生产用电计划的依据。

（2）应用负荷曲线分析最高负荷发生的时间和原因，借以作为采取调整负荷措施的依据。

（3）按负荷曲线确定变压器的投入或切除台数，以实现变压器的经济运行。

（4）负荷曲线还可供制定设备检修计划和考核设备利用率时参考。

各类负荷曲线及负荷特性分析更是电力需求侧管理的重要基础工作，也是电网企业进行负荷管理、制订各种负荷调控手段的重要依据。

1.3.2　负荷率

前面说过，负荷曲线会出现峰和谷。负荷曲线不平坦的程度可以用负荷率来表示。负荷率是指在一定时间（如一日、一月、一年）内工厂的平均负荷与最高负荷之比的百分数，即

$$\gamma = \frac{P_{ave}}{P_{max}} \times 100\% \qquad (1-8)$$

式中　γ——负荷率，%；

　　　P_{ave}——平均负荷，kW。

式（1-8）表明，γ 值越大，负荷曲线越平坦；反之，则峰、谷差越悬殊。通过调整负荷，移峰填谷，把高峰时间用电的部分负荷转移到低谷时间去，可使负荷曲线趋向平坦。

以日、月、年计算的负荷率，称为日负荷率、月负荷率、年负荷率。常用的是日负荷率。根据国家规定，企业日负荷率最低指标值为：连续生产企业 0.95；三班制生产企业 0.85；二班制生产企业 0.60；一班制生产企业 0.30。

由式（1-8）可见，要保持工厂有较高的负荷率，就必须使最高负荷较小而平均负荷较大。换句话说，要保持较高的负荷率，工厂必须均衡用电。因此，负荷率是反映发、供、用电设备是否充分利用和用电均衡程度的一项重要指标。

提高负荷率不仅是响应国家对工厂提出的节能要求，而且对工厂本身有着良好的经济效益，这主要体现在以下几个方面：

（1）降低基本电费。现行两部电价制计费的工厂，按照最大需量收取基本电费，如采取降低最高负荷以提高负荷率的措施，则相应降低了最大需量，也就降低了基本电费。

（2）降低线损。由于供配电设备中的线损与用电负荷的平方成正比，故当全日的总用电量一定时，如果每小时的用电负荷变化越小，负荷率就越高，供配电设备中的线损也就越小。

（3）提高供配电设备容量的富裕度。对供配电设备容量的选择，考虑到在最高负荷时，供配电设备必须具有足够的容量。如果提高负荷率及降低最高负荷，定将导致供配电设备容量具有一定的富裕度，工厂可用来扩大生产，进一步提高供配电设备的利用率。

1.3.3　不同行业的用电负荷特性

1.3.3.1　工业用电负荷特性

工业是我国电力消耗最大的行业，工业负荷主要包括煤炭工业负荷、石油工业负荷、冶金工业负荷、机械工业负荷、化学工业负荷、建筑材料工业负荷、轻工业负荷。

影响工业企业负荷的主要因素包括：

（1）生产工艺。钢铁、铝电解、化工、纺织等连续生产企业，日负荷曲线较平稳；机械制造工业等间歇性生产企业，用电负荷曲线变化较大。

（2）生产班次。一班制企业用电负荷集中在白天，随着员工上班、休息和下班，其负荷曲线明显地出现高峰和低谷；二班制企业集中在早、中班，其高峰和低谷出现的时间随着生产班安排时间的不同而不同，峰谷差较一班制企业为小；三班制企业具有连续性生产特点，用电比较均衡，因此负荷曲线变化幅度较小。

1.3.3.2　农业用电负荷特性

农业用电的特点就是季节性很强。从负荷特性上看，农业负荷在日内变化相对较小，但在年内负荷变化很大，呈现很不均衡的特点。这是由于目前农业用电构成中，排灌用电占 64.7%，农副业用电只占 34.4%，而排灌负荷季节性很强所致。

1.3.3.3　商业用电负荷特性

商业负荷主要包括大型商厦、高级写字楼及宾馆酒店等的负荷，其空调负荷占的比重较大，总体负荷特性表现出极强的时间性和季节性；大型商场的高峰与平段负荷较高，低谷时段负荷低，峰谷差极大。

1.3.3.4　市政及居民生活用电负荷特性

市政公用设施负荷与居民生活负荷的规律性基本相同。

市政及居民生活负荷的大小及负荷曲线的形状与城市的大小、人口的密度及分布、居民的收入水平有关。气候条件也是影响市政居民负荷水平及负荷曲线的重要因素。

1.3.4　工业用电负荷特性

不同工业的用电负荷，由于生产设备、生产工艺等的不同，因此其特性也不同，以下对一些主要工业用电负荷特性予以阐述。

1.3.4.1　煤炭工业

煤炭工业包括开采和洗选。煤炭开采用电包括落煤、井下运输、提升、排水、通风、压气、照明几部分直接生产用电。煤矿日负荷曲线与矿井生产条件、工作班制、机械化程度、通风、压气、排水及提升负荷量有关，通常矿井采用三班制作业，煤炭工业日负荷率较低，一般为 70% ~80%。

图 1-2 所示为煤炭企业的典型日负荷曲线。

1.3.4.2　石油工业

石油工业包括石油及天然气开采工业和石油化学工业。

石油及天然气开采工业由于油气田属连续生产，日负荷曲线平稳，日负荷率高，但受气候和地下水位的影响，冬季用电最多，春季次之，夏秋季较少，高低差约 20%。

石油化学工业是 20 世纪中叶兴起的一门新兴工业，包括石油炼制工业和以石油为原料进行深加工的石油化学工业。石油化学工业由于生产的连续性和均衡性，因此用电负荷曲线较平稳，日负荷率在 90% 以上。

图 1-3 所示为石油化工企业典型的日负荷曲线。

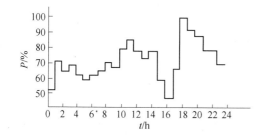

图 1-2　煤炭企业典型日负荷曲线

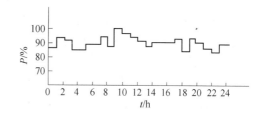

图 1-3　石油化工企业典型日负荷曲线

1.3.4.3　冶金工业

冶金工业包括黑色冶金工业和有色冶金工业。黑色冶金工业主要包括钢铁工业和铁合金工业，有色冶金工业主要包括铝工业和铜工业。

现代化的钢铁企业多为大型联合企业，其生产工艺流程包括采矿、选矿、烧结、焦化、炼铁、炼钢、轧钢等工序。

钢铁企业生产多为连续性生产，用电设备大多处于连续稳定运行状态，日用电负荷曲线（见图 1-4）较平稳，负荷率高。

铁合金有高炉法、电炉法、金属热还原法等多种生产方法，其中应用较普遍的为高炉法和电炉法。电炉铁合金生产为连续性生产，负荷曲线较平稳，一般用电负荷率在 90% 以上。

铝工业是有色冶金工业中产量大、耗电多的工业。铝工业的生产分为采矿、氧化铝提取、铝电解、铝材加工等四个阶段。氧化

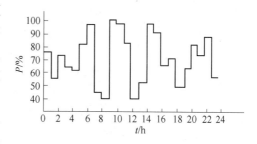

图 1-4　钢铁企业典型日负荷曲线

铝和铝电解生产均为连续性生产，日负荷曲线很平稳，氧化铝生产日负荷率在85%以上，电解铝生产日负荷率高达95%以上。图1-5所示为电解铝企业典型日负荷曲线。

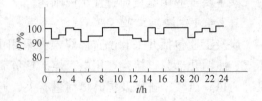

图1-5　电解铝企业典型日负荷曲线

铜工业的生产包括铜矿采选、炼铜和铜材加工等生产阶段。炼铜的方法分火法和湿法两种，以火法为主。火法炼铜，通常采用熔炼、吹炼、精炼等工序。由吹炼工序得到品位为98%～99%的粗铜，粗铜经精炼工序采用火法精炼得到火精铜，火精铜一般含铜为99.2%～99.7%。为了回收火精铜中的贵金属，需再把火精铜进行电解精炼，电解出的电解铜纯度可达99.95%～99.97%。

铜工业用电中，除电解铜外，以动力用电为主。铜工业生产为连续性生产，因此铜工业的日用电负荷曲线较平稳。

1.3.4.4　机械工业

机械工业包括通用机械设备制造业和专用机械设备制造业两大类。机械工业的基本生产过程大致可分为四个环节：

（1）经冶炼、铸造、锻造或焊接把金属材料制成毛坯；

（2）将毛坯经机械加工和热处理制成零部件；

（3）加工好的零部件经装配喷漆成为产品；

（4）试验、检验、试车。

机械工业企业大多为一班制或二班制生产。其用电设备大部分是异步电动机。在生产过程中，设备开停操作频繁，且设备利用率很低，许多设备处于轻载或空载状态。因此，机械工业用电负荷曲线变化很大，如图1-6所示。

1.3.4.5　化学工业

化学工业主要指生产作为基本原料的酸、碱、盐和有机化工原料的工业，生产作为合成材料的合成树脂、合成橡胶、高分子材料、高分子聚合物的工业，以及生产生物工程、精细化工产品的工业。此外，生产用于农业的化学肥料、农药等的工业也属于化学工业。

化学工业用电量大，主要用于有机化工原料、无机化工原料及化学肥料的生产上。

化学工业为连续生产，负荷曲线平稳，负荷率可达95%以上。化工企业典型日负荷曲线如图1-7所示。

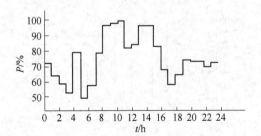

图1-6　机械制造企业典型日负荷曲线

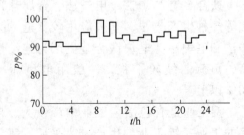

图1-7　化工企业典型日负荷曲线

1.3.4.6 纺织工业

纺织工业由棉纺织、印染、毛纺织、针织、麻纺织、丝绸、化学纤维、服装等行业组成。

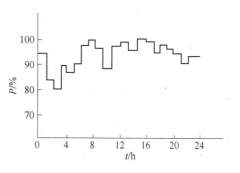

图 1-8　纺织企业典型日负荷曲线

纺织工业除服装等行业为一班制或二班制生产外，化纤、纺织、染整等行业一般为连续生产，日负荷曲线较平稳，日负荷率通常在 80% 以上。图 1-8 所示为纺织企业典型日负荷曲线。

1.3.5 影响用电负荷特性的主要因素

影响用电负荷特性的主要因素有用电结构、气候变化、节假日和电价机制等。

（1）用电结构。各行业用户中，工业用户负荷率水平最高，第一、第三产业和居民生活用电负荷率水平较低。因此，一般工业用电比重大的地区，负荷率水平相对较高；第三产业和居民生活用电比较大的地区，空调负荷比重大或增长较快的地区，最大负荷的增长速度也相对较快，负荷率一般呈下降趋势。

随着用电结构的变化，第一、第二产业比重下降，第三产业居民生活用电比重上升，使得总体峰谷差加大，负荷率下降。

（2）气候变化。一个地区的地理环境决定了其气候特点，气候特点又决定了季节性负荷的变化规律。随着人们生活水平的提高，近年来夏季制冷、冬季采暖负荷的比重明显提高，气温气候对电网负荷特性的影响越来越显著。

（3）节假日。节假日期间，许多工业负荷停运或降低，日负荷曲线形状和普通日相比差别较大。

（4）电价机制。电价机制是电力行业实施需求侧管理，激励用户改变需求方式，削峰填谷，提高电力系统的负荷率和运行稳定性而采取的重要的经济手段。现行的电价种类很多，下面仅介绍峰谷电价、可中断电价对负荷特性的影响。

1）峰谷电价对于负荷特性的影响。峰谷电价的作用主要在于进行日内的移峰填谷，可明显提高电网的负荷率。

峰谷电价对一些电费占生产成本比重较大的行业用电负荷特性影响明显。如造纸行业，电费占生产成本的 30% 左右，企业利用峰谷电价政策，通过移峰填谷可以取得较大经济效益。

峰谷电价对三班连续生产企业（如钢铁行业）用电负荷特性基本没有影响。

峰谷电价对一些电费占生产成本比重不大的行业用电负荷特性影响较小，如商业、服务业、食品、电子信息、金属制品业等。

2）可中断电价对电网负荷特性的影响。电力公司通过可中断负荷合同在电网高峰负荷时段中断或削减较大工、商业用户的负荷，从而减少调峰备用以及降低最大负荷增长速度，提高电网的季不均衡系数，提高最大负荷月的月不均衡系数，从而改善电网负荷特性，同时用户通过可中断负荷合同得到优惠电价，实现电力公司和用户的双赢。

1.3.6　用电负荷特性对电力系统的影响

前面着重讨论了用电负荷的时间特性。不同用户的用电负荷有不同的用电时间特性，众多用户用电负荷叠加形成电力系统年、月、日用电负荷曲线的高峰和低谷，按照电能生产是发、供、用电系统同时进行，电力系统的功率每时每刻都是平衡的特点，这就要求电能生产必须随着用电负荷的变化及时调整发电输出使之平衡，否则将使系统运行发生频率偏差，电能质量下降，甚至影响电力系统的安全运行。

理想的负荷特性是负荷随时间的推移为一条水平直线，并与发供电能力相适应，此时发供电设备利用率最高，同一参考时段售电量也最高，单位售电成本所分摊的固定费用最低。但实际上由于用户的不均衡用电，负荷特性曲线成为一条具有一定规律的随时间变化的曲线。负荷曲线出现的峰与谷，使发供电设备利用率降低，严重影响电力系统的经济运行。

1.4　用电负荷特性的优化

1.4.1　优化负荷特性的意义

为消除用电负荷特性给电力系统安全、经济运行带来的负面影响，必须采取优化负荷特性的措施。这些措施，我们通常称为调整负荷。所谓调整负荷，就是降低峰期负荷，提高谷段负荷，使负荷曲线相对趋于平坦，亦即使负荷率上升，峰谷差缩小，峰谷差率下降，最大负荷利用小时提升。

调整负荷，优化用电负荷特性的意义在于：

（1）节约国家对电力工业的基本建设投资。压低高峰负荷，能提高发电、供电设备的利用率，减少为满足短时间高峰负荷而必须增加的发电、供电设备的备用容量投资。

（2）降低供电网络损耗。调整用电负荷，能直接降低供电网络变压器、线路损耗。

1）调整用电负荷，降低变压器损耗。调整用电负荷，压低变压器高峰时段的用电，增加低谷时段的用电，使变压器躲峰运行。下面分析计算躲峰运行与降低变压器损耗的关系。

图 1-9 所示为变压器有功损耗负荷特性曲线 $\Delta P = f(\beta)$。图中，变压器在高峰负荷运行时的负荷率为 β_{g1}，高峰负荷减去躲峰负荷后的负荷率下降为 β_{g2}，即 $\beta_{g2} = \beta_{g1} - \Delta\beta$，换句话说，躲峰负荷率 $\Delta\beta = \beta_{g1} - \beta_{g2}$。

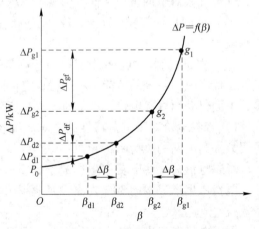

图 1-9　变压器的 $\Delta P = f(\beta)$ 曲线

β_{g1}—高峰负荷时的负荷率；β_{g2}—高峰负荷时减少躲峰负荷后的负荷率；β_{d1}—低谷负荷时负荷率；β_{d2}—低谷负荷时增加躲峰负荷后的负荷率；$\Delta\beta$—躲峰负荷率；ΔP_{g1}—高峰负荷时变压器的有功损耗；ΔP_{g2}—高峰负荷时减少躲峰负荷后变压器的有功损耗；ΔP_{d1}—低谷负荷时变压器的有功损耗；ΔP_{d2}—低谷负荷时增加躲峰负荷后变压器的有功损耗

所以躲峰前、后变压器的有功损耗（kW）分别为：

$$\Delta P_{g1} = \Delta P_0 + \beta_{g1} \Delta P_k \tag{1-9}$$

$$\Delta P_{g2} = \Delta P_0 + \beta_{g2} \Delta P_k = \Delta P_0 + (\beta_{g1} - \Delta\beta)^2 \Delta P_k \tag{1-10}$$

式中　ΔP_0——变压器的空载损耗，kW；

　　　ΔP_k——变压器的短路损耗，kW。

式（1-9）减去式（1-10），得躲峰后变压器在高峰期有功损耗的下降值 ΔP_{gf}（kW）。

$$\Delta P_{gf} = (2\beta_{g1}\Delta\beta - \Delta\beta^2)\Delta P_k \tag{1-11}$$

图 1-9 中，变压器在低谷负荷运行时的负荷率为 β_{d1}，低谷负荷增加躲峰负荷后的负荷率上升为 β_{d2}，即 $\beta_{d2} = \beta_{d1} + \Delta\beta$。所以在低谷期增加躲峰负荷前、后变压器的有功损耗（kW）分别为：

$$\Delta P_{d1} = \Delta P_0 + \beta_{d1} \Delta P_k \tag{1-12}$$

$$\Delta P_{d2} = \Delta P_0 + \beta_{d2} \Delta P_k = \Delta P_0 + (\beta_{d1} + \Delta\beta)^2 \Delta P_k \tag{1-13}$$

式（1-12）减去式（1-13），得变压器在低谷期由于增加了躲峰负荷后有功损耗的增加值 ΔP_{df}（kW）。

$$\Delta P_{df} = (2\beta_{d1}\Delta\beta + \Delta\beta^2)\Delta P_k \tag{1-14}$$

由图 1-9 可见，躲峰负荷在高峰时用电和在低峰时用电，其躲峰负荷率 $\Delta\beta$ 虽然是相同的，但由此而引起的高峰和低谷用电的有功功率损耗值 ΔP_{gf} 和 ΔP_{df} 却不相等，且 $\Delta P_{gf} > \Delta P_{df}$。也就是说，躲峰负荷在低谷时用电可以使变压器的有功损耗降低，这就是躲峰节电的原理。

式（1-11）减去式（1-14），即得躲峰后变压器所降低的有功功率损耗 ΔP（kW）。

$$\Delta P = \Delta P_{gf} - \Delta P_{df} = 2\Delta\beta(\beta_{g1} - \beta_{d1} - \Delta\beta)\Delta P_k \tag{1-15}$$

同理，可以推得躲峰后变压器所降的无功功率损耗 ΔQ（kW）。

$$\Delta Q = \Delta Q_{gf} - \Delta Q_{df} = 2\Delta\beta(\beta_{g1} - \beta_{d1} - \Delta\beta)\Delta Q_k \tag{1-16}$$

于是，躲峰后变压器节约的综合有功功率损耗 ΔP_z（kW）为：

$$\Delta P_z = \Delta P + K_q \Delta Q \tag{1-17}$$

式中　K_q——无功经济当量，kW/kvar。

2）调整用电负荷，降低线路损耗。虽然日用电量一样，但均衡用电和峰谷用电所产生的供电线路损耗电量却不一样。下面对调整负荷，移峰填谷，均衡用电与降低线路损耗的关系进行分析讨论。

图 1-10 所示为某供电线路的两条日负荷曲线：图 1-10（a）表示峰谷用电；图 1-10（b）表示均衡用电，即将图 1-10（a）峰谷负荷调整，移峰填谷，使负荷曲线趋于平坦，达到均衡用电。

峰谷用电情况下，线路的日损耗电量 ΔA_1（kW·h）为：

$$\Delta A_1 = 3\left[\frac{(I + \Delta I)^2 + (I - \Delta I)^2}{2}\right]R \times 24 \times 10^{-3} = 3[I^2 + \Delta I^2]R \times 24 \times 10^{-3} \tag{1-18}$$

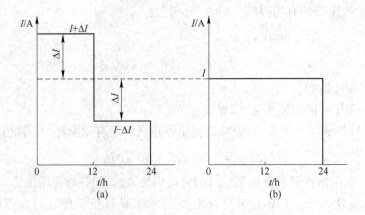

图 1-10　供电线路的日负荷曲线

（a）峰谷用电；（b）均衡用电

均衡用电情况下，线路的日损耗电量 $\Delta A_2(\mathrm{kW \cdot h})$ 为：

$$\Delta A_2 = 3I^2R \times 24 \times 10^{-3} \tag{1-19}$$

对比式（1-18）和式（1-19）可知，峰谷用电的日损耗电量要比均衡用电的日损耗电量要大，其增大量的百分数为：

$$\Delta A = \frac{\Delta A_1 - \Delta A_2}{\Delta A_2} \times 100\% = \frac{\Delta I^2}{I^2} \times 100\% \tag{1-20}$$

应该指出，峰谷差越大，线路损耗增加越多，在严重的情况下，即当峰谷差悬殊时，线路损耗将成倍地增加。

由此可见，调整负荷，移峰填谷，提高负荷率，均衡用电，是一项降低网络损耗的无需任何投资的有效措施。

（3）消除高频率、低频率运行所带来的危害，有利于电网的安全运行，同时也提高电能质量。

（4）减少企业电费开支。工厂企业的电费，大多实行两部电价制，除电度电费外，不管用电量多少，还得按其最高负荷计收基本电费。企业如压低高峰负荷，提高负荷率，就可少付基本电费。同时如实行峰谷电价，移峰填谷，在低谷时用电还可享受优惠电价。

调整负荷有调峰和调荷两个方面的内容：一方面，要调整电力系统各发电厂在不同时间的发电输出，以适应各企业在不同时间的用电需要，这称之为调峰；另一方面，要调整各企业的用电负荷和用电时间，使电力系统在不同时间的用电负荷与发电输出相平衡，这称之为调荷。发电厂的调峰和企业的调荷是一个问题的两个方面，只是工作的侧重面不同而已，两者都很重要。但是必须指出，我国电网调峰能力严重不足，因此调整企业用电负荷，压低高峰时段的用电，增加低谷时段的用电，使企业均衡用电，提高负荷率，进一步均衡发、供、用电，缓和供需矛盾，就显得更为重要。

1.4.2　优化负荷特性的措施

优化负荷特性、调整负荷曲线的措施有行政措施、经济措施、技术措施。

1.4.2.1　行政措施

优化负荷特性的行政措施内容包括：

（1）调整电力用户的生产班次、错开上下班时间、调整周休息日，可以有效降低工作日的高峰负荷水平。

（2）通过提倡政府部门在夏天调高办公或商业场所的空调温度等活动，减少空调制冷时间，降低制冷负荷，降低电网的高峰负荷，提高电网负荷率。

（3）通过安排电力大用户、高耗能企业在用电高峰季节或高峰时段进行设备检修，避峰让电。

（4）通过下达各地以及企业的错峰、避峰指标，调整企业的错峰方案等措施对抵制电网高峰负荷的攀升有积极作用。

（5）通过减少重大节假日外的霓虹灯、路灯的开启时间，降低晚高峰负荷，也可以改善负荷特性。

1.4.2.2　经济措施

优化负荷特性的经济措施是优化负荷特性的重要措施，主要是通过电价机制如分时电价、实时电价、尖峰电价、阶梯电价、可中断电价等来激励用户在时序性、经济性、用电可靠性之间做出自己的选择，以达到优化负荷特性、调整负荷曲线的目的。

1.4.2.3　技术措施

优化负荷特性的技术手段是电力需求侧管理措施中最为普遍和行之有效的手段，它是针对具体的管理对象，采用与之适用的先进节电技术和管理技术及其相适应的设备来提高用电效率或改变用电方式。我国近期重点推广的节电技术和设备有绿色照明、电动机系统节能、变频调速、节能变压器、无功自动补偿、高效节能家用电器、建筑节能、热泵、空调系统、高效电加热、热电冷联产等。

同时，基于电力负荷管理系统是实施电力需求侧管理的重要技术手段。电力需求侧管理也可通过电力负荷管理系统，实现根据有序用电方案，控制负荷，实施错峰、避峰等需求侧管理。关于电力负荷管理系统将在第 14 章作详细介绍。

智能电网的发展，促进了以价格市场化为核心的电力体制改革，推动传统的电力需求侧管理向智能电力需求侧管理演进，从而使通过价格信号、激励措施等引导电力用户主动改变用电行为的"需求响应"遂成为优化负荷特性的一种新手段。关于需求响应将在第 9 章电力需求侧管理中作详细介绍。

第2章 电力传动设备的智能节电技术

2.1 电力传动设备

在工业中,电力传动设备(或称电气传动设备、电力拖动设备)是指应用电动机把电能转换成机械能,传动生产机械按工艺要求完成其生产任务的设备。

电力传动设备应用于工业、农业、商业、公用设施和家用电器等各个领域,面广量大。目前全国现有各类电机系统装机容量约 4.2 亿千瓦。风机用电占全国用电量的 10.4% ,泵类占 20.9% ,空气压缩机占 9.4% ,整个电机系统用电量占全国用电量的 60% 。但是我国 80% 以上的电动机、风机、泵、空气压缩机效率比国外先进水平低 2% ~ 5% ,特别是电动机系统的效率比国外先进水平低 20% ~ 30% 。因此,在我国,提高电机系统效率,加强系统节能管理有着巨大的节能潜力。当我国电机系统的运行效率提高到国际先进水平时,每年将可节约用电 1500 亿千瓦时。

尽管电力传动设备的应用范围如此宽广,但其基础部分是电动机,因此 2.2 ~ 2.5 节即讨论耗电量最大的电动机的节电问题。由于我国风机、泵和空气压缩机这三类设备的传动电动机年耗电总和约占全国用电量的 40.7% ,因此 2.6 ~ 2.7 节将重点讨论风机、泵系统等通用电力传动设备的节电问题。

2.2 三相异步电动机节电技术概述

2.2.1 电动机的节电技术

电动机的节电技术,就是采取有效措施,使电动机既满足所拖动机械工艺的最佳要求,优质、高产、低成本地完成生产任务,又保证在整个用电过程中,电动机始终处于高效、低耗的状态下经济运行。

电动机一般可分为直流电动机和交流电动机两大类。随着电力电子学和微电子学的发展,交流电动机的缺点将被一一克服,它取代直流电动机的时代已为期不远。本章主要讨论应用最广(占整个电力传动 90% 左右)的三相异步电动机的节电技术。

图 2-1 所示为异步电动机的节电技术内容。由图可见,异步电动机的节电技术主要包括三个部分,即合理选择电动机,使它经济运行并加强管理。其内容将在图中括号所列的有关章节中阐述。在未予阐述前,有必要先介绍一下电动机的特性。

2.2.2 电动机的损耗

2.2.2.1 电动机的损耗

电动机的损耗主要分为有功损耗和无功功率损耗。

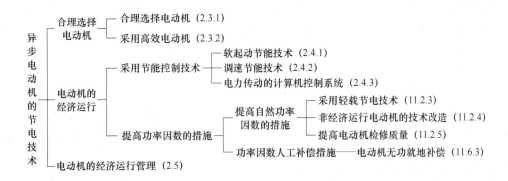

图 2-1 异步电动机的节电技术

（1）异步电动机的有功损耗 $\Delta P(\text{kW})$。

$$\Delta P = \Delta P_0 + \beta^2(\Delta P_N - \Delta P_0)$$

$$\Delta P_N = \left(\frac{1}{\eta_N} - 1\right)P_N \tag{2-1}$$

式中 ΔP_0——电动机的空载有功损耗，kW；

ΔP_N——电动机额定负荷时的有功损耗，kW；

η_N——电动机额定效率；

P_N——电动机额定功率，kW；

β——电动机的负荷率，$\beta = P_2/P_N$；

P_2——电动机的输出功率，kW。

（2）异步电动机的无功功率损耗 $Q(\text{kvar})$。

$$Q = Q_0 + \beta^2(Q_N - Q_0) \tag{2-2}$$

式中 Q_0——电动机空载时的无功功率，kvar；

Q_N——电动机额定负荷时的无功功率，kvar。

2.2.2.2 电能质量对电动机损耗的影响

A 电源频率变化对电动机损耗的影响

我国规定电力系统正常频率偏差允许值为 ±0.2Hz。在电力系统网络化的今天，公共电源频率的稳定是有保证的。所以，这里仅说明专用电源（如变频电源）频率变化对电动机损耗的影响。

对于风机泵类负载，由于轴转矩与转速的二次方成正比，当频率降低，转速即下降，转矩也随之下降，从而使定子及转子电流下降，因而电动机效率有所提高，再加上轴功率有大幅度下降，电动机输入功率也大幅度下降，故风机泵类负载采用变频调速，在低速时可获得好的节电效果。

B 电压变动对电动机损耗的影响

我国规定低压系统中电压允许变化 ±10%。国内外资料表明，电压低于额定值不超过10%时，对一个系统、一个工厂往往是节电的。这是因为对于轻载运行的电动机，供电电压适当降低一些，空载电流和铁损均能随之减低，此时的定子电流比正常电压时的值，不仅不会增加,可能还会降低。在这种情况下,电动机的总损耗就可降低,效率提高,定子温升和功率因数还可得到改善。由此可见,按电动机实际负荷合理调整运行电压,可达到节电的目的。但降低运行电压时,要注意电动机起动性能的问题。

C　三相电压不平衡对电动机损耗的影响

当不平衡电压加于三相电动机时,由于有负序分量的磁场产生负序转矩,增加了输入功率,从而降低了效率;同时也增加了转子内的热损失和振动、噪声。资料表明,如有3.5%不平衡电压加在电动机上,会使电动机总损耗增加20%,效率下降3%~4%。因而保持供电电压平衡,可以节约电能。

D　谐波电流对电动机损耗的影响

谐波对电动机的主要影响是引起附加损耗,从而产生附加温升,严重时电动机因过热而烧毁。其次是产生机械振动、噪声和谐波过电压。

2.2.3　电动机的主要运行参数及其效率、功率因数曲线

2.2.3.1　电动机的主要运行参数

效率和功率因数称为三相异步电动机的力能指标,用以衡量电动机的能耗水平。效率的高低反映出电动机本身的耗能大小,而功率因数的高低则反映出电动机无功功率引起的供电网络的损耗大小。因此可以说,效率和功率因数是电动机的两个主要运行参数。实施电动机节电的实质,就是要减小其电能损耗,其主要途径就是要提高电动机的效率和功率因数。

A　效率

三相异步电动机的效率是指电动机的有功输出功率与有功输入功率之比,通常用百分数表示,故效率 η 的定义式为:

$$\eta = \frac{P_2}{P_1} \times 100\% \tag{2-3}$$

式中　P_1——电动机有功输入功率,kW;
　　　P_2——电动机有功输出功率,kW。

在实际应用中,电动机效率可分为额定效率、运行效率和最高效率。额定效率(η_N)是指电动机输出功率为额定值时的效率;运行效率(η)是指电动机拖动某负载运行时的工作效率;最高效率(η_m)是指电动机达其效率曲线最高点时的效率。

B　功率因数

三相异步电动机的功率因数 $\cos\varphi$ 是指电动机有功输入功率与视在功率之比,故功率因数的定义式为:

$$\cos\varphi = \frac{P_1}{S} = \frac{P_1}{\sqrt{3}U_1 I_1} \tag{2-4}$$

式中　S——电动机的视在功率,kV·A;
　　　U_1——电动机输入端线电压,kV;
　　　I_1——电动机输入端线电流,A。

C　负荷率

电动机的负荷率 β 是指电动机的实际输出功率 P_2 与其额定功率 P_N 之比的百分数，即

$$\beta = \frac{P_2}{P_N} \times 100\% \qquad (2\text{-}5)$$

2.2.3.2　电动机的效率、功率因数曲线

对任一台电动机来说，其额定效率、空载损耗都是一个固定值。因此，其效率、功率因数的高低均直接取决于负荷率。于是我们就可以较容易地绘出电动机的效率曲线 $\eta = f(\beta)$ 及功率因数曲线 $\cos\varphi = f(\beta)$，如图 2-2 所示。

分析电动机效率、功率因数曲线，揭示其变化规律、影响因素，从而可以总结出电动机经济运行的机理，以便进一步针对电动机实际运行状况，找出差距，制订减少损耗、提高电动机运行效率和改善功率因数的有效措施，达到节约用电的目的。

通过对电动机效率、功率因数的分析归纳得出：

（1）异步电动机的效率曲线具有较宽的高效率区域。一般 Y、Y_2 系列电动机当负荷率低

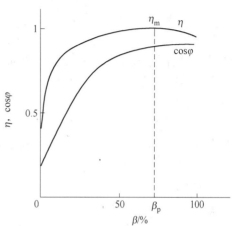

图 2-2　电动机的效率、功率因数曲线

于 30% 时，其效率将迅速下降，而当负荷增加到一定值（如 50%）以上时，其效率变化很小。因此，电动机运行只要负荷率不低于 30%，效率通常是较高的。

（2）由图 2-2 可见，电动机效率曲线具有一个最高效率点 η_m。当电动机的固定损耗等于可变损耗，即当可变损耗与固定损耗之比为 1 时，电动机在最高效率点运行。电动机运行效率最高时的负荷率，称为有功经济负荷率，用 β_p 表示，β_p 通常在 60% ~ 100% 的范围内。

当电压额定时，电动机有功经济负荷率的计算如下。

由于电动机的效率为：

$$\eta = \frac{P_2}{P_1} \times 100\% = \frac{P_2}{P_2 + \Delta P} \times 100\% = \frac{\beta P_N}{\beta P_N + \Delta P} = \frac{\beta P_N}{\beta P_N + \Delta P_0 + \beta^2 \left[\left(\frac{1}{\eta_N} - 1 \right) P_N - \Delta P_0 \right]}$$

按一元函数求极值的方法，效率最高值 η_m 应出现在 $\mathrm{d}\eta/\mathrm{d}\beta = 0$ 处，据此得最高效率时的有功经济负荷率为：

$$\beta_p = \sqrt{\frac{\Delta P_0}{\left(\frac{1}{\eta_N} - 1 \right) P_N - \Delta P_0}} \qquad (2\text{-}6)$$

此时的最高效率可用下式计算：

$$\eta_m = \frac{1}{1 + \dfrac{2\Delta P_0}{\beta_p P_N}} \qquad (2\text{-}7)$$

（3）异步电动机功率因数曲线的变化规律。图 2-3 所示为异步电动机的等值电路。图中，异步电动机对电源来说，相当于一个电阻和一个电感串联负荷，因此功率因数总是小于 1。在空载时，定子电流等于无功电流（空载电流），此时功率因数很小，仅为 0.1～0.2。随着负荷率增加，定子电流中的有功分量增加，功率因数也增大，当负荷率增加到一定值（如 50%）以上时，功率因数变化很小，当负荷率至 80% 以上时，$\cos\varphi$ 达到最佳值。如负荷率继续增加到一定程度后，由于转差率的增加，转子漏抗增大，转子电路中的无功电流增加，此时定子中的无功电流也相应增加，导致电动机功率因数下降。

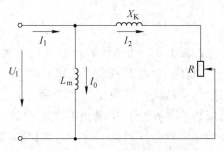

图 2-3　异步电动机的等值电路

（4）不同类型的异步电动机，其效率、功率因数也不相同。一般来说，鼠笼型电动机的效率、功率因数要比同容量的绕线型电动机高。

（5）同一类型的异步电动机，容量大的电动机的效率、功率因数要比容量小的高，且转速高的电动机的效率、功率因数要比转速低的高。

（6）对于同一台电动机，其效率曲线和功率因数曲线也不是一成不变，随着运行时间的增加，维护检修质量的不良，将导致该电动机效率、功率因数曲线性能变坏。

综上所述，要做到电动机节约用电，务必合理选择电动机类型、容量、转速，使电动机特性和负载机械特性相匹配，力求电动机本身有高的运行效率和功率因数；提高运行电动机的负荷率，尽量避免电动机在空载、轻载状态下长时间运行；提高维护检修质量，采取有效措施减少损耗，确保电动机的经济运行和对经济运行良好的管理。

2.3　三相异步电动机的合理选择

确保三相异步电动机经济运行的先决条件是合理选择电动机，其内容包括：合理选择电动机和采用高效电动机。

2.3.1　电动机的选择

关于电动机的合理选择，《三相异步电动机经济运行》（GB/T 12497—2006）的第 4 节对电动机类型选择、额定功率选择、工作电压选择、转速选择、转矩选择都作了规定。

2.3.1.1　电动机类型的选择

应按以下原则选择电动机类型：

（1）在选用电动机前应充分了解被拖动机械的负载特性。当负载特性对起动、制动、调速无特殊要求时应选用笼型电动机。从节能角度考虑，应首先选用符合《中小型三相异步电动机能效限定值及能效等级》（GB 18613—2012）的电动机，不应选用国家明令淘汰的产品。当负载特性对起动、制动、调速有特殊要求时，所选择的电动机应满足相应的堵转转矩与最大转矩要求，所选电动机应能与调速方式合理匹配。

（2）应依据电动机是否处于易燃、易爆、粉尘污染、腐蚀性气体、高温、高海拔、高湿度、水淋和潜水工作环境，选择相应的防护类型、外壳防护等级和电动机的绝缘等级。

（3）拖动高精度加工机械和有静音环境要求的电动机，应按要求选用有精确精度控制、低振动和低噪声设计的电动机。

（4）应依据负载特性要求，选择具有合适的安装尺寸与连接方式。

2.3.1.2　电动机额定功率的选择

电动机额定功率应满足负载的功率要求，同时要考虑负载特性与运行方式。

（1）应依据反映负载变化规律的负荷曲线确定经济负荷率。

（2）应根据负荷的类型和重要性确定适当的备用系数。具有长期连续运行或稳定负载的电动机，应使电动机的负荷率接近综合经济负荷率。

（3）年运行时间大于 3000h、负荷率大于 60% 的电动机，应符合 GB 18613—2012 中节能评价值。

2.3.1.3　电动机工作电压的选择

电动机的工作电压应与供电电压相适应。额定容量大于 200kW 的电动机宜优先选用高压电动机。运行在可调速状态的电动机宜选用较低额定电压等级。

2.3.1.4　电动机转速的选择

应按以下原则选择电动机转速：

（1）在满足传动的前提下，选择电动机转速时应减少机械传动级数。

（2）需要调速的负载应根据调速范围、效率、对转矩的影响以及长期经济效益等因素，选择合理的调速方式和电动机。

2.3.1.5　电动机转矩的选择

应按以下原则选择电动机转矩：

（1）电动机应满足负载的堵转转矩和最大转矩的需要。

（2）对有频繁起动、冲击负载和高起动转矩等特殊要求的负载应选用相应的专用电动机并进行转矩校验。

2.3.2　高效三相异步电动机及其选用

效率和功率因数是电动机的两项主要性能指标。为了增加单位重量的输出功率和降低成本，标准电动机在设计时效率都定得较低，一般中小型电动机效率约为 86%。

20 世纪 70 年代初，为了节约电能出现了高效电动机。但对于高效电动机的定义至今尚无统一的规定。在我国，高效电动机是指能达到或超过《中小型三相异步电动机能效限定值及能效等级》（GB 18613—2012）中的节能评价值的电动机。

2.3.2.1　高效电动机的特点

高效电动机的特点主要有：

（1）国内生产的高效电动机目前有 YX、YX$_2$、YX$_3$ 三种系列的高效三相异步电动机。YX 系列高效电动机较 Y 系列标准电动机损耗降低 20% ~ 30%，效率平均提高 3%，功率因数平均提高 0.04。

（2）YX 系列电动机在负荷率为 0.5 ~ 1.0 范围内，具有比较平坦的效率特性，有利于经济运行。

（3）YX 系列电动机起动力矩提高 30%，噪声降低 3 ~ 5dB，振动小，温升低，寿命长，且结构先进，几何尺寸与标准 Y 系列相同，互换性强，符合国际 IEC 标准。

从上述数据分析，YX 效率与美国所规定的 EPACT 效率指标相当。

2.3.2.2　优先选用高效电动机的场合

《三相异步电动机经济运行》（GB/T 12497—2006）中规定：对于年运行时间大于3000h，负荷率大于60%的场合，应优先选用高效电动机。

由此可见，高效电动机适用于长期连续运行及负荷率较高的场合。这是由于高效电动机的节电经济效益与负荷率、年运行时间的乘积有关。

2.4　三相异步电动机的经济运行

电动机经济运行是一种在满足被拖动负载工作特性要求的前提下，安全可靠、不影响生产、不带来负面环境影响、节约电能与运行维护费用的运行方式。而要达到这种经济运行方式，除了设计制造高效率电动机，提高电动机本体的功率传递效率，降低损耗外，在经济运行过程中采用电动机软起动技术、调速技术以及无功补偿技术等为核心的电动机节能控制技术，将给经济运行的实施提供有效的技术保障。

2.4.1　电动机的软起动节能技术

2.4.1.1　异步电动机的起动概述

A　异步电动机的起动能耗及降耗途径

根据异步电动机的 T 型等值电路及旋转运动方程式，可以推导出仅考虑定转子铜耗产生的起动总能耗 E(kJ)：

$$E = \frac{J\omega_1^2}{2}\left(1 + \frac{R_1}{R_2'}\right)\frac{M_{cm}}{M_{cm} - M_L} \tag{2-8}$$

式中　J——转子转动惯量，$kg \cdot m^2$；

　　　ω_1——同步角速度，s^{-1}；

　　　M_{cm}——电磁转矩，$N \cdot m$；

　　　M_L——负载转矩，$N \cdot m$；

　　　M_g——加速转矩，$M_g = M_{cm} - M_L$，$N \cdot m$；

R_1，R_2'——定子相电阻、转子折算电阻，Ω。

当电动机空载起动时，$M_L = 0$，因此有：

$$E = \frac{J\omega_1^2}{2}\left(1 + \frac{R_1}{R_2'}\right) = \frac{1}{2}J\omega_1^2 + \frac{1}{2}J\omega_1^2\frac{R_1}{R_2'} \tag{2-9}$$

式（2-9）右边的第一项为空载起动时的转子能耗，等于转子储存的动能；第二项为定子能耗，与 R_1 成正比，与 R_2' 成反比。

由以上公式可以看出影响起动能耗的相关因素：E 与 J 及 ω_1 成正比；E 随 R_2' 的增大而减小；E 随 M_{cm} 或 M_g 减小而增大。据此，可以找到降低起动能耗的途径及具体措施：

（1）采用 M_{cm}、M_g 较大的起动方式。异步电动机的电磁转矩 M_{cm} 与端电压 U 的平方成正比，要获得最大的 M_{cm}，就必须在全电压下起动。即使必须采用降压起动时，也要尽可能在较高电压的档位起动，以获得较大的 M_{cm}，减小起动能耗增加的幅度。

加速转矩 $M_g = M_{cm} - M_L$，在一定 M_{cm} 下，减小 M_L 可加大 M_g，从而减小起动能耗及起动时间。所以，无论何种性质的负载，只要条件允许，都应尽量在空载（$M_L = 0$）下起动。

（2）减小机组的转动惯量 J。

（3）采用低同步转速起动。其方法有两种：

1）变频起动。即采用变频器将电流频率从低值（ω_1 小）到高值（ω_1 大）的启动方法。

2）多速电动机由低速到高速起动：为了减小起动能耗，多速电动机应由低速到高速逐级起动，即先将定子绕组接成多极数（ω_1 小）起动，再转换到少极数（ω_1 大）运行。

（4）选择 R_2' 较大的电动机。因定子起动能耗与 R_2' 成反比，对于重载起动的场合，若选用 R_2' 值较大的双鼠笼、深槽式电动机，其效果与绕线式电动机转子串电阻起动相当，可增大起动转矩及加速转矩，减少起动电流及起动能耗。对于频繁起停的重载机械，则宜选用 R_2' 较大的高转差率（如 YH、YZ 系列）电动机。

B　异步电动机的起动方式

异步电动机的起动方式包括笼型异步电动机起动和绕线型异步电动机起动两种方式。

笼型异步电动机的起动方式有直接起动、减压起动和软起动等方式。直接起动又称全压起动，即起动时电源电压全部施加在电动机定子绕组上；减压起动即起动时将电源电压降低一定的数值后再施加到电动机定子绕组上，待电动机的转速接近同步转速后，再使电动机在电源电压下运行；软起动即使施加到电动机定子绕组上的电压从零按预设的函数关系逐渐上升，直至起动过程结束，再使电动机在全电压下运行。

其中，笼型异步电动机减压起动方式又可分为电阻减压起动、电抗器减压起动、自耦变压器减压起动、星三角减压起动和延边三角形减压起动。

绕线型异步电动机的起动方式一般有转子回路串接电阻起动和转子串频敏变阻器起动两种。

2.4.1.2　大型交流电动机的软起动方式

工业生产规模化的发展带动了电动机向大容量方向发展，于是大型电动机软起动技术得到迅速发展。

图 2-4 所示为目前常用大型电动机的软起动方式。

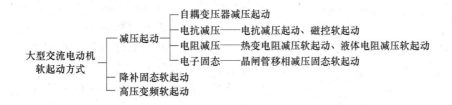

图 2-4　常用大型交流电动机的软起动方式

发展大型电动机软起动技术的目的是为了保证在对电网、机械及电动机负面影响最小的前提下完成电动机的起动任务，并为电动机的合理选用提供技术保障。目前，国内外电动机软起动技术的发展相当活跃，已经能根据电动机不同容量、不同电压等级、不同机械负载而有不同的产品。对于中型低压鼠笼型异步电动机，可选用低压固态软起动；对于中型高压鼠笼型异步电动机的减压起动，仍多选用电抗器、自耦变压器等方式；目前国内生产的热变电阻软起动器能较好地满足大中型高压鼠笼型异步电动机的减压起动要求；对于大容量交流电动机，高压变频软起动器则代表着软起动技术的发展方向；对于大容量绕线型异步电动机的起动，目前国内外主要采用液体电阻转子起动器。

A　自耦变压器减压起动

自耦变压器减压起动通常用于要求起动转矩较高而起动电流较小的场合。

图 2-5 所示为自耦变压器减压起动原理。

由图可见，在电动机端子和电源间接入自耦变压器，自耦变压器一般都有几个抽头，通过改变自耦变压器抽头可以将电源电压降到合适的电动机起动电压。

当用自耦变压器减压起动时，电动机起动电流随端电压比例降低，起动转矩按端电压的平方而变化。

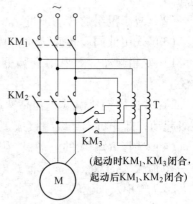

（起动时KM₁、KM₃闭合，起动后KM₁、KM₂闭合）

图 2-5　自耦变压器减压起动原理

换句话说，起动电流和起动转矩可以靠改变抽头来调节，以获得起动转矩较高而起动电流较小的效果。

自耦变压器减压起动的主要缺点是当电动机转速接近于额定转速时，要将开关切换至电网，电动机有短时断电的情况，这会造成瞬间的大电流冲击和转矩突变，这对电动机和拖动机械是极为不利的。

自耦变压器减压起动是一种传统的减压起动技术，它适用于中型鼠笼型电动机和同步电动机的减压起动。

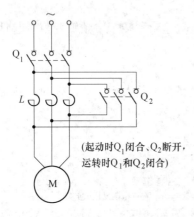

（起动时Q₁闭合、Q₂断开，运转时Q₁和Q₂闭合）

图 2-6　电抗器减压起动原理

B　电抗器减压起动

图 2-6 所示为电抗器减压起动原理。由图可见，电抗器减压起动是在电动机定子回路串接电抗器，使加在电动机定子绕组上的电压低于电网电压，从而减小起动电流的一种减压起动方法。当电动机转速接近于额定转速时，将开关短接电抗器，电动机被直接接入电网而加速至额定转速运行。

串接电抗器起动的电抗值是固定的，在起动过程中电动机电流会随着转速的增高而减小，这使起动后劲不足，较易产生起动失败和器件损坏，起动结束时电抗器的短接还会引起二次电流冲击。

电抗器减压起动也是一种传统的减压起动技术，它适用于中型鼠笼电动机和同步电动机的减压起动。

C　磁控软起动

磁控软起动是从电抗器减压起动派生出来的一种新颖起动方式，所不同的它是用起限流作用的可控饱和电抗器串在交流电动机定子回路中实现减压起动。

图 2-7 所示为饱和电抗器结构。将饱和电抗器的交流绕组串接在电动机定子回路，通过电流反馈调整电抗器控制绕组的直流电流从而改变饱和电抗器的饱和程度，实现电动机的软起动。即在起动开始时，饱和电抗器具有较大的电抗值，以限止电动机电流，以后通过电流反馈减小其电抗值，以维持电流恒定，起动完成后饱和电抗器被旁路。此时由于电

抗值已相当小，因此旁路饱和电抗器不产生二次冲击，克服了定子串电抗起动的缺点。磁控软起动的调节特性和用晶闸管组成的软起动器相同。

磁控饱和电抗器适用于 0.4～12kV 鼠笼型异步电动机、同步电动机的起动。

D　热变电阻减压起动

热变电阻减压起动器为一种新型的软起动器，它能较好地满足大中型高压鼠笼型异步电动机的减压起动要求。

热变电阻软起动器是由具有负温度系数的碳酸钠电解质所组成的液体电阻器。它串接于电动机的

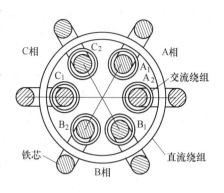

图 2-7　饱和电抗器结构

三相定子回路中，起动时电阻体通过起动电流而使其温度升高，阻值随之减小，从而使电动机端电压逐步升高，起动转矩逐步增加，实现了电动机的无级平稳起动。

改变电解液的浓度，可以自由地按照电动机参数和负载要求调配到所需的起动电阻值。即在较小的起动电流下，获得足够大的起动转矩。

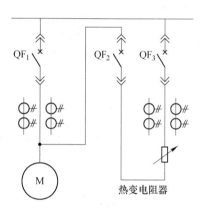

图 2-8　热变电阻减压起动原理

图 2-8 所示为热变电阻减压起动原理。电动机起动前，断路器 QF_1 处于分闸位置，断路器 QF_2 处于合闸位置，热变电阻器接入电动机定子回路。起动时，合上断路器 QF_3，电动机经热变电阻器接电开始起动。起动完毕后，将 QF_1 合闸，电动机全速运行，然后将 QF_3、QF_2 分闸，热变电器切除，电动机起动过程结束。

高压热变电阻器减压起动具有如下特点：

（1）在电动机起动过程中，电流基本保持在 $2.5I_N$ 以下，具有显著的软起动特性。

（2）起动过程中系统功率因数高，一般都在 0.85 以上且接近恒定。

（3）母线压降在 5% 左右，使电动机起动对电力系统的影响降到最低。

（4）起动过程接近于恒加速特性，电动机起动转矩逐步增高，使机械设备起动平稳无冲击。

（5）电阻体热容量大，结构简单，安全可靠，成本低廉。

经过十余年的发展，热变电阻减压起动技术已可满足 10kV、40000kW 电动机的软起动要求。

E　液体电阻转子起动器

液体电阻转子起动器是为改善大中型绕线转子交流异步电动机的起动性能而研制的新型起动器，它克服了频敏变阻器起动冲击电流大、难起动和操作不便等问题，适用于建材、冶金、化工、矿山等工业部门的球磨机、空压机、破碎机、大型风机和水泵等的电动机的重载起动，是频敏变阻起动器和金属电阻起动器的理想替代产品。

图 2-9 所示为绕线型异步电动机转子串液体电阻起动原理。

液体电阻起动器的基本原理是通过机械传动装置移动导电电阻液中两平行极板（动极板与静极板）的距离来平滑改变液体电阻阻值，使电动机转速逐渐增大并平滑达到额定转速，从而实现大中型绕线转子电动机的重载平滑起动。起动完毕，需用接触器将电动机转子回路短接。短接接触器要根据绕线型电动机转子开路电压和转子短路电流来选用。

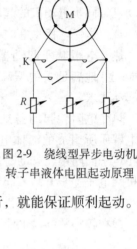

液体电阻转子起动器具有如下特点：

（1）起动电流小且恒定，对电网无冲击。起动电流不大于 $1.3I_N$，因此可以降低电动机重载起动对变压器容量的要求，既节能又减少一次性投资。

图 2-9　绕线型异步电动机
转子串液体电阻起动原理

（2）无级平滑起动，减小对机械设备的冲击。

（3）热容量大，可连续起动 5～10 次。

（4）低电压仍可起动，只要电网电压能保证电动机正常运行，就能保证顺利起动。

（5）结构简单，维护方便。

　F　晶闸管移相减压固态软起动

晶闸管移相减压固态软起动器是一种集软起动、轻载节电、软停车和多种故障保护功能于一体的新颖异步电动机起动装置，在国际上应用已经比较普遍。这类软起动器或柔性起动器英文名为 Soft Starter。

图 2-10 所示为固态软起动器主电路图。由图可见，其主电路由三组反并联晶闸管构成，利用晶闸管移相控制原理控制晶闸管导通角的大小，以改变电动机端电压，起动时，使晶闸管的导通角从 0° 开始逐渐前移，电动机端电压也从 0 以预设函数关系逐渐上升，电动机随之平滑加速，直至起动结束，晶闸管全导通，赋予电动机全电压。

软起动器有如下特性：

（1）恒流软起动特性。基于软起动器在起动开始后逐渐升压，起动电流以恒定的斜率平稳地上升，然后进入恒流软起动，避免了起动电流对电网的冲击和对电动机及机械设备的起动冲击转矩。

恒流软起动与传统起动的比较如图 2-11 所示。由图可见，全电压直接起动的起动电

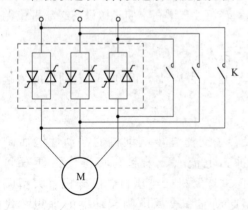

图 2-10　软起动器主电路图　　　　　图 2-11　恒流软起动与传统起动比较

流为 $6I_N$，且在电动机接近 50% 转速前几乎不变，这样大的起动冲击电流会给配电系统带来不良影响。

由图 2-11 还可知道：自耦变压器减压起动时（主要在起动过程即将结束时）有二次冲击电流，同样会给配电系统带来不良影响。

（2）软起动器的起动电流不受电网电压波动的影响。目前这种新颖的软起动器在晶闸管的移相电路中引入电动机电流反馈，使起动电流恒定，起动平滑。

（3）起动过程中，起动电流上升速率可根据负载调整设定，从而极大地减小了电动机起动时转矩对负载的冲击，其特性曲线如图 2-12 所示。对某些负载，如纱锭、线缆等绕线机构，虽是轻负载，但对电动机起动、加减速率 dn/dt 有一定要求，这可通过改变起动电流上升速率，使电动机按实际需要平稳起动。

（4）电动机的起动时间和起动电流的最大值可根据负载情况设定，如图 2-13 所示。图中，起动电流 $I_1 > I_2 > I_3$，而起动时间 $t_1 < t_2 < t_3$。

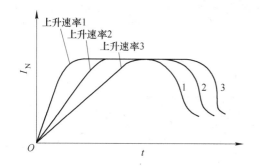

图 2-12　起动电流上升速率可调

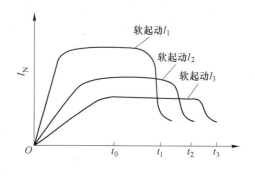

图 2-13　起动时间长短可调

（5）阶跃恒流软起动与脉冲恒流软起动特性。为满足一些工况中有些设备要求起动转矩很大，如港口皮带运输机的重载起动场合，因此软起动又派生设计出阶跃恒流软起动和脉冲恒流软起动系列，如图 2-14 所示。

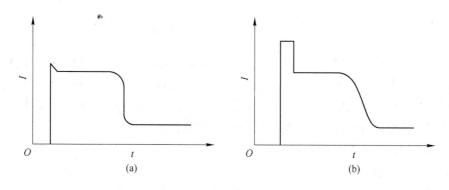

图 2-14　阶跃恒流软起动与脉冲恒流软起动
（a）阶跃恒流软起动；（b）脉冲恒流软起动

（6）轻载节能功能。软起动器（不带旁路接触器）具有轻载节能功能。它通过电流控制环自动检测电动机的负荷变化改变晶闸管的导通角大小，从而改变电动机的工作电压，使电动机工作电压在轻载时自动降低，并随着负荷的变化而变化，这就保证电动机能始终处在较经济的工作电压下运行，实现在轻载时，通过降低电动机端电压，减少电动机的铜铁损，提高效率以及改善功率因数，达到轻载节能的目的。

（7）软起动器与旁路接触器 K。当电动机软起动结束后，K 闭合，软起动器被短接退出，从而消除高次谐波对电网的干扰，以及可延长晶闸管的使用寿命。若要求电动机软停车，则将 K 分断，由软起动器对电动机进行软停车。此外，一旦软起动器发生故障，K 也可作为应急备用。

G　降补固态软起动

图 2-15 所示为降补固态软起动原理。由图可见，降补固态软起动装置主要由降压器 T 和无功发生器 C 构成。降压器的作用是用来降低电动机的端电压，从而降低电动机的起动电流，减小对网侧的冲击。无功发生器的作用是用来提供电动机起动过程中所需的无功功率，对电网电压波动的影响。起动合闸后，电动机即在接近恒定的端电压下起动。当电动机达到额定转速时，运行柜合闸，同时起动控制柜分闸，切除降补软起动装置，起动完毕。

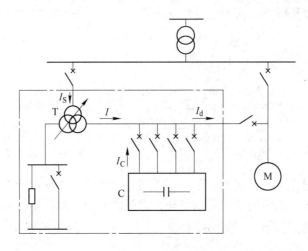

图 2-15　降补固态软起动原理

为消除降压器在转切过程中的操作过电压，在降压器本体附有一组阻抗，也称过渡阻抗。在起动过程中，该阻抗被短接不用；在转接过渡过程中，该阻抗被无间断接入，等效于无间断过渡到串接电阻减压起动状态。无间断接入或切除降压阻抗可以使转切冲击电流限制在小到几乎可以忽略的范围，操作过电压也因此接近完全消除。

降补固态软起动的主要特点有：

（1）起动时回路电流小于 $1.5I_N$。

（2）可以显著降低主变压器的安装容量，使变压器按照最高效最合理的原则选用，节约投资，节约能源，节约运行费用。

（3）起动和转切过程无冲击。

H　高压变频软起动

高压变频软起动装置实际上是一个直接转矩控制的交直交电流型 VVVF 变频器。当输出频率从 0Hz（同步起动）或 5Hz（异步起动）逐步升高到 50Hz，电动机转速从 0 逐步升高到额定转速，实现电动机的软起动。一般情况，起动电流控制在 50% I_N 以内。

根据高电压组成方式的不同，高压变频软起动装置可分为高-低-高型和高-高型。对于大容量交流电动机来说，高压变频软起动装置代表着软起动技术的发展方向，其起动电流小，对电网无冲击，性能稳定。但由于它目前投资依然太高，维护技术难度也很大，因此仅在其他软起动技术解决不了的场合使用。

2.4.1.3　国内外大中型交流电动机软起动技术比较

几种大中型交流电动机软起动方式的技术比较见表 2-1。

表 2-1　几种大中型交流电动机软起动方式的技术比较

指　标	电抗减压	电阻减压	电子固态	降补固态	变　频
适用容量/MW	5	15	5	50	100
起动电流倍数	2.5~4	2.5~4	2.5~4	1.5/3.5	0.5/1
可比电网压降	最　大	较　大	最　大	较　小	最　小
对电网要求	最　高	较　高	最　高	较　低	最　低
高次谐波	有	无	最　高	无	较　高
起动时间	不可调	不可调	可　调	不可调	可　调
连续起动	2 次	3 次	3 次	不限制	不限制
二次冲击	有	无	无	无	无
环境适应性	较　强	较　差	较　差	最　强	较　差
重复性	较　好	最　差	可　控	好	可　控
辅助电源	大	无	微　小	无	小
噪　声	电抗大	无	无	小	小
占用空间	较　小	较　大	最　小	较　小	最　大
维　护	免	加水	要求高	免维护	要求很高
投　资	较　低	最　低	较　高	较　高	最　高

2.4.2　电动机的调速节能技术

根据转速是否变化，各类生产机械可分为恒速传动机械和调速传动机械两类。其中，采用调速传动，可按被传动的生产机械负载性质合理选择调速方式，实现最佳转速调节，使之不仅满足电力传动调速机械的生产工艺要求，提高产品质量和生产率，且使电动机的能耗降低，运行效率大大提高，达到显著的节电效果。

随着电力电子学、微电子学的发展，交流调速传动飞跃发展。现代交流调速传动系统在性能上已进入和原调速领域占据首位的直流调速传动系统相媲美、相竞争的时代，并有取而代之成为调速传动主流的趋势。本节主要从经济运行角度讨论交流调速系统。

2.4.2.1　交流电动机调速技术分类

A　调速方法及其节能技术特性

交流异步电动机的转速 $n(r/min)$ 的表达式为：

$$n = n_0(1 - s) = \frac{60f}{p}(1 - s) \qquad (2\text{-}10)$$

式中 n_0——同步转速，r/min；

f——电源频率，Hz；

p——定子绕组极对数；

s——转差率。

由式（2-10）可知，异步电动机转速是由 s、p、f 三个参数决定的，所以有三种基本的调速方法：变极调速、变转差率调速和变频调速。其中变转差率调速又可通过调定子电压、调转子电阻，采用电磁调速电动机和串级调速等方式来实现；而变频调速方式又有间接变换方式（交-直-交变频）、直接变换方式（交-交变频）和高压变频调速方式。此外同步电动机的调速可以用改变供电频率从而改变同步转速的方法来实现。同步电动机的变频调速有他控式和自控式两种。图 2-16 所示为交流电动机的调速方法。

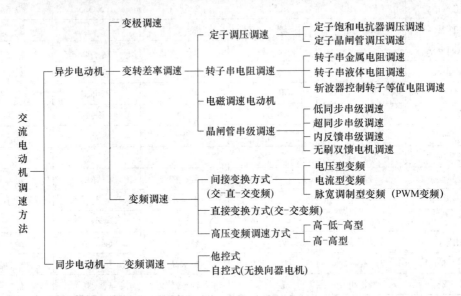

图 2-16 交流电动机的调速方法

从节能的角度出发对图 2-16 进行分析后，将交流电动机调速方法可以按其效率高低分为两类：

（1）低效调速系统。低效调速系统包括转子串电阻调速、定子调压调速和电磁调速电动机调速。其中定子调压调速、电磁调速电动机调速主要用于鼠笼型电动机，转子串电阻调速主要用于绕线型电动机。

低效调速系统的特点是：当电动机速度调低时存在附加的转差损耗，不能回收，以热能的形式散失掉，因此效率不高。

（2）高效调速系统。包括：变极调速、串级调速、变频调速和无换向器电机调速。其中变极调速、变频调速主要用于鼠笼型电动机，串级调速主要用于绕线型电动机，无换向器电抗调速主要适用于同步电动机。

高效调速系统的特点是：当电动机转速改变时基本保持额定转差而无附加转差损耗

（如变极调速和变频调速），或可将转差功率回馈到电网或电动机轴上（如串级调速），因此这类调速系统的效率很高。

　　B　负载性质与调速方式的合理匹配

　　只有当所采用调速方式的调速性质与生产机械负载性质相一致时，电动机的容量才能得到充分利用，这将是最为节电的；当两者性质不一致时，电动机的额定转矩或额定功率将会增大，从而使电动机的容量得不到充分利用。典型的负载特性有三种：

　　（1）恒转矩负载，应选择恒转矩变极调速，或恒转矩变频调速及各种改变转差调速方式。

　　（2）恒功率负载，应选择恒功率变极调速。

　　（3）风机、泵类负载（平方递减转矩负载），原则上各种调速方式都能适用，可根据不同负载的变化规律，选择节能效果好的调速方式。

　　2.4.2.2　变频调速节电

　　变频调速是一种通过改变电动机供电电源频率而达到调节电动机转速的调速方法。变频调速系统的功率变换主电路可分为间接变换和直接变换两种方式。间接变换是先把交流变换成直流，再把直流逆变成交流，称为交-直-交变频；直接变换把工频交流电直接变换成可变频率的交流电，称为交-交变频。交-直-交变频方式又有电压型、电流型和脉宽调制型三种类型。在异步电动机的各种调速系统中，变频调速的调速范围大，静态稳定性好，运行效率高，使用方便并且经济效益显著，因而成为交流调速系统的主流，已在生产和生活中大力推广，得到广泛的应用。目前，国外工业发达国家交流电动机变频调速已达到 60%~70%，而我国仅为 6% 左右，潜力巨大。运行实践证明，采用变频调速单机平均节电率为 30%~60%。据预测，采用变频调速，年总节电量可为 600 亿千瓦时。因此，需大力推广变频调速节电。

　　异步电动机在进行变频调速过程中，希望保持其气隙磁通 Φ 不变，以保持电动机具有合理的气隙磁通。而异步电动机中的气隙磁通正比于施加给定子的电压 U 与定子频率 f 的比值：

$$\Phi \propto \frac{U}{f} = \mathrm{const} \tag{2-11}$$

　　由此可见，为了保持气隙磁通不变，必须采用 $U/f = \mathrm{const}$ 的控制方式。

　　基于变频装置工作时，必须保证（定子输入）U/f 按一定比例变化，因此变频调速被称为变压变频（VVVF）调速。

　　表 2-2 列出各种调速方式比较。

表 2-2　各种调速方式比较

调速方式	改变极对数 p	改变转差率 s					改变 f
	变极调速	晶闸管串级调速	转子串电阻调速	定子调压调速	滑差调速	液力耦合器	变频调速
电动机类型	多速电动机	绕线型异步电动机	绕线型异步电动机	绕线型或高阻抗笼型异步电动机	电磁调速电动机	绕线型或笼型异步电动机	异步电动机

续表 2-2

调速方式	改变极对数 p	改变转差率 s					改变 f
	变极调速	晶闸管串级调速	转子串电阻调速	定子调压调速	滑差调速	液力耦合器	变频调速
适用容量/kW	高低压中小容量 0.4~100	高低压大中容量 30~2000	大中容量 15~2000	低压小容量 ≤220	低压小容量 0.4~315	大中容量 30~2200	高中压不限 0.4~数千
调速精度/%	—	±1	±2	±2	±2	±1	±0.5
调速范围	2:1~4:1	65%~100%	65%~100%	80%~100%	10%~100%	5%~100%	5%~100%
静差率	较小	较小	大	大	较小	大	小
平滑性	有级	无级	有级	无级	无级	无级	无级
转矩特性	恒功率或恒转矩	恒转矩	恒转矩	恒转矩	恒转矩	恒转矩	恒转矩
效率	0.7~0.9	0.8~0.92	$1-s$	$1-s$	$1-s$	$1-s$	0.6~0.95
功率因数	0.7~0.9	0.35~0.75	0.8~0.9	0.6~0.8	0.65~0.9	0.65~0.9	0.3~0.95
投资费用	低	较高	低	较低	较低	一般	高
适用对象	机床、矿山、冶金、纺织、泵、风机	起重机、泵、风机	泵、风机	起重机、泵、风机	泵、风机、印染、造纸、卷绕机械	大型水泵、风机等大惯量机械	辊道、泵、风机、纺织机械

2.4.3　电力传动的计算机控制系统

2.4.3.1　计算机集成制造系统

计算机集成制造系统（Computer Integrated Manufacturing System，CIMS），是把企业生产经营活动的全部环节，通过以计算机为基础的各个子系统用网络有机地集成在一起，形成一个管理和控制一体化的完整体系，其目的在于提高劳动生产率，保证产品稳定的高质量、低消耗、低成本以及取得更大的管理效率，从而使企业具有高度的市场竞争能力和获得最佳的经济效益。

计算机集成制造系统的雏形，始于 20 世纪 60 年代的机器制造业，是先从数控机床发展起来，实现车间生产控制自动化，进而又与计算机生产管理自动化结合起来，演变形成一个管理控制一体化系统。由于当时受计算机技术水平的限制，这种管理一体化系统的功能还是很有限的。

到了 20 世纪 70 年代，国际商品市场的激烈竞争，计算机技术的高速发展，计算机在企业商品制造、产品设计、经营管理等领域中进一步深入广泛的应用，促进了计算机集成制造系统概念的形成。1974 年，美国约瑟夫·哈林顿博士首先提出了计算机集成制造系统的概念。哈林顿认为企业生产中各环节，包括市场分析、产品设计、加工制造、经营管理到售后服务，是一个不可分割的整体。生产过程的实质是一个数据采集、传递和加工处理的过程，最终产品可以看成是数据的物质表现。从这两个基本观点出发，他提出了电子计算机可以把整个制造过程集成起来的新概念。

CIMS 概念很快地为人们所接受，从 20 世纪 80 年代以来，欧、美、日的一些企业已陆续建成了 CIMS，并取得了显著的经济效益。如美钢联所属加里厂，投资 2.7 亿美元建成 CIMS，每年可增加直接经济效益 1.6 亿美元。又如日本由于在新日铁、住友、川崎、日本钢管、神户等五大钢铁公司下属的许多厂建成了 CIMS，因而在国际市场竞争中占据了有利地位，成为先进的钢铁生产大国。

在我国，宝山钢铁公司及天津无缝钢管公司等企业的 CIMS 也已在 20 世纪 90 年代建成。

2.4.3.2 CIMS 系统结构分级

CIMS 不仅适用于机器制造工业，而且也适用于其他工业。由于各工业生产的特点不同，其 CIMS 类型也不相同。有人把 CIMS 分成三种类型：经济管理型、机器制造型、材料型。下面以材料型中的某钢铁企业为例，阐述其 CIMS 系统结构的分级。

钢铁企业 CIMS 从自动化系统分级的观点来看，可为 6 级自动化系统的集成，如图 2-17 所示。

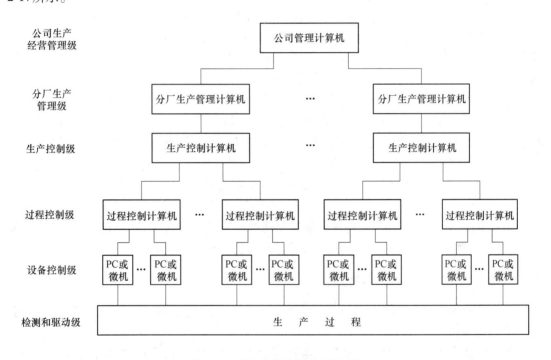

图 2-17 多级分布计算机系统结构

图中，第一级为检测和驱动级。通过现场传感器、检测器完成钢铁生产工艺流程的参数检测，以及直接控制和驱动作业线上的设备。对于电气传动来说，本级主要包括交直流调速装置、电动机控制中心（MCC）等设备。

第二级为设备控制级（又称基础自动化级）。根据上级计算机下达的设定值，具体完成各生产设备的闭环控制、顺序控制和自动操作任务。一般设备控制级采用多台 PC 和微机，分别完成各项实时控制任务。目前，由于网络技术的发展，设备控制级已形成三电（即电气、仪表、计算机，简称 EIC）一体化的格局。即 PC 程序控制器电控系统、DCS 集散型仪控系统和上级过程控制计算机通过网络连接在一起，进行相互数据通讯，实现 EIC 的综合系统，提高了结合度，做到信息资源共享。

第三级为过程控制级。根据上级计算机的要求，考虑约束条件，按照数学模型计算所属子系统的参数设定值，如位置、速度、温度等。同时监控各子系统协调运行，以实现系统的动态最优化控制。通常，过程控制级采用数台小型计算机作分区控制，完成各自的任务。

第四级为生产控制级。用来修订短期生产计划，监视和协调本区内的生产，进行产品质量管理和成品管理。通常，生产控制级采用中、小型计算机实现在线控制。

第五级为区域或分厂生产管理级。根据上级计算机的要求，编制本厂生产计划，担负生产管理。有时，公司内几个生产工艺过程特别紧密的厂，可联合设置区域生产管理计算机，而不再设置各自的厂级生产管理计算机。此时，区域生产管理计算机除承担区域内各厂的生产计划和生产管理功能外，还负责区域内各厂间的生产协调及物料跟踪。由于区域或分厂管理计算机承担着大量的数据收集计算、编制各类生产报表以及记录文件任务，因此通常采用大、中型计算机进行离线批处理。

第六级为公司生产经营管理级。公司级管理计算机负责管理企业经营和生产活动。企业经营和生产活动管理包括市场调研、经营决策、订货处理、生产计划编制、物料管理、能源管理、质量管理、劳动人事管理、设备维修及备件管理、财务管理、发货管理、售后服务管理等。公司级管理计算机通常采用大型计算机进行离线批处理。

2.4.3.3　多级分布式计算机系统

CIMS 是把各级计算机，包括基础自动化 PC 或微机、过程控制计算机、生产控制计算机、厂级生产管理计算机、公司级管理计算机用网络有机连接起来，构成一个树枝状的多级分布式计算机系统，如图 2-17 所示。

由图 2-17 可见，CIMS 由管理计算机和控制计算机两大部分组成，形成管控一体化的完整体系。CIMS 终结了企业自动化系统中的自动化"孤岛"，并防止了管理系统成为缺乏底层数据支撑的"空中楼阁"。现代化的控制和管理手段的紧密融合，信息资源共享，保证了管理手段的完整性和综合性，从而使企业能取得最佳经济效益。

2.5　电动机的经济运行管理

即使采取了合理选择电动机和电动机经济运行等措施，但如果不加强运行管理，也还是不能达到预期的效果的。

电动机经济运行管理主要包括建立电动机运行档案、电动机设备的运行监视、电动机检查与维护、记录数据整理分析。

2.5.1　电动机运行档案的建立

（1）电动机台数超过 50 台或总功率超过 500kW 的单位，应对电能消耗大的或在生产过程中发挥重要作用的电动机建立并保持详细的清单。

（2）容量大于 160kW 的电动机应有制造厂提供的原始资料，年运行时间超过 1000h 时应有各项试验记录、运行维修记录、典型的年负荷曲线与日负荷曲线、电动机运行状况分析记录等。

2.5.2　电动机设备的运行监视

（1）功率在 50kW 及以上的电动机，应单独配置电压表、电流表、有功电能表等计量仪表，以便监测与计量电动机运行中的有关参数。

（2）运行管理人员应定期监视电动机运行电流、电压、电动机输入功率、三相电流与电压的不平衡度。

2.5.3　电动机的检查与维护

2.5.3.1　电动机的检查

应指定运行管理人员负责电动机的运行状况巡回检查、测试与一般维护（冷却、润滑、清扫等）。运行管理人员应定期检查电动机运行温升、振动、噪声以及电动机电气终端的电流和电压，做好完整的运行记录。

2.5.3.2　电动机的维护

电动机的维护包括以下内容：

（1）轴承监测与校准。应经常性地检查电动机轴承的运行情况，作好电动机轴定位，及时对电动机转轴的偏移进行校准。应特别关注直接耦合的电动机转轴的偏移。轴承监测可使用红外成像仪测量轴承温度，使用振动传感器检测电动机振动。

（2）润滑。应按照制造厂的规定对电动机轴承和变速箱保持良好润滑。

（3）清洗。电动机应保持清洁，去除碎屑。

（4）修正电压不平衡。应经常在电动机负载状态下对每一相位的电源线电压进行测量并予以记录。若三相电压不平衡，应查明原因，予以纠正。

（5）校正电源电压。电压波动超过其允许电压范围应及时进行校正。

（6）监控和维护机械传输系统。应按照供应商的规定对电动机连接和耦合设备、皮带和传动齿轮进行经常性检查和维护，及时更换旧部件和皮带以确保电动机可靠和有效地进行。

2.5.4　数据记录与整理分析

电动机运行管理人员应做好完整的运行数据记录，及时进行汇总分析，并按企业能源管理要求整理成能源消耗台账，应根据负载要求、生产特点提出改进运行制度与实现系统优化运行的建议。

2.6　泵系统的节电技术

2.6.1　泵系统节电技术概述

泵、风机、压缩机三类通用电力传动设备广泛应用于国民经济的电力、煤炭、石油、化工、冶金、机械、纺织等部门的工矿企业。

2.6.1.1　泵的种类及其工作原理

泵系统通常是由机组、管网和辅助设备所组成的总体，而机组则是由泵、交流电动机、调速装置和传动机构所组成的装置。

泵是一种输送液体的通用机械，一般按工作原理可分为动力式和容积式两类。

动力式泵又称叶片式泵，是依靠旋转的叶轮对液体的动力作用，将能量连续地传递给液体，使液体的动能和压力能增加，随后在压出室中把部分动能转化成压力能，进行液体的输送。动力式泵又可分为离心泵、轴流泵、混流泵等。

容积式泵是利用活塞、柱塞等的往复运动或转子的旋转运动，使工作腔容积发生周期性变化，从而把能量周期性地传递给液体，使液体的压力增加，将液体强行排出。属于容积式泵的有活塞泵、柱塞泵、隔膜泵、罗茨泵等。

此外，泵按产生压力的大小可分为低压泵（压力在 2MPa 以下）、中压泵（压力在 2 ~ 6MPa）和高压泵（压力在 6MPa 以上）。

2.6.1.2　泵的特性

A　泵的基本参数

泵的基本参数有流量、扬程、功率、效率和转速。

（1）流量。泵的流量一般是指单位时间内通过泵的液体体积，也称体积流量，以 q_V 表示，单位为 m^3/s、m^3/h、L/s。

（2）扬程。泵的扬程是指单位质量液体通过泵后所获得的能量增加值，用 H 来表示，单位为 m。

（3）有效功率（或称液体功率）。泵的有效功率是指单位时间内泵的液体实际所获得的功率，用 P_y 表示，单位为 kW。其计算式为：

$$P_y = \rho g q_V H \times 10^{-3} \tag{2-12}$$

式中　q_V——泵输出液体的体积流量，m^3/s；

　　　　H——泵扬程，m；

　　　　ρ——液体密度，kg/m^3；

　　　　g——重力加速度，m/s^3。

（4）轴功率。泵的轴功率是指电动机传给泵轴上的功率，即泵的输入功率，用 P 表示，单位为 kW。其值等于有效功率除以泵效率。

$$P = \frac{P_y}{\eta} = \frac{\rho g q_V H}{1000\eta} \tag{2-13}$$

（5）效率。泵的效率为泵的有效功率与轴功率之比的百分数，用 η 表示。

$$\eta = \frac{P_y}{P} \times 100\% \tag{2-14}$$

（6）转速。泵的转速是指泵轴每分钟转动的次数，以 n 表示，单位为 r/min。

B　泵的特性曲线

泵的特性曲线是指在一定转速下，泵的扬程 H、轴功率 P、效率 η 与流量 q_V 之间的函数关系曲线，即

$$H = f_1(q_V), P = f_2(q_V), \eta = f_3(q_V) \tag{2-15}$$

泵的特性曲线示于图 2-18(a) 中。

由图 2-18(a) 可见，泵在某一对应 q_V-H 值运行时，在 η-q_V 曲线上将有其最高效率点（BEP）。工程上将泵最高效率点称为额定点，与该点相对应的工况称为额定工况（即额定流量、额定扬程、额定功率），它一般就是泵的设计工况。在最高效率点，无论是从能量角度还是从维护保养角度来考虑，泵的运行都是最经济的。如果泵运行的工况点远离最高

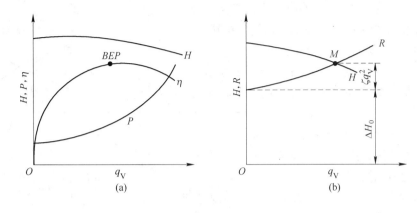

图 2-18　泵与管网的特性曲线

（a）泵的特性曲线；（b）泵的管网特性曲线

效率点，会加快轴承、机械密封和零部件的磨损。但在实际应用中，连贯地保持泵在最高效率点运行操作是非常困难的，因为系统的负荷需求是经常变化的。为此，通常规定：对应于最高效率以下 7% 的工况范围为高效工作区。这样，通过对泵的运行调节，保持泵运行在最高效率点附近的合理范围内，不仅可以使泵高效率运行，而且也将大大降低整个系统的运行成本。

　　C　泵的管网特性曲线

　　和风机一样，泵与管网总是联合工作的，当液体经泵通过管网时，泵的运行工况点也可由泵扬程曲线与管网特性曲线的交点 M 求得，如图 2-18（b）所示。

　　泵的管网特性曲线就是通过管网的液体流量与所需要的能量之间的关系曲线，亦即表明泵的能量用来克服泵系统中的静扬程与液体在管网中流动时的阻力之和的部分。因此，管网特性曲线的表达式为：

$$R = \Delta H_0 + \zeta q_V^2 \tag{2-16}$$

式中　R——泵系统总阻力，m；

　　　ΔH_0——泵系统中的静扬程，m；

　　　　ζ——管网总阻力系数；

　　　q_V——管网的液体流量，m^3/s。

　　D　泵的运行调节

　　绝大多数的泵在运行过程中，其流量是随负载变化的。由于流量的这种变化不可能使泵总处于高效区域内工作，因此为了既能适应外界负载对泵提出的流量要求，又能使泵总处于高效区域内工作，就必须人为地将泵的工况点随负载改变，这称为泵的运行调节。和风机一样，改变泵的运行工况点可以用两种方法实现：一是改变泵的特性曲线；二是改变管网特性曲线。改变管网特性曲线，通常采用控制出口阀门开度，即节流调节；改变泵的特性曲线主要有多台泵并联调节、叶片安装角度调节和转速调节。现分述如下：

　　（1）节流调节。这种方法是通过调节泵出口阀门的开度大小，以改变管网特性曲线来改变泵的工况点，如图 2-19 所示。图中，曲线 R_1 为阀门开度最大时的管网特性曲线，它与泵特性曲线相交于 M_1，其流量为 q_{V1}，此时只有管网的阻力损失，而不存在节流损失。

当要求将流量减为 q_{V2} 时，可关小阀门，节流损失增大，管网特性曲线由 R_1 变为 R_2，工况点由 M_1 移向 M_2，流量也由 q_{V1} 移向 q_{V2}，流量减少。

这种调节方法设备简单可靠、操作维护方便，所以曾在中小功率的水泵上广泛应用，尤其在流量变化不大的泵上应用更多。但由于阀门调节存在节流损失，泵的运行效率下降，能耗加大，很不经济。针对这种情况，采用变速调节来取代节流调节是一项有效的节电措施。

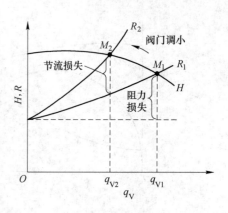

图 2-19   泵的节流调节

（2）多台泵并联调节。若流量随生产工艺要求按昼夜、季节变化，且变化幅度较大时，以及为了增加运行的可靠性，减少备用泵容量等起见，往往采用多台泵并联运行的方式。为使并联泵的容量能得到充分利用以提高效率，一般尽量采用相同容量且具有等扬程特性的泵并联运行。

多台泵并联工作时，为了求得其合成流量，首先需画出各台泵的 $H = f(q_V)$ 曲线，然后在同样扬程下将各台泵的流量逐一相加，即得多台泵并联工作时的合成特性曲线 $H_C = f(q_V)$，合成特性曲线与管网特性曲线 R 的交点 M，即为多台泵并联运行时的工况点。图2-20所示为两台相同特性的泵并联运行时的特性。由图可见，多台泵共同工作时的总流量总比单独工作时的流量之和要小，即

$$q_{V2} < 2q_{V1} \tag{2-17}$$

这是因为当泵并联运行后，管网内液体的流量增加，因而阻力增大，这导致必须具备高的扬程，从而使其工作流量减低。并联台数越多，工作流量降低也越多。因此，从节能角度考虑，泵并联台数一般不要大于三台。

这里也应指出，这一方法要求管网特性曲线越平坦越好，管网特性曲线较陡时，虽增加台数，流量却增加不多。

（3）叶片安装角度调节。对于轴流泵或者比转速大的混流泵，可在叶轮上设置可动叶片机构，用调节叶片安装角度的方式改变泵的特性曲线。

图2-21所示为叶片安装角度的调节特性。由图可见，随着叶片安装角度的改变，泵

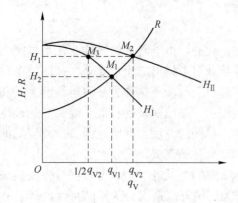

图 2-20   两台相同特性的泵并联运行时的特性

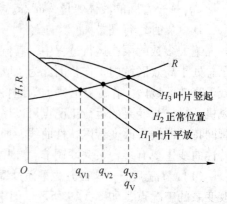

图 2-21   叶片安装角度调节

能在较宽广的流量范围内做高效率运行。

（4）转速调节。转速调节是企业中用得较多的离心泵、轴流泵、混流泵都适用的改变特性曲线的方法。它是在管网特性曲线不变的情况下，通过改变泵的转速来改变泵的特性曲线，从而改变其工况点，达到改变流量的目的，如图 2-22 所示。

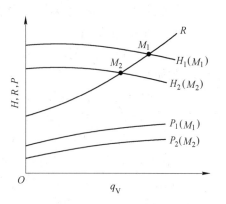

图 2-22 泵的转速调节

根据泵的相似定律，转速变化前后流量、扬程、功率与转速之间的关系为：

$$\left.\begin{array}{c} \dfrac{q_{V2}}{q_{V1}} = \dfrac{n_2}{n_1} \\[3mm] \dfrac{H_2}{H_1} = \left(\dfrac{n_2}{n_1}\right)^2 \\[3mm] \dfrac{P_2}{P_1} = \left(\dfrac{n_2}{n_1}\right)^3 \end{array}\right\} \qquad (2\text{-}18)$$

式中 q_{V1}，H_1，P_1——分别为泵在 n_1 转速时的流量、扬程、轴功率；

q_{V2}，H_2，P_2——分别为泵在 n_2 转速时相似工况条件下的流量、扬程、轴功率。

基于转速与流量、扬程、轴功率之间的这种关系，调速方法的节电效果是极为显著的。因为泵的转速调节没有节流损失，所以它是一种最为经济的调节方法。

关于泵的转速调节选择问题详见 2.7.2.2 节。

E   电动机功率计算

（1）电动机输出功率计算。

$$P_2 = \frac{P}{\eta_c} K = \frac{P_y}{\eta \eta_c} K = \frac{\rho g q_V H}{1000 \eta \eta_c} K \qquad (2\text{-}19)$$

式中 P_2——电动机输出功率，kW；

P——泵的轴功率，kW；

P_y——泵的有效功率，kW；

η_c——传动效率，可按表 6-1 选取；

K——安全系数，当 $q_V \leqslant 100\text{m}^3/\text{h}$ 时，$K = 1.2 \sim 1.3$，当 $q_V > 100\text{m}^3/\text{h}$ 时，$K = 1.1 \sim 1.5$。

（2）电动机输入功率计算。

$$P_1 = \frac{P_2}{\eta_d} = \frac{P_y}{\eta \eta_c \eta_d} K = \frac{\rho g q_V H}{1000 \eta \eta_c \eta_d} \qquad (2\text{-}20)$$

式中 P_1——电动机输入功率计算，kW；

η_d——电动机效率。

2.6.1.3　泵系统的能量损耗

A   泵的能量损耗

运行中泵的能量损耗主要包括机械损耗、容积损耗和流动损耗。

（1）机械损耗。机械损耗是指泵在运转时，轴与轴封、轴与轴承及叶轮圆盘与流体摩擦所消耗的功率（或能量）。

（2）容积损耗。容积损耗主要是由于泵转动的叶轮与入口处的密封环之间的间隙所造成的泄漏损耗。

（3）流动损耗。流动损耗是由于流体具有一定的黏性，当流体流经泵时会产生一定的能量损耗，这部分损耗称为流动损耗。

B　管路的阻力损耗

流体固有的黏滞性，使流体在管路流动过程中受到一定的阻力，因此而产生的损失称为管路阻力损失。阻力损失分为沿程阻力损失和局部阻力损失两种。沿程阻力损失是当流体在整个管路中，由于黏滞性使各流层之间产生一定的阻力，流体为克服管路沿程阻力而损失的能量。局部阻力损失则是由于流动边界的突然变化，而在此范围内对流动产生局部阻力，流体为克服该局部阻力而损失的能量。

C　泵的气蚀现象及其对性能的影响

下面叙述泵所特有的气蚀现象及其对性能的影响。

泵在运行过程中，当吸入口压力下降到所输送液体温度的汽化压力时，液体在该处汽化而产生大量的气泡。这些气泡随着液流进入高压区时，在高压作用下迅速破裂而突然凝聚，造成局部的高真空区。于是，周围的液体质点就以高速充填原气泡的空穴，对叶轮叶片形成猛烈的撞击，同时泵发生噪声和振动。如此反复不断地冲击，使叶轮叶片材料表面疲劳剥蚀，然后逐渐扩大，导致整个叶轮或叶片严重受损而破坏。这种现象称为气蚀。气蚀破坏除机械力作用外，尚伴有电解、化学腐蚀等多种复杂的作用。

气蚀可使离心泵的扬程、流量、效率曲线明显下降，能量损耗增高。

防止气蚀的方法，除了泵制造厂尽可能提高泵本身的抗气蚀性能外，在安装使用中防止气蚀现象发生的具体做法有：

（1）尽可能降低泵的安装高度。

（2）尽量减小吸入管路的阻力损失，如加大管径，减少管路弯头、阀门等附件。

（3）尽可能使泵在额定工况流量下运行，并应避免用增加泵额定转速的方法来提高泵的扬程和流量。

（4）对于轴流泵和混流泵，可用调节叶片安装角的方法来提高其抗气蚀性能。

（5）采用出口闸阀进行节流调节，绝对不采用进口管路闸阀节流。

（6）多台泵并联运行时，要合理分配负荷，减少因偏离设计流量所带来的撞击，提高泵的抗气蚀性能。

2.6.1.4　泵系统的节电技术

泵系统的节电技术由泵系统的合理选择、泵系统的经济运行与泵系统的经济运行管理三部分组成。

2.6.2　泵系统的合理选择

泵系统选择的不合理会造成装置效率大幅度下降。因此，正确合理选择泵系统，提高泵系统效率，是保证泵系统经济运行的前提，也是实现其节能的基础。

2.6.2.1　选型的原则

（1）所选泵必须满足流量、扬程、压力和温度等工艺参数的要求。

（2）选用的泵应满足生产工艺所需最大流量和最大扬程的要求，其正常运行工况点尽可能接近设计最佳工况点。

（3）要选用结构合理、体积小、质量轻、成本低、效率高的泵，在条件许可下，尽量选用高转速泵。

（4）力求运行时安全可靠。

（5）有较高效率的管网与之相配合。

2.6.2.2　选型时依据的参数

选型时所依据的参数有：

（1）输送介质的物理化学性质。输送介质的物理化学性质直接影响泵的性能、材料和结构，是选型时需要考虑的重要因素。介质的物理性质包括介质名称和介质特性（如密度、黏度、饱和蒸气压、腐蚀性、磨损性、毒性等）。

（2）工艺参数，主要包括：

1）不同条件下需要的流量和扬程。在一定条件下，可只掌握最大流量和最大扬程。

2）进口压力和出口压力。

3）被输送流体介质的温度。

（3）现场条件。现场条件包括泵的安装位置（室内、室外）、环境温度、相对湿度、大气压力、大气腐蚀状况及危险区域的划分等级等条件。

2.6.2.3　泵系统的选择方法和步骤

（1）根据被输送流体介质的性质确定选用泵的类型。例如，当输送介质腐蚀性较强时，应从耐腐蚀的系列产品中选取泵。

（2）根据有关设计技术规程的规定，对最大流量和最大扬程分别加上适当的安全裕量得出计算流量和计算扬程。

$$q_V = (1.05 \sim 1.10)q_{Vmax}$$

$$H_V = (1.10 \sim 1.15)H_{max}$$

（3）选定设备的转速，算出比转数 n_s。

（4）根据比转数的大小，决定所选泵的类型（包括泵的台数和级数）。

（5）根据所选的类型，在该型泵的综合性能图上选取最合适的型号，确定转速、功率、效率和工作范围。

（6）从泵的样本上查出该台泵的性能曲线，如有多台泵并联或串联运行，则要绘出不同运行方式下泵的性能曲线。

（7）根据管网性能曲线和运行方式的性能曲线，决定泵在系统中的工况点。如果所选泵的工况点不在高效率区域内运行，则应重复上述步骤再选，直至运行工况点落在高效率区域内为止。

2.6.3　泵系统的经济运行

2.6.3.1　泵系统的经济运行

泵系统的经济运行是指在满足工艺要求、生产安全和运行可靠前提下，通过科学管理、调节工况或技术改进，使系统中的设备、管网与负荷合理匹配，实现系统电耗低、经济性好的运行方式。

2.6.3.2 影响泵系统经济运行的因素

泵系统的耗电量可用下式计算：

$$W = \frac{\rho g q_V H}{1000 \eta_d \eta_t \eta_c \eta_b \eta_g} t \tag{2-21}$$

式中　　　　　W——泵系统的耗电量，$kW \cdot h$；

η_d，η_t，η_c，η_b，η_g——分别表示电动机、调速装置、传动机构、泵、管网等设备的效率；

t——运行时间，h。

分析式（2-21）可知，泵系统的耗电量与泵的有效功率和运行时间的乘积成正比，与泵系统设备的效率成反比。也就是说影响泵系统经济运行的因素有运行时间、系统设备效率与泵的有效功率。因此，保证风机经济运行的有效措施为：

（1）减少运行时间。对于企业某些不需要连续运行的中、小容量泵，宜采用间歇运转方式，实行开停控制，使泵断续运行，在不需要流量时停止运转，减少不必要的运行时间。但因泵有水击作用，应该避免过分短周期的切换。

（2）减少损耗，提高泵系统设备效率。新设计的泵系统，应选用高效率设备（包括电动机、控制装置、传动机构、泵、管网等），减少损耗。对于运行中的泵系统，应设法降低其损耗，提高效率。

（3）减小泵的有效功率。适当减小流量是减小泵有效功率的有效途径。减小泵流量的方法有：

1）改变运行台数。当流量随生产工艺要求按昼夜、季节变化且变化幅度较大而采用多台泵并联运行时，可根据负荷的变化，增减泵的台数，调节流量，满足工艺要求。

2）调节出口阀门开度。

3）调节叶片安装角度（轴流泵、混流泵）。

4）调节转速。

5）叶轮改造，包括切割或改换叶轮、减少叶轮级数。

6）更换小容量泵。

2.6.4 非经济运行泵系统的技术改造

按照《交流电气传动风机（泵类、空气压缩机）系统经济运行通则》（GB/T 13466—2006）对泵系统经济运行判别后，找出问题原因，对非经济运行泵机组及管网进行技术改造。

2.6.4.1 对非经济运行泵机组的改进措施

若现有系统机组容量选用裕量过大，运行负载又基本不变，系统长期处于低负载运行可采用下列方法改进：

（1）切割叶轮。当采取切割方法使叶轮成较小外径的叶轮时，叶轮外径便由 D_1 减为

D_2，此时流量、扬程和轴功率都将降低，同时效率也稍有下降，且最高效率点向小流量方向移动。

（2）减少叶轮级数。多级离心泵是由几级叶轮串联组成的，它的总扬程随叶轮的级数减少而成正比地减少，每级所产生的扬程和消耗的轴功率是相等的，因此当实际运行扬程大大低于额定扬程时，可采用减少叶轮级数的方法，即采取拆掉多余扬程叶轮的方法来提高泵的运行效率。减少叶轮级数的方法只改变扬程和轴功率，不能改变流量。

（3）改换叶轮或水泵。当生产需要的流量较原设计流量降低时，以及流量呈季节性变化时，可适时调整水泵，改换成能适应流量需要的水泵或叶轮。这种方法简单易行，但不能控制流量且改换需要一段停运时间。

（4）降低转速。前面已经说过，通过改变泵的转速可以改变泵的特性曲线，从而改变其工况点，达到改变流量的目的。

2.6.4.2　对非经济运行管网的改进措施

当管网运行不经济时，应调整设备运行方式或采取清洗、更换等措施进行改进。

2.6.5　泵系统的经济运行管理

2.6.5.1　基本要求

（1）系统中的三相异步电动机的运行状况应符合 GB/T 12497—2006 的规定。

（2）应按《用能单位能源计量器具配备和管理通则》（GB 17167—2006）的规定，在有关部位安装电量、压力、流量等仪器仪表。

（3）应建立运行管理、维护、检修等规程制度，包括：

1）按制造厂的安装使用说明书进行维护，发现异常应及时处理。

2）定期检修机组设备，及时更换损坏零部件。

3）定期检查清理管道。

（4）应建立维护运行日志和技术档案。

（5）应加强管理人员和操作人员的培训。

2.6.5.2　监测、检查

（1）监测与检查可采用巡视、定期仪表检测与集中在线监测的方式。

（2）定期检查系统主要部件，维护系统的性能水平与经济运行，主要包括：

1）定期检查机组设备的振动情况。

2）定期检查过滤网和叶轮。

3）润滑或更换轴承。

4）定期检查管路的泄漏情况。

5）定期检查系统阻力。

（3）在技术及经济条件允许的情况下，应在线监测系统进出口压力、温度、流量、电量和调节装置的状态等。

（4）容量在 45kW 及以上、年运行时间大于 3000h 的泵，宜每年进行一次机组运行效率测量。

2.7　风机系统的节电技术

2.7.1　风机系统节电技术概述

2.7.1.1　风机的种类及其工作原理

风机系统通常是由机组、管网和辅助设备所组成，而机组则是由风机、交流电动机、调速装置和传动机构所组成的装置。风机是一种输送气体的通用机械。其种类繁多，一般按工作原理可分为叶片式和容积式两类。

叶片式（也称透平式）是利用高速旋转叶轮的作用，提高气体的压力能和速度能。在工矿企业中常用的透平式风机有离心式风机和轴流式风机。

容积式则是利用机械的往复运动或旋转运动使工作腔内气体容积缩小而提高压力来输送气体。容积式在工矿企业中用作风机的有罗茨式风机。

此外，风机按产生全压 p 的大小分为通风机（$p < 15\text{kPa}$）、鼓风机（$p = 15 \sim 340\text{kPa}$）和压缩机（$p > 340\text{kPa}$）。所谓风机通常是指通风机和鼓风机。

2.7.1.2　风机的特性

A　风机的基本参数

风机的基本参数有流量、全压、功率、效率和转速。这些参数在风机的铭牌上均可查到。

（1）流量。流量是指在单位时间内进入风机的气体，通常以体积来计量。体积流量用 q_V 表示，单位是 m^3/s 或 m^3/h。

（2）全压。全压是指单位体积气体流过风机时所获得的总能量增加值，它的数值等于风机出口总压与进口总压之差，以 p 表示，单位是 Pa。全压由静压和动压两部分组成。

（3）有效功率（或称空气功率）。有效功率是指单位时间内通过风机的气体实际所获得的功率，即风机的输出功率，用 P_y 表示，单位是 kW。

$$P_y = \frac{q_V p}{1000} \tag{2-22}$$

式中　q_V——风机的流量，m^3/s；

　　　p——风机的全压，Pa。

（4）轴功率。轴功率是指电动机传给风机轴上的功率，即风机的输入功率，以 P 表示，单位为 kW。其值等于风机的有效功率 P_y 除以风机效率 η，即

$$P = \frac{P_y}{\eta} = \frac{q_V p}{1000\eta} \tag{2-23}$$

（5）效率。效率是指风机的全压效率（或称空气效率），以 η 表示。全压效率为风机有效功率与风机的输入功率（轴功率）之比的百分数。

$$\eta = \frac{P_y}{P} \times 100\% \tag{2-24}$$

（6）转速。转速是指风机的叶轮每分钟旋转的次数，以 n 表示，单位是 r/min。改变转速能改变风机的性能参数，当风机的转速由 n_1 改变为 n_2 时，根据风机的相似定律，流

量 q_V、全压 p 及轴功率 P 按下列关系式变化

$$\left.\begin{array}{l} \dfrac{q_{V2}}{q_{V1}} = \dfrac{n_2}{n_1} \\[3mm] \dfrac{p_2}{p_1} = \left(\dfrac{n_2}{n_1}\right)^2 \\[3mm] \dfrac{P_2}{P_1} = \left(\dfrac{n_2}{n_1}\right)^3 \end{array}\right\} \tag{2-25}$$

式中　q_{V1}，p_1，P_1——分别为风机在 n_1 转速时的流量、全压、轴功率；

q_{V2}，p_2，P_2——分别为风机在 n_2 转速时相似工况条件下的流量、全压、轴功率。

　　B　风机的特性曲线

　　风机的特性曲线是指在一定的转速下，全压 p、轴功率 P、效率 η 与流量 q_V 之间的函数关系曲线，即

$$p = f_1(q_V), P = f_2(q_V), \eta = f_3(q_V) \tag{2-26}$$

　　风机的工作特性曲线一般是通过实验得到的，可查阅有关的产品样本。特性曲线中，与每一个流量相对应的全压、轴功率、效率等参数反映了风机的某种工况。

　　图 2-23 所示为风机的工作特性曲线。图中标出了效率较高的经济使用范围。

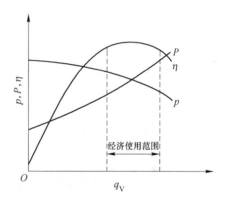

图 2-23　风机的工作特性曲线

　　C　风机性能参数的换算

　　风机制造厂提供的风机性能参数，如流量、全压、轴功率等，是指在大气压 $p_a = 101.325\text{kPa}$（760mmHg）、气体温度为 293K（20℃）、气体密度为 1.2kg/m^3、相对湿度为 50% 的标准状态下所测定的值。因此，当风机的实际工作状态不同于标准状态时，必须对风机的性能参数进行换算，具体换算的方法如下（相对湿度一般不作换算）。

$$\left.\begin{array}{l} q_{V1} = q_{V0}\dfrac{n_1}{n_0} \\[3mm] p_1 = p_0\left(\dfrac{n_1}{n_0}\right)^2\left(\dfrac{p_{a1}}{101.325}\right)\left(\dfrac{273+t_1}{273+20}\right) \\[3mm] P_1 = P_0\left(\dfrac{n_1}{n_0}\right)^3\left(\dfrac{p_{a1}}{101.325}\right)\left(\dfrac{273+t_1}{273+20}\right) \end{array}\right\} \tag{2-27}$$

式中　q_{V0}，p_0，P_0，n_0——标准状态下风机的性能参数；

q_{V1}，p_1，P_1，n_1——换算到实际状态下风机的性能参数；

t_1，p_{a1}——当地的气体温度及大气压力。

　　D　管网特性曲线

　　管网由风机管道、过滤器、热交换器及调节阀等附件组成。管网特性曲线就是管网总

阻力 R 与通过管网气体流量 q_V 之间的关系曲线，如图 2-24 所示。从流体力学可知，管网总阻力与流量之间近似地存在下述关系：

$$R = \zeta q_V^2 \qquad\qquad (2\text{-}28)$$

式中　R——管网阻力，Pa；

　　　ζ——管网总阻力系数；

　　　q_V——管网的气体流量，m^3/s。

　　E　风机的运行工况点

　　实际上，风机与管网总是联合工作的，当气体在风机中获得能量时，其 p 与 q_V 的关系将按照风机特性曲线变化；而当气体通过管网时，其 p 与 q_V 的关系又要随管网特性曲线变化。因此，两曲线的交点即为风机的运行工作点（工况点），如图 2-25 中的 M 点所示。

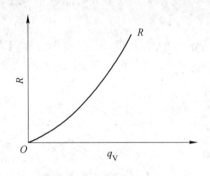

图 2-24　管网特性曲线

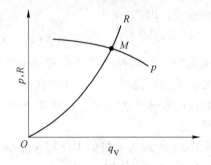

图 2-25　风机的运行工况点

　　F　风机的运行调节

　　风机运行时，其流量将随着生产工艺需要发生变化，因而必须进行流量调节。改变风机的流量，实际上是改变风机的运行工况点。由于工况点是风机特性曲线与管网特性曲线的交点，因此改变风机特性曲线或改变管网特性曲线都能实现风机流量调节。

　　（1）改变管网特性曲线。这种方法是通过调节设置在风机出口的风门挡板开度，人为地改变送风管网的阻力，借以改变管网特性曲线来控制流量（见图 2-26）。

　　由图 2-26 可见，当风门开度调小时，管网阻力增大，管网特性曲线由 R_1 向 R_2 变化，风机运行工作点也由 M_1 向 M_2 变化，风机的流量随之由 q_{V1} 向 q_{V2} 减小。反之，则为增大流量。至于轴功率曲线即使在低流量区域也减小不多。

　　这种调节方法虽然结构简单，操作、维护方便，但由于人为地增加了管网阻力，使性能恶化，多耗电能，故不经济，所以仅适用于小范围内的流量调节。

　　此外必须注意的是，调节出口风门时，风门越

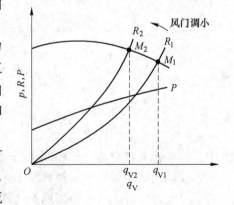

图 2-26　调节出口风门改变管网特性
曲线控制流量

是关小，管网特性曲线的倾斜越急剧，应避免调入喘振区域。

（2）改变风机特性曲线。这种方法是保持管网特性曲线不变，用改变风机的特性曲线，使风机运行工况点沿着管网特性曲线移动，来达到调节流量的目的。

改变风机特性曲线的具体方法有调节进口风门开度、调节进口导流器和调节风机转速三种，如图 2-27 所示。

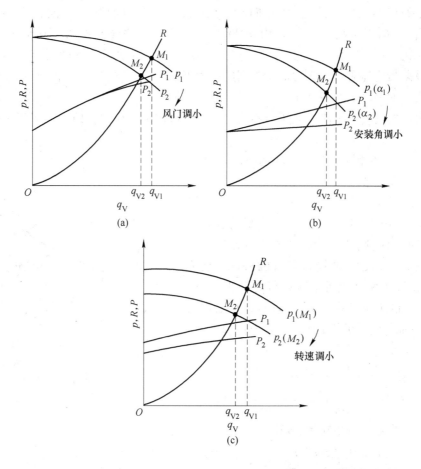

图 2-27 改变风机特性曲线控制流量

（a）调节进口风门开度；（b）调节进口导流器；（c）调节转速

1）调节进口风门开度。这种方法是通过调节设置在风机进口的风门开度，以改变风压曲线来控制流量。

由图 2-27（a）可见，当风门开度调小时，风压特性曲线由 p_1 向 p_2 改变，风机运行工况点也由 M_1 向 M_2 改变，于是风机流量随之由 q_{V1} 向 q_{V2} 减小。反之，则为增大流量。轴功率基本上与流量成比例地减小，因此轴功率曲线也稍有改变。

2）调节进口导流器。这种方法是在叶轮进口前设置导流器，通过改变导流器叶片安装角，人为地改变流入风机叶轮的气体流入角度，从而改变风机风压特性曲线控制流量。

由图 2-27（b）可见，当导流器安装角由 α_1 向 α_2 调小时，风压特性曲线由 p_1 向 p_2 改变，运行工况点也由 M_1 向 M_2 下移，风机流量随之减小。反之则为增大。轴功率虽然基本上与流量成比例地减小，但减小量要远远大于进口风门开度调节方法。

这种方法结构简单，操作方便，相对于风门调节能减小节流损耗，故在许多场合，特别是在流量调节变化较小的场合得到广泛应用。但其节能效果不如调速方法。

3）调节风机转速。由于风机流量与转速成正比，风压与转速的平方成正比，轴功率与转速的 3 次方成正比，故改变风机转速时，其特性曲线也随之变化。

由图 2-27(c)可见，当转速由 n_1 向 n_2 调小时，风压特性曲线由 p_1 向 p_2 下移，运行工况点随之由 M_1 向 M_2 改变，流量即由 q_{V1} 降到 q_{V2}，轴功率曲线也从 P_1 下降到 P_2。

调节风机转速的方法虽然设备费用较大，但调节稳定性好，流量调节范围大，效率高，节电效果最为显著，已成为最受欢迎的调速方法。

G　风机的串联、并联运行

当单台风机运转，其流量或压力不足时，可考虑用两台或两台以上的风机并联或串联运行。

（1）两台特性相同风机的并联运行。这部分内容将在 2.7.3.3 节中介绍。

（2）两台特性相同风机的串联运行。两台特性曲线均为 p_1 的风机串联运行时，其合成特性曲线 p_{II} 是根据在相同流量下将单台压力相加的原理作用求得，如图 2-28 所示。曲线 p_{II} 与管网特性曲线 R 的交点 M_2，即为两台风机串联运行时的工作点，此时每台风机的工作参数用 M_3 点表示，其工作流量均为 q_{V2}，而每台风机的工作压力均为 $p_2/2$。

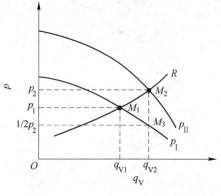

图 2-28　两台特性相同的风机串联
运行时的特性曲线

H　电动机功率计算

（1）电动机输出功率计算。

$$P_2 = \frac{P}{\eta_c}K = \frac{P_y}{\eta \eta_c}K = \frac{q_V p}{1000 \eta \eta_c}K \quad (2\text{-}29)$$

式中　P_2——电动机输出功率，kW；

P——风机轴功率，kW；

P_y——风机有效功率，kW；

η_c——传动效率，直联 $\eta_c = 1$，联轴器 $\eta_c = 0.98$，三角皮带 $\eta_c = 0.95$，齿轮 $\eta_c = 0.94 \sim 0.98$；

η——风机全压效率；

K——安全系数，一般 $K = 1.1 \sim 1.2$。

（2）电动机输入功率计算。

$$P_1 = \frac{P_2}{\eta_d} = \frac{P_y}{\eta \eta_c \eta_d}K = \frac{q_V p}{1000 \eta \eta_c \eta_d}K \quad (2\text{-}30)$$

式中　P_1——电动机输入功率，kW；

η_d——电动机效率。

2.7.1.3　风机的能量损耗

风机与泵都是一种输送流体的动力机械，它们本身的能量损耗以及管网的阻力损耗项目基本相同，均包括有机械损耗、容积损耗、流动损耗、沿程阻力损耗和局部阻力损耗等项，这些已在 2.6.1.3 节中叙述。

　　2.7.1.4　风机系统的节电技术

　　和泵系统一样，风机系统的节电技术主要也由风机系统的合理选择、风机系统的经济运行、风机系统的经济运行管理三个部分组成。

2.7.2　风机系统的合理选择

　　正确合理选择风机系统，提高风机系统效率，是保证经济运行的基础。

　　2.7.2.1　风机的合理选择

　　A　选型原则

　　风机选型的原则是：

　　（1）所选风机应满足生产工艺所需最大风量与最大风压的要求。其正常运行工况点尽可能接近设计最佳工况点。

　　（2）要选用结构合理、体积小、质量轻、效率高的风机，在条件许可下，尽量选用高转速风机。

　　（3）力求运行时安全可靠。

　　（4）有较高效率的管网与之相配合。

　　B　选型时依据的参数

　　选型时依据的参数有：

　　（1）按环境、输送介质物理化学性质及特殊要求选型。例如，矿井风机中的主扇要求满足"反风"的特殊要求；烧结鼓风机要求耐磨；输送具有腐蚀性及潮湿气体的风机需要防腐；锅炉引风机需要较大的调节深度；在易燃易爆环境中运行的风机要选防爆型等。此外，还要注意地域条件，如在高原地区使用，需对风机性能参数进行换算等。

　　（2）工艺参数，主要包括：

　　1）不同条件下需要的风量和风压。在一定条件下，可只掌握最大风量及最大风压。

　　2）被输送气体的温度。

　　C　选型计算

　　通常根据风量、风压、转速，采用比转数法进行风机的选型计算。

　　风机的比转数 n_s 是根据相似定律导出的，它是把风机的三个主要参数——风量、风压、转速合起来表达的一个概念。一般按下式计算比转数：

$$n_s = n \frac{\sqrt{q_V}}{p^{3/4}} \tag{2-31}$$

　　对于同一台风机，在不同的工况点，对应有不同的比转数。为便于对各种类型的风机性能进行分析比较，通常把风机全压效率最高点的比转数作为该风机的比转数值。

　　采用比转数法进行风机选型，首先是将所需风机在最佳工况下所具有的转速 n、流量 q_V、全风压 p 代入式（2-31）中，算出最佳工况时的比转数 n_s，它是代表不同形式风机的相似判别数。根据此比转数 n_s 的大小，在风机的无因次性能曲线图册中，查找出几种比转数相似的风机型号，并查出各型号风机的流量系数 $\bar{q}_V$、压力系数 $\bar{p}$、功率系数 $\bar{P}$ 及效率

η，列表比较，并结合生产工艺的实际情况，确定所要选择的风机型式。

上述流量系数、压力系数、功率系数的表达式，分列如下：

$$\left.\begin{array}{l} \bar{q}_{V} = \dfrac{q_V}{\dfrac{\pi}{4}D_2^2 v_2} \\[6mm] \bar{p} = \dfrac{p}{\rho v_2} \\[6mm] \bar{p} = \dfrac{p}{\dfrac{\pi}{4}D_2^2 \rho v_2^2} \end{array}\right\} \qquad (2\text{-}32)$$

式中　ρ——气体密度，kg/m^3；

　　　v_2——叶轮外圆周速度，m/s；

　　　D_2——叶片外径，m。

对于所选择的送吸风机的风压，应考虑有 10% 的富裕量。风机的风量值，可考虑有 5% 的富裕量。

2.7.2.2　运行调节方式的选择

A　选择运行调节方式的要求

风机（泵）运行时，其流量是随生产工艺需要发生变化的。由于流量的这种变化势必不可能使风机（泵）总处于高效区域内工作，因此为了既能满足生产工艺对风机（泵）提出的流量要求，又能使风机（泵）总处于高效区域内工作，就必须根据流量的变化规律及风机（泵）系统的其他特性，选择合适的流量调节方式，人为地进行运行调节，将工况点纳入高效区域内运行。

风机（泵）的运行调节方式在 2.6.1.2 节和 2.7.1.2 节中作了介绍。

图 2-29 所示为当风机流量采用不同调节方式时，电动机的功率消耗特性曲线。由图可见，在输出同样流量的情况下，变极对数、串级调速、变频和无换向器电机等高效调速的功率消耗最小，转子回路串电阻和液力耦合器调速等低效调速的功率消耗稍大些，而用出口风门调节流量其功率消耗为最大。

由此可见，凡需要变流量运行的风机（泵），用调速方式代替节流方式均能节电。但调速节电不是对所有风机（泵）都是适用的。对于机械特性是变转矩负载特性，其转矩与转速成平方关系的离心式、轴流式风机（泵），调速节电效益最为显著，是调速节电措施的主要对象；对于恒转矩负载特性的罗茨风机，其功率与转速成正比，调速节电效益要差些；对于负载特性为恒功率的，调速没有节电效益，因此不用调速。

此外，风机（泵）转速变化的范围也不宜太大，通常最低转速不小于额定转速的 50%，一般在 70%~100% 之间。因为当转速低于额定转速的

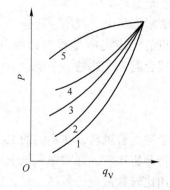

图 2-29　各种调节方式的功率消耗特性曲线

1—高效调速；2—有转差损耗调速；3—调节导流器；4—调节进口风门；5—调节出口风门

40%～50% 时，风机（泵）本身效率就明显下降，此时采用调速将是不经济的。

在选择风机（泵）调速方案时，应在满足生产工艺要求的前提下，需对下列诸因素进行技术经济综合分析比较后，择优确定：

（1）风机（泵）流量变化类型；

（2）风机（泵）容量的大小；

（3）调速装置的初投资和运行费用；

（4）节电效益及投资回收时间（2～3 年）；

（5）调速装置的可靠性及易维护性；

（6）其他（如功率因数、谐波的对系统的影响等）。

B　流量变化类型与调速装置的选择

风机（泵）变速运行的节电效果主要与其流量变化大小有关。

（1）流量在额定流量 90% 以上变化时，一般不采用调速装置，因为调速装置本身效率也在 90% 左右，不会产生较大节电效果。

（2）中高流量变化的风机（泵）一般采用有转差损耗调速装置或晶闸管串级调速装置。

（3）流量变化经常在额定流量 60% 以下的应采用高效调速方式。

（4）在全流量范围变化的风机（泵）如采用调速装置时，应有流量在 90% 以上时全速运行的切换装置。

（5）为取得变速节电的良好效果，调速装置应配有根据流量变化的自动控制装置，当流量需要变化时，能按照给定的变化参数自动地改变转速，以期取得最大节电效果。

风机（泵）流量变化的大小可以用负载图表示。风机负载图是指风机流量对时间的关系曲线。负载图表示风机的运行规律，不同用途的风机运行规律是很不相同的，因此它们具有不同的负载图。但是，经过归纳，企业中典型的风机负载图有以下五种类型，即高流量变化型、低流量变化型、全流量间歇型、全流量变化型、三段流量变化型。企业中典型的风机负载图如图 2-30 所示。

对于不同的负载图，应选择不同的调速装置，这样才能发挥出风机调速节电的最大效果。

对于图 2-30(a) 所示的高流量变化型风机，一般不推荐用变频调速装置，建议采用有转差损耗调速装置或串级调速装置，但节电效果前者要比后者差 10%～15%。

对于图 2-30(b) 所示的低流量变化型风机及图 2-30(c) 所示的全流量间歇型风机，一般可采用串级调速装置或变频调速装置。但无论是串级调速装置还是变频调速装置，都必须具有由低速到全速或由全速到低速的自动切换装置。此外，对于间歇型还需考虑间歇时间长短，如间歇时间过短，则不必采用调速装置，因电机启制动过程的能耗已大于全速运转的能耗了。在某些情况下，间歇型采用电磁调速电动机也是很好的方案。

对于图 2-30(d) 所示的全流量变化型风机，如果低流量运行时间较长，可采用串级调速装置或变频调速装置；如果高流量运行时间较长，则可用有转差损耗调速装置或串级调速装置。

对于图 2-30(e)，风流量为 0、50%、100% 的三段流量变化型风机，采用变极对数调

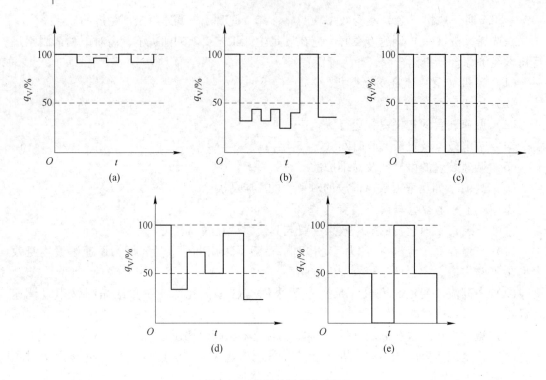

图 2-30　典型的风机负载图

（a）高流量变化型；（b）低流量变化型；（c）全流量间歇型；（d）全流量变化型；（e）三段流量变化型

速方案是最为合适。

C　风机（泵）容量大小与调速装置的选择

在选择风机（泵）调速装置时，还需考虑其容量的大小。选择原则如下：

（1）配套电动机功率在 10kW 以下的风机（泵），一般不采用调速装置。

（2）配套电动机功率在 10～55kW 的风机（泵），应优先考虑采用初投资费较少的调速装置。在流量变化较大的场合，可采用多速电动机；在调速装置较小场合，可采用电磁调速电动机。绕线式电动机宜采用晶闸管串级调速；若为鼠笼式电动机传动的风机（泵）要求调速范围在 50%～80% 额定转速时，也可选用串级调速装置，但应作技术经济比较，一般要求初投资能在 2～3 年内由节电效益中得到回收。随着技术的进步，目前在风机（泵）流量变化较大，经常需在低速下运行的场合，也有采用变频调速装置的，但初投资也应在 2～3 年内回收，最长不宜超过 5 年。

（3）配套电动机功率在 55～100kW 的风机（泵），若流量长期处在 80%～90% 额定转速内运行，可采用电磁调速电动机或液力耦合器。若流量长期处在 60%～80% 额定转速内波动运行时，则宜采用串级调速或变频调速方案。

（4）配套电动机功率 100kW 以上的风机（泵），由于容量较大，选择时应将节电效果放在首位，尽量选用高效调速装置。但流量长期运行在 80%～90% 额定转速时，也可选用液力耦合器。

D　调速装置的初投资和运行费用

调速装置的选择同时要考虑它的经济性，即考虑调速装置的初投资和运行费用要少的问题。通常，低效调速装置的初投资少，而运行费用高；高效调速装置的初投资较高，而运行费用低。如果仅从节电方面考虑，理应采用高效调速装置，但从总体上考虑，还必须两者结合起来，加以分析研究后确定为佳。

从目前发展趋势看来，无论是新建设备还是对老设备的改造，在兼顾初投资和运行费用时，更多的是考虑便宜的运行费用而尽量选用高效调速装置。因为运行费用是一项长期效益，虽然高效调速装置初投资费用要高一些，但可从它更多的节电费用中得到补偿。一般来说，用 2~3 年的时间能从节电效益中回收初投资就可以了。

E 调速装置的运行可靠性及易维护性

对企业来说，调速装置的运行可靠性及易维护性是极为重要的。因此，在选择时也应予以注意。转子回路串电阻、液力耦合器、电磁调速电动机、变极对数等调速装置的可靠性较高，也容易维护；串级调速、变频调速等调速装置的可靠性取决于电子元器件本身的质量，装置部件的工艺性和抗干扰能力、保护措施以及日常维修能力。随着制造厂生产电子元器件质量的不断提高、装置生产工艺的改善、企业使用人员通过培训技术水平及维修能力的提高，高效调速装置的可靠性及易维护性也越来越提高。

F 功率因数、谐波对系统的影响

对于高效调速装置，还要考虑其功率因数、高次谐波对系统的影响，并采取必要的改善措施等问题。

2.7.2.3 合理配置管网

管网配置和节能息息相关，管网配置的好坏，会直接影响风机性能的发挥。若管网配置不合理，会使风机的流量及静压力均降低。管网配置不合理现象主要表现在：

（1）多余的管件和流场的急变。管网是一个与风机由管件直接相连的管路系统，其中往往存在不少多余的管接头、弯头、三通及阀门等管件；在气流流动中也存在不少不合理的通流截面，如突然扩大、缩小、分流、变向或急转弯等。

（2）漏气。漏气不仅是一种浪费，也是一个噪声污染源。通常在管网中，漏气多发生在节流阀门（挡板）处、管路连接处以及风机站本身。

（3）风机进出口管路不合理。进口管路不合理主要表现在：

1）进口缺少必要的直管段，或通过渐扩变径管与进口相连。

2）风机进口与急弯管路直接相连。

3）风机进口与突然收缩管相接，或进气箱结构不合理。

出口管路布置不合理表现在：

1）风机出口直接接 90°弯管或逆向弯管。

2）风机出口直接接分支管路。

3）风机出口直接突然扩大管。

2.7.3 风机系统的经济运行

2.7.3.1 风机系统的经济运行

风机系统的经济运行是指在满足工艺要求、生产安全和运行可靠的前提下，通过科学管理及技术改进，使系统中的设备、管网与负荷合理匹配，实现系统电耗低、经济性好的运行方式。

2.7.3.2　影响风机系统经济运行因素

风机系统的耗电量可用下式计算：

$$W = \frac{q_{\mathrm{V}}p}{1000\eta_{\mathrm{d}}\eta_{\mathrm{t}}\eta_{\mathrm{c}}\eta_{\mathrm{f}}\eta_{\mathrm{g}}}t \tag{2-33}$$

式中　　　　　W——风机系统的耗电量，$kW \cdot h$；

η_{d}，η_{t}，η_{c}，η_{f}，η_{g}——分别为电动机、调速装置、传动机构、风机、管网等设备的效率；

t——运行时间，h。

分析式（2-33）可知，风机系统的耗电量与风机的有效功率和运行时间的乘积成正比，与风机系统设备的效率成反比。也就是说影响风机系统经济运行的因素有运行时间、系统设备效率与风机有效功率。因此保证风机系统经济运行的有效措施有以下几个方面。

A　减少运行时间

企业中某些不需要连续运行的风机，宜采用间歇运转方式，实行开停控制，当不需要流量时停止运转，减少不必要的运行时间。

但是，如果把现有处于连续运行状态的风机电动机用作断续运转频繁起动时，应注意以下问题：

（1）起动时电源电压降应在允许范围内。

（2）起动装置的热容量应能满足要求。

（3）要考虑开关设备的寿命，对于频繁操作的场合，如条件允许，可使用真空开关开停电动机。

（4）电动机的寿命也要满足要求。

B　减少损耗，提高风机系统设备效率

新设计的风机系统，应选用高效率设备（包括电动机、控制装置、传动机构、风机、管网等），减少损耗。

运行中的风机系统，应设法降低其损耗，提高效率。

C　减小风机的有效功率

适当减小流量是减小风机有效功率的有效措施。减小风机流量的措施有：

（1）改变运行台数。若流量随生产工艺要求按昼夜或季节变化，且需在较大范围内变动时，可采用多台特性相同的风机作并联运行的方式。这样就能按照要求的不同流量增开或停开若干台风机进行台数控制。这种以实现节电为目的的台数控制国外称为经济调度。它不仅增加了运行的灵活性，而且同时增加了运行的可靠性。

两台特性曲线均为 p_{I} 的风机并联运行时，其合成特性曲线 p_{II} 是在同样全压下将单台流量相加的原理作图求得，如图 2-31 所示。曲线 p_{II} 与管网特性曲线 R 的交点 M_2，即为两台风机并联运行时

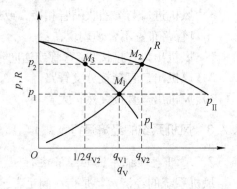

图 2-31　两台特性相同的风机并联
运行时的特性曲线

的工作点，此时每台风机的工作参数用 M_3 点表示，它们的工作全压即并联风机的工作全压 p_2，其工作流量则是并联风机流量 q_{Vz} 的一半，即每台风机承担 $q_{Vz}/2$ 的流量。由于轴功率与全压和流量的乘积成正比，因此按照需要控制风机的并联台数可以减小运行风机的轴功率，从而节约了电能。

（2）调节风门或导流器的开度。用调节风门或导流器的开度来控制风机流量的工作原理已在 2.7.1 节中作了叙述。

（3）调节转速。风机流量的转速调节方法是减小其有效功率的一种较好的节电方法。图 2-32 所示为风机调速节电原理。

图中，假设风机工作在 A 点效率最高，输出流量 q_{V1} 为 100%，此时轴功率 P_A 与 q_{V1}、p_1 的乘积面积 Ap_1Oq_{V1} 成正比。现根据生产工艺要求，需将流量从 q_{V1} 减少到 q_{V2}（50% 风量）。如采用调节出口风门方法，使管网特性曲线由 R_1 变到 R_2，原工况点 A 也随之变到新工况点 B 运行，

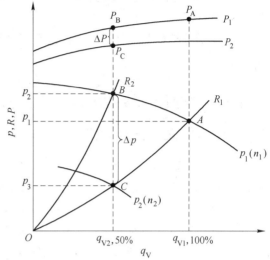

图 2-32　风机调速节电原理示意图

不难看出，此时的全压反而增加，轴功率 P_B 与 q_{V2}、p_2 的乘积面积 Bp_2Oq_{V2} 成正比。两者对比之下，减少不多。如采用变频调速方式，使风机转速由 n_1 下降到 n_2，根据风机参数的比例定律，全压与转速平方成正比，此时的风压曲线即由 p_1 变到 p_3，因此在满足同样流量 q_{V2} 的情况下，全压 p_3 大幅度下降，轴功率 P_c 与 q_{V2}、P_3 的乘积面积 CP_3Oq_{V2} 成正比。所以变频调速方式与调节出口风门方法相比，功率显著减小，节约的功率损耗 $\Delta P = \Delta pq_{V2}$ 与面积 Bp_2p_3C 成正比。到此不难得出结论，调速节电的经济效益是十分明显的。

（4）叶轮改造。

（5）更换小容量风机。当风机容量过大于实际需要流量时，可以采取更换成小容量风机的方法。

2.7.4　非经济运行风机系统的技术改造

按照《交流电气传动风机（泵类、空气压缩机）系统经济运行通则》（GB/T 13466—2006）对风机系统经济运行判别后，确认为某项不合格时，应对其采取技术改造措施。

2.7.4.1　对非经济运行风机机组的改进措施

若现有系统机组容量裕度过大，系统运行负载又基本不变，长期处于低负载运行时，可采用下列方法改造：

（1）切割叶轮。当风机的流量、全压裕度过大而又不能采用调速控制时，可将风机原有叶片切割去一段，以此来调节流量与全压，降低风机的使用容量，提高运行效率。

（2）更换小容量叶轮。切割叶轮的方法，通常在要求流量减小 10% ~ 20% 时采用，当流量减小超出 20% 时，由于叶轮叶片外径切割过大，运转范围变窄，将导致风机效率下

降。所以，当要求流量减小超出 20% 时，可采用更换成小容量叶轮的方法。

（3）减少叶轮级数。对于多级增压风机，当叶轮级数为 2~3 级时，可采取切割叶轮叶片的方法减小流量；但当叶轮级数超过 5~6 级时，则可采取拆去叶轮级数的方法来减小流量。但要注意，当拆去高压侧级时，能使全压降低；当拆去低压侧级时，则使全压和流量均可减小。

（4）减小叶轮宽度。对于全压合适而流量偏大的风机，可采用减小叶轮宽度的方法来减小流量。

2.7.4.2　对非经济运行管网的改进措施

当管网运行不经济时，应调整设备运行方式，或采取清洗、更换等措施进行改进。

2.7.5　风机系统的经济运行管理

2.7.5.1　基本要求

（1）系统中的三相异步电动机的运行状况应符合 GB/T 12497—2006 规定。

（2）应按照 GB 17167—2006 的规定，在有关部位安装电量、压力、流量等仪器仪表。

（3）应建立运行管理、维护、检修等规章制度，包括：

1）按制造厂的安装使用说明书进行维护，发现异常及时处理。

2）定期检修机组设备，及时更换损坏零部件。

3）定期检查清理管道。

（4）应建立维护运行日志和技术档案。

（5）应加强管理人员和操作人员的培训。

2.7.5.2　监测、检查

（1）监测与检查可采用巡视、定期仪表检测与集中在线监测的方式。

（2）定期检查系统主要部件，维护系统的性能水平与经济运行，主要包括：

1）定期检查机组设备的振动情况。

2）定期检查过滤网和通风机叶片。

3）润滑或更换轴承。

4）调紧或更换皮带。

5）定期检查管路的泄漏。

6）定期检查系统阻力。

（3）在技术及经济条件允许的情况下，应在线监测系统进出口压力、温度、测量、电量和调节装置状态等。

第3章 电加热设备的智能节电技术

3.1 电加热及其设备

电加热是以电能为能源加热物料的一种方式。用于电加热的设备有电炉、电焊机、空调设备等。电加热时，电能转换成热能，并利用已获得的热能加热物料，或进一步完成物料特定的加工工艺过程，如冶炼、热处理、焊接等。

电加热大体上可分成两大类，一类是电能在电炉、电焊机上转换成热能后加热物料；另一类是利用电能驱动热泵，将低位热能转化为高位热能（如热水、热空气等），以达到节约部分高位热能的目的，现在采用热泵技术制成的暖通空调设备已得到广泛的应用。电加热由于电能转换为热能可以有多种方法，因此通常根据电能转换成热能方法的不同分为：

（1）电阻加热。电阻加热是利用电流通过电阻体产生的热效应来加热物料的方法。

（2）电弧加热。电弧加热是利用电弧放电产生的热能对物料进行加热的方法。

（3）感应加热。感应加热是应用电磁感应原理，使处于交变电磁场中的导电体（被加热物料）内部感生电流，该电流通过导电体的电阻时产生电阻热，从而将电介质加热的方法。

（4）高频电场加热。高频电场加热是利用高频电场的能量，使置于高频电场中的电介质的分子和原子中正负电荷产生高频率的交替移位，分子和原子热运动的加剧，从而将电介质加热的方法。

（5）红外加热。红外加热是利用红外辐射的能量对物料进行加热的方法。

（6）等离子加热。等离子加热是利用工作气体电离形成等离子体的高温和等离子体中自由电子与正离子复合时释放的能量进行加热的方法。

（7）电子束加热。电子束加热是利用电子束轰击物料产生的热能对物料进行加热的方法。

（8）激光加热。激光加热是利用激光能量对物料进行加热的方法。

（9）热泵。热泵将低位热能转化为高位热能，用于建筑物空调系统供热（冷）和集中供应热水，工业上则用于食品、木材、纤维等的干燥，食品和化学溶液的蒸馏和浓缩，废热回收利用等。

电加热由于效率高、加热快、易控制、无污染等优点而发展迅速，据统计，在全国所有用电设备中电加热设备用电量居第二位，仅次于电力传动设备。下面具体讨论炼钢电弧炉、电焊机、空调设备等的节电技术。

3.2 炼钢电弧炉概述

3.2.1 电弧炉炼钢工艺过程

3.2.1.1 传统碱性电弧炉炼钢工艺过程

炼钢电弧炉按所用炉衬的性质可分为碱性炉和酸性炉两种，在生产高级合金钢的电炉车间，主要使用碱性电炉。碱性电弧炉炼钢工艺过程可分为熔化期、氧化期和还原期。

A 熔化期

当补炉和装料完毕，电弧炉即进入炼钢的熔化期。熔化期是指从通电开始到炉料全部熔清的阶段。熔化期占整个冶炼时间的 1/2 左右，耗电量则要占电耗总量的 2/3 左右。因此，加速炉料熔化是提高产量和降低电耗量的关键所在。

熔化期的任务主要是在保证炉体寿命前提下用最少的电耗快速将固体炉料熔化为钢液及升温，并造好熔化期的炉渣，以便稳定电弧，防止吸气和提前去磷。

熔化期可以概括为四个阶段，即点弧阶段、穿井阶段、主熔化阶段和熔清阶段，如图 3-1 所示。

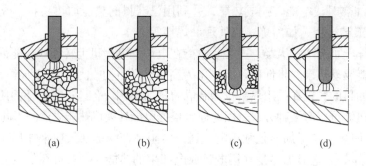

图 3-1　炉料的熔化过程
(a) 点弧阶段；(b) 穿井阶段；(c) 主熔化阶段；(d) 熔清阶段

(1) 点弧阶段。通电点弧时，电弧开敞地在炉料上面燃烧，因此电弧与炉顶距离很近，如果输入功率过大，电压过高（电弧较长），则炉顶容易被烧坏，所以一般选用中级电压，输入变压器额定功率的 2/3 左右，将电弧控制在电极端面之内，减轻电弧对炉顶的辐射。点弧阶段时间较短，为 5~10min。

(2) 穿井阶段。随着炉料的熔化，电极埋入炉料中，在自动调节器的作用下，电极随着炉料的熔化不断地向下移动，直至电弧与炉底钢液面接触为止，在炉料中打出 3 个很深的井洞（称为穿井），炉底形成熔池。

这阶段电弧完全被炉料所包围，热量几乎全部被炉料所吸收，不会烧坏炉衬，所以可以投入最大功率，促进快速熔化。一般穿井阶段为 20min 左右，约占总熔化时间的 1/4。

(3) 主熔化阶段。电极穿井到底后，炉底已形成熔池，由于电弧的作用，电极四周的炉料继续受辐射热而熔化，熔池钢液面渐渐升高，随着钢液面的上升，在自动调节器的作用下，电极逐步上升。电极上升时，中部料的熔化越来越多，熔化后随即落入钢液中，当电极移到中间位置时，炉料的主要部分已被熔化。

这阶段因电弧被炉料包围，传热效率最高，故应投入设备允许的最大功率，达到迅速均匀熔化，主熔化阶段所占时间为总熔化时间的 1/2 左右。

(4) 熔清阶段。其特点是炉料的主要部分已熔化，仅有远离电弧的低温区处的炉料尚未熔化。此时可采取用钩子将残余炉料拉入熔池等措施，加速熔化。待残余炉料全部熔清后，熔化阶段即告结束。

熔清阶段的时间较短，但此时期电弧开敞地燃烧，会将大量的热量辐射到炉衬上，故应降低电压和输入功率。

为了加速熔化，降低电能消耗量，还可采用吹氧助熔、炉料预热等方法。

B　氧化期

当炉料全部熔清后取样分析进入氧化期。这时期的任务主要是：

（1）将磷除至所要求的极限内。

（2）去除钢液中的气体（氮、氢）和非金属夹杂物。

（3）使钢液均匀加热升温，氧化末期达到高于出钢温度 $10 \sim 20\,℃$。

当氧化期结束时，只要化学成分符合要求，就可升温并扒除氧化渣，进入还原期。

C　还原期

通常把氧化末期扒渣完毕到出钢这段时间称为还原期。还原期的主要任务是：

（1）钢液和炉渣的脱氧。

（2）脱硫。

（3）调整钢液的化学成分和温度达到所要求的标准。

到此，可将经过冶炼符合要求的钢液，从出钢口倾入钢包浇注。

3.2.1.2　电弧炉炼钢工艺的发展

电弧炉炼钢是一种古老的炼钢方法。自 1909 年第一座三相交流电弧炉投产后，长期以来发展缓慢。20 世纪 60 年代以后，电炉钢发展速度加快，这与电弧炉炼钢工艺发生一系列的重大改革有关。其主要改革包括以下几个方面：

（1）电弧炉的大型化与超高功率化。即不再建造普通功率电炉（RP），采用高功率（HP）、超高功率（UHP）电炉，加速熔化，使总冶炼时间大大缩短，生产率大大提高。

（2）电弧炉的功能分化与过程的连续化。为了缩短熔化期，采用废钢预热装置，并将原有的还原精炼功能转移到炉外精炼装置（钢包）中完成，于是电弧炉炼钢过程构成了"废钢预热装置（SPH）—电弧炉（EAF）—炉外精炼装置（LF）"这一新的连续化生产流程。

（3）电弧炉的结构改革。如采用偏心炉底出钢电弧炉和直流电弧炉。

（4）泡沫渣作业的推广。

3.2.2　炼钢电弧炉的电气性能参数

3.2.2.1　电弧的物理过程和物理特性

电弧是气体自持放电的一种形态，以低电压、大电流、高能量密度为特征。在 19 世纪初 Humphrey Davy 发现了电弧。

电弧能够熔化金属，进行氧化沸腾，以及可以在金属的氧化物和还原剂混合的情况下使前者还原，这些性能使电弧的在电冶金工业上的应用成为可能。20 世纪初，第一台三相交流炼钢电弧炉投产。

在正常的物理条件下，气体成分中几乎不存在自由电子和离子，所以气体并不是一种导电体。

在交流电弧炉中，当两根电极触及炉料时，就形成使气体变为导电体的条件。因为此时电极内所产生的大电流，在接触处产生炽热点，于是当电极互相离开的时候，从炽热阴极发射出电子，并发生强烈的气体游离。当达到一定的游离程度时，电极间的气体被击穿，电极间遂得到光耀夺目的电弧。此时，在外加电场的作用下，电子和离子按一定的方向运动（电子向阳极运动，离子向阴极运动），因而在气体中产生电流。

图 3-2 所示为石墨电极处于阴极半周波时理想电弧的模型。图中，石墨阴极与铁板阳极之间为一赤热电弧柱，电弧柱被光亮的电弧焰所包围。故电弧由阴极电位降区、弧柱区、阳极电位降区构成。

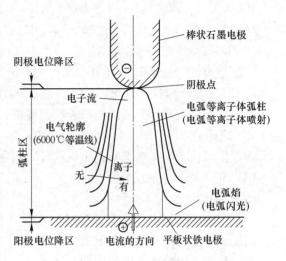

图 3-2　石墨电极为阴极时的电弧模型

A　阴极电位降区域的物理过程

由于形成电弧放电的极大部分电子是在阴极产生，或者就由阴极本身发射，因此，电弧阴极区域的过程对电弧的发生和物理过程有着重要的意义。当两根电极触及炉料时，电极间产生短路电流，在接触处产生炽热点，据资料，炽热阴极点温度可达 3500～4000℃，于是当电极互相离开时，即从炽热阴极点发射出热电子来。从阴极发射出来的电子，因受到当电极分离时电极间形成电场的作用，导向弧柱。

B　弧柱区物理过程

弧柱是个等离子体，等离子体是气体电离后形成的物体，由未电离的气体分子和原子以及总电荷量相等的正离子、自由电子和负离子组成。其聚集态列在固态、液态和气态之后，称为物质的第四态。弧柱等离子区的特征是：

（1）气体高度电离，在极限情况下，所有中性的气体粒子可达到全部电离。

（2）正电荷和负电荷粒子的密度几乎相等，因而净余的空间电荷几乎等于零。

由于正负带电粒子的密度相当高，因此等离子区的导电率很大，它的性质接近于导体的性质。电弧热量的大部分是在弧柱部位发生，弧柱通过传导、辐射和对流的方式传热，且以对流传热为主。

C　阳极电位降区域的物理过程

电弧的阳极基本上只是接受弧柱中来的电子，它没有发射正离子的显著能力。

D　交流炉电弧的电位分布和电弧长度

对于交流电弧炉，在 20 世纪 30 年代提出的一种理论认为：假定电弧电压与电弧电流无关，只取决于阳极与阴极电位降之和、电弧长度及电弧柱的电位梯度。用方程式表示如下：

$$E = a + bL \tag{3-1}$$

或
$$L = \frac{E - a}{b} \tag{3-2}$$

式中　E——电弧电压，V；

　　　　L——电弧长度，mm；

　　　　a——阳极与阴极电位降之和，V；

　　　　b——电弧柱的电位梯度，V/mm。

由式（3-2）可见：如设 a 及 b 为常数，则电弧电压是电弧长的函数。

表 3-1 为有关电弧的电位分布和电弧长。例如由表 3-1 当电弧电压 $E = 300V$ 时的电弧长：

废钢熔化期　　　　　　$L = \dfrac{300 - 40}{1.0 \sim 1.15} = 260 \sim 226\,\text{mm}$

泡沫渣内　　　　　　　$L = \dfrac{300 - 20}{0.5 \sim 0.7} = 560 \sim 400\,\text{mm}$

表 3-1　电弧各部位的电位分布

类　别		电压降/V			电弧柱的电位梯度/V·mm^{-1}
		阴　极	阳　极	合　计	
最近技术	废钢熔化	10	30	40	1.0 ~ 1.15
	泡沫渣内	10	10 ~ (0)	20 ~ (10)	0.5 ~ 0.7
参考以前技术		10	30	40	1.0

E　长电弧和短电弧

电弧的形态可分为长电弧与短电弧两种。根据电工理论，电弧功率的大小与电弧电压和电弧电流的乘积成比例，而电弧电压是电弧长度的函数，电弧电流则是电弧粗细的函数。因此，在同一电弧功率下可以定性地讲，所谓长电弧是高电压、低电流即长细电弧，短电弧是低电压、大电流即短粗电弧。一般在讨论供电制度时，如果它是在 0.8 以上的功率因数下运行，就称其为长电弧操作；在 0.7 以下的功率因数下运行，则称其为短电弧；在这两者之间的区域里运行，则称之为中电弧。长电弧宜用于废钢熔化，短电弧宜用于钢液升温。

电弧形态是影响炉内热工的一个重要因素，在电弧炉炼钢工艺过程中，电弧形态（长电弧或短电弧）的具体选定与电弧传热大有关系。

F　电弧的电气特性和稳定措施

电弧是具有电流增加电压就减小的下降特性，亦即负电阻特性，故它是极不稳定的可自由伸缩的电阻性负荷。为了稳定控制电弧电流，在电源和电弧之间必须设有镇流电抗器。但对于大、中型炉稳定电弧，其必要的电抗通常可由其电炉变压器、短网充分提供，不必另外设置附加电抗器。

3.2.2.2　电弧炉的等值电路及其参数

考虑到电弧炉的三相是基本相同的，因此，可以用单相系统代替复杂的三相系统。图 3-3 所示为三相电弧炉的单相等值电路。

图中，变压器高压侧全部元件的电阻及电抗已折算到低压侧。且电弧炉全部元件的电阻包括电抗器的电阻 r_k、变压器的电阻 r_b 以及高压母线及低压短网的电阻 r_w，用一个等值电阻 r 表示，而全部元件的电抗包括电抗器的电抗 X_k、变压器的电抗 X_b 以及高压母线及低压短网的电抗 X_w 用一个等值电抗 X 来表示。即

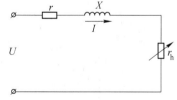

图 3-3　炼钢电弧炉的单相等值电路

$$\left. \begin{array}{l} r = r_k + r_b + r_w \\ X = X_k + X_b + X_w \end{array} \right\} \tag{3-3}$$

图 3-3 中，U 为单相等值电路的相电压，$U = U_X / \sqrt{3}$（U_X 为变压器低压侧的线电压）；

I 为电弧电流；r_h 为电弧电阻。

3.2.2.3   短网的参数计算

A   电弧炉的短网

短网是电弧炉极其重要的组成部分。所谓短网，是指从电炉变压器低压侧出线端到电极（包括电极）的载流导体的总称。它可分成下列各段：从变压器出线端到母线排之间的补偿母线段；从补偿母线到软电缆之间的母线排段；从母线排到电极夹持器（电极把持器或电极夹头）横臂的管状母线之间的软电缆段；从软电缆到电极夹持器之间的管状母线段；从电极夹持器到电极段。

短网长度不大，但它的电阻与电抗在整个电炉装置中却占有很大的比例。故短网结构设计的好坏、布线是否合理，在很大程度上决定电炉装置的效率、功率因数的高低以及炉子是否能正常运行。因此在近代电弧炉的发展史中，短网技术一向为人们所关注。

B   短网电阻计算

短网电阻 r_w 可以设想由三部分组成，即各段导体的交流电阻、各段导体连接处的接触电阻和各段导体附近钢铁构件中因电磁感应损失而引起的附加电阻，于是

$$r_w = \Sigma r_j + \Sigma r_c + \Sigma r_f \tag{3-4}$$

式中 Σr_j——各段交流电阻（有效电阻）的代数和，Ω；

Σr_c——各段接触电阻的代数和，Ω；

Σr_f——各段附加电阻的代数和，Ω。

各段交流电阻 r_j 为：

$$r_j = k_{jf} k_1 r_0 \tag{3-5}$$

式中 k_{jf}——集肤效应系数；

k_1——邻近效应系数；

r_0——导体的直流电阻，Ω。

在短网的各段，采用接头连接的地方是很多的。接触不良，可使连接处的接触电阻增大，甚至会大大超过短网本身的电阻。因此，减少接触电阻，保持可靠的接触，是保证短网正常运行的重要条件。

各段连接处的接触电阻 r_c 为：

$$r_c = \frac{C}{9.8 p^m} \tag{3-6}$$

式中 C——与材料和接触面状态有关的系数，可由表3-2查得；

p——接触面上的总压力，N，对于铜-铜之间接触，一般要求压力为 10MPa 左右，对于电极夹持器与石墨电极之间的压力，一般取电极重量的 4~5 倍；

m——与接触面形状有关的指数，母线搭接 $m=0.7$，电极夹持器与电极间 $m=0.5$。

一般来说，在短网中，最大接触电阻发生在电极夹持器与电极之间。这部分接触电阻严重时，可达全部电损失的 15%，所以应予特别重视。

当短网附近有铁磁性钢结构件时，在短网电阻计算中，通常取短网交流有效电阻的 20%~30% 作为短网的附加电阻值，故

$$r_f = (0.2 ~ 0.3) r_j \tag{3-7}$$

表 3-2　接触面材料的 C 值

接触面材料	接触面状态	C 值	接触面材料	接触面状态	C 值
铜-铜	无氧化物	$(0.8 \sim 1.4) \times 10^{-4}$	钢-钢	无氧化物	76×10^{-4}
铜-镀锡铜	无氧化物	$(0.9 \sim 1.1) \times 10^{-4}$	青铜-石墨	（用于电极夹持器）	20×10^{-4}
镀锡铜-镀锡铜	干燥	1.0×10^{-4}	黄铜-石墨	（用于电极夹持器）	40×10^{-4}
铝-铝	无氧化物	$(30 \sim 67) \times 10^{-4}$	钢-石墨	（用于电极夹持器）	80×10^{-4}
钢-铜	无氧化物	31×10^{-4}			

C　短网电抗计算

电弧炉短网是由一系列不同形状的导体连接而成，因此，应按不同的形状将短网分成几段，分别计算出各段的电抗，短网电抗即是各段电抗的代数和。

$$X_{\mathrm{w}} = \Sigma X = \Sigma \omega L \tag{3-8}$$

式中　X——各段的电抗，Ω；

　　　ω——角频率，$\omega = 2\pi f$；

　　　L——各段的电感系数，H。

计算电感系数 L 是很困难的，并且不能得出准确的结果，在运行的情况下可用实验方法来确定电感系数。

因短网连接方式的不同，其电感系数也是不同的。下面按电炉变压器低压线圈在短网上的封口点，具体介绍常用的四种短网接线方式（见图 3-4）及其电感系数的不同点，供合理选择短网时的参考。

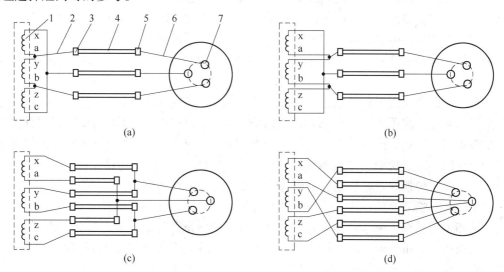

图 3-4　短网的几种连接方式

（a）在变压器低压出线端接成三角形；（b）在铜排末端接成三角形；

（c）在挠性电缆末端接成三角形；（d）在电极夹头上接成三角形

1—电炉变压器；2—硬铜母线排；3，5—接头；4—挠线电缆；6—水冷铜管；7—电极

（1）图3-4（a），在变压器出线端接成三角形。一般来说，此种方式仅适用于5t以下的小型电弧炉。本系统结构简单，省铜，在母线穿过变压器墙后，应分开一定距离，悬挂软电缆，短网所有各段均流过变压器的线电流。由于5t以下的小型电弧炉中，短网电感系数较小，在电弧炉熔化期还必须接入电抗器，故在小型电弧炉中，不需要采用双线制短网接线。

（2）图3-4（b），在铜排母线末端接成三角形，即三角形汇集于挠性电缆的固定连接座上。此种方式适用于中型电弧炉。本系统所用双线制母线束从变压器箱体上引至硬铜排末端。冶炼硅铁的铁合金炉也可采用此种方式接线。

（3）图3-4（c），在挠性电缆末端接成三角形，即三角形汇集于挠性电缆的可动连接座上。此种方式用于大型电弧炉，在这种情况下，硬铜排和挠性电缆均为双线制接线，短网电感系数明显减小，炉子的功率因数和效率都将获得改善，但是结构较复杂。

（4）图3-4（d），在电极上接成三角形，即双线制一直至电极夹头上。此种方式结构复杂，除了能获得较低的电感系数外，无其他任何优点，选用时务必慎重考虑。

D 短网接线方式的选择原则

为达到短网 r_w、X_w 为最小的目的，列出短网接线方式的选择原则：

（1）短网各部分长度要尽可能短，每相短网工作电阻及工作电抗为合理的最小值。

（2）为减小集肤效应影响，充分利用母线截面，母线的厚度要小，矩形母线的宽厚比要大（母线厚度一般不超过10～12mm，宽度为厚度的10～20倍）。

（3）电流相反方向的导线要尽可能靠近，使各导线的磁场互相抵消，即尽量按双线制接线法，区别不同情况在不同位置上接成三角形。

（4）力争三相平衡，避免产生"增强相"和"减弱相"的功率转移现象。

E 短网不对称布置对炉子工作的影响

在三相电弧炉中，往往出现这样的一种现象，即尽管电流大小和电压在所有三相中均为相等，但在熔化期却发生中间相的电极工作正常，而边缘两相中的一个相的电极所形成的电弧很快地在炉料中熔成井，而另一相电极的电弧却缓慢地在炉料中熔成井。在氧化期和还原期同样也发生这种显著的温度不平衡现象，使得边缘相中一个电极下部的钢液过热，甚至还损坏炉衬。

这种现象，主要由于短网三相的布置不是对称于一条几何中心轴线，而是布置成中间相距边缘相有相同的距离 d，两边缘相互距离则为 $2d$。这样的不对称布置会引起短网各相的电抗值不同。三相电抗值的不同进而引起各相功率的不同，从而出现上面所说的现象。这种情况实际上就是功率从"减弱相"转移到"增强相"的功率转移。在"增强相"电弧附近，炉壁、炉顶的毁坏加剧和钢液过热，以致造成生产率的下降。在电弧炉上防止和消除功率转移影响最简便且最有效的方法是通过改变短网结构与布线使短网阻抗平衡，从而实现三相电弧功率平衡。其基本方式可分为修正平面布置与正三角形布置两种。

所谓修正平面布置即是对一般"平面布置"的修正，其原理基于对短网电抗计算中导体的自感与导体的互感计算所采用的简化式。

$$L(M) = 2l\left(\ln\frac{2l}{D} - 1\right) \times 10^{-9}$$

式中 L——导体的电感系数，H；

M——导体互感系数，H；

　　l——导体长度，cm；

　　D——导体的自几何均距（计算 L 时）或导体间的互几何均距（计算 M 时），cm。

　　由上式看出，不论计算哪一数值，如果 D 值增加，$L(M)$ 值则减小；反之则 $L(M)$ 值增大。依照这个道理，如在软电缆、导电铜管段（流有同相位电流的导体束），把外侧相导体间距加大，中间相导体间距离减小，即会使两外侧相电抗值减小，而中间相电抗值则增大，各相电抗值趋于平衡。

　　短网的修正平面布置如图 3-5 所示。

　　所谓短网的正三角形布置，是将电弧炉短网的各相导体分别布置在等边三角形三个顶点的位置上，使各相导体彼此相对应的几何距离相等，电磁耦合状况都一样。于是，在各相导体的几何尺寸（根数、长短、粗细等）一致的情况下，各相导体的电抗值大体上也是相等的。这就是短网的正三角形布置（见图 3-6）。

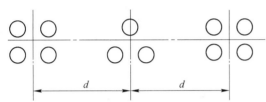

图 3-5　短网的修正平面布置

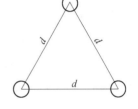

图 3-6　短网的正三角形布置

　　这种布线方案多用在短网的母线排段及导电铜管段，在软电缆段实行这一方案尚有一定困难。据国外报道，在 150t 炉子上将短网由平面布置改为正三角形的空间位置布置后，短网阻抗不平衡度由 19.5% 降至 8.5%。

3.2.2.4　电弧炉的电气特性曲线及其分析

A　电弧炉的电气特性曲线

　　电弧炉的等值电路及其主要参数已在前面介绍，鉴于电弧炉实际电路的复杂性，故在研究其理论电气特性时，需作如下几点假设：

　　（1）电弧炉的主要参数线路电压 U 和电阻 r 及电抗 X 与负荷电流无关。

　　（2）电炉变压器的负荷特性是平衡的，即所有三相的电流、电压和阻抗都相等。

　　（3）电弧的阻抗为纯电阻 r_h。

　　（4）电压和电流按正弦曲线随时间的推移而变化。

　　（5）电炉变压器的空载电流等于零（$I_0 = 0$）。

　　对于图 3-3 所示的等值电路，按照欧姆定律，交流电路存在着下列关系，即炉电流

$$I = \frac{U}{\sqrt{(r + r_h)^2 + X^2}} \tag{3-9}$$

　　对于三相交流电路，当电流一定而且对称时，电炉从线路取得的视在功率可按下式求得：

$$S = 3UI \times 10^{-3} \tag{3-10}$$

从线路取得的有功功率为：

$$P = 3I \sqrt{U^2 - (IX)^2} \times 10^{-3} \tag{3-11}$$

炉子的无功功率为:

$$Q = 3I^2 X \times 10^{-3} \tag{3-12}$$

线路的电损失功率为:

$$P_{ds} = 3I^2 r \times 10^{-3} \tag{3-13}$$

有效功率或电弧功率为:

$$P_h = P - P_{ds} = 3I \sqrt{U^2 - (IX)^2} - Ir \times 10^{-3} \tag{3-14}$$

根据方程式（3-10）、式（3-11）、式（3-14）可以求出电弧炉的电效率

$$\eta_d = \frac{P_h}{P} \times 100\% = \frac{\sqrt{U^2 - (IX)^2} - Ir}{\sqrt{U^2 - (IX)^2}} \times 100\% \tag{3-15}$$

及功率因数

$$\cos\varphi = \frac{P}{S} = \frac{\sqrt{U^2 - (IX)^2}}{U} \tag{3-16}$$

而电弧电压

$$E = \frac{P_h \times 10^3}{3I} = \sqrt{U^2 - (IX)^2} - Ir \tag{3-17}$$

电弧电阻

$$r_h = E/I \tag{3-18}$$

上述诸公式所表示的电弧炉电气特性，其量值均与电流 I 有关。因此，可以据此绘出电弧炉的电气特性曲线（或称电力特性曲线）。所谓电弧炉的电气特性曲线，是指当炉子的 r、X 一定，并在某一工作电压下，电弧炉各电气特性的量值 S、P、Q、P_{ds}、P_h、η_d、$\cos\varphi$ 与电流 I 的函数关系。电弧炉的电气特性曲线是确定炉子合理用电制度的重要依据。

根据方程式（3-9）~式（3-16）计算的各点绘制的电弧炉电气特性曲线如图 3-7 所示。

　　B　电气特性曲线分析

由图 3-7 可以看出：自线路取得的视在功率 S 随电流的增大而增加，但有功功率 P 在达到最大值后即开始降低，一直降到短路功率为止。有效功率即电弧功率 P_h 在达到最大值后也开始降低，一直降到零为止。

相应于最大有功功率和最大有效功率的变压器负荷电流 I_2 和 I_1 并不相同，且与最大有效功率相应的电流 I_1 小于最大有功功率的电流 I_2。

图 3-7 中还示出电效率 η_d 和功率因数 $\cos\varphi$ 随电流变化而变化的情况。

在与最大有效功率相对应的电流下的功率因数大于在与最大有功功率（取自线路的）相对应的电流下的功率因数。短路时的功率因数达其最小值，此最小值根据整个变压器回路的电抗而确定。必须指出，变压器空载运行时，$\cos\varphi$ 并不等于零，而是由变压器本身的电抗来确定。短路时炉子的电效率等于零，因为此时炉子并未自线路取得有效功率，全部有功功率均消耗在变压器回路的电阻内。此外，空载时的电效率也等于零。

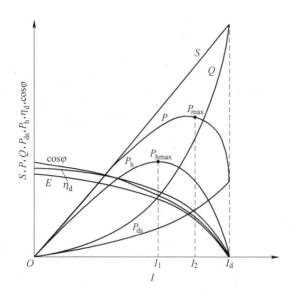

图 3-7　电弧炉的电气特性曲线

图 3-7 中，电炉的有功功率 P 及电弧功率 P_h 的曲线在电流为 I_2 及 I_1 时有最大值。此外，当电极与金属短路时，电流也达到了它本身的最大值 I_d。由于这些量在电气特性曲线中所具有的特殊位置，因此就有必要加以讨论。

（1）最大电弧功率值。最大电弧功率值 P_{hmax} 是电弧炉工作值中最重要的数值之一。因为我们要求炉子中的金属炉料要尽快地熔化，且使电力损失为最小，这只有在最大的有效功率和较高的功率因数情况下工作才能实现。电流如果超过 I_1 值会引起电弧功率下降，大大增加电力损耗和使电效率及 $\cos\varphi$ 显著变坏。因此，I_1 是电流工作的上限，在任何场合下都不应该超过它。

以下讨论在最大电弧功率值下的一些特性值。

使一阶导数 $\mathrm{d}P_h/\mathrm{d}r_h = 0$ 不难得出，获得电弧功率最大值的条件是：每个电弧的电阻 r_h 应等于附加于电弧上炉子的视在电阻 Z，即

$$r_h = \sqrt{r^2 + X^2} = Z$$

于是电弧功率的最大值为：

$$P_{hmax} = \frac{3U^2Z \times 10^{-3}}{Z^2 + 2rZ + r^2} = \frac{3U^2 \times 10^{-3}}{2(Z + r)} \tag{3-19}$$

相应的电流值 I_1 为：

$$I_1 = \frac{U}{\sqrt{(r + Z)^2 + X^2}} = \frac{U}{\sqrt{r^2 + 2rZ + Z^2 + X^2}} = \frac{U}{2Z(r + X)} \tag{3-20}$$

（2）最大有功功率值。当总电阻 $R = r + r_h$ 等于电抗 X 时，就得到炉子有功功率的最大值，即

$$P_{max} = \frac{3U^2X \times 10^{-3}}{2X^2} = \frac{3U^2 \times 10^{-3}}{2X} \tag{3-21}$$

相应的电流值 I_2 为：

$$I_2 = \frac{U}{\sqrt{R^2 + X^2}} = \frac{U}{\sqrt{2}X} \tag{3-22}$$

在这些数值下还存在着如下的关系：

$$P_{max} = 3I^2R \times 10^{-3} = 3I^2RX \times 10^{-3} = Q_2 \tag{3-23}$$

$$\cos\varphi_2 = \frac{P_{max}}{S_2} = \frac{P_{max}}{\sqrt{P_{max}^2 + Q_2^2}} = \frac{Q_2}{\sqrt{2}Q_2} = \frac{\sqrt{2}}{2} \approx 0.707 \tag{3-24}$$

换句话说，当电流为 I_2 时，炉子的有功功率 P_2 等于无功功率 Q_2，而功率因数 $\cos\varphi_2$ 对于所有的炉子都是恒值（0.707）。

（3）电极和金属短路时的参数值。电极和金属短路时的特点是电弧电阻 r_h 很小，并可取它等于零，此时

$$P_{hd} = 3I^2r_{hd} \times 10^{-3} = 0 \tag{3-25}$$

$$P_d = P_{hd} + P_{dsd} = P_{dsd} \tag{3-26}$$

$$E_d = \frac{P_{hd} \times 10^{-3}}{3I_d} = 0 \tag{3-27}$$

$$\eta_d = \frac{p_{hd}}{P_d} = 0 \tag{3-28}$$

$$\cos\varphi_d \frac{r}{\sqrt{r^2 + X_d^2}} \tag{3-29}$$

式中，P_{dsd} 为电极和金属短路时炉子的电损失功率。

电流 I_d 由下式确定：

$$I_d = \frac{U}{\sqrt{r^2 + X_d^2}} \tag{3-30}$$

由式（3-25）~式（3-28）可知，当电极与金属短路时，炉内没有输入电功率，而由线路中取得的功率完全作为炉子的电力损耗而消耗了。

由此得出如下结论：当电流超过 I_1 值时，有效功率 P_h 降低，故在与最大有效功率 P_{hmax} 相应的一定范围内增加炉电流才是合理的。

3.2.3　炼钢电弧炉的热平衡

3.2.3.1　电弧炉的热平衡

A　研究电弧炉热平衡的目的

研究电弧炉热平衡的目的是：

（1）从中分析电弧炉炼钢过程能量的分配状况，评价电弧炉运行的优劣，借以进一步改善这种分配状况。

（2）确定电弧炉的效率（包括电效率、热效率和总效率）。

（3）为现场确定各项能耗指标（如电耗定额等）提供依据。

B　电弧炉热平衡体系确定

在讨论电弧炉的热平衡之前，首先应确定其体系，也就是说要明确所研究的对象范围，画出热平衡框图。根据电弧炉特点，我们将整个电弧炉装置，包括电炉变压器、二次导体及炉体等看成一个体系，其框图如图3-8 所示。

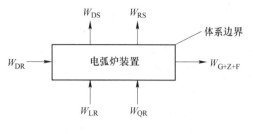

图 3-8　电弧炉热平衡体系框图

C　电弧炉的热平衡方程式

电弧炉的热平衡方程式，是指从前一炉出钢到这一炉出钢的一个周期炼钢过程中，根据能量守恒建立的热量平衡关系式。它具体地表达电弧炉的输入热和输出热间的能量平衡。

电弧炉的输入热由外部供给热和内部产生热组成。外部供给热包括电能输入热、物料带入的热和辅助燃料带入的热；而内部产生的热则包括元素的化学反应热、电极燃烧热和炉渣生成热。

电弧炉的输出热由有用热和损失热组成。有用热包括钢水带走热、炉渣带走热和分解吸热；而损失热则包括电损失热、炉体表面散热、电极表面散热、补炉和装料时的热损失、炉门等开口处的辐射热损失、冷却水带走的热和炉气带走的热。损失热中，除电损失热以外的六项损失热总称热损失。

于是，电弧炉热平衡方程式可写成：

$$W_{DR} + W_{LR} + W_{QR} = W_{G+Z+F} + W_{DS} + W_{RS} \tag{3-31}$$

式中　　W_{DR}——电能输入热；

　　　　W_{LR}——物料带入热；

　　　　W_{QR}——除 W_{DR} 和 W_{LR} 以外的其他输入热；

　　W_{G+Z+F}——钢水、炉渣带走的热和分解反应吸热之和；

　　　　W_{DS}——电损失热；

　　　　W_{RS}——热损失。

此外，由于电弧炉的损失热总不能很精确地测定计算得出，因此在热平衡内还需计入一项"未计及的损失热"。

电弧炉热平衡方程，将炉子的电、热量值与冶炼工艺作了有机的联系。

D　电弧炉的效率

为了表征电弧炉能量的使用情况，引入电弧炉装置的电效率、炉子的热效率和电弧炉装置的总效率的概念。

电弧炉装置的电效率为冶炼过程中炉子本身所得到的电能与装置所得到的电能之比的百分数，即

$$\eta_d = \frac{W_{DR} - W_{DS}}{W_{DR}} \times 100\% \tag{3-32}$$

炉子的热效率为用于冶炼过程本身的有用热量与炉子所得到的热量之比的百分数，即

$$\eta_{r} = \frac{W_{yy}}{W_{DR} + W_{QR} - W_{DS}} \times 100\% = \frac{W_{G+Z+F} - W_{LR}}{W_{DR} + W_{QR} - W_{DS}} \times 100\% \qquad (3\text{-}33)$$

式中　W_{yy}——用于炼钢过程的有用热。

电弧炉装置的热效率或称电弧炉装置的总效率 η_z 为：

$$\eta_{z} = \eta\eta_{r} \qquad (3\text{-}34)$$

E　电弧炉的热平衡表

电弧炉的能量平衡除可应用热平衡方程式进行解析研究外，还可绘制成热平衡表。表3-3 所列为 20t 炼钢电弧炉的热平衡表。

表 3-3　20t 炼钢电弧炉的热平衡表

热 平 衡 项 目			热量占比/%
输入热	电能输入热		84.50
	物料带入的热		0.42
	辅助加热		0.17
	元素的化学反应热		6.54
	电极燃烧热		6.35
	炉渣生成热		2.02
	输入热合计		100.00
输出热	有用热	钢水带走热	41.91
		炉渣带走热	9.44
		分解吸热	4.42
		有用热合计	55.78
	损失热	电损失热	8.54
		炉体表面散热	11.00
		电极表面散热	1.98
		补炉和装料时的热损失	2.55
		炉门等开口处的辐射热损失	1.91
		冷却水带走的热	12.30
		炉气带走的热	5.04
		未计及的损失热	0.90
		损失热合计	44.22
	输出热合计		100.00

3.2.3.2　电弧炉的热平衡分析

现根据热平衡方程式或热平衡表，分析电炉炼钢生产过程中能量的分配状况，从而进一步根据这种分析，探求出改善这种分配状况的方法。

分析表 3-3，炉子输入热的主要收入项是从线路上取得的电能，占输入热的 84.5%；其次为元素的化学反应热，占输入热的 6.54%；再次为电极燃烧热，占输入热的 6.35%。

分析表 3-3 中输出热的各组成部分后可以发现，该 20t 电弧炉的损失热达冶炼时全部输出热的 44.22%。其中，主要消耗在以下三项热损失上：被冷却水带走的热损失比例最大，占全部损失热的 27.8%；其次为炉体表面散热，占全部损失热的 24.9%；以及被炉气带走的热，占全部损失热的 11.4%。此外，电炉导电装置上的电损失热占全部热损失的 19.3%。因此，我们应该特别注意到这些损失的降低。

3.2.4　炼钢电弧炉的技术经济指标曲线

电弧炉的生产率和电力单耗是电弧炉生产的最为重要的两项技术经济指标。电弧炉的生产率和电力单耗可用下列方法确定。

按炼钢工艺的特点，将每个冶炼周期分为三个时间阶段：

（1）τ_1 时间，即用来完成出钢、扒补炉、装料的时间，称为停炉时间。这段时间的长短，完全与变压器功率的大小无关。

（2）τ_2 时间，即在炉子的熔化期中用来完成炉料的加热熔化升温的时间，称为熔化时间。这段时间的长短与输入炉中的电功率大小有直接关系。

（3）τ_3 时间，即用来完成氧化、还原等操作的时间，称为沸腾和精炼时间。这段时间的长短及其所需输入功率的大小主要取决于工艺要求，不决定于变压器的额定功率。

根据能量平衡概念，在炉子熔化期的熔化升温 τ_2 时间内，炉子收入的能量主要来自于电弧。炉子支出的能量有两项：一项为加热熔化升温所需的有用能量，另一项则为炉子热损失能量。于是，对于连续生产的炉子，当炉衬的蓄热为一常量时，可以得出下式：

$$P_{h2} \tau_2 = W_{y2} G + P_{rs2} \tau_2 \tag{3-35}$$

式中　P_{h2}——在 τ_2 时间内平均输入炉中的电弧功率（忽略其他次要能源），kW；

$\quad\quad W_{y2}$——在 τ_2 时间内加热熔化每吨钢所需用的有用能量，kW·h/t；

$\quad\quad G$——装料重量，t；

$\quad\quad P_{rs2}$——τ_2 时间内炉子的平均热损失功率，kW。

由此得出加热熔化时间

$$\tau_2 = \frac{W_{y2} G}{P_{h2} - P_{rs2}} \tag{3-36}$$

于是，加热熔化每吨钢的时间，即单位熔化时间为

$$\frac{\tau_2}{G} = \frac{W_{y2}}{P_{h2} - P_{rs2}} \tag{3-37}$$

由式（3-37）可见，单位熔化时间 τ_2/G 取决于电弧功率值与热损失数值。

电弧炉冶炼 1t 钢的电力单耗量 $D_h(\text{kW·h/t})$ 为各个冶炼阶段电力单耗的总和：

$$
\begin{aligned}
D_h &= \frac{P_{rs1} \tau_1}{\eta_d G} + \frac{W_{y2} G + P_{rs2} \tau_2}{\eta_d G} + \frac{W_{y3} G + P_{rs3} \tau_3}{\eta_d G} \\
&= \frac{1}{\eta_d} \Big(P_{rs1} \frac{\tau_1}{G} + W_{y2} + P_{rs2} \frac{\tau_2}{G} + W_{y3} + P_{rs3} \frac{\tau_3}{G} \Big) \\
&= \frac{1}{\eta_d} \Big(W_{y2} + W_{y3} + P_{rs1} \frac{\tau_1}{G} + P_{rs2} \frac{\tau_2}{G} + P_{rs3} \frac{\tau_3}{G} \Big)
\end{aligned}
\tag{3-38}
$$

式中　W_{y3}——τ_3 时间内由工艺过程决定的精炼每吨钢所需有用能量，kW·h/t；

P_{rs1}，P_{rs3} ——τ_1、τ_3 时间内电弧炉的平均热损失功率，kW；

τ_1/G ——单位停炉时间，其大小与输入功率无关；

τ_3/G ——单位精炼时间，其大小由工艺因素决定，与输入功率关系不大；

η_d ——电弧炉装置的电效率。

当每炉钢所需时间为 $\tau_1 + \tau_2$，出钢量为 $G(t)$ 时，电弧炉的生产率 $g(t/h)$ 为：

$$g = \frac{G}{\tau_1 + \tau_2 + \tau_3} = \frac{1}{\tau_1/G + \tau_2/G + \tau_3/G} \tag{3-39}$$

分析式（3-39）可得出如下结论：

（1）当电弧炉的单位停炉时间、单位熔化时间及单位精炼时间为最小时，炉子的生产率就能达到最大值。

（2）尺寸一定的炉子，可采用在熔化期中增大输入电力、减小热损失的方法或采用适当增加装料量的方法来提高生产率。

电弧炉生产率的倒数称为单位冶炼时间 τ（h/t）。

$$\tau = \frac{\tau_1 + \tau_2 + \tau_3}{G} = \frac{\tau_1}{G} + \frac{\tau_2}{G} + \frac{\tau_3}{G} \tag{3-40}$$

从以上电弧炉的两项技术经济指标的基本关系式（3-38）和式（3-39）可见，当炉子装料量 G 一定（结构尺寸也一定）及各种工艺条件一定时，它们的数值主要由加热熔化阶段输入炉内的电弧功率决定，即

$$g = f_1(P_{h2})$$

$$D_h = f_2(P_{h2}) \tag{3-41}$$

从而可以作出表示 g、D_h 和 P_{h2} 之间的关系曲线，如图 3-9 所示。

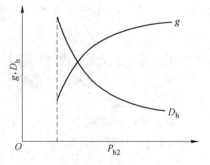

图 3-9 电弧炉的技术经济指标随加热功率的变化曲线

分析图 3-9 后可以认为，经济的加热功率范围应该在曲线的弯曲部分。超过这一范围选择 P_{h2} 将是无益的，因为再增大 P_{h2}，g、D_h 的变化很小，且增加设备投资。

3.2.5 炼钢电弧炉的节电技术

炼钢电弧炉的节电技术由炼钢电弧炉的合理选择、炼钢电弧炉的经济运行及其管理三部分组成。

3.3 炼钢电弧炉的合理选择

3.3.1 电弧炉与变压器容量的合理匹配

电弧炉能否经济合理运行，是与其匹配的变压器容量有着密切关系。但是，由于问题的复杂性，目前解决这一技术问题的方法尚不够完善。

通常，电炉变压器的额定容量 P_{Nb} 是以电炉熔化期的能量平衡为基础来确定的。

$$P_{\text{Nb}} = \frac{P_{\text{h2}}}{m\cos\varphi\eta_{\text{d}}} \qquad (3\text{-}42)$$

式中　P_{h2}——在熔化期τ_2时间内平均输入炉中的电弧功率，kW；

$\cos\varphi$——熔化期的平均功率因数，可取$\cos\varphi = 0.85$；

η_{d}——熔化期的平均电效率，可取$\eta_{\text{d}} = 0.9$；

m——变压器有效利用系数，可取$m = 0.85 \sim 0.9$。

3.3.2　电弧炉变压器的二次电压

在电弧炉炼钢中，熔化、降碳、精炼需要不同的功率。钢水保温所需的功率与熔化期所需功率之比为 1∶10 ～ 1∶20，它是通过电极电压变化比为 1∶2 ～ 1∶5 以及电极电流的变化来达到的。因此，电炉变压器二次电压具有很宽的调节范围，一般在 100 ～ 800V 之间。

3.4　炼钢电弧炉的经济运行及其管理

3.4.1　减少输入电能的措施

3.4.1.1　氧-燃料喷吹助熔

采用氧-燃料喷吹助熔技术，利用喷嘴喷吹以加速炉料熔化，缩短冶炼时间。常用的燃料有石油、生产过程煤气、天然气以及煤粉等，为电炉炼钢引入替代能源，节约电能。

3.4.1.2　废钢高温预热

废钢高温预热主要是提高入炉废钢的温度，从而使所需的能量减少。

3.4.2　减少有用热的措施

电弧炉输出热中的有用热就是冶炼过程必需的热量，它包括废钢从入炉前的温度经熔化并加热到出钢温度、造渣材料等的熔化与加热和冶炼过程中吸热反应。因此，减少有用热的措施为：（1）降低出钢温度；（2）减少分解吸热反应；（3）下限控制渣量。

3.4.3　减少电损失的措施

3.4.3.1　减小短网电阻

分析式（3-4）可知，电弧炉短网的电阻由三部分组成，所以要减小短网电阻，须减小各段的交流电阻、接触电阻和附加电阻。

A　减小短网交流电阻的措施

（1）选用矩形母线或管形母线作短网，以降低其集肤效应系数。

（2）采用电流方向相反的双线制布线方式，以互相抵消磁场，降低短网的邻近效应系数。

（3）采用电阻率小的铜材制作短网，且截面要大。

（4）应尽量将炉子布置得距电炉变压器近些，以缩短网长度。

（5）降低短网温度，一般应保持在 70℃ 以下。其有效方法是采用水冷铜管，使其进水温度控制在 20℃ 以下，出水温度不高于 50℃。

B　减小短网接触电阻的措施

(1) 保持接头上有足够的压力，对于铜-铜接头，一般要求压力需达到10MPa左右。

(2) 选择电阻率小的材料，尽量使接触电阻最小。

(3) 接触面加工的平整度和光洁度应达到要求，使接头间紧密接触，安装时应注意保持良好的表面接触状态，无污垢、无氧化、腐蚀等。此外，对于电极各部分（夹持器与电极间、电极接头间）接触面的清洁也需特别注意。

(4) 接触面的大小应按电流密度适当选择。

(5) 保持接触面的正常工作温度。当接触部分处于高温带工作时，应采用水冷方式，防止接触面强烈氧化。

(6) 导体的连接应优先采用焊接，其次是用螺栓连接，最后才考虑压接。如采用螺栓连接，其两端必须有相应的垫圈。

C　减小短网附加电阻的措施

(1) 避免围绕载流导体的构件形成闭合磁路，如将电极冷却器做成开口的。

(2) 在大容量炉子上的一些钢铁构件采用非磁性材料制作，如采用铝合金横臂等。

3.4.3.2　减小短网电抗与平衡短网阻抗

(1) 缩短短网的长度。

(2) 电流方向不同的导线要尽可能靠近，以使各导线的磁场互相抵消，即按双线制接线方式在短网上接成三角形（见图3-4c）。

(3) 短网、母线的支撑件，应采用非磁性材料制作。

(4) 为了使短网三相阻抗平衡，防止功率转移，通常采用边上两相导体的截面和几何均距比中间一相大的修正平面布置（见图3-5）或正三角形布置（见图3-6）。

3.4.3.3　合理选择导体截面

根据炼钢电弧炉的工作实际，推荐炉用变压器二次导体的经济电流密度如下：

(1) 铜母线的经济电流密度。当一相的矩形母线束截面在5000mm² 以下时，为1.5~2A/mm²；当矩形母线束截面在5000mm² 以上时，为1~1.5A/mm²。

(2) 铜软电缆的经济电流密度。当一相的软电缆截面在4000mm² 下时，为1.8~2.5A/mm²；当软电缆截面在4000mm² 以上时，为1.2~1.8A/mm²。

(3) 水冷铜管为4~6A/mm²。当二次导体中的电流密度大于经济电流密度时，电能损失和冶炼的电力单耗量都将增加。

3.4.4　减少热损失的措施

3.4.4.1　减少炉子热损失

从热平衡表可以看出，全部热损失中约有80%是消耗在炉体表面散热、冷却水和炉气带走这三个方面。因此，应重点减少这三个方面的热损失。

3.4.4.2　缩短炉门等开口处敞开时间

在操作中要勤关炉门和加强电极孔的密封，应尽量缩短敞开时间，节约电能。

3.4.5　缩短单位冶炼时间的措施

缩短单位冶炼时间的措施包括缩短单位熔化精炼时间的措施、缩短单位停炉时间的措施以及炉子在合理用电制度下运行。有关炉子在合理用电制度下的运行问题将在 3.4.6 节中叙述。

3.4.5.1　缩短单位熔化精炼时间的措施

缩短单位熔化精炼时间的措施有：（1）增强电炉变压器能力；（2）合理扩装；（3）长电弧泡沫渣操作；（4）氧气-燃料喷吹助熔；（5）废钢的高温预热和炉内二次燃烧技术；（6）水冷导电横臂等。

3.4.5.2　缩短单位停炉时间的措施

停炉时间是指冶炼过程中因正常操作所必需的不能通电的全部时间。缩短停炉时间的措施有：（1）缩短出钢时间；（2）缩短补炉和装料时间；（3）缩短电极接长时间。

3.4.6　电弧炉在合理用电制度下的运行

3.4.6.1　电弧炉合理用电制度的确定

为了使炉子以最低的电能消耗获得最高的生产率，就必须确定最合理的用电制度，使炉子在合理用电制度下运行。所谓确定合理用电制度，就是在 U、r、X 既定的情况下，确定合适的工作电流，以保证炉子有良好的生产指标（包括单位冶炼时间和电力单耗）。

目前，仍应用传统的方法来确定合理用电制度，即应用炉子的电气特性，按经济电流概念来确定工作电流。下面就从经济电流概念出发，讨论合理用电制度的确定方法。

从电弧炉的电气特性曲线中可以看到，当炉电流较小时，电弧功率 P_h 随电流增加较快（变化速率大），而此时电损失功率 P_{ds} 增加较慢（变化速率小）；而当电流到了较大的区域之后，情况就恰好相反。故在电流由小到大的变化过程中，将会出现一个电弧炉的经济电流 I'。所谓电弧炉的经济电流 I' 是指电弧功率 P_h 与电损失功率 P_{ds} 对电流的变化速率相等时的电流。从几何角度来看，即在某电流值时，曲线 P_h 的斜率等于曲线 P_{ds} 的斜率，这两个斜率相等时的电流即为经济电流 I'。这时炉子的工作效率最高，也最经济。经济电流可由下式求得：

$$I' = \frac{U}{\sqrt{(r + r'_h)^2 + X^2}} = \frac{U}{\sqrt{2r + \sqrt{(4r^2 + X^2)^2 + X^2}}} \tag{3-43}$$

3.4.6.2　超高功率电弧炉的合理用电制度

电弧形态是影响炉内热工的一个重要因素。因此，发展超高功率电弧炉首先要弄清楚在冶炼各时期中电弧的形态。

超高功率电弧炉冶炼过程可分为以下几个时期：点弧期、穿井期、主熔化期、熔清期、升温期、精炼期。

（1）点弧穿井期。采用稍高电压与大电流短电弧操作。此时熔化刚开始，电弧在炉料上面接近炉盖的地方燃烧，采用短电弧操作可以减轻电弧对炉盖的辐射，并使电弧稳定燃烧，电极头部迅速穿入废钢。随着废钢的快速熔化，以及电弧的扩散，穿井直径和穿井深度增大，炉底形成熔池更大些。

超高功率电弧炉在点弧穿井期采用短电弧操作时，从图 3-10 所示的电气特性曲线上看，所选择的工作电流不再是像普通功率电弧炉那样在 I_1 左面接近经济运行电流 I' 的区域内，而是在接近 I_1 或 I_1 偏右一点的区域内。

从图 3-10 可以看到，在这种用电制度下的输入功率 P 增加了，而 $\cos\varphi$ 下降（$\cos\varphi < 0.7$）。但是它却换来了电弧状态的改变，电弧变短粗。如上所述，这种短粗电弧有利于减少对炉衬的辐射热和使电弧稳定燃烧，增大穿井速度，提高热效率，使炉子的总效率有所提高。同时，从耐火材料磨损指数曲线（图 3-10 中的 R_E-I 关系曲线）看，也可得到较高的炉衬寿命。因此，点弧穿井期采用这种用电制度在能量利用方面较为合理。

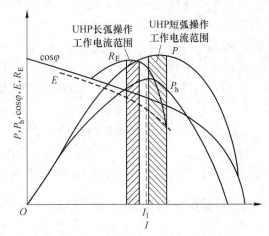

图 3-10　超高功率电弧炉工作电流的选择范围

（2）主熔化期和熔清期。在主熔化期电弧几乎完全被炉料包围，传热效率最高，故应投入设备允许的最大功率，使用最高电压与最大允许电流，以高功率因数长电弧操作，达到迅速均匀熔化的目的，并在熔化末期，迅速将残钢熔化。

超高功率电弧炉在主熔化期采用长电弧操作时，从图 3-10 与图 3-12 的电气特性曲线上看，所选择的工作电流像普通功率电弧炉那样在 I_1 左面接近经济运行电流 I' 的区域内。

（3）升温、精炼期。熔毕，迅速将熔池温度升至精炼所需温度。这时期以往采用短电弧操作，但在普及泡沫渣后，采用中等电压高功率因数长电弧操作。由于电弧为泡沫渣所包围，电弧能量向熔池钢液的传递效率大大提高，这对电力单耗和电极单耗的降低都是有利的。可以说长电弧泡沫渣操作是升温、精炼期改善电弧加热效率所希望的形态。

超高功率电弧炉在升温、精炼期采用长电弧操作时，从图 3-10 与图 3-12 的电气特性曲线上看，所选择的工作电流也像普通功率电弧炉那样在 I_1 左面经济运行电流 I' 所属的区域内。

【例 3-1】　已知一中型电弧炉，炉子内径 $D = 5.8\text{m}$，公称容量 G/最大容量 $G_{max} = 60/75\text{t}$，电炉变压器容量 50/60MVA，电炉变压器一次侧电压 66kV，二次侧分接线电压 F650V-R500V-300V（每挡 25V），额定电流为 57.7kA（50MVA，R500V）。

基本条件设定如下：

（1）冶炼具体时间设定为 50min，并设定为二次装炉，再装时间为 2min。

（2）初装及再装点弧打井期设为同一分接电压（550V/317.6V）。

（3）各主熔化期包括熔清期设为同一分接电压（600V/346.4V）。

（4）精炼期全部设为同一分接电压（525V/303.1V）。

（5）各期输入功率假设不超过电炉变压器的最大过负荷容量，电弧电流选择电弧稳定范围内的任意值。

（6）假设短路电抗（包括电炉变压器）$X_d = 3.5\text{m}\Omega$，$r = 0.5\text{m}\Omega$。

（7）电力单耗设定为 350kW·h/t。

求：电弧炉冶炼各阶段（点弧打井期、主熔化期、升温精炼期）的电气特性并确定其工作电流。

解：为取得电炉输入功率动态实况，先按图 3-11 将数字功率表和个人计算器组合起来进行输入功率特性测量。图中将测量点置于电炉变压器二次侧。各相工作电压、电流和有效功率可由数字表测量得。并以此为基础通过数字计算器演算求得各相的视在功率、无功功率、功率因数，以及各相的阻抗、电阻、电抗等数据，还可应用这些数据作成图、表。

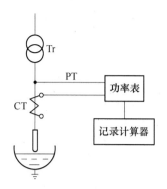

图 3-11　电弧炉电气特性的测量

点弧穿井期电气特性测量计算：

（1）分接线电压设定为 $U_x = 550\text{V}$，相电压 $U = 550/\sqrt{3} = 317.6\text{V}$。测量平均相电压 $U_{av} = \dfrac{\sum U_i}{3} = 305\text{V}$，平均线电压 $U_{xav} = \sqrt{3}\,U_{av} = 528\text{V}$。

（2）相电流设定为 50kA。测量平均相电流 $I_{av} = \dfrac{\sum I_i}{3} = 40\text{kA}$。

（3）三相功率测量平均 $P_{av} = \sum P_i = 23.78\text{MW}$。以上为直接测量。

（4）平均功率因数 $\cos\varphi_{av} = \dfrac{P_{av}}{3U_{av}I_{av}} = 0.65$。

（5）电路阻抗 $Z_{av} = \dfrac{U_{av}}{I_{av}} = 7.62\text{m}\Omega$。

（6）总电阻 $R_{av} = Z_{av}\cos\varphi_{av} = 4.95\text{m}\Omega$。

（7）电路电抗 $X_{av} = \sqrt{Z_{av}^2 - R_{av}^2} = 5.79\text{m}\Omega$。

（8）视在功率 $S_{av} = 3U_{av}I_{av} = 36.6\text{MVA}$。

（9）无功功率 $Q_{av} = 3I_{av}^2 X_{av} = 27.8\text{Mvar}$。

（10）电弧功率 $P_{hav} = P_{av} - 3I_{av}^2 r = 21.8\text{MW}$。

（11）电弧电压 $E_{av} = U_{av}\cos\varphi_{av} - I_{av}r = 171.8\text{V}$。

（12）电弧长度 $L_M = (E - 40)/1 = 132\text{mm}$。

同理，主熔化期、升温精炼期电气特性也可按点弧穿井期的测量计算方法求得。冶炼各时期电气特性的各项数据见表 3-4。

表 3-4　冶炼各时期电气特性的各项数据

冶　炼　期		点弧穿井期	主熔化期	升温精炼期
电压(U_x/U)/V	设　定	550/317.6	600/346.4	525/303.1
	测量平均	528/305	576/333	504/291
I/kA	设　定	50	55	57.5
	测量平均	40	46.7	49
P_{av}（测量平均）/MW		23.78	37.27	34.22
$\cos\varphi_{av}$		0.65	0.80	0.80
Z_{av}/mΩ		7.62	7.12	5.94
R_{av}/mΩ		4.95	5.70	4.75
X_{av}/mΩ		5.79	4.27	3.56
S_{av}/MVA		36.6	46.6	42.8

冶　炼　期	点弧穿井期	主熔化期	升温精炼期
Q_{av}/Mvar	27.8	27.9	25.6
P_{hav}/MW	21.8	34.0	30.6
E_{av}/V	171.8	242.7	208.3
(L_M/L_R)/mm	132	203/318	168/269
通电时间/min	3	17	8
各时期累计电量/MW·h	1.19	10.56	4.56
测量合计电量/MW·h		28.06	
电力单耗/kW·h·t^{-1}		351	

现在根据表 3-4 的数据进一步绘制电弧炉冶炼各时期的电气特性曲线。但还需作如下的一些计算才能绘制。

对于点弧穿井期，在已知 $U = 305\text{V}$、$X = 5.79\text{m}\Omega$、$r = 0.5\text{m}\Omega$ 后，为绘制出该时期电气特性曲线，还需再计算出炉电流为 10kA、20kA、30kA、35kA、37.2kA、40kA、50kA、52.5kA 时的 $X\%$、$\cos\varphi$、P、P_{ds}、P_h 值。

当炉电流为 10kA 时，其

电抗百分数　　$X\% = \dfrac{IX}{U} \times 100\% = \dfrac{10 \times 5.79}{305} \times 100\% = 18.98$

功率因数　　$\cos\varphi = \sqrt{1 - \left(\dfrac{X\%}{100}\right)^2} = \sqrt{1 - \left(\dfrac{18.98}{100}\right)^2} = 0.98$

输入功率　　$P = 3UI\cos\varphi = 3 \times 305 \times 10 \times 0.98 = 8.96\text{MW}$

电损失功率　　$P_{ds} = 3I^2r = 3 \times 10^2 \times 0.5 = 0.15\text{MW}$

电弧功率　　$P_h = P - P_{ds} = 8.96 - 0.15 = 8.81\text{MW}$

同理求得点弧穿井期 20～52.5kA 时的 $X\%$、$\cos\varphi$、P、P_{ds}、P_h 值，以及主熔化期、升温精炼期的电气特性曲线数据，见表 3-5。

图 3-12 所示为以表 3-5 的测量平均值为基准的电弧炉电气特性曲线。从图表中可知随着电弧电流的改变，输入功率、电弧功率以及功率因数等参数的变化规律，并可进一步应用图表确定冶炼各时期的工作电流，制定炉子的合理用电制度。现简述如下：

先用式（3-43）计算出炉子各冶炼时期的经济电流。

点弧穿井期

$$I' = \dfrac{U}{\sqrt{2r + \sqrt{(4r^2 + X^2)^2} + X^2}} = \dfrac{305}{\sqrt{2 \times 0.5 + \sqrt{(4 \times 0.5^2 + 5.79^2)^2} + 5.79^2}}$$

$$= \dfrac{305}{8.98} = 34\text{kA}$$

主熔化期

$$I' = \dfrac{333}{\sqrt{2 \times 0.5 + \sqrt{(4 \times 0.5^2 + 4.27^2)^2} + 4.27^2}} = \dfrac{333}{6.8} = 48.9\text{kA}$$

表 3-5 电弧炉冶炼各时期的电气特性曲线数据

点弧穿井期 $U=305V$, $X=5.79mΩ$, $r=0.5mΩ$

I/kA	$X/\%$	$\cos\varphi$	P/MW	P_{ds}/MW	P_h/MW
10	18.98	0.98	8.96	0.15	8.81
20	37.97	0.92	16.83	0.6	16.93
30	56.9	0.82	22.50	1.35	21.15
35 (I_1)	66.4	0.75	24.0	1.83	22.17 (P_{hmax})
37.2 (I_2)	70.6	0.707	24.1 (P_{max})	2.07	22.03
*40	75.9	0.65	23.79	2.4	21.39
50	94.9	0.32	14.64	3.75	10.89
52.5	99.6	0.089	4.2	4.2	0

主熔化期 $U=333V$, $X=4.27mΩ$, $r=0.5mΩ$

I/kA	$X/\%$	$\cos\varphi$	P/MW	P_{ds}/MW	P_h/MW
10	12.8	0.99	9.89	0.15	9.74
20	25.6	0.96	19.30	0.6	18.7
30	38.5	0.92	27.66	1.35	26.31
40	51.0	0.86	34.36	2.4	31.96
*46.7	59.8	0.81	37.78	3.27	34.51
50 (I_1)	64.0	0.77	38.40	3.75	34.65 (P_{hmax})
55 (I_2)	70.5	0.707	39.0 (P_{max})	4.53	34.47
60	76.9	0.64	38.36	5.4	32.96
70	89.7	0.44	30.76	7.35	23.41
77.3	99.2	0.12	9	9	0

升温、精炼期 $U=219V$, $X=3.56mΩ$, $r=0.5mΩ$

I/kA	$X/\%$	$\cos\varphi$	P/MW	P_{ds}/MW	P_h/MW
10	12.20	0.99	8.64	0.15	8.49
20	24.5	0.96	16.76	0.60	16.16
30	36.7	0.93	24.35	1.35	23
40	48.9	0.87	30.38	2.4	27.98
*49	59.9	0.80	34.2	3.6	30.6
50 (I_1)	61.1	0.79	34.48	3.75	30.73 (P_{hmax})
58 (I_2)	70.9	0.707	35.44 (P_{max})	5.04	30.4
70	85.6	0.53	32.38	7.35	25.03
81.8	99	0.14	9	9	0

注:* 为炉子工作电流 I_g。

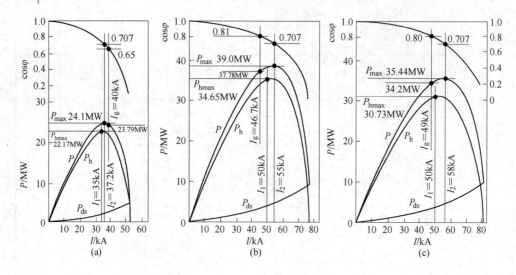

图 3-12　电弧炉冶炼各时期的电气特性曲线

（a）点弧穿井期；（b）主熔化期；（c）升温、精炼期

升温、精炼期

$$I' = \frac{291}{\sqrt{2 \times 0.5 + \sqrt{(4 \times 0.5^2 + 3.56^2)^2 + 3.56^2}}} = \frac{291}{5.87} = 49.5\mathrm{kA}$$

然后根据经济电流，结合电气特性曲线图表和所选电弧形态优化确定炉子工作电流。

考虑到点弧穿井期采用低功率因数短电弧操作，其工作电流宜选择在接近 I_1 或 I_1 偏右一点的区域内，而计算所得经济运行电流 $I' = 34\mathrm{kA}$ 却在 I_1 左面中弧区域，故应按图表作适当修正，确定其工作电流 $I_g = 40\mathrm{kA}$ 较合适，此时 $\cos\varphi = 0.65$、$P = 23.79\mathrm{MW}$、$P_{ds} = 2.4\mathrm{MW}$、$P_h = 21.39\mathrm{MW}$。

主熔化期采用最高电压与最大允许电流与功率因数长电弧操作，其工作电流宜选择在 I_1 左面接近经济运行 $I' = 48.9\mathrm{kA}$ 的区域内，故再按图表确定其工作电流 $I_g = 46.7\mathrm{kA}$ 为合适，此时 $\cos\varphi = 0.81$、$P = 37.78\mathrm{MW}$、$P_{ds} = 3.27\mathrm{MW}$、$P_h = 34.51\mathrm{MW}$。

升温、精炼期采用高功率因数长电弧操作，其工作电流宜选择在 I_1 左面接近经济运行电流 $I' = 49.5\mathrm{kA}$ 的区域内，故按图表确定其工作电流 $I_g = 49\mathrm{kA}$ 为合适，此时 $\cos\varphi = 0.80$、$P = 34.2\mathrm{MW}$、$P_{ds} = 3.6\mathrm{MW}$、$P_h = 30.6\mathrm{MW}$。

3.4.6.3　电弧炉的自动化控制

目前，电弧炉炼钢生产过程已广泛采用计算机控制系统。根据计算机控制系统在炼钢中应用的作用和功能，可大致地将系统分为三个自动化级进行分散控制和集中管理。而整个系统全部经网络进行数据通信。三个自动化级分别是：

（1）第一级基础自动化级，采用可编程序控制器（PC）实现对以下现场设备（环节）进行监控：电弧炉本体操作和电极升降控制，废钢预热和吹氧及氧-燃或煤-氧喷吹；废钢料场、渣料、合金料仓；事故监测、报警和统计；收集电弧炉运行信息和数据。

（2）第二级过程控制级，采用数台小型机对炼钢过程进行控制：

1）炉料最佳化计算与计划。

2）按最佳功率曲线供电，并进行热工监视，对溶池温度和熔化时间进行控制。

3）化学成分控制，炉料和冶金操作最佳化，以得到所需钢水。

4）自动熔化控制，给电极调节器发出功率设定指令。

5）全厂最大功率需量控制等。

（3）第三级生产控制级。采用小型机负责全厂作业计划管理，各工序的协调；物料跟踪；资源管理；钢坯料场管理；原材料管理；质量管理；接受上级生产计划和命令；与公司级管理计算机进行信息交换等。

3.4.7　对现有炉子的技术改造

为了提高现有炉子的生产率，降低各种单耗以及抑制负荷冲击的增大，对现有炉子进行改造。其内容主要有：

（1）炉体大型化和偏心炉底出钢（EBT）化。

（2）炉壁、炉盖水冷化。

（3）各部位动作的高速化及液压化。

（4）电炉变压器的大容量化。

（5）炉子二次侧导体的大容量化和短网阻抗的平衡化。

（6）炉子二次侧导体铝导电臂化。

（7）炉子自动控制的计算机化（包括电极升降控制、自动熔化控制、数据自动记录等）。

3.4.8　炼钢电弧炉的经济运行管理

对炼钢电弧炉的经济运行管理，是保证电弧炉冶炼高产、优质、低电耗的重要环节。管理内容主要包括：

（1）加强生产管理，即

1）采用废钢预热、热装铁水、强化用氧等措施缩短冶炼时间。

2）合理布料与合理扩装，提高单炉产量。

3）改革冶炼工艺和在合理用电制度下经济运行。

4）最大限度地缩短各次冶炼之间的间歇时间及减少炉子的热损失。

（2）加强电能平衡管理和电耗定额管理，即

1）定期对炉子进行热平衡测定，确定炉子的效率（包括电效率、热效率和总效率），据此分析冶炼过程能量的分配状况，提出提高电能利用率的技改措施。

2）制定先进的电耗定额，并建立电耗定额的考核和奖励制度，促进电炉钢生产的经济用电，降低电能消耗和提高生产率。

（3）建立档案。建立运行日志和设备技术档案。

（4）健全制度。建立电炉设备日常运行维护及定期检修等规章制度。

（5）培训上岗。管理和操作人员都必须经过技术培训考核后才能上岗。

3.5　直流电弧炉的节电技术

3.5.1　直流电弧炉的供电系统

3.5.1.1　直流电弧炉的供电系统

直流电弧炉的供电系统如图 3-13 所示。

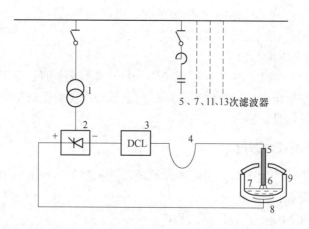

图 3-13　直流电弧炉的供电系统

1—电炉变压器；2—晶闸管整流器；3—直流电抗器；4—短网；5—石墨电极；
6—电弧；7—钢液；8—炉底电极；9—直流电弧炉

图 3-13 中，在直流电弧炉 9 中心装有一根石墨电极，和炉壁之间距离相等，另外在炉底还装有一根电极，将强大的弧电流导入金属熔池。由于只用一根石墨电极，因此只需一套电极横臂和升降立柱、一套电极升降液压和控制系统，这样大大简化了炉子结构。

电炉变压器 1、大功率晶闸管整流器 2 和直流电抗器 3 用以抑制回路中因短路造成的冲击电流。此外，在供电电网较弱的场所，串入直流电抗器还能减轻对动态无功功率补偿的要求。在直流炉中，石墨电极 5 与电源的负极相连，所以永远是阴极，因而电极端部的温度总是比钢液阳极低，消耗就较交流炉减少。电弧 6 承担向炉内供给能量的任务。炉底电极 8 与电源的正极相连，当电流通过炉底电极流入熔池，所形成的电动力促使电弧下的钢液沿炉底向四周运动，再回到表面。同时电弧对钢液的挤压力又加强了这一熔池搅动运动。熔池搅动促进了钢液化学成分和温度的均匀。

为了吸收因晶闸管整流器发生的高次谐波电流，同时为了补偿无功功率，在电源一侧装设了高次谐波滤波装置，该装置由几个调谐于 5、7、11、13 次的吸收回路所组成。

图 3-14 所示为上述直流电弧炉设备的布置。

3.5.1.2　直流电弧炉的整流电路

直流电弧炉供电系统实际上是一套将交流电变为直流电的三相整流装置。适用于直流电弧炉整流电路的形式主要有三相桥式整流电路、双反星形整流电路和 12 脉动桥式整流电路三种。

图 3-15 所示为 12 脉动桥式整流电路。由图可见，电炉变压器二次侧也需有两套三相绕组，一套接成星形，另一套接成三角形，两组线电压有效值应相等，对应线电压的相位差为 30°。有两套桥式整流器和两台直流电抗器。在交流电压的一个周期内，整流电压有 12 个波头，整流电压脉动系数 $r = 0.015$。与 6 脉动整流电压相比，脉动系数减小了 74%。

整流装置产生的谐波次数与整流脉动数有关。对于 6 脉动整流器，在理想情况下，整

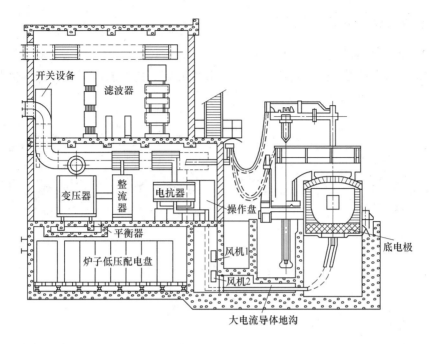

图 3-14 直流电弧炉设备的布置

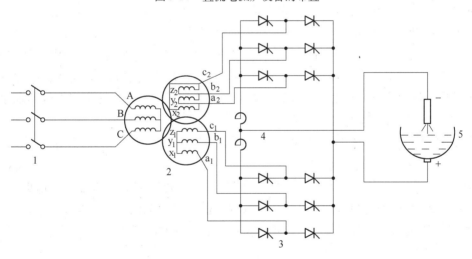

图 3-15 12 脉动桥式整流电路接线原理

1—电炉主断路器；2—电炉变压器；3—晶闸管整流器；4—直流电抗器；5—直流电弧炉

流器注入电网的特征谐波次数为 5、7、11、13、17、19…，相应次数谐波的含量百分数为 20%、14.3%、9.1%、7.7%、5.9%、5.3%…。对于 12 脉动整流器，在理想情况下，整流器注入电网的特征谐波次数为 11、13、23、25、33、37…，相应次数谐波的含量百分数则为 9.1%、7.7%、4.3%、4.0%、2.85%、2.7%…。对比之下，后者较前者注入电网的谐波电流含量大为减小。这对消除谐波十分有效。

此外，当直流电弧炉容量很大，要求特大功率整流电源时，也可采用两组 12 脉动桥式电路并联运行就行，而不需采用线路结构繁复的 24 脉动整流电路。

3.5.2　直流电弧炉的合理用电制度

3.5.2.1　直流电弧炉的冶炼过程

图 3-16 所示为直流电弧炉的冶炼过程。由图可见，其冶炼过程可分为熔化期（包括穿井期、主熔化期、熔清期）、精炼期，然后出钢。

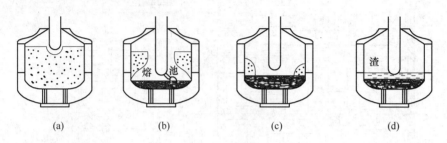

图 3-16　直流电弧炉的冶炼过程
（a）穿井期；（b）主熔化期；（c）熔清期；（d）精炼期

现将废钢的熔化过程简述如下：

（1）穿井期。在直流电弧炉内，废钢熔化开始阶段的穿井期，电极很快地穿达炉底，其时间比交流电弧短得多，并在炉子的中心形成一个比电极直径大 1.5 ~ 2 倍的深井。

（2）主熔化期。随着炉料的熔化，在中心区形成一个球状空腔，随着球状空腔的扩大，炉子上部的废钢逐渐下沉塌落，并不断熔化。由于直流电弧在炉子的中心稳定燃烧，同时因直流电流贯穿金属熔池而产生强烈的循环搅拌，加速废钢的均匀熔化，因此避免了交流电弧炉内熔化废钢时出现三个废钢未熔化的冷区和在炉壁出现三个热点区的现象。在主熔化期内绝大部分废钢得到了熔化。

（3）熔清期。在主熔化期已将绝大部分废钢熔化的基础上，将残钢快速熔化掉。

3.5.2.2　直流电弧炉的合理用电制度

图 3-17 所示为日本 35t/15MVA 直流电弧炉典型的供电曲线。该直流电弧炉参数为：实际出钢量为 30 ~ 35t，最大熔化功率为 15MW，最大电极电流为 41.8kA，最大二次电压为 359V，石墨电极直径为 457.2mm(18in) ×1，底电极触针数 80 根。

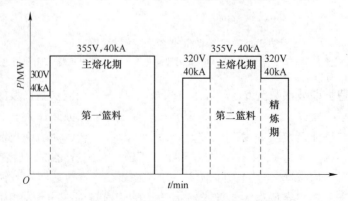

图 3-17　日本 35t/15MVA 直流电弧炉典型的供电曲线

3.6　电焊机的节电技术

3.6.1　电焊机概述

3.6.1.1　常用电焊机的种类和特点

电焊机是利用电加热方法加热金属的焊接部分，使其熔融或塑性挤压达到原子间结合，从而实现焊接的一种加工设备。

电焊作为一种基本的金属加工方法，已广泛用于冶金、机械、电子、建筑、船舶、航天、航空、能源等各工业部门。电焊钢结构件的重量已约占世界钢产量的45%。铝和铝合金的焊接结构的比重也在不断增加。

电焊机通常按电加热方法的不同进行分类，主要有电弧焊机、电阻焊机、电渣焊机、高频焊机、电子束焊机、激光焊机等。其中最常用的是电弧焊机和电阻焊机，它们是电焊机的两种基本类型。

电弧焊机是利用电弧产生的热量熔化焊件结合处而实现焊接的电焊机。它又可分为手工弧焊机、埋弧焊机、气体保护弧焊机、等离子弧焊机四种。

电阻焊机是利用大电流通过焊机结合处产生电阻热达到塑熔并加压而实现焊接的电焊机。按接头形式，电阻焊机又可分为点焊机、凸焊机、缝焊机、对焊机四种。

3.6.1.2　电焊机的能耗指标

电弧焊机的能耗包括熔化（或称熔敷）金属能耗及焊机本身损耗两部分。对于不同的焊接设备，不同的焊接工艺参数，其熔化每千克金属的熔化耗电量也不同。通常熔化每千克金属的耗电量可按下式计算：

$$\Delta A_{\mathrm{y}} = \frac{P_{\mathrm{h}}}{\eta K I_{\mathrm{h}}} \tag{3-44}$$

式中　ΔA_{y}——焊机熔化每千克金属的耗电量，$\mathrm{kW \cdot h/kg}$；

$\quad\quad P_{\mathrm{h}}$——电弧功率，$\mathrm{kW}$；

$\quad\quad \eta$——焊机效率，%；

$\quad\quad K$——熔敷系数，$\mathrm{kg/(A \cdot h)}$。当使用交流、直流弧焊机手工焊接时，$K = 8.8$ $\mathrm{kg/(A \cdot h)}$；当为 CO_2 气体保护焊时，$K = 15.1 \mathrm{kg/(A \cdot h)}$；

$\quad\quad I_{\mathrm{h}}$——焊接电流，$\mathrm{A}$。

电焊机本身损耗是指熔化每千克金属时，焊机的空载损耗电量。它的大小与焊机的实际负荷量、熔敷系数、焊接电流和空载功率有关。其空载损耗电量可按下式计算：

$$\Delta A_0 = \frac{1 - \beta_{\mathrm{h}}}{\beta_{\mathrm{h}} K I_{\mathrm{h}}} P_{0\mathrm{h}} \tag{3-45}$$

式中　ΔA_0——焊机熔化每千克金属时的空载损耗，$\mathrm{kW \cdot h/kg}$；

$\quad\quad \beta_{\mathrm{h}}$——焊机的实际负荷率，国家规定不得低于60%；

$\quad\quad P_{0\mathrm{h}}$——焊机的空载功率，$\mathrm{kW}$。

3.6.1.3　电弧焊机的功率因数、效率

弧焊机的功率因数为焊机一次输入功率与一次视在功率之比。而焊机一次输入功率为电弧输入功率（电弧电压×电弧电流）与二次内部损失的总和，一次视在功率则为二次空载电压与电弧电流的乘积。故

$$\cos\varphi = \frac{U_{21}I_2 + P \times 10^3}{U_{20}I_2} \tag{3-46}$$

弧焊机的效率为电弧输入功率与焊机一次输入功率之比，即

$$\eta = \frac{U_{21}I_2}{U_{21}I_2 + P \times 10^3} \tag{3-47}$$

式中　U_{20}——焊机二次空载电压，V；

　　　U_{21}——焊机二次电弧电压，V；

　　　I_2——焊机二次电弧电流，A；

　　　P——焊机二次内部损耗，kW；

　　$U_{21}I_2$——电弧输入功率，V·A。

若在负载状态下忽略励磁电流，则效率与功率因数之间有如下关系：

$$\eta\cos\varphi = \frac{U_{21}}{U_{20}} \tag{3-48}$$

由此可见，若 $\eta\cos\varphi$ 为一确定值，则焊机功率因数高时，效率反而低。效率低就意味着对于一定的输出功率，需要输入更多的电能。

3.6.1.4　电焊机的节电措施

由式（3-44）和式（3-45）可见，影响焊接电耗指标的因素主要有：焊机的效率、电弧功率、熔敷系数和空载损耗等。因此，电焊机的节电措施应从合理选择电焊机、电焊机的经济运行及其管理这几个方面来考虑。

3.6.2　电焊机的选择

3.6.2.1　电焊机形式的选择

弧焊机具交流弧焊机、直流弧焊机和脉冲弧焊机三种基本形式。一般可按技术要求、经济效果和工作条件来合理选择弧焊机的形式。

（1）从技术要求考虑合理选择弧焊机形式。直流弧焊机广泛用于对电弧稳定性要求较高的薄板焊接、轻合金焊接及不锈钢焊接等场合。在一般情况下，如焊接普通低碳钢工件、民建结构等一般产品以及惰性气体保护焊等，选用交流弧焊机即可。

（2）从经济效果考虑合理选择电焊机形式。对交直流弧焊机耗能及费用对比后可知，用交流弧焊机代替旋转式直流弧焊机，每熔焊1kg金属的耗电量，当采用手工焊时可节电3kW·h，采用自动焊时可节电2kW·h。因此，按工艺要求用交流焊接可行的，一般就不宜用直流焊接。

（3）从工作条件考虑合理选择弧焊机。有的单位电网电源容量小，要求三相均衡用

电，这时宜用直流弧焊机。

在水下、高山、野外施工等场合没有交流电网，可选用汽油或柴油发动机拖动的旋转式直流弧焊机。

3.6.2.2　电焊机电源容量的选择

A　弧焊机电源容量的计算

弧焊机所需的电源容量可按下列公式计算：

（1）单台弧焊机所需电源容量的计算。

$$S = F_C \beta S_a \tag{3-49}$$

式中　S_a——电焊机容量，即电焊机一次视在输入功率，$S_a = U_{20} I_2 \times 10^{-3}$，kV·A；

β——负荷率，即考虑电焊机并不是在最大容量下使用的减小系数，$\beta = I_2 / I_{2N}$；

F_C——负载持续率。

（2）多台同规格的弧焊机所需电源容量的计算。

$$S = N \beta S_a \tag{3-50}$$

式中　N——使用率，$N = \sqrt{n F_C} \sqrt{1 + (n-1) F_C}$，如果 $n F_C$ 足够大，则 $N \approx n F_C$；

n——电焊机台数。

（3）多台不同规格的弧焊机所需电源容量的计算。

$$S = K_x \sum_1^n (S_a \sqrt{F_C}) K_x S_m \tag{3-51}$$

式中　K_x——需要系数，两台焊机取 0.65，三台及以上取 0.35；

S_m——尖峰容量，kV·A。

B　电阻焊机电源容量的计算

对于电阻焊机，其电源容量应考虑焊接时所造成的电压降及变压器温升等因素。

（1）单台电阻焊机所需电源容量的计算。

$$S = S_a \tag{3-52}$$

式中　S_a——一台电阻焊机的容量，kV·A。

（2）多台同规格的电阻焊机所需电源容量的计算。多台同规格的电阻焊机所需电源容量从下列公式中所计算得的值中取大者。

$$S_T = N S_a = \sqrt{n F_C} \sqrt{1 - (n-1) F_C} S_{av} \tag{3-53}$$

$$S_U = \frac{\Delta U_d \%}{\Delta U_{ux} \%} \sqrt{n F_C} S_{av} \tag{3-54}$$

式中　S_T——由温升决定的容量，kV·A；

S_U——由电压降限制所决定的容量，kV·A；

S_{av}——每台焊机实际使用时的平均输入视在功率，kV·A；

n——电焊机台数；

F_C——负载持续率；

$\Delta U_d \%$——变压器阻抗电压百分数，可由产品目录查得；

$\Delta U_{ux} \%$——使用状态下变压器允许的电压降百分数，当高、低压侧及变压器内部压降之和不超过 10% 时，则取 4% ~ 8%。

一般情况下，大多数电阻焊机的 $S_T < S_U$，因此在选用电源及导线时，可不必按 S_T，而只用 S_U 作为基准。

电阻焊机可以与弧焊机、电炉及电动机等负荷共用一台变压器，这样也较经济。但使用率较高时，最好使用单独的变压器供电。

3.6.3　电焊机的经济运行及其管理

电弧焊机和点焊机的焊接用电框图如图 3-18 所示。图中，由电源变压器以工频交流

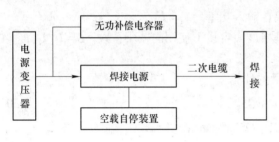

图 3-18　焊接用电框图

电压电流向焊接电源供电。焊接电源按照焊接需要变换为适用的电压、电流，使其通过二次电缆与焊接侧电路接通，在焊接部位产生热能进行焊接。由于交流弧焊电源的功率因数很低，因此有必要装设无功补偿电容器，此外，为了减少弧焊机的空载损耗，还装有空载自停装置。

这样，就焊接作业用电过程所涉及的环节来看，其经济运行的措施重点可归纳为：（1）减小电源变压器容量；（2）合理使用焊接电源；（3）降低线路损失；（4）合理焊接工艺。

3.6.3.1　减小电源变压器容量

除需合理选择电焊机电源变压器容量外，在运行中还需采取措施，减小电源变压器容量。

A　减小电焊机的额定输入

从式（3-52）可见，弧焊机所需电源变压器容量与弧焊机的额定输入成比例，额定输入越小，电源变压器的容量也越小。而弧焊机的额定输入与焊接方法有关，如在同样的额定输出电流的情况下，惰性气体焊、二氧化碳气体焊、等离子气体焊要比手弧焊、无气体焊的额定输入小，是节能的焊接方法。因此在焊接前应选择合适的节能焊接方法，减小电焊机的额定输入，从而减小电源变压器的容量，获得节电效果。

B　改善电焊机的功率因数

由于交流弧焊机的功率因数很低，大致在 50% 左右，因此有必要安装移相电容器进行无功补偿。一般在弧焊机的一次端并联电容器。为了减小电容器的电容量，可以在变压器一次加升压抽头，电容器接在抽头位置，如图 3-19 所示。

确定移相电容器补偿容量的方法有计算法和查表法两种。

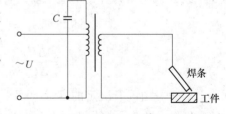

图 3-19　弧焊机加装移相电容器

（1）计算法确定补偿容量。

1）公式一。

$$Q_C = F_C \sqrt{1 - \cos^2\varphi}\,\beta S_N \tag{3-55}$$

式中　　Q_C——移相电容器容量，kvar；

　　　　S_N——电焊机的额定容量，等于二次额定电流与空载电压的乘积，kV·A；

　　　　$\cos\varphi$——负载时的功率因数（指补偿前的值）。

$F_C\sqrt{1-\cos^2\varphi}$——可由图 3-20 曲线查得。

　2）公式二。

$$Q_C = K_C S_N \qquad (3\text{-}56)$$

式中　　K_C——系数，取决于补偿前功率因数 $\cos\varphi_1$ 及补偿后的功率因数 $\cos\varphi_2$。

$$K_C = \sqrt{1-\cos^2\varphi_1} - \frac{\cos\varphi_2}{\cos\varphi_1}\sqrt{1-\cos^2\varphi_2}$$

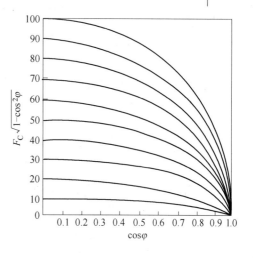

图 3-20　求 $F_C\sqrt{1-\cos^2\varphi}$ 的曲线

（2）查表法确定补偿容量。380V 交流弧焊机的移相电容器补偿容量见表 3-6。

表 3-6　220/380V 交流弧焊机的电容器补偿容量

额定输入容量/kV·A	220V 弧焊机补偿容量/μF	380V 弧焊机补偿容量/μF	安装容量/kvar
1~2	33	13	0.5
2~3	62	24	0.94
3~5	83	32	1.26
5~7.5	124	48	1.88
7.5~10	166	64	2.51
10~15	207	81	3.14
15~20	248	97	3.77
20~25	331	130	5.03
25~30	414	160	6.28
30~35	497	190	7.54
35~40	580	230	8.80
40~45	662	260	10.50
45~49	745	290	11.30

对于直流弧焊机、交流电阻焊机，可按表 3-6 的 1/2 的电容值选取。

3.6.3.2　焊接电源的合理使用

合理使用焊接电源主要体现在：

（1）采用电弧焊机空载自停装置（或称空载节电器）。电弧焊机使用的特点是间断性工作，负载持续率为 40%~80%。因此，在焊接作业中，为提高电焊机的负载持续率，应设法缩短非焊接时间，或在非焊接时间应用空载自停装置，以减少空载损耗。

（2）正确选定焊机额定容量。

3.6.3.3　降低线路损失的方法

降低线路损失的方法有：

（1）减少电焊机线路损失。焊接时，电焊机电缆通过电流达数百安倍，这将产生电力损失，因此，焊机与焊接场所应尽量靠近，以缩短导线距离，减少电力损失。

（2）减少连接点的电力损失。在整个电焊机的焊接回路中，存在诸多接触连接点，减小所有这些连接点的接触电阻，可减少电力损失。

3.6.3.4　合理的焊接工艺

A　焊接方法的正确选择

在焊接时，正确地选择焊接方法对节约电能具有很大意义。在选择焊接方法时应尽量做到：

（1）将直流焊接改为交流焊接降低单位耗电量。按工艺要求用交流焊接能行的，一般就不宜用直流焊接，以降低电能消耗。

（2）根据板厚选择合适的焊接方法。

（3）采用机械化、自动化焊接方法。采用机械化、自动化焊接方法替代手工电弧焊，可以提高生产率和降低单位耗电量。

B　焊接工艺的改进

改进焊接工艺节电，有着很大的潜力，也是降低焊接单位耗电量的一个重要途径。改进焊接工艺的方法有：（1）使用节能焊接材料降低单位耗电量；（2）减少不必要的焊接量；（3）大力推广二氧化碳保护焊。

3.6.3.5　电焊机经济运行的管理

正确的劳动组织对电焊机经济运行具有很大的意义。在这一方面应该采取的措施是：对要焊接的工件进行周密的准备，保证电焊工掌握必要的优质夹具、工具、焊条，在各电焊工之间进行各个工序的明确分工，采用流水作业法，减轻电焊工辅助工作方面的负担等。

3.7　空调设备的节电技术

3.7.1　空调设备节电技术概述

3.7.1.1　空调设备及其所控制的热环境参数

空调设备（简称空调）就是根据使用对象的要求，将室内的热环境如室内空气的温度、湿度、洁净度、空气流动速度等控制在最佳状态的装置。空调所需控制的几个热环境参数包括。

（1）温度。空调系统通过冷却或加热室内空气，将室内空气的干球温度控制在基准温度。

（2）湿度。空调系统通过减湿或加湿，将室内空气控制在规定的相对湿度状态。

（3）洁净度。空气中含有尘埃、细菌、烟、二氧化碳气体、臭气、有毒气体等杂质，这对人体的健康和产品的质量都是有影响的。为此，空调系统通过换气过滤、分离等方法去除这些杂质，使空气的洁净度达到规定的要求。

（4）空气流动速度。为把调节好的空气均匀分布在整个室内，空调系统尚需构成适当的空气流动速度，使室内各处的温度和湿度符合规定要求。

3.7.1.2　空调负荷

使用空调的目的之一是要保持室内的一定温度和湿度。但客观上往往存在一些干扰因素要改变室内的温度和湿度，此时空调的作用就是平衡这些干扰因素，使室内温湿度维持在要求的数值。在空调技术中，将上述的干扰因素对室内的影响称为负荷。

通常有以下几种因素造成空调负荷：室内热源造成的负荷；室外热源造成的负荷；新风负荷和再加热负荷。

3.7.1.3　空调设备的组成和工作原理

A　空调器的组成和工作原理

窗式空调器一般由以下四部分组成：

（1）制冷系统，是由压缩机、节流用的毛细管（或膨胀阀）、热交换器（蒸发器、冷凝器）以及连接管组成的封闭系统，系统内充灌有制冷剂。

（2）空气循环系统，主要包括轴流风扇、离心风扇、风道、风门、空气过滤器等。

（3）电气控制系统，主要包括温度控制器、选择开关、过载保护器、电磁换向阀等。

（4）箱体部分。

空调器（制冷时）的原理和组成如图 3-21 所示。

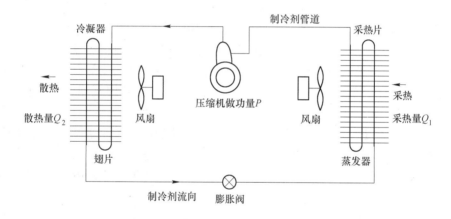

图 3-21　空调器（制冷时）的原理和组成

当空调器制冷运行时，其工作过程如下：

（1）在蒸发器中，制冷剂从流经蒸发器外部的空气中摄取热量而蒸发。

（2）压缩机吸入由蒸发器来的低压制冷剂蒸汽，经压缩机压缩形成高压高温蒸汽送入冷凝器中。

（3）在冷凝器中，被压缩的高压高温气体通过轴流风扇的作用将所释放的热量排至室外，使制冷剂冷凝成液体。

（4）高压液体制冷剂经膨胀阀或毛细管节流后进入低压蒸发器内膨胀，并吸收离心风扇吸入的室内空气的热量而重新蒸发成蒸汽，使房间温度得到降低。

（5）同时，由于蒸发器的表面温度低于空气的露点温度，所以室内空气中的水蒸气在急剧降温过程中凝成水滴排走，使房间湿度得到降低。

如此往复循环，从而改变房间的温度和湿度。空气的净化则由格栅和具有滤清作用的过滤网组成的过滤器完成。改变电机的转速，可以调节空气的流速。

B　热泵

热量可以自发从高温物体传递到低温物体，但不能自发地沿相反方向进行传递。然

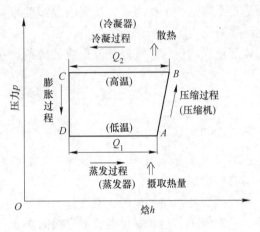

图 3-22　制冷循环

而，根据热力学第二定律，若以机械功作为补偿条件，热量也可以从低温物体转移到高温物体中去。热泵就是根据这一定律，依靠消耗一定能量（机械功、电能）或使一定能量的能位降级，迫使热量从低温热源（物体）传递到高温热源（物体）的装置。

上述依靠外界动能将低温物体吸取的热能向高温物体放热的循环称为制冷循环。

在图 3-22 所示的制冷循环中，利用压缩机动能 W 从制冷剂在蒸发过程中摄取热量 Q_1 并在冷凝过程中放出热量 Q_2，此时 Q_2 等于 Q_1 与 W 之和。在此种循环中，以利用 Q_1 为目的的装置称为制冷机，以利用 Q_2 以及 Q_2、Q_1 两者都能利用的装置则称为热泵。市场上出售的热泵式空调器就是一种变换制冷剂，就能作为制冷或供热的空调设备。

如把图 3-21 所示的冷气装置用作热泵式空调器时，只需将安装在制冷系统中的电磁换向阀换向，使制冷剂反方向流动，把作制冷使用时的冷凝器用作蒸发器，从低温水或低温空气中摄取热量，同时，把作制冷使用时的蒸发器用作风冷式冷凝器，把从水与空气中摄取的热量和压缩机所做的功释放出来，冷凝器和蒸发的作用互换，这样就变成供热设备。

由此可见，热泵是一种将低位热能转化为高位热能的设备。即通过热泵可以把低温可再生能源（如空气、土壤、水中所含的热能、太阳能、工业废热等）转化为可以利用的高位热能（如热水、热空气等），以达到节约部分高位能以及替代部分传统的炭能源改善环境的目的。

热泵虽在 19 世纪就已出现，但一直到 20 世纪 60 年代才在美国得到推广应用。目前，热泵作为一种有效的节能装置，不仅应用于建筑物的暖通空调，而且在工农业中也得到广泛应用，如在化工生产中用于蒸发、蒸馏、干燥工艺中；在鱼类、肉类加工厂用来同时供冷和供热，以满足工艺上所需要的温水、冷却和制冷；向蔬菜栽培温室供热；低温余热的回收等。

C　空调系统的组成

图 3-23 为大型空调系统组成的示例。由图可见，空调系统包括以下几个组成部分：

（1）热源或冷源装置。热源装置是向空调器提供热能来加热送风空气的。常用的热源装置有提供蒸汽或热水的锅炉或直

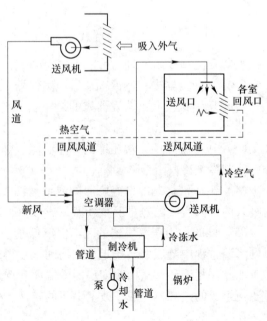

图 3-23　大型空调系统的组成

接加热空气的电热设备。冷源装置则是用来提供"冷能"以冷却送风空气的，目前用得较多的是蒸汽压缩式和吸收式制冷装置。当制冷设备欲在冬季用作供热设备时，可采用热泵技术。

（2）空气调节器。空气调节器是用来使送入室内的空气具有符合要求的温度、湿度和洁净度的装置。因而空气调节器内装有空气过滤器、空气冷却减湿器、空气加热器、空气加湿器和送风机，以完成空气的净化、冷却、减湿、加热、加湿和送风等功能。

（3）输送装置。输送装置是用来输送空气和水的设备。送风装置的作用是将空调器处理好的送风空气通过风管系统送到空调室，同时将相应量的排风从室内通过另一风管系统作为回风送回空调器重复使用，或者排至室外。输水装置包括将冷冻水从制冷机输送至空调器的水管系统和制冷机的冷却水系统。因此，输送装置由风机、泵和管道等组成。

（4）自动控制装置。自动控制装置是对空调系统进行运转、控制和监视用的电气设备。

3.7.1.4　空调设备的节电技术

空调设备的节电技术主要包括以下三项：合理选择空调设备、空调设备的经济运行及其管理。

3.7.2　空调设备的选择

选择空调设备，首先需要合理确定空调的负荷，空调的负荷主要有：

（1）室内热源造成的负荷，包括人体的散热和散湿、室内用电设备（照明器、电热器、电动器具）的散热。

（2）室外热源造成的负荷，包括通过玻璃窗进入室内的太阳辐射热，通过窗、外墙和屋顶从室外传进室内的热量。

（3）新风负荷。

确定了空调负荷后根据负荷选用高效的节能型空调器和空调系统。

3.7.3　空调设备的经济运行

3.7.3.1　影响空调设备经济运行的因素

基于空调系统能耗主要由冷热源装置负荷、空调器负荷、输送装置负荷等三部分组成，因此，这三部分能耗也就构成了影响空调设备经济运行的因素。为了使运行中的空调设备的能源利用率最高，能耗量最小，必须设法降低这三部分的能耗。此外，由于空调系统的工况应随室外空气状态和室内负荷情况的变化而变化，所以还需用自动控制装置经常对其工况进行调节。

3.7.3.2　降低冷热源装置负荷的方法

A　采用蓄能技术

随着空调的发展，中央空调系统的蓄能（主要是蓄冷）技术获得日益广泛的应用。其目的是为了节能或降低用电峰值。

目前，蓄能技术已发展有多种形式，如蓄冷式空调、建筑蓄冷和地下含水层蓄能。下面仅择要介绍蓄冷式空调系统。

蓄冷式空调系统是一种节能型空调，它是使制冷设备利用夜间低谷电价制冷，将冷量以冰或冷冻水或凝固状的相变材料的方式储存起来，待到白天空调高峰负荷时段把储存的冷量向空调室供冷。这样，既可降低电网用电峰值，又可利用夜间气温低、制冷单耗小的有利因素节约用电。

B　采用排风能量回收装置

采用排风能量回收装置是把建筑物内废弃的热量作为空调用热源而有效地加以利用的一种方式。排风能量回收装置有全热（或显热）交换器、热管换热器、盘管环路式热回收装置等。

C　利用经济能源

在每年冬、夏季向过渡季节演变时，室外空气温度比室内空气温度低，但由于太阳能辐射和室内发热等原因，往往仍需向室内供应冷气。这时，可引进室外新风供冷。

3.7.3.3　降低空调器负荷及采用节能型空调器

A　减少室内冷热负荷的措施

（1）改善建筑物围护结构的热工性能与光学性能。

（2）减少照明负荷。应尽量采用高效冷光光源以及选择合适的照度。

（3）减少渗透风负荷。应减少门、窗的缝隙渗透风引起的冷、热能量损失。

（4）采用分区方式。对于多房间的建筑物，且各室具有不同的负荷特征，应将空调房间合理分区。

B　减少新风负荷的方法

（1）取用最小必要的新风量。

（2）使用排风能量回收装置。

（3）加强运行管理。

C　减少再加热负荷

在设计和运行中应防止冷却后再加热、加热后再冷却、除湿后再加湿、加湿后再除湿等重复的、互相抵消的不合理空气处理方法，浪费能量。

D　采用节能型空调器

（1）采用高能效比空调器。能效比是衡量空调器效率最重要的指标，以 EER 表示。能效比是指在额定工况和规定条件下，空调器进行制冷运行时，制冷量与有效输入功率之比，其值用 W/W 表示。能效比越大，即 EER 值越大，空调效率就越高，也越省电。据测算 EER 每提高 0.1，即可省电约 4%。

（2）采用变频空调器。目前市场上的变速空调有两种：交流变频调速空调和直流变速空调。交流变频空调先以大功率、大风量传动，迅速接近设定温度后，压缩机便逐渐降低转速维持室内温度。由于其温度波动小，因此人体舒适度提高。

3.7.3.4　降低输送装置负荷的方法

A　提高输能效率降低能耗的方法

（1）采用大温差。从流量计算式知道，系统中输送冷、热能用的水（或空气）的流量与其供、回水（或送、回风）的温差成反比，因此，加大温差后的降耗效果是极为明显的。

（2）采用低流速。由于水泵和风机要求的功耗大致与管路系统中的流速的 2 次方成正比，因此在运行中应采用低流速，可降低运行能耗。

（3）采用输送效率高的载能介质。

（4）选用高效率、部分负荷时调节特性良好的风机、泵等动力设备。

B　采用变流量技术降低运行能耗的方法

（1）变风量（VAV）方式。对于全空气式空调系统，在运行期间若具有负荷变化大和部分负荷时间多的空调分区，或具有负荷状况各异的多个空调分区时，应采用变风量方式。

（2）变水量（VWV）方式。同理，在水-空气式空调系统，对运行期间具有负荷变化大和部分负荷时间多的空调分区；以及具有负荷状况各异的多个空调分区时，应采用变水量（VWV）方式。

3.7.3.5　空调设备的自动控制装置

空调设备的自动控制装置用来自动检测温度、湿度、CO_2 浓度等控制量，并变换成调节信号，使之将室内空气参数调控在最佳状态。

3.7.4　空调设备的经济运行管理

为了使空调设备经济运行以及使装置保持良好的运行状态，对空调设备的运行及维护管理是一项很重要的工作。其工作要点包括：

（1）运行监视。空调设备要按国家标准在有关部位安装温度、湿度、流量、压力等测量仪表，监视系统运行情况。

（2）建立档案。要建立运行日志和设备的技术档案，并定期对日志做经济运行分析，制定相应改进措施。

（3）健全制度。健全维护检修制度，定期进行以下维修工作：

1）检查并清除过滤器污染物以及热交换和管道的水垢、淤泥。

2）检查漏水及漏气的地方并及时修理。

3）检查隔热不好的地方并及时修理。

第4章 电化学工业设备的智能节电技术

4.1 电化学工业及其设备

电化学工业是以电化学反应过程为基础的工业。它主要可分为电解工业、电热化学工业和化学电源工业三大类，如图4-1所示。

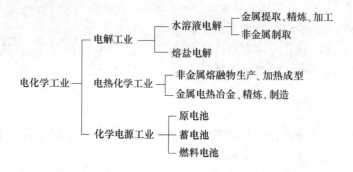

图4-1 电化学工业的分类

电解工业可分为水溶液电解工业和熔盐电解工业。

水溶液电解包括：

（1）金属提取或精炼，如铜电解提取、精炼，锌电解提取等；金属表面处理或加工，如电镀、电铸等。

（2）非金属制取，如水电解制取氢气，食盐电解制取烧碱和氯气等。

熔盐电解是电解工业中的另一大门类，包括碱金属和稀土金属的制取（如铝、镁、稀土等）、高熔点稀有金属的制取（如钛、锆、铌、钽等）和放射元素的制取（如铀、钍、钚等）。

电热化学工业可分为非金属和金属电热化学工业。非金属电热化学工业生产包括碳化物及研磨材料（如电石、人造刚玉等）、磷系材料（如磷、磷酸、溶性磷肥等）、高熔点材料（如硼化物、氮化物、碳化物、硅化物等）、电熔物（如矾土水泥、熔融石英、熔融氧化铝砖等）和碳类材料（如人造石墨、电极等）的电热化学工业生产。金属电热化学工业生产包括黑色金属（如钢、特殊钢、钛熔渣等）、铁合金（如锰铁、硅锰、硅铁、铬铁、钛铁等）和非铁金属（如硅、锰、硅锰、硅钙等）的电热化学工业生产。

水溶液电解工业中的金属精炼和提取、熔盐电解工业及电热化学工业中的电热冶金，又合称电冶金。

化学电源工业包括原电池、蓄电池、燃料电池等。

电化学工业设备的种类繁多，其电解工业的主要设备是各种电解槽，如铝电解槽、铜电解槽、锌电解槽、食盐电解槽等，电热化学工业的主要设备是各种电炉，如电阻炉、感应炉、电弧炉、电子束炉等。本章仅讨论电化学工业中电解工业设备的节电技术。电热化学工业设备的节电技术已在第 3 章电加热设备的节电技术中叙述了，此处不再重复。

4.2　铝电解生产概述

铝是地壳中储量居第三位的元素（约为 8%），在各种金属元素中铝居首位。铝电解生产是利用冰晶石-氧化铝熔盐电解制取金属铝的电冶金过程。用冰晶石-氧化铝熔盐电解法制取金属铝，是 1886 年美国 C. M. 霍尔和法国 P. L. T. 埃鲁特同时发明的，至今霍尔-埃鲁特法仍是唯一的工业炼铝方法。

1888 年美国在匹兹堡建立了世界上第一家电解铝厂。1956 年世界铝产量开始超过铜而居有色金属首位。我国在 1954 年建成第一家铝电解厂——抚顺铝厂，50 多年来取得巨大成就。2001 年开始我国原铝产量一直居世界首位，现已能设计、制造、装备 180 ~ 400kA 容量的预焙阳极电解槽以及相应的配套工程设施，并向国外作铝电解全套工程技术出口。

现代铝电解为了追求高效、节能和环保达标，在改进装备与控制技术的保障下，采用了以低摩尔比（2.1 ~ 2.4）、低电解温度（940 ~ 960℃）、低效应系数（0.1 以下）等为主要特征的现代工艺技术，电流强度已从 1888 年的 1.8kA 增大到 2002 年的 500kA，提取原铝的能耗也从那时的 40000kW·h/t 下降到 134000kW·h/t。与理论能耗 5990kW·h/t 相比，节能潜力还是很大的。

4.2.1　铝电解生产过程

4.2.1.1　铝电解生产的工艺过程

图 4-2 所示为铝电解生产的基本工艺过程。

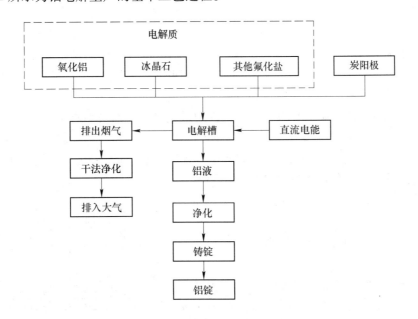

图 4-2　铝电解生产的基本工艺过程

铝电解生产是在铝电解槽中进行的。电解炼铝时，是将以氧化铝（Al_2O_3）为原料、冰晶石（Na_3AlF_6）为熔剂、多种氟化盐为添加剂等多组分盐组成的电解质，加入电解槽内，当电解槽的阴、阳两电极通以直流电时，一般在 940～960℃ 熔融，于是直流电经阳极导入电解质层，并从阴极导出，进行电解。此时，氧化铝被分解成金属铝，在阴极上不断地析出液态铝并汇集于槽底，阳极上则不断地析出 CO_2 和 CO 气体。待电解槽底积累到一定数量的液态铝时，即可用真空包抽出铝液，经净化处理后铸成铝锭。槽内排出的烟气（包括氟化物、CO、CO_2 和 SO_2）通过槽上捕集系统送往干法净化器中进行处理，达到环境要求后排入大气。

氧化铝是电解过程中消耗最大的原料。随着电解的进行，氧化铝不断地消耗，必须定期向电解槽内一批批补充加入氧化铝，使电解生产持续进行。

冰晶石作为熔剂是电解质的主要成分。从理论上讲，冰晶石在电解过程中是不消耗的，但实际上由于其在电解高温下存在物理、化学损失和机械损失，故也需定期作少量补充。

为了改善以冰晶石为电解质主体成分所存在的熔点较高、导电性还不够好、腐蚀性较强等缺点，即往冰晶石-氧化铝熔盐中加入一些其他氟化盐添加剂，如氟化铝（AlF_3）、氟化钠（NaF）、氟化镁（MgF_2）、氟化钙（CaF_2）及氟化锂（LiF）等。

氟化铝、氟化钠主要用于调整电解质摩尔比（即分子比）。摩尔比是表示电解质中氟化钠与氟化铝物质的量之比。电解质摩尔比等于 3 时为中性，大于 3 时为碱性，小于 3 时则为酸性。目前工业上普遍采用酸性电解质。氟化钙用于降低冰晶石-氧化铝熔体的熔度，增大电解质在铝液界面上的界面张力，减小溶液的蒸气压。氟化镁的作用与氟化钙相似，但在降低电解温度、改善电解质性质方面比氟化钙更明显。氟化锂则用于提高电解质电导率。

铝电解槽使用的炭阳极有自焙阳极和预焙阳极两种。现代铝工业已基本淘汰了自焙阳极铝电解槽，并主要采用容量在 160kA 以上的大型预焙阳极铝电解槽。预焙阳极由预先焙烧好的多个阳极炭块组成，当阳极炭块消耗到一定程度时用新组装的阳极更换。

铝电解生产需要消耗大量的直流电能，其直流电源多采用大功率晶闸管整流。直流电能在电解中有两个作用：一是将氧化铝分解为金属铝并使炭阳极氧化生成 CO_2 和 CO；二是加热和熔化加进槽内的物料，维持电解过程的适宜温度。预焙阳极铝电解槽一般是一个由钢板制成的槽壳，槽壳内部衬以耐火材料，阴极由阴极棒和底部炭块组成。预焙阳极槽按打壳加料方式的不同，可分为边部加料和中间加料两种。图 4-3 所示为中间加料预焙阳极槽的构造。图中，氧化铝由输送系统供应到槽上料箱，在计算机控制下通过下料器经打壳下料加入到电解质中。

铝电解生产是在许多台电解槽内同时进行的，槽数的多少主要由工厂的生产能力确定。

由一套整流器组供电的，串联在同一条直流电路上的若干电解槽称为一个系列。电解车间一般是由一个系列组成。生产能力较大的工厂可以拥有若干个电解车间。图 4-4 所示为铝电解槽系列电路的连接。

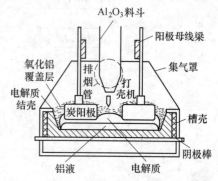

图 4-3　预焙阳极槽的构造

4.2.1.2　铝电解生产的基本原理

A　铝电解基本原理

在电解温度下，呈熔融状态的电解质各成分均会发生电离作用，由化合物解离为能自由活动的阳离子和阴离子。

冰晶石熔体按下列方式解离：

$$Na_3AlF_6 === 3Na^+ + AlF_6^{3-}$$

冰晶石离解出来的复合离子 AlF_6^{3-} 进一步解离：

$$AlF_6^{3-} === AlF_4^- + 2F^-$$

氧化铝熔体也发生解离：

$$Al_2O_3 === 2Al^{3+} + 3O^{2-}$$

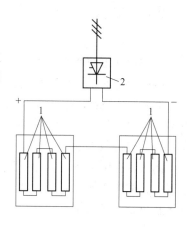

图 4-4　铝电解槽系列电路的连接图
1—电解槽；2—晶闸管整流器

解离的结果，在电解质中主要有 Al^{3+} 和 Na^+ 两种阳离子，阴离子主要有 O^{2-}、F^-、AlF_4^- 与 AlF_6^{3-}。在外加电场的作用下，所有阳离子都向阴极移动，而所有阴离子都向阳极移动，于是在靠近阴极的电解质层中聚集着大量的阳离子，在靠近阳极的电解质层中则聚集着大量的阴离子。根据它们的电位序表，阳离子中的铝离子 Al^{3+}，优先获得电子而被还原生成金属铝，即

$$2Al^{3+} + 6e === 2Al$$

阴离子中 O^{2-} 则在炭阳极上优先失去电子并和阳极炭素 C 反应，生成 CO_2

$$2O^{2-} - 4e + C === CO_2 \uparrow$$

上述在阴、阳两极上发生的这种电化学反应分别称为阴极反应和阳极反应。

就这样，电解的结果，在阴极上得到铝，而在阳极上放出二氧化碳气体，同时也消耗了氧化铝、炭阳极（C）和直流电能。电解过程的总反应可用下式表示：

$$2Al^{3+} + 3O^{2-} + 1.5C === 2Al + 1.5CO_2 \uparrow \tag{4-1}$$

B　两极副反应

在电解过程中，除在两极上发生基本的阴极反应和阳极反应外，还会出现一些副反应，这些副反应对铝电解槽的工作有着重大影响，因此应予关注。

阴极副反应主要有铝的溶解损失，即二次反应以及钠的析出；阳极副反应主要表现为阳极效应。

a　铝的溶解损失

电解槽在正常生产时，从阴极上析出的铝和高温的熔融电解质始终接触在一起，这种接触不可避免地会使一些铝溶解到电解质中。研究表明，铝在电解质中溶解，主要有两种情况：

一种是铝与电解质中的氟化铝（AlF_3）作用生成铝离子（Al^+）进入电解质。

$$2Al + AlF_3 === 3AlF \tag{4-2}$$

或

$$2Al + Al^{3+} === 3Al^+$$

另一种是铝与电解质中的氟化钠（NaF）发生替代反应，将钠（Na）置换出来，而铝

本身则损失掉。

$$Al + 6NaF \Longrightarrow 3Na\uparrow + Na_3AlF_6 \tag{4-3}$$

上述铝在电解质中溶解的两种反应，都直接受电解温度的影响，温度高则反应强。因此，电解温度对减少铝的溶解损失、提高电流效率是一个重要条件。

此外，铝的溶解反应又直接受电解质组成的影响，氟化铝多使电解质过于酸性和氟化钠多使电解质过于碱性都是不利的。因此，电解质应具有合适的摩尔比，以使铝的溶解损失最小，电流效率最高。

同时，在电解槽内，由于温度的不均匀和阳极气体排出时的搅拌作用，带有溶解铝的电解质在槽内做循环对流运动，从而增加了溶解在电解质中的铝同阳极气体的二氧化碳反复接触机会。其结果是铝被氧化（成为氧化铝）损失掉，而二氧化碳则被还原为一氧化碳，反应式为：

$$3CO_2 + 3AlF \Longrightarrow AlF_3 + Al_2O_3 + 3CO\uparrow \tag{4-4}$$

上述反应称为铝电解过程的二次反应。二次反应不仅造成铝的损失，而且也改变了阳极气体的成分，使一部分 CO_2 转变为 CO。CO 是可以燃烧的，其火焰呈蓝紫色，而 CO_2 是不可燃烧的，这两种气体混合在一起，就使火苗颜色变为淡紫色。当电解槽生产不正常时，二次反应加剧，阳极气体中 CO 含量增多，火苗的蓝紫色更深，此时铝的损失增加，电流效率下降。

b 钠的析出

铝电解过程中，阳离子 Na^+ 按如下反应在阴极析出：

$$Na^+ + e \Longrightarrow Na$$

电解析出的钠一部分即同氟化铝反应生成氟化钠，另一部分与阳极气体中的 CO_2、CO 和空气中的氧化合。

因此，在电解槽生产正常时，实际上析出的钠只有很少一部分进入到铝液中去。钠的析出消耗了电流，减少了铝的产量，使电解过程的电流效率降低，而且金属钠对电解槽的炭素内衬具有破坏作用。所以，应尽量设法减少钠的析出。

研究表明，当电解质温度过高（热槽）、摩尔比增大以及阴极电流密度过大时，会使钠的析出大大增加。当钠含量增多时，电解质表面会出现黄色火苗，这是钠蒸气（钠的沸点为 880℃）的燃烧所致。因此，为了减少钠的析出，电解槽应该在电解质的摩尔比为 2.5 ~ 2.8 下进行工作；应该在合适的阴极电流密度下，以低温电解质进行工作。

c 阳极效应

在铝电解槽的电解过程中，常发生阳极效应。阳极效应发生时，其外观特征有：

（1）阳极周围出现弧光放电，并伴有噼啪响声。

（2）槽电压突然升高（大致由 4.5V 升到 30 ~ 50V）。

（3）电解质停止沸腾，同时 CO 含量明显大大增加，火苗变成蓝紫色。

阳极效应的发生，将导致电解质温度升高，增加铝损耗，降低电流效率，而且由于槽电压的升高，电能消耗增加。

工业槽上发生阳极效应的起因也可能有多种，首先是电解质中氧化铝浓度降低到 1.0% ~ 1.5% 时就会发生阳极效应。此外，电解质温度降低时，也会引发阳极效应。这是因为温度降低时，电解质与炭素阳极之间的表面张力增大，湿润性变差，从而使阳极气体的小气泡容易黏附在阳极表面，引发阳极效应。

为避免发生阳极效应，实现无效应生产，在生产中必须保持电解温度平稳，定期补充氧化铝原料。

4.2.2　铝电解槽的性能参数

4.2.2.1　铝电解槽的理论产量和电流效率

A　铝电解槽的理论产量

根据法拉第定律，当电流通过电解质时，在电极上析出物质的数量与通过的电流强度以及通电的时间成正比，同时所析出物质的数量还与其电化当量成正比。于是，法拉第定律可用下式表示：

$$G = KIt \times 10^{-6} \tag{4-5}$$

式中　G——电解析出物质的质量，t；

K——电化当量，即 $1A \cdot h$ 电量所电解析出物质的质量，$g/(A \cdot h)$；

I——通入电解槽的电流，A；

t——通电时间，h。

因为铝的电化当量 $K = 0.3356g/(A \cdot h)$，故用式（4-5）可计算出铝电解槽的理论产量为：

$$G_{LL} = 0.3356It \times 10^{-6} \tag{4-6}$$

B　电流效率

在电解过程中，由于铝的二次反应损失和钠的二次反应损失等造成电流损失，因此铝电解槽的实际产量总是比按法拉第定律计算的理论产量要低。铝电解槽的实际产量与其理论产量之比的百分数，称为电流效率 η_{DL}，其定义式为：

$$\eta_{DL} = \frac{G_{sj}}{G_{LL}} \times 100\% \tag{4-7}$$

或

$$\eta_{DL} = \frac{G_{sj}}{0.3356It} \times 100\% \tag{4-8}$$

式中　G_{sj}——电解槽实际产量，t。

电流效率是铝电解生产的一项重要技术经济指标。提高电流效率，就可以提高产量。电流效率同时也表明电解槽电流的利用情况。当前，最好的预焙阳极电解槽年平均电流效率略大于96%。

C　影响电流效率的因素

影响电流效率高低的主要因素有电解温度、电解质组成、极距、电流密度、电解质高度、铝液高度等。下面着重讨论与生产操作有关的技术条件对电流效率产生的影响。

a　电解温度

电解温度是影响电流效率的最重要因素。电解温度过高（热槽）时，二次反应加剧，使已经电解析出的金属铝氧化损失增加，因而电流效率下降。文献资料指出，每过热10℃，电流效率将降低1.2%～1.5%，可见温度的影响是显著的。

为了防止电流效率下降，铝电解生产必须关注过热，保持 940～960℃ 的合理温度。

b 电解质组成

电解质组成主要是指电解质摩尔比。当电解质的摩尔比大于 3 时，电解质中氟化钠含量增多，金属铝与氟化钠的发生替代反应，导致钠的析出与铝的被损失掉，电流效率随之急剧下降。反之，当电解质的摩尔比低于 3 时，电解质中氟化铝含量增多，氟化铝与金属铝发生反应，加速了金属铝在电解质中的溶解损失，电流效率也随之急剧下降。

现代电解槽都采用低摩尔比电解质，$r(\text{NaF})/r(\text{AlF}_3) = 2.1～2.4$。

c 极距

极距是指阳极底掌到铝液表面的距离。阳极极距既是电解过程中电化学反应区域，又是维持电解温度的热源中心，它既直接影响电流效率和电解温度，也影响电解质的电压降。

电流效率与极距的关系曲线如图 4-5 所示。由图可见，极距为 1～2cm 时，铝损失极大，电流效率很低；4～5cm 时，铝损失不大，电流效率较高；7cm 以上再增加极距几乎不能明显地提高电流效率。

极距与电解质的电压降之间的关系可用下式表示：

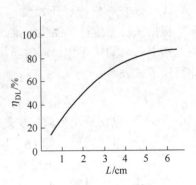

图 4-5 电流效率与极距的关系曲线

$$E_{jz} = \rho L \delta \qquad (4\text{-}9)$$

式中 E_{jz}——电解质的电压降，V；

ρ——电解质的电阻率，$\Omega \cdot cm$；

L——极距，cm；

δ——电解质的电流密度，A/cm^2。

由式（4-9）可见，随着极距的增大，电解质的电压降增大，耗电量也随之增加。显然，极距过高，电耗剧增是不妥当的。

正常生产条件下，铝电解槽极距的选择，要从保持热平衡的观点出发，对稳定热制度、降低电解质的电压降、提高电流效率等几个方面加以综合考虑，同时还应考虑铝液在磁场作用下产生的波动有可能在短极距下接触阳极发生短路，一般认为极距保持在 4～5cm 较为适宜。

d 电流密度

研究表明，不仅阴极电流密度对电流效率有影响，阳极电流密度对电流效率也有影响。因此，通常有三种不同的电流密度，即阴极电流密度、阳极电流密度与平均电流密度。阴极电流密度是电流与碳底-阴极表面积（即铝液面）之比，阳极电流密度是电流与阳极横截面面积之比，平均电流密度可按一个平均的几何量来计算，即

$$\delta = \sqrt{\delta_{yi}\delta_{ya}} \qquad (4\text{-}10)$$

式中 δ——平均电流密度，A/cm^2；

δ_{yi}——阴极电流密度，A/cm^2；

δ_{ya}——阳极电流密度，A/cm^2。

电流效率随着电流密度的增大而增加，但是电解质的电压降 ΔU 也随着电流密度的增大而增加，为了降低电耗量，最好使电解槽在较低的电流密度（$0.65 \sim 0.75 \mathrm{A/cm^2}$）下运行。

e　铝液高度与电解质高度

槽内保持一定的铝液高度，可以保护槽底，避免由于钠的析出而破坏槽底；而且铝的导热性很好，它能把阳极底掌中部的高温传向槽膛四周，使槽内电解质温度趋于均匀；同时，一定的铝液高度形成适当的铝液面还能使阳极电流分布均匀。这些都能减少病槽，避免电解质过热，减少二次损失，有利于提高电流效率。

电解质的高度主要影响两次加工之间电解持续时间、槽子的热稳定性和炭阳极的转接时间。电解质高度过低或过高，都将增大电能消耗和降低电流效率。

此外，电解槽的操作维护质量高低直接影响电解槽能否正常运行，同时也影响电流效率的高低。

4.2.2.2　电能消耗与电能效率

A　电能消耗

电能消耗是铝电解生产中又一项重要的技术经济指标。电能消耗也称直流电能单耗，是指实际生产 1t 金属铝所消耗的直流电能数量。直流电能单耗的计算式为：

$$D_{\mathrm{h}} = \frac{W_{\mathrm{xh}}}{G_{\mathrm{sj}}} \tag{4-11}$$

式中　D_{h}——直流电能单耗，$\mathrm{kW \cdot h/t}$；

　　　W_{xh}——消耗的直流电能数量，$\mathrm{kW \cdot h}$；

　　　G_{sj}——实际生产的金属铝量，t。

式（4-11）中，消耗的直流电能数量可用下式计算：

$$W_{\mathrm{xh}} = E_{\mathrm{av}} I_{\mathrm{av}} t \times 10^{-3} \tag{4-12}$$

式中　E_{av}——槽平均电压，V；

　　　I_{av}——平均电流强度，A；

　　　t——时间，h。

而实际生产的金属铝量可用式（4-8）求得：

$$G_{\mathrm{sj}} = 0.3356 I_{\mathrm{av}} \eta_{\mathrm{DL}} t \times 10^{-6} \tag{4-13}$$

将式（4-12）、式（4-13）代入式（4-11），进一步求得直流电能单耗为：

$$D_{\mathrm{h}} = \frac{W_{\mathrm{xh}}}{G_{\mathrm{sj}}} = \frac{E_{\mathrm{av}} I_{\mathrm{av}} t}{0.3356 I_{\mathrm{av}} \eta_{\mathrm{DL}} t} \times 10^{-3} = \frac{E_{\mathrm{av}}}{0.3356 \eta_{\mathrm{DL}}} \times 10^{-3} \tag{4-14}$$

B　电能效率

电能效率也是铝电解槽生产中的一项重要技术经济指标，它表示铝电解生产中电能的利用程度。所谓电能效率，是指理论上生产 1t 金属铝的电能消耗与实际生产 1t 金属铝的电能消耗的比值，以百分数表示。

$$\eta_{\mathrm{DL}} = \frac{D_{\mathrm{LL}}}{D_{\mathrm{sj}}} \times 100\% \tag{4-15}$$

式中 D_{LL}——理论上生产 1t 铝的电能消耗，kW·h/t，根据计算，在 960℃下生产时，

$\qquad D_{LL} = 5990\text{kW·h/t}$；

$\qquad D_{sj}$——实际上生产 1t 铝的电能消耗，kW·h/t。

在实际工作中，电能效率常以每消耗 1kW·h 电量生产的铝的克数来表示，即

$$\eta_{DN} = \frac{G_{sj}}{W_{xh}} = \frac{3.356\eta_{DL}}{E_{av}} \times 10^{-3} \qquad (4\text{-}16)$$

式（4-16）实为式（4-14）的倒数。由式（4-16）可见，要提高电能效率，必须努力降低电解槽的平均电压和提高电流效率。

4.2.2.3 铝电解槽的电压平衡方程式

在电解槽系列电流不变的情况下，槽电压的高低决定电解槽的能量收入，因而也就直接影响电解槽的能量平衡。改变电解槽电压最主要手段是调节电解槽的极距以改变电解质的电压降。可见，维持电解槽各部分电压降有一个合理且稳定的分布，即一个理想的电压平衡，对维持电解槽的能量平衡具有重要意义，同时对维持合适的极距有决定性作用。

A 槽电压

槽电压又称为槽工作电压，是指电解槽的进电端与出电端之间的电压降。槽电压主要由分解电压、过电压、电解质电压、阳极电压、阴极电压等五部分组成，即

$$E_c = E_{fj} + E_{gu} + E_{jz} + E_{ya} + E_{yi} \qquad (4\text{-}17)$$

式中 E_c——槽电压，V；

$\qquad E_{fj}$——分解电压，V；

$\qquad E_{gu}$——过电压，V；

$\qquad E_{jz}$——电解质电压降，V；

$\qquad E_{ya}$——阳极电压降，V；

$\qquad E_{yi}$——阴极电压降，V。

分解电压就是铝电解时，电流通过电解质，并在电极上析出物质的最低电压。氧化铝分解电压当采用炭阳极在 960℃时为 1.2V，占槽电压的 26.1%。

实际上，在工业铝电解槽上，并不是刚刚可以通过电解质这样小的电流进行电解生产的，而是以较大的电流密度通过电解质，这样在电极上才有大量阳极气体与铝析出的。因此，在工业铝电解槽上用来分解氧化铝的电压要比 1.2V 大得多，我们把这种条件下的分解电压称为极化电压，以与前述分解电压有所区别。在工业铝电解槽上，经实际测定：正常电流密度 0.6～1.0A/cm² 的电解槽，极化电压在 1.5～1.8V。极化电压与分解电压之差就称为过电压，通常此值按 0.6V 计算，因此过电压约占槽电压的 13%。在生产操作中，应当注意减少过电压引起的电耗增加。

电解质电压降（E_{jz}）是指电流从阳极底掌通过电解质到达阴极铝液面，由于电解质电阻而产生的电压降。这部分电压降一般在 1.65～1.75V，占槽电压的 38%。

阳极电压降（E_{ya}）是由卡具压降、导杆压降、爆炸焊压降、钢爪压降、铁炭压降、炭块压降构成。其中炭块的电阻率是最主要的，它取决于炭块的整体质量。国外先进指标阳极电压降为 0.3V，占槽电压的 6.5%。

阴极电压降（E_{yi}）常称为槽底压降，是由铝液层、阴极炭块、阴块导电钢棒三部分

的电压降组成。典型的阴极电压降为 0.45V，占槽电压的 9.8%。

B　槽平均电压

如前所述，在铝电解车间中，电解槽是一个接一个地串联并且与整流器连接起来构成一个系列电解槽的方式进行电解生产的。整流器对这一系列电解槽供电的总电压称为系列电压。换句话说，系列电压也是电流沿母线通过一个个电解槽时各个槽子及连接母线电压的总和。因此，槽平均电压就是系列中每个电解槽所分摊的系列电压的数值，即

$$E_{av} = \frac{U}{N} \tag{4-18}$$

式中　E_{av}——槽平均电压，V；

　　　U——系列电压，V；

　　　N——系列中工作的总槽数。

槽平均电压不仅包括了槽工作电压，而且还包括阳极效应所升高电压的分摊值与槽外导电母线的电压降值，即

$$E_{av} = E_c + E_{xy} + E_{wd} \tag{4-19}$$

式中　E_{xy}——阳极效应分摊电压，V；

　　　E_{wd}——槽外导电母线电压降，V。

（1）阳极效应所升高电压的分摊值（E_{xy}）。阳极效应分摊电压与效应系数、效应时的电压升高值及效应持续时间有关，可用下式计算：

$$E_{xy} = \frac{K(E'_{xy} - E_c)t}{24 \times 60} \tag{4-20}$$

式中　E_{xy}——阳极效应分摊电压，V；

　　　K——效应系数，即每个槽子每昼夜平均发生阳极效应的次数，次/（槽·日）；

　　　E'_{xy}——效应时的电压值，V；

　　　t——效应持续时间，min。

阳极效应分摊电压一般约为 0.15V，占槽电压的 3.3%。

（2）槽外导电母线电压降（E_{wd}）。这部分电压降主要包括从整流所进入电解车间的连接母线，以及穿越电解车间过道的连接母线的电压降。槽外导电母线的电压降一般约为 0.15V，占槽电压的 3.3%。

C　槽电压平衡方程式

根据实际测定和计算所得的槽电压和槽平均电压值，就可绘制出表示槽电压分配情况的电压平衡表。有了电压平衡表，就能很方便地分析电压损失情况，找出改进措施。

根据槽电压平衡表，便可列出槽电压平衡方程式：

$$E_{av} = E_{fj} + E_{gu} + E_{jz} + E_{ya} + E_{yi} + E_{xy} + E_{wd} \tag{4-21}$$

4.2.2.4　单位电耗量的构成

铝电解生产的单位电耗量由以下三部分构成：

（1）直流工艺部分，即直接用于电解冰晶石-氧化铝熔融物以制取铝所消耗的直流电。

（2）交流工艺部分，包括交流变为直流的电能消耗量。

（3）辅助工艺部分，包括下列辅助设施和附属设备的耗电量：电解车间和变电所的起

重运输设备、车间照明和通风设备、电焊机、整流装置的冷却系统、车间内部网络的电能消耗等。

4.2.3 铝电解槽的能量平衡（热平衡）

4.2.3.1 研究铝电解槽能量平衡的意义

铝电解槽的能量平衡是指单位时间内电解槽中能量的收、支相等，电解槽能量维持在一种平衡状态的过程。能量平衡包括电能转变为化学能和热能的全部收支情况。

研究铝电解槽的能量平衡具有下述两点意义：

（1）保持铝电解槽正常稳定生产的基本条件是必须保持一定的电解温度。而要维持一定的电解温度，就必须研究电解槽的能量平衡，掌握能量收支情况，调整其收入的能量等于支出的能量，从而建立起正常稳定生产的能量平衡。

（2）研究铝电解槽能量平衡，掌握能量收支情况，就可设法减少热损失，降低电能消耗和增加铝产量。

4.2.3.2 铝电解槽的能量平衡方程式

铝电解槽的能量平衡可用能量平衡方程式表示。能量平衡方程式是指电解槽的收入量和能量的支出量之间的关系式。

铝电解槽能量平衡方程式是以电解槽整体作为计算体系，并以电解温度作为计算基础。输入铝电解槽的电能（W_G）分配在下列三个方面：

（1）加热物料和化学反应过程所需能量，即理论电耗（W_L）；

（2）导电母线上的电能损失（W_D）；

（3）电解槽散热和其他能量损失（W_S）。

当电解槽处于能量平衡状态时，其能量平衡方程式可近似地用下式表示：

$$W_G = W_L + W_D + W_S \qquad (4-22)$$

式中，$W_G(kW \cdot h/h)$取决于槽电压E_C和系列电流I，当电压的单位为 V，电流的单位为 kA 时，可按下式计算：

$$W_G = E_C I \qquad (4-23)$$

W_L可分为两个组成部分：化学反应所需的能量W_h和加热物料所需的能量W_f。

W_h可从反应式出发推导出计算式。在正常电解温度（930~970℃）下，W_h与系列电流I和电流效率η_{DL}的关系为：

$$W_h = (0.436 + 1.456\eta_{DL})I \qquad (4-24)$$

同样可推导出加热物料所需能量为：

$$W_f = (0.044 + 0.188\eta_{DL})I \qquad (4-25)$$

上述两项之和为：

$$W_L = W_h + W_f = (0.48 + 1.644\eta_{DL})I \qquad (4-26)$$

W_D取决于导电母线的电阻R_D和系列电流I。如果电阻的单位为 μΩ，电流的单位为 kA，则导电母线上的电能损失为：

$$W_D = R_D I^2/1000 \qquad (4-27)$$

W_S 包括通过电解槽的槽底、侧壁、槽面及导线的散热损失。热损失有传导、对流和辐射三种主要形式，计算很复杂，因此通常根据能量平衡式来反推电解槽达到平衡时的热损失量，即

$$W_S = W_G - (W_L + W_D) \tag{4-28}$$

考虑 W_D 也是一种热损失，因此若将 W_D 归入到 W_S 中一并考虑，则式（4-28）可改写为：

$$W_S = W_G - W_L = UI - (0.48 + 1.644\eta_{DL})I$$
$$= [U - (0.48 + 1.644\eta_{DL})]I$$
$$= \alpha_{rs}I \tag{4-29}$$

式中　α_{rs}——电解槽的热损失系数。

热损失系数 α_{rs} 代表电解槽处于平衡状态时，单位电流（1kA）和单位时间（1h）内损失的能量（kW·h）。由式（4-29）可见，热损失系数取决于体系压降和电流效率。

4.2.4　铝电解槽的物理场

4.2.4.1　物理场的基本概念

铝电解槽的物理场是指存在于电解槽内及其周围的电、磁、热、力等物理现象，它们包括电流场、磁场、热场、熔体流动场和应力场等。

20 世纪 60 年代以前，铝电解的研究主要集中在电解过程方面，如电极反应、阳极效应机理、电解质组成及其物理化学性质、影响电流效率的因素等。在这一阶段，虽已有人开始研究磁场等对电解过程的影响，但未引起足够的重视。随着大容量电解槽的开发，一些过去不被重视的物理场对电解过程的影响越来越大，甚至达到使电解槽无法增大容量和无法正常运行的程度。因此，从 20 世纪 60 年代后期开始，国际上许多大的铝业公司、研究所及高等院校相继开展物理场的研究工作，建立起一整套关于电解槽电、磁、热场、熔体流动场及其与电解过程电流效率之间关系的数学模型、计算机程序。物理场研究成果体现在 20 世纪 80 年代初国际上投产了一批 180kA 级的高效能工业电解槽，时至今日出现了 500kA 的大型预焙槽。

我国的物理场研究始于 20 世纪 80 年代。从 90 年代至今，我国自行开发的物理场技术已达到或接近国际先进水平，并成功地应用于 180~350kA 预焙槽的开发。

铝电解槽物理场的电流场是指电解槽中电流与电压的分布，它是电解槽运行的能量基础，是其他各物理场形成的根源：

（1）电流产生磁场。

（2）电流的热效应（焦耳热）产生热场。

（3）磁场分布的不平衡是电解质与铝液运动的主要原因，并由此形成流场（即熔体流动场）。

（4）流场影响电解质中氧化铝和金属的扩散与溶解，即形成浓度场。

（5）温度分布形成槽帮结壳，并产生热应力使槽体结构发生形变，从而形成应力场。

由于物理场分布的好坏与电解槽运行特性有十分密切的关系，因此，研究物理场的目的是使物理场具有良好分布，从而使电解槽获得优良技术经济指标。

（1）获得优良技术经济指标（尤其是电流效率）的一个重要条件是，电解槽须有良

好的电压稳定性，要求：

1）对电解槽的导电体（包括槽外和槽内母线、阳极部分、熔体部分和炭阴极部分）进行合理配置，使电场分布好，水平电流小。

2）磁场分布好，尤其是垂直电磁力小，使铝液面形变及（上下）波动小，铝液流速限制在一定数值内。

3）槽内熔体流动场分布好。

4）由此应用"电→磁→流"的仿真与优化技术，其中最突出的是以磁场平衡（或称磁场补偿）为目的的导电母线配置技术，实现电场、磁场和流场分布好的问题。

（2）获得优良技术经济指标（尤其是电流效率和槽寿命）的另一个重要条件是，电解槽须有良好的热平衡状态，要求：

1）热场分布好。

2）保温设计好。

3）由此应用"电→热"仿真与优化技术，实现热场分布好的问题。

（3）要获得良好的槽寿命指标的一个重要条件是，槽壳不会严重变形，要求：

1）电解槽的阴极及槽壳内部的应力场大小及其分布合理。

2）由此应用槽壳应力分析与优化设计技术，实现应力场的分布合理问题。

4.2.4.2　磁场补偿技术

如前所述，电解槽中的磁场是由导体中的电流（电场）产生的。磁场和电流相互作用，在熔体介质中产生电磁力，电磁力引起电解质和铝液的运动，同时使两者间的界面发生形变（形成流场）。因此，磁场对电解过程的影响是通过对电解质和铝液流动（流场）的影响，对两者界面的形变和波动而起作用的，它影响极距（槽电压）的稳定性，从而影响电解槽运行的稳定性和电流效率。

为使电解质与铝液的界面尽可能平坦，铝液流速限制在一定数值内，当槽电阻变化时不引起较大的金属运动，可通过调整电解槽的导电母线系统（槽上及周边母线）的配置以改变电场，改变母线系统在电解槽中产生的磁场，从而改变磁场对铝液流速和波动的影响（改变流场）。这种以减小铝液流速和波动为目标，设计最佳的母线配置来实现最佳的磁场分布的技术称为磁场补偿技术，又称磁场平衡技术。

显然，磁场补偿技术涉及电场、磁场和流场的优化设计。补偿的对象是磁场，补偿的手段是改变电场，补偿的目的是优化流场。

电解槽有横向排列和纵向排列两种基本方式。纵向排列的主要问题是所有电流都经槽两侧的阴极母线输送，电解槽的磁场强度在靠近出电端处特别高。另外，立柱母线集中一端输入，造成在电解槽出电端处产生一个很强的水平磁场，造成电解槽水平电流不平衡。两列电解槽相距较近，会产生有害的垂直磁场叠加。因此，150kA 以上的电解槽都采用横向排列方式。

4.3　铝电解槽的节电技术

4.3.1　铝电解槽的节电技术概述

铝电解生产是工业生产中耗电量最大的企业之一。据资料，电解铝产业耗电量占全国用电量的 4% 以上。铝电解生产直流电耗一般为 13200 ~ 14500kW·h/t，交流综合电耗为 14000 ~ 16000kW·h/t，与理论电耗 5990kW·h/t 相比节能潜力是很大的。

铝电解槽的节电技术主要包括合理选择铝电解槽、铝电解槽的经济运行及其管理，如图 4-6 所示。

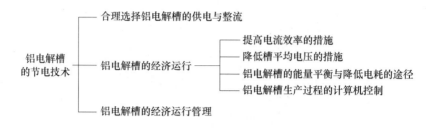

图 4-6　铝电解槽的节电技术

必须指出，针对铝电解工业高耗能的特点，铝电解槽的经济运行至关重要。从式 (4-14) 可见，铝电解槽直流电耗与槽平均电压成正比，与电流效率成反比，因此铝电解槽可以通过降低槽平均电压和提高电流效率来实现其节电的目的。但是，它必须是保持铝电解槽在正常生产的能量平衡条件下才能真正实现。此外，为高效、节能的大容量预焙阳极铝电解槽配备先进的配套技术也很重要，这些配套技术包括分布式电子计算机过程控制系统。因此，我们将从四个方面讨论铝电解槽的经济运行：

（1）提高电流效率的措施；

（2）降低槽平均电压的措施；

（3）铝电解槽的能量平衡与降低电耗的途径；

（4）铝电解槽生产过程的计算机控制。

4.3.2　合理选择铝电解槽的供电与整流

4.3.2.1　铝电解槽的供电系统

当前，电解槽系列向高电压、大电流方向发展，铝电解厂成为区域电网的最大用户之一。

图 4-7 所示为铝电解的供电系统组成。由图可见，铝电解槽系列的供电系统由若干台整流机组组成，而每一台整流机组则由交流系统、整流装置、功率因数补偿及滤波系统组成。交流系统由电网受电，经整流装置把交流电变为直流电后，送到电解车间进行电解生产。

铝厂的电解车间属于一级负荷，如果供电中断时间较长将导致电解槽的破坏，需要长时间停产大修才能恢复，给生产和经济造成重大损失。为保证供电的可靠性，一般需要电网两个或两个以上的独立电源供电，当一个电源事故停电时，另一个电源能继续供电，保证电解槽正常生产。交流电源大都采用 110kV、220kV 或 330kV。

整流机组的交流系统包括开关设备、调压变压器、整流变压器和饱和电抗器等，整流装置是由二极管或晶闸管等器件组成。此外，由于供电系统中设有众多调压变压器、整流变压器，无功消耗较大，自然功率因数较低，且诸多硅整流器产生的高次谐波使电网供电

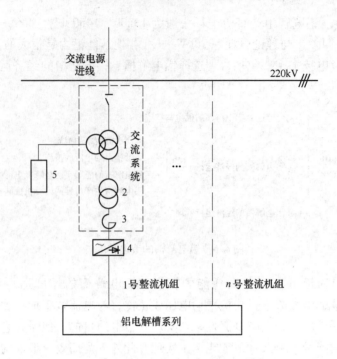

图 4-7　铝电解供电系统的组成

1—调压变压器；2—整流变压器；3—饱和电抗器；4—硅整流器；5—功率因数补偿及滤波系统

电压波形畸变，因此需设置抑制谐波的滤波装置，并且该装置兼有补偿无功功率的功能。

4.3.2.2　整流机组的选择

A　整流机组一次电压的确定

整流机组一次电压与外部供电电压及整流所总容量密切相关。对于年产 5 万 ~ 10 万吨铝的电解系列，整流机组一次电压宜采用 110kV，经济效果显著。对于年产 10 万 ~ 20 万吨铝及以上的电解系列，整流机组一次电压宜采用 220kV 或 330kV。

B　整流机组台数选择及机组额定电流的确定

整流机组台数与机组电流，应考虑下列因素确定：

（1）应满足工艺生产的要求。

（2）应从节省投资和获得较高的整流效率着想，合理地选择多机组方案。

（3）整流机组的台数尽可能使整流所形成较高的整流相数，以减少整流机组产生的高次谐波对电网的影响。

（4）尽可能选用目前已生产的标准设备。

（5）为保证整流机组中任一台检修或故障时，电解系列电流仍不降低，一般采用 $N + 1$ 的原则，即系列电解电流需要 N 台整流机组并列运行供电外，尚需另加一台备用机组。

C　整流机组直流额定电压的确定

整流机组的直流额定电压应按下式确定：

$$U_{dN} \geqslant U_{dox} + n_1 \Delta U_{cx} + \Delta U_m \qquad (4\text{-}30)$$

式中　U_{dox}——无效应时的系列电压，V，一般可按每个电解槽的平均电压 U_{av} 乘以系列总

槽数 N_{xc} 而得，即 $U_{dox} = N_{xc} U_{av}$；

ΔU_{cx}——铝电解槽阳极效应时槽电压升高值，V，一般取 35V；

n_1——预定的调压制度所确定的阳极效应个数，一般总槽数 $200 > N_{xc} > 100$ 台时，取 $n_1 = 2$，$N_{xc} \geqslant 200$ 时，取 $n_1 = 3$；

ΔU_m——整流所母线压降，V，一般取 5V。

于是，式 (4-30) 可简化为：

$$U_{dN} \geqslant U_{dox} + 35n_1 + 5 \tag{4-31}$$

必须指出，上述确定直流电压的公式是基于铝电解槽同时出现 n_1 个阳极效应时，不降低系列电流，这一预留电压有利于最后一个槽的启动，因为一般启动时槽电压较高。因此，当无效应时，整流机组将运行于 $U_{dox} + 5V$ 的电压下。当出现 n_1 个效应时，必须将机组电压再升高 $35n_1(V)$。如果不能自动将直流电压降低 $35n_1(V)$，势必将产生电流冲击，即电流超过系列额定电流。

若忽略母线压降 5V，上述电解系列冲击电流为：

$$I_{dxc} = \left[1 + \frac{n_1 \Delta U_{cx}}{N_{xc}(U_{av} - E_{fj})} \right] I_{dox} \tag{4-32}$$

式中 E_{fj}——分解电压，对于大型槽可取槽电压的 42.5%。

从式 (4-32) 可见，电解系列总槽数 N_{xc} 愈多，冲击电流值愈小。

因此，在确定预留电压 $35n_1(V)$ 之后，应校验机组承受这种冲击的可能性。在不过分增大备用容量的条件下，整流机组应具备这种超负荷能力。

D 整流相数的选择

由于整流机组为非正弦用电设备，因而引起供电网络内电压、电流波形的畸变，影响供电网络的电能质量。

抑制谐波的有效办法之一是增加整流所的等效脉动数。对于现代大型铝厂，一般采用单机组 12 脉动系统，整流机组由 4～6 台组成，形成等效 48～72 脉动系统，可完全或大部分地消除幅值较大的低次谐波。虽说如此，但由于各整流机组间负载不平衡或一个机组暂时退出运行、供电系统短路、容量较小、整流装置控制角较大等原因，可能出现幅值较大的低次谐波或使总的谐波含量增加，导致供电系统母线上的电压畸变率（畸变系数）超过允许标准。因此，还需要安装滤波装置来抑制谐波。

4.3.3 铝电解槽的经济运行

4.3.3.1 提高电流效率的措施

前面已经讲过，影响电流效率的主要因素有电解温度、电解质组成、极距、电流密度、铝液高度等技术参数。因此，提高电流效率的主要措施有：

(1) 保持较低的电解温度。电解温度等于电解质的初晶温度（或熔化温度）与过热度之和。初晶温度是指熔盐以一定的速度降温冷却时，熔体中出现第一粒固相晶粒时的温度。该温度也称为熔度，是指固态盐以一定的速度升温时，首次出现液相时的温度。过热度是高于电解质初晶点（或熔度）的温度。通常电解过程实际温度要高于电解质熔度，这种过热温度有利于电解质较快地溶解氧化铝。由此可见，降低电解温度有两重含义，一是降低初晶温度，二是降低电解质过热度。

基于在正常生产的温度范围内，维持较低的电解温度，可以减弱二次反应，获得较高的电流效率。

采用低温电解法来提高电流效率最有效的方法是选择熔点较低的添加剂，即找到一个初晶温度低的电解质组成，如采用添加剂氟化铝、氟化锂、氟化钙、氟化镁等。电解质组成已定时，则可在维持电解槽能量平衡的情况下，通过勤加入、少下料的办法，来维持较低的电解温度。

电解质的过热度一般为 10~20℃。这时电解质的物理性质已能满足电解生产需要，无须再高，超过20℃的都要降下来。降低过热度的前提条件是保持槽子的稳定，必须使干扰造成的电解质温度波动小于过热度。其措施是加强保温，减少热收入。目前国外先进槽的过热度已降到10℃左右。

（2）采用低摩尔比电解质。现代电解槽都采用低摩尔比电解质，NaF 与 AlF$_3$ 摩尔比不大于 1.5~2.2。采用低摩尔比电解质可以减少钠离子的放电机会，从而提高电流效率。

（3）保持较低的极距。生产中槽的极距主要由电解槽的能量平衡情况确定。槽子散热大保温又差的，极距一般都高些，散热较少的则极距能够保持低些，否则电解槽非冷即热，容易引起病槽。

同时，前面也说过，极距保持高些能提高电流效率，但会增加电能消耗，影响节约用电。反之若极距较低，会降低电流效率。所以，在正常生产条件下，铝电解槽的极距要从保持热平衡的观点出发，稳定热制度、降低电耗、兼顾电流效率几个方面进行选择，使之在较低的极距下，既具有高的电流效率，又可达到更好地降低电耗的效果。一般认为极距保持在 4~5cm 较为适宜。

（4）保持较低的电流密度。电流效率随电流密度的增大而增加，但是电解质的电压降也同时随着电流密度的增大而增加。从节约用电的角度出发，应保持较低的电流密度（0.65~0.75A/cm^2）。

（5）保持适当的铝液高度和电解质高度。电解槽的铝液层和电解质层应保持一定的高度。铝液高度过高会使槽底发冷，容易产生大量沉淀并使槽底结壳；铝液高度过低，又会使阳极底下和周边温度过大，加剧电解质循环，增加铝损耗。电解质高度高，数量多，可使电解槽具有足够的热稳定性，并保证氧化铝充分溶解，不会造成沉淀。但电解质高度过高，使阳极埋入电解质太深，气体不易排出，阳极消耗不均匀。因此，电解槽应保持一定的电解质高度和铝液高度。一般电解质高度保持在 13~18cm，铝液高度保持在 25~30cm 之间。

（6）规整好炉膛。炉膛是指电解槽槽膛四侧槽帮及槽底边沿有一层由电解质凝固成的整体壳块，这一整体壳块就构成了槽子的工作空间。规整的炉膛是在启动后期随着温度下降，在满足各项技术指标下，由电解质沉淀形成。但在处理槽底的沉淀时会牺牲槽帮，当槽底问题解决就须重建槽帮。

规整的炉膛对铝电解生产的高产、优质、低电耗、长寿有着极其重要的作用，主要表现在：

1）它是良好的绝缘体，迫使电流从铝液面通过，防止漏电，同时使铝液面大小适当，电流分布均匀，有利于提高电流效率和增加产量。

2）它又是很好的保温层，可以减少槽的热损失，有利于节约用电。

3）它阻止了熔融电解质和铝液与侧部炭素材料的接触，这既有利于提高铝的质量，也保护了炭素内衬，有利于延长槽的寿命。

上述电解槽的多种操作参数虽能作出其各自对电流效率影响的评估，但各种参数的综合作用难以找出统一规律，需由各铝厂自行优化。

4.3.3.2　降低槽平均电压的措施

根据式（4-21）电解槽电压平衡方程式，槽平均电压由 7 项组成。除分解电压外，现按该组成讨论降低槽平均电压的措施。

A　降低过电压（E_{qu}）的措施

过电压的大小与电解时的阳极电流密度、电解质组成等因素有关。因此，在生产中，应注意阳极电流密度和氧化铝浓度引起的过电压增多，电耗增加。

研究表明，阳极电流密度越低，氧化铝浓度越高，过电压就越小。但是，当电解质中氧化铝浓度很高时，这种电解质的电导率很低。因此，电解质应保持使电导率最高，而过电压值又最小的氧化铝浓度。通常采用勤加入、少下料的办法来保持电解质具有较低的、最优的氧化铝浓度。据资料介绍，采用这一办法可使过电压值降低 $100 \sim 200 \text{mV}$。

B　降低电解质电压降（E_{jz}）的措施

由于电解质的电压降约占槽电压的 1/3，因此降低电解质的电压降是极为重要的。根据式（4-9），电解质电压降取决于极距、电解质的电阻率以及通过电解质截面的电流密度。电解质的电流密度一般是变化不大的。因此以下仅对极距、电解质的电阻率进行讨论。

（1）极距。当电解槽的电流强度和电解质的电阻率一定时，极距即决定电解质的电压降。在电解操作中，通常通过升降阳极来调节极距。极距降低，电解质电压降下降，槽电压也随之下降，如槽电压下降 0.1V，每吨铝可节电 370 多度。但降低极距是有限度的，极距过小，不仅会使电解槽的热量收入不够而产生冷槽，还会因阳极过于接近铝液而造成铝的二次反应损失显著增加，产生大量的热，不但降低电流效率，同时还会引发病槽。

（2）电解质的电阻率。电解质的电阻率受电解质的组成、电解质温度和电解质的洁净程度三方面影响。

降低电阻率值的有效途径是采用添加剂，通过添加剂增大电导率减小电阻率，降低电解质电压降，其中最优的方法是添加 LiF。当前采用低摩尔比再添加 LiF 的方法效果较显著。

电解温度对电解质电阻率的影响是显著的。在电解质组成一定的情况下，电解温度低，电解质的电阻率增加，温度高则电解质的电阻率降低。但这并不是说温度愈高愈好，温度偏高会产生热槽，因此在生产中应保持正常的电解温度，同时要防止产生冷槽，冷槽不但破坏正常生产，而且增大电解质的电阻率。

电解质的洁净程度是指它是否含有炭等物质。当含有较多炭渣或悬浮 Al_2O_3 时，电解质的电阻率将大大增加。在悬浮的 Al_2O_3 被电解质溶解或重新沉淀后，槽电压又会降低。当电解质含炭导致槽电压过高时，不能采用降低阳极的办法来降低槽电压，因为这样做只会使极距过低，电解槽进一步返热。只能设法将炭渣从电解质中分离出来，保持电解质的洁净，降低电阻率，使槽子恢复正常工作。

C　降低阳极电压降（E_{ya}）的措施

阳极电压降主要由阳极炭块的电阻率、阳极的电流密度、阳极同电解质的接触面积、阳极导杆的电阻以及爪头和炭块的磷生铁接触点的电阻来决定。其中炭块的电阻率是最主要的，它取决于炭块的整体质量。国外先进指标阳极电压降为 0.3V，我国的较好指标为 0.4V，因此阳极质量需做更大的改进。

D　降低阴极电压降（E_{yi}）的措施

在阴极电压降的三部分组成中，铝液层的电阻率在电解温度下，约为 $0.00003\Omega \cdot cm$，这部分电压降很小。努力提高阴极炭块的电导率是节电的重要方向。阴极炭块中电阻最小的产品是石墨炭块，但它的耐磨损能力较差，影响阴极寿命，因而影响槽寿命。采用硼化钛涂层的石墨炭块，则既能降低阴极的电阻率，又能延长电解槽寿命，是较为理想的材料。研发更理想的新型阴极是今后铝电解槽节能任务之一。在阴极导电钢棒方面，增大导电面积和改变棒的形状（如圆形双棒）有利于增加导电面积，减小接触电阻和减少棒与炭块间的应力损坏，从而延长槽寿命。

此外，采用"勤加工，少下料"的合理操作制度，减少悬浮在熔体中的氧化铝，减少槽底沉淀，降低槽底电压降也是很重要的环节。

E　减少阳极效应分摊电压（E_{xy}）的措施

为了减小阳极效应分摊电压，应大力降低效应系数。目前，国外的一些铝电解企业的效应系数控制到 0.01 次/（槽·日），还有少数企业达到无效应生产；国内企业效应系数也由原来的 0.3 次/（槽·日）降低到现在的 0.1 次/（槽·日）以下。

由于阳极效应的发生与氧化铝浓度、槽温诸因素有关，因此降低效应系数主要从改进供（下）料系统、升级优化模糊控制系统、优化工艺技术条件等方面着手：

（1）改进供（下）料系统。对电解槽上部料箱和打壳下料机构和下料方式进行改进，保证低的氧化铝浓度，也有利于计算机控制，降低效应系数。

（2）升级优化模糊控制系统。把氧化铝浓度控制在比较低的较窄的浓度区间而又不至于发生效应的低浓度区 1.5%～3.0%。实践证明，改进后的控制系统大大提高了效应的可控率。

（3）优化工艺技术条件。合理匹配工艺技术条件，槽温、摩尔比、铝液高度与电解质高度、设定电压优化组合以有效地保证电解槽高效平稳生产，很好地控制效应系数。

F　降低槽外导电母线电压降（E_{wd}）的措施

按照欧姆定律，金属导电母线上电压降的公式为：

$$E_{wd} = \rho L \delta$$

式中　ρ——金属母线的电阻率；

L——金属母线的长度；

δ——金属母线的电流密度。

由此可见，金属导电母线上的电压降与其电阻率、长度和电流密度有关。

因此，降低槽外导电母线电压降的措施有：

（1）金属母线的电阻率在温度升高时会略有增大，所以要注意槽间连接母线的温度状况，防止因温度过高，引起其电阻增大。

（2）适当增加母线截面，采用大截面铸造母线，使之在经济电流密度下运行，我国一般选用 $0.37A/mm^2$，国外一般为 $0.3A/mm^2$，以降低母线压降。

（3）缩短母线长度。

（4）加强维护，保持母线接点压接紧密、清洁、接触良好，同时母线之间的连接，应尽量采用焊接，降低母线电压降。

4.3.3.3　铝电解槽的能量平衡与降低电耗的途径

我们不仅要求电解槽能在正常电解温度下建立能量平衡，而且要求能尽力减少能量支出来降低耗电量。为此，以能量平衡方程式（4-22）为基础，讨论降低电耗的途径。

A　减少能量支出，降低电能消耗的方法

能量平衡方程式 $W_G = W_L + W_D + W_S$ 右边支出项中，消耗能量最大的是热损失 W_S，包括电解槽的槽底、侧壁、槽面（炉面）及导线的散热损失，占热量收入的 50% ~ 73%。它是变化最大，同时也是大有潜力可挖的一项。为减少热损失，可以采取以下措施：

（1）加强电解槽的保温，减少热损失。如：

1）采用耐高温、防电解质渗透和保温性能良好的材料作内衬材料，以延长内衬寿命和加强保温。

2）在氧化铝质量和槽结构允许的情况下，加厚氧化铝保温料的厚度。

3）缩短加工时打开电解质面壳的时间，以及提高加工质量等。

（2）降低电解温度。采用氟化锂 LiF、氯化钠 NaCl、氟化镁 MgF_2 等添加剂，降低电解质熔度，因而相应地降低正常的电解温度。电解温度降低，热损失也就可以减少。

（3）采取低铝液高度，并适当地降低槽膛总高，以减少热损失。

消耗能量居次的是 W_L。W_L 由化学反应所需的能量 W_h 和加热物料所需的能量 W_f 组成。

根据式（4-24），化学反应能 W_h 取决于电流强度和电流效率。在正常生产情况下，电流强度稳定，电流效率也没多大变化，这时可以认为化学反应能变化不大。但要防止在电流效率大幅度降低时，即二次反应激增时引发热槽，化学反应能减少，导致铝产量的减少。

至于加热物料所需的能量 W_f 主要是与电流强度成正比变化的。当电流强度一定时，W_f 这一项也变化不大。如果能保持在较低的电解温度下进行铝生产，则物料的单耗较少，W_f 项就可以减少。但也要防止二次反应激增引发热槽，需向槽内加入大量铝锭和冰晶石来使 W_f 增加。

这样，一方面减少了电解槽能量支出，另一方面减少了电解槽的能量收入。既保持了电解槽的能量平衡，又节约了电能消耗。

B　增产又节电的方法

电解铝工业的发展，一方面靠新建规模较大的铝厂，另一方面靠扩建现有铝厂。这两种方法投资一般都较大。除此之外，对于现有铝厂，利用已有电解槽设备，适当提高系列电流强度，也可做到既增加铝产量，又节约电耗量。目前国内外多家铝厂通过适当提高系列电流的方法，充分挖掘设备潜力，取得可喜的经济效益。

4.3.3.4　铝电解槽生产过程的计算机控制

20 世纪 60 年代起，铝电解产业开始采用计算机控制技术，到 70 年代后大多数技术水平先进的国家已普遍实现铝电解生产的计算机控制与管理。随着计算机控制管理功能的不断加强，使采用大容量（180～500kA）预焙槽，在低温、低摩尔比、低氧化铝浓度这些有利于大幅度提高电流效率和降低能耗的现代工艺技术条件下进行铝电解生产成为可能。当前国际上先进的电流效率指标（94%～96%）和直流电耗指标（13000～13300kW·h/t）都是在使用先进的计算机控制系统下取得的。

铝电解控制系统的发展大致经历了单机群控、集中式控制、集散式（分布式）控制、先进集散式（网络型）控制几个阶段。

A　网络型铝电解计算机控制系统

大型铝电解企业的铝电解控制系统采用由现场控制级与过程监控级两级构成的网络结构。图 4-8 所示为一种网络型铝电解计算机控制系统配置图。

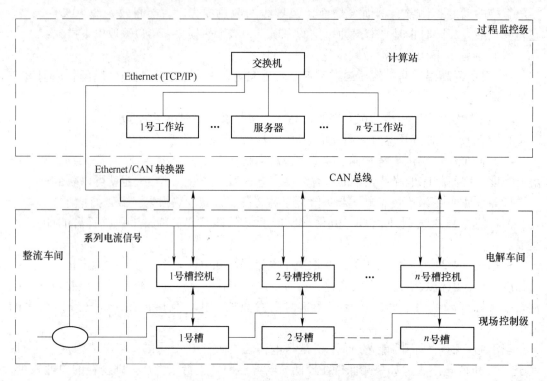

图 4-8　网络型铝电解计算机控制系统配置图

图 4-8 中，现场控制级设在电解车间，主体控制装备是每槽配备一台槽控机，并与现场总线（CAN 总线）相连构成通信网络。过程监控级设在计算站，主要由监视用工作站、服务器和交换机组成，该级中的工作站及服务器通过交换机组成以太网（Ethernet）。监控级向下通过 Ethernet/CAN 转换器与控制级（槽控机）相连，实现数据双向传输，向上通过光纤与企业的全厂综合自动化与信息化网络相连。

现场控制级的主要功能包括：

（1）数据采集。同步采集槽电压及系列电流信号，并进行槽电阻的计算、滤波等。

（2）槽电阻解析及不稳定（异常）槽况处理。

（3）下料控制（即氧化铝浓度控制）。

（4）正常槽电阻控制（即极距与热平衡控制）。

（5）AlF_3 添加剂。

（6）对换阳极、出铝、抬母线等人工操作工序进行监控。

（7）数据处理与存储。

（8）与上位机的数据交换。

（9）故障报警与事故保护。

过程监控级的主要功能包括：

（1）槽工作状态的实时显示。以动态曲线与图表形式，实时显示槽电压、槽电阻、系列电流及其他各种动态参数与信息。

（2）参数设定、查看与修改。

（3）历史数据（信息）查看与输出。

（4）报表制作与输出。

（5）自动语音报警，包括电解槽的异常信息，如效应发生、效应超时、电压越限等。

（6）槽况分析。

（7）生产管理。

B　铝电解槽生产过程的恒定槽电阻控制

铝电解槽生产过程的计算机控制对槽子获得优良的技术经济指标有着重要意义。目前能直接用来控制电解过程的电气性能参数有电流强度、槽电压和槽电阻值。电解槽的正常生产是在一定的技术参数和常规作业制度配合下实现的，技术参数包括槽工作电压、极距、电解温度、电解质组成、电解质和铝液的高度、阴极电压降和阳极效应系数等。铝电解槽生产过程的计算机控制的目的，就是通过控制电解过程的电气特性参数，使技术参数稳定，保持槽内的热平衡制度，最大限度地降低产品单耗和提高生产率。

不同的计算机控制系统可能采用不同的控制模式，但大体上不外乎是恒电压、恒电阻和混合型三种控制模式。目前最普遍使用的是恒电阻控制模式。

恒电阻模式采用表观槽电阻（简称槽电阻）作为实现铝电解过程实时控制的主要参数。它既是重要的状态参数，又是重要的被控参数。

为保持槽内的热平衡，可在系列电流一定时，保持好槽电压来达到。为使槽电压稳定，通常通过调节电解槽阳极极距使槽电阻恒定。极距自动调节的数据可由微机采集的系列电流和槽电压经滤波平滑处理后，应用下列数学模型计算出槽电阻的采样值：

$$R_i = \frac{U_i - E}{I_i} \tag{4-33}$$

式中　R_i——在 t_i 时刻的原始槽电阻（或称为采样值）；

　　　U_i——在 t_i 时刻的槽电压采样值；

　　　I_i——在 t_i 时刻的系列电流采样值；

　　　E——电解槽反电势或极化电压，$E = 1.6 \sim 1.7V$。

微机根据数学模型算出 R_i 与该槽原设定的槽电阻值 R_0 比较：当 $\Delta R = R_0 - R_i < 0$ 时，下降阳极；当 $\Delta R = R_0 - R_i > 0$ 时，提升阳极。由 ΔR 值确定调整量，如此调节的结果，ΔR 逐渐变小，R_i 逐步逼近 R_0，槽电阻调节在设定值的规定范围内，从而使槽电压始终保持稳定，槽内热制度保持平衡，降低电能单耗和提高电流效率。

4.3.4   铝电解槽的经济运行管理

对铝电解槽的经济运行管理，是保证铝电解槽高产、优质、低电耗的重要环节。管理内容主要包括：

（1）电压管理。密切监视各槽工作电压，有效防止电压异常现象的发生。

（2）加强电压平衡管理、能量平衡管理和电耗定额管理。

1）定期进行槽电压平衡测试，并根据测试结果作槽电压平衡计算，对各部分压降进行分析，评价其合理性及探讨改进措施。

2）定期进行槽能量平衡测试，并根据测试结果作槽能量平衡计算，对各部分能量收支进行分析，评价其合理性及探讨改进措施。

3）制定先进的电耗定额，并建立电耗定额的考核和奖励制度，降低电能消耗和提高生产率。

（3）设备管理。

1）建立档案。建立运行日志和设备技术档案。

2）健全制度。建立铝电解槽设备日常运行维护及定期检修等的规章制度。

3）培训上岗。管理、运行和操作人员都必须经过技术培训考核后才能上岗。

4.4   氯碱电解槽的节电技术

4.4.1   氯碱电解生产概述

氯碱工业是基础原料工业之一。氯碱电解生产主要是利用直流电能对饱和食盐水溶液进行电解的方法制取烧碱（氢氧化钠）和氯气并副产氢气的过程。氯碱电解生产工艺有隔膜法、水银法和离子交换膜法三种。1890 年隔膜电解法实现了工业化生产，1892 年水银电解法取得专利，1966 年离子交换膜电解法制碱成功。水银法和隔膜法中的石墨阳极隔膜法由于污染环境等原因，我国分别在 2000 年和 2004 年已经基本淘汰。氯碱电解生产基本采用金属阳极隔膜法和离子交换膜法两种工艺。

氯碱电解生产主要用电设备是电解槽，按目前制碱工艺可分为金属阳极电解槽和离子交换膜电解槽。

4.4.1.1   金属阳极隔膜电解法生产氯碱

金属阳极隔膜电解法是一种使用金属为阳极，钢板为阴极，阴、阳极之间用多孔隔膜隔开的电解槽，电解饱和食盐水溶液生产氯碱的方法。

当电解槽中的电极与外加直流电源连通时，电流即通过电极与由精制饱和食盐水溶液作电解质所组成的闭合电路。在直流电的作用下，槽中食盐水溶液中带电离子 Na^+、Cl^-、H^+、OH^- 分别向阴极和阳极移动，并在电极与溶液界面接触处发生电化学反应。在阳极区，带负电荷的氯离子（Cl^-）失去多余的电子成为中性氯原子，相同性质的氯原子结合成氯分子，自阳极逸出。在阴极区，由于氢离子（H^+）比钠离子（Na^+）活跃，H^+ 将先得到电子而成为氢原子，并结合成氢分子逸出。溶液中 Na^+ 和氢氧根离子（OH^-）在阴极附近结合成一种新的物质氢氧化钠（$NaOH$），俗称烧碱。其反应式为：

阳极反应	$2Cl^- - 2e =\!=\!= Cl_2 \uparrow$
阴极反应	$2H^+ + 2e =\!=\!= H_2 \uparrow$
	$Na^+ + OH^- =\!=\!= NaOH$
总反应式	$2NaCl + 2H_2O =\!=\!= 2NaOH + Cl_2 \uparrow + H_2 \uparrow$

电解反应生成的氢氧化钠、氯气和氢气均是氯碱工业的产品。

从电解槽排出的碱液,含氢氧化钠仅 10%~12%,浓度低,因此,须进一步加工生产后才能成为固体烧碱。而电解出来的高温湿氯气和高温湿氢气,须经冷却干燥后得到合格的干燥氯气和氢气,再送往有关车间或工段处理为成品。

4.4.1.2　离子交换膜电解法生产氯碱

离子交换膜电解法是一种使用阳离子交换膜将阴、阳极隔开的电解槽,电解饱和食盐水溶液生产氯碱的方法。图 4-9 所示为离子交换膜示意图。

图中具有固定离子和对离子(或称解离离子、相反离子)的膜有容许带一种电荷的离子通过而限制相反离子通过的能力。电解食盐水溶液使用磺酸型阳离子交换膜,其活性基因中的对离子 Na^+ 可与水溶液中的 Na^+ 进行交换,从而使其通过,而活性基因中的固定离子却限制溶液中的 Cl^- 和 OH^- 通过,从而获得高纯度氢氧化钠溶液。因此在生产中将精制饱和食盐水溶液加到阳极室,将纯水和稀氢氧化钠液加到阴极室,通以直流电后,其离子即按图4-9所示方向移动,在阳极析出氯气,

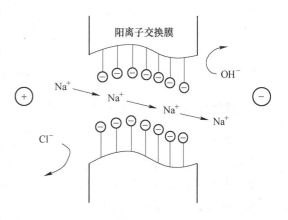

图 4-9　离子交换膜示意图

在阴极析出氢气,在阴极附近生成氢氧化钠。其反应式和金属阳极隔膜法相同。

离子膜电解法克服了隔膜法所产烧碱浓度低、氯化钠含量高、能耗高、有石棉污染等缺点,自 20 世纪 70 年代开发以来,由于其质量纯度高、电耗低和无污染而得到迅速发展,成为当今国际上最先进的氯碱生产技术,大有取代传统的隔膜法之势。我国从 1986年引进第一套离子膜法生产装置以来,到 2005 年已有 57 家企业用离子膜法生产烧碱 480多万吨,占烧碱总产量的 38.8%。近年来我国新建的烧碱装置几乎全部采用离子交换膜法。

4.4.1.3　氯碱电解生产的用电特点

氯碱电解生产是化工生产中的耗电大户,仅次于电解铝,氯碱工业用电量约占全国总用电量的 3%。了解并掌握氯碱电解生产的用电特点,对氯碱生产的安全经济运行有着重要意义。

(1) 对供电的可靠性要求高。氯碱电解生产过程是持续进行的,而且不论是直流供电系统还是动力操作系统突然发生停电,都可能引起爆炸,造成人员伤亡、设备损坏和生产系统的混乱,还可能造成氯气外逸,污染环境,影响操作人员的安全和健康。氯碱电解的这种一级用电负荷的性质,决定了它对供电可靠性提出不间断供电的要求。

（2）需要大电流的直流电源。随着氯碱工业向大型化方向的发展，电解槽也随之朝大型化、高电流密度的方向发展，大功率晶闸管整流装置的研制成功满足了这种需要。

（3）要求直流电源有稳流和电压调节能力。为使电解生产持续、稳定、安全地进行，要求电解生产系统能进行电流调节、平抑电压波动和增减电解槽数。因而要求大容量整流装置都必须具备一定的电压调节能力和自动稳流措施。

（4）负荷稳定。食盐电解生产不仅是连续性生产，而且日负荷曲线平稳，日负荷率在95%以上。

（5）电能单耗高。据统计，我国 2005 年隔膜法制碱交流电耗为 2440.1kW·h/t，离子膜法制碱交流电耗为 2384.9kW·h/t，如将 100 万吨的制碱法由前者改为后者，则可节电 5.52 亿千瓦时，节电潜力是很大的。

（6）自然功率因数低和对电力系统产生谐波污染。由于电解生产对整流装置有调压和稳流的要求，因此采用交流有载调压整流变压器和饱和电抗器相配合的直流电源或采用晶闸管调压整流装置，相应地使整流装置的自然功率因数小于 0.9，同时整流装置工作过程中产生的高次谐波电流，造成电力系统的谐波污染。所以，必须装设功率因数补偿和滤波装置。

（7）氯碱电解生产的环境腐蚀性较强，要求采用防腐蚀电气设备和材料。

4.4.2 氯碱电解槽的性能参数

4.4.2.1 氯碱电解槽的电压平衡方程式

电解时，电解槽的工作电压简称槽电压。对于金属阳极隔膜电解槽的槽电压主要由极化电压、电解质电压降、隔膜电压降、阳极电压降、阴极电压降、导电母线和接点电压降等组成。因此，其槽电压平衡方程式为：

$$E = E_{jh} + E_{jz} + E_{gm} + E_{ya} + E_{yi} + E_{dj} \qquad (4\text{-}34)$$

式中　E——槽电压，V；

　　　E_{jh}——极化电压，$E_{jh} = E_{fj} + E_{gu}$，V；

　　　E_{fj}——分解电压，V；

　　　E_{gu}——过电压，V；

　　　E_{jz}——电解质电压降，V；

　　　E_{gm}——隔膜电压降，V；

E_{ya}，E_{yi}——阳、阴极电压降，V；

　　　E_{dj}——导电母线和接点电压降。

（1）极化电压（E_{jh}）。和铝、铜电解槽一样，极化电压在数值上等于分解电压与过电压的和。分解电压在数值上等于两个平衡电极电位之差，如在 25℃室温下，采用钢板为阴极进行电解时，阳极平衡电位为 $U_{ya} = 1.326V$，阴极平衡电位为 $U_{yi} = 0.846V$，故分解食盐溶液的理论分解电压为 $E_{fj} = U_{ya} - U_{yi} = 1.326 - (-0.846) = 2.172V$。在 95℃温度下，$E_{fj} = 2.144V$。

由于电解时产生氯离子和氢离子放电，所以在阴、阳极上出现过电压。过电压的大小与电极材料的性质、电极表面状态、电流密度、电解温度、电解质溶液的浓度等因素有关。

（2）电解质电压降（E_{jz}）和隔膜电压降（E_{gm}）。当电流通过电解质溶液时，由于电解质具有一定的电阻，所以产生电压损失，其电压降可用式（4-9）计算。当电流通过电解槽的隔膜，会产生隔膜电压降。

（3）阳极电压降（E_{ya}）和阴极电压降（E_{yi}）。当电流通过阳极和阴极时，由于这些导体具有电阻，所以也会产生电压降。其电压降大小可根据欧姆定律计算。

（4）导电母线和接点电压降（E_{dj}）。导电母线和接点电压降是指电流通过电解槽导电母线以及导体接触和连接处所产生的电压降。它可根据电解槽和导体的结构形状、连接处的接触情况、操作维护的质量来确定。

4.4.2.2 氯碱电解槽的理论产量和电流效率

A 氯碱电解槽的理论产量

根据法拉第定律可计算出氯碱电解槽的理论产量为：

$$G_{LL} = KIt \times 10^{-6} \qquad (4-35)$$

式中，K 为电化当量，对氢氧化钠，$K = 1.429 \mathrm{g/(kW \cdot h)}$，对于氯，$K = 1.323 \mathrm{g/(kW \cdot h)}$，对于氢，$K = 0.0376 \mathrm{g/(kW \cdot h)}$。

B 电流效率

氯碱电解槽电解反应中物质的实际产量与其理论产量之比的百分数，称为电流效率，即

$$\eta_{DL} = \frac{G_{sj}}{G_{LL}} \times 100\% \qquad (4-36)$$

或

$$\eta_{DL} = \frac{G_{sj}}{KIt} \times 100\% \qquad (4-37)$$

式中 G_{sj}——氯碱电解槽实际产量。

电流效率是氯碱电解生产的一项重要技术经济指标，提高电流效率，就可以提高产量。例如，电解槽的电流效率每提高 1%，则用同样的电能就能多生产烧碱 1%，从而也提高了电能利用率。目前，我国氯碱企业的电流效率一般在 92%～97% 之间。

4.4.2.3 电能单耗、电能效率与电压效率

（1）电能单耗。电能单耗是氯碱电解生产中一项重要的技术经济指标。电能单耗是指实际生产 1t 烧碱或氯所消耗的直流电能数量，其计算式为：

$$D_h = \frac{W_{xh}}{G_{sj}} \qquad (4-38)$$

或

$$D_h = \frac{E}{K\eta_{DL}} \times 10^3 \qquad (4-39)$$

式中 W_{xh}——消耗的直流电能数量，$kW \cdot h$。

由式（4-39）可见，氯碱电解生产烧碱和氯的电能单耗，取决于电解槽的电压降、电流效率和电化当量，且当槽电压减小和电流效率增高时，电能单耗降低。

据中国氯碱工业协会统计，我国每生产 1t 100% 烧碱隔膜法平均直流电耗为 2321.8kW·h，每生产 1t 100% 烧碱离子膜法平均直流电耗为 2271.2kW·h。

（2）电能效率。电能效率也是氯碱电解槽生产中的一项重要技术经济指标，它表示食

盐电解生产中电能的利用程度。电能效率是理论上生产 1t 烧碱或氯的电能消耗与实际上生产 1t 烧碱或氯的电能消耗之比的百分数，即

$$\eta_{DL} = \frac{D_{LL}}{D_{sj}} \times 100\% \tag{4-40}$$

式中　D_{LL}——理论上生产 1t 烧碱或氯的电能消耗，kW·h/t；

　　　　D_{sj}——实际上生产 1t 烧碱或氯的电能消耗，kW·h/t。

实际上，电能效率常以每消耗 1kW·h 电量生产的烧碱或氯的克数来表示，其计算式为式（4-39）的倒数，即

$$\eta_{DN} = \frac{G_{sj}}{W_{xh}} = \frac{K\eta_{DL}}{E} \times 10^3 \tag{4-41}$$

由式（4-41）可见，要提高电能效率，就必须设法降低槽电压和提高电流效率。

（3）电压效率。电压效率是分解电压与槽电压之比的百分数，即

$$\eta_{Dy} = \frac{E_{fj}}{E} \times 100\% \tag{4-42}$$

式中　E_{fj}——分解电压，V；

　　　　E——槽电压，V。

通常，槽电压远大于分解电压。

电解过程的电能效率也可用电流效率和电压效率的乘积表示。

$$\eta_{DN} = \eta_{DL} \cdot \eta_{Dy} \tag{4-43}$$

4.4.3　氯碱电解槽的节电措施

由式（4-39）可见，当槽电压减小和电流效率增高时，电能单耗降低。如果槽电压每降低 0.1V，就可以使每吨烧碱节约 70kW·h，使电流效率提高 1%，则每吨烧碱直流电耗可降低 28kW·h 左右。因此食盐电解槽节电的关键措施为提高电流效率和降低槽电压。

4.4.3.1　提高电流效率的措施

电流效率取决于电解温度、盐水浓度及纯度、电流密度以及操作维护的质量和供电的稳定性。因此，可采取下列措施提高电流效率。

（1）保持合适的电解温度。提高电解槽温度，可以降低阳极处的氯气重新溶解，减少副反应，同时还可降低电解质溶液的电阻，提高电流效率。但是，过高或过低的电解温度都会使电流效率降低。要保持合适的电解温度并加强对电解槽的保温。电解槽温度一般应保持在 95℃ 左右。

（2）保持合适的盐水浓度及纯度。进入电解槽的盐水，应是饱和的精制盐水，要求含有较高的氯化钠和最低的钙、镁等杂质。盐水浓度 NaCl 含量应在 315g/L，钙、镁离子总量小于 5mg/L，pH 值为 7.5～8 为最佳。如果盐水中的氯化钠浓度低，则碱性高，氯气容易在电解槽阳极处重新溶解，造成剧烈的副反应，电流效率显著降低。如果盐水中钙、镁等杂质多，将堵塞隔膜，降低盐水渗透，也会使电流效率降低。

（3）保持合理的电流密度，可以提高电流效率。但电流密度不能太高，太高了槽电压增高幅度大，会引起直流电耗增大。因此，企业必须考虑综合经济效益，将电流效率控制

在经济电流密度范围内。

（4）提高操作维护质量，保持供电的稳定性。

4.4.3.2　降低槽电压的措施

根据槽电压平衡方程式，除分解电压外，降低其他五部分槽电压的措施为：

（1）降低极化电压，也就是要降低过电压。过电压的大小与电极材料的性质、电流密度、电解温度、电解质溶液的浓度等有关。因此在金属阳极隔膜法传统钢网阴极基体上采用镍合金沉积成所谓活性阴极，使电极过电压进一步下降 0.1V 左右。在盐液温度和 NaCl 浓度均接近于合理的最高值的情况下进行电解，过电压值也会降低很多。

（2）降低电解质电压降和隔膜电压降。根据式（4-9），电解质电压降的大小与电解质的电流密度、极距和电导率有关；而隔膜电压降的大小与电流密度、隔膜孔隙度、隔膜厚度等有关。因此，可以合理控制以上因素，降低电解质电压降以及隔膜电压降。如：

1）企业在生产中应根据不同的生产要求选择合理的经济电流密度范围，并尽可能在此范围内运行。

2）保持电解液的最佳温度和浓度，以提高电解液的电导率，减小电压降。

3）采用扩张阳极及小极距技术，使极距由原来的 10mm 缩短到 4mm 以下，使槽电压得到进一步下降。

4）在传统的石棉隔膜材料中加入一定量的氟系树脂使之成一种微孔的改性膜。这种膜既能减少污染环境的石棉用量，厚度变薄，又能缩短极距，减少电阻压降。据资料介绍，采用扩张阳极与改性膜后可使槽电压下降 0.21V。而槽电压每降低 0.1V，可以节约直流电耗 70kW·h/t，据此计算，可节约直流电耗 147kW·h/t。

（3）降低导电母线与电极上的电压降。导电母线与电极上的电压降的大小，根据欧姆定律都与其电流密度、导体长度和电阻率有关。因此，降低电压降，应从选择电阻率小的材料、合理选择经济电流密度和减小导体长度着手。例如用金属阳极替代石墨阳极，即可减小电阻率而降低阳极电压降，增加电流密度。又如将变压、调压、整流设备共置于一个油箱内组成一体，缩短供配电线路距离，使直流电源能通过较短的母线排送至电解槽，减少了母线损耗等。

（4）降低接点电压降。接点电压降与连接处的接触情况有关，因此接点应尽量采用焊接方式。非用螺栓固定不可的接点，应保持接触面清洁，接点压接紧密，以降低接点电压降。此外，在连接处使用涂优质导电膏的方法也是降低接点电压降的有效途径。

第5章 电气照明设备的智能节电技术

5.1 电气照明设备节电概述

电气照明广泛应用于生产、生活，是保证安全生产、提高产品质量、提高劳动生产率、保护人们视力健康必不可少的设施。虽说电气照明设备的单体功率不大，但由于使用面广、数量多，因此据资料表明，其总耗电量占到全国总用电量的12%左右。如采用高效节能灯替代白炽灯，可节电60%～80%，节能潜力巨大。故讨论电气照明设备的节能问题有着重要意义。

5.1.1 电气照明的主要技术特性参数

（1）功率 P。灯具在单位时间里所消耗的电能称为电功率，简称功率，单位为瓦（W）或千瓦（kW）。

（2）光通量 Φ。根据辐射对标准光度观察者的作用导出的光度量称为光通量，单位为流明（lm）。

（3）照度 E。入射在包含该点的面元上的光通量 $d\Phi$ 除以该面元面积 dA 所得之商称为照度，单位为勒克斯（lx）。

（4）光源的发光效能 η_g。光源发出的光通量除以光源功率所得之商称为发光效能，简称光效，单位为流明/瓦（lm/W）。

（5）色温。当光源的色品与某一温度下黑体的色品相同时，该黑体的绝对温度为此光源的色温，亦称"色度"，单位为开（K）。

（6）显色指数。为光源显色性的度量。以被测光源下物体颜色和参考标准光源下物体颜色相符合程度来表示。

（7）寿命。电光源的寿命分为全寿命、平均寿命和有效寿命，通常用平均寿命的概念来定义其寿命。平均寿命是指取一组试验样灯，从点燃到其中的50%的灯失效时，所经过的小时数。

5.1.2 电气照明设备

电气照明设备包括电光源和灯具。

5.1.2.1 电光源

电光源是将电能产生可见光的器件。电光源经历四个基本发展阶段：1879年爱迪生发明碳丝白炽灯，宣告人类开始走向电气照明时代；1939年荧光灯问世，发光效率得到极大提高，从此进入气体放电光源时代；20世纪60年代末高强度气体放电灯（HID灯）如高压汞灯、金属卤化物灯、高压钠灯投入市场，电光源发光效率和寿命进一步大幅度提高；90年代以后又相继出现了高频无极荧光灯、微波硫化灯、发光二极管灯等新型电光源产品。

目前，常用的电光源按发光原理分为热辐射光源和气体放电光源两大类。

（1）热辐射光源：是利用物体通电加热时辐射发光的原理制成的光源，如白炽灯、卤钨灯等。

（2）气体放电光源：是利用气体放电时发光的原理制成的光源，这类光源按放电媒质分，有汞灯、钠灯、金属卤化物灯等。

常用照明电光源主要性能的比较见表 5-1。

表 5-1　常用照明电光源的主要性能比较

光源种类		功率/W	发光效能/lm·W^{-1}	色温/K	显色指数 R_a	平均寿命/h	备注
白炽灯	白炽灯	15～1000	7.3～18.6	2400～2950	95～99	1000	不推广
	卤钨灯	300～2000	16.7～21	2800±5	95～99	600～1500	不推广
荧光灯	普通荧光灯	6～100	26.7～57.1	2900～6500	70～80	1500～5000	不推广
	三基色荧光灯	18，36	58.3～83.3	4100，6200	70～80	8000	推广
	紧凑型荧光灯	5～40	35～81.8	2700～6400	80	1000～5000	推广
	高频无极荧光灯		50～70	3000～4000	85	40000～80000	特殊用途
气体放电灯	高压汞灯	50～1000	31.5～52.5	5500	34	3500～6000	淘汰
	金属卤化物灯	150～1500	76.7～110	3600～4300	65	3000～10000	推广
	高压钠灯	35～1000	64.3～140	1900～2100	23～40	12000～24000	推广
	低压钠灯	200		1750	20	24000	推广
半导体灯	LED 白灯		>50	2500～10000	>80	50000～100000	部分场所应用

由表 5-1 可见，光效较高的有低压钠灯、高压钠灯、金属卤化物灯等；显色性较好的有白炽灯、卤钨灯、荧光灯、金属卤化物灯等；寿命较长的有高频无极荧光灯、低压钠灯、高压钠灯、金属卤化物灯、荧光灯等。

5.1.2.2　灯具、照明器

灯具与电光源共同组成照明器。习惯上，人们通常将照明器称作照明灯具，或简称灯具。灯具的作用是固定电光源，把光源发出的光合理地分配到需要的方向，防止眩光，以及保护光源不受外力和外界环境（潮湿、有害气体等）的影响。灯具还具有装饰作用。

5.1.3　电气照明设备的节电措施

电气照明设备的节电措施主要包括三个部分，即合理设计电气照明、电气照明设备的经济运行及其管理以及实施绿色照明工程。

5.2　电气照明的设计

5.2.1　照明方式的选择

不同的工作场所对照明有着不同的要求，需用不同的照明方式予以满足。照明方式可以分为一般照明、分区一般照明、混合照明、局部和重点照明。其选用原则为：

（1）一般照明：即在整个照明场所需获得均匀明亮的水平照度，照明器在整个场所基本均匀布置的一种照明方式。工作场所应设置一般照明。

（2）分区一般照明：即在同一场所的不同区域需有不同照度要求时，应采用分区一般照明。

（3）混合照明：对于作业面照度要求较高，只采用一般照明不合理的场合，宜采用混合照明。

（4）局部照明：在一个工作场所内不应只采用局部照明。

（5）重点照明：当需要提高特定区域或目标的照度时，宜采用重点照明。

5.2.2　高效光源和灯具的选择

合理选择照明设备，是照明设备节约用电的基础。

合理选择照明设备必须在保证照明质量，降低照明用电量的前提下进行。而做到既保证照明质量，又降低照明用电量的根本措施，就在于合理选用高效率电光源和高效率灯具。

5.2.2.1　照明光源的选择

（1）选择的照明光源应符合国家现行相关标准的有关规定。

（2）选择光源时，应在满足显色性、启动时间等要求条件下，根据光源、灯具及镇流器等的效率或效能、寿命和价格在进行综合技术经济分析比较后确定。

（3）照明设计时可按下列条件选择光源：

1）灯具安装高度较低房间，如办公室、教室、会议室及仪表和电子等生产车间宜用细管径直管型三基色荧光灯。

2）商店营业厅的一般照明宜采用细管径直管型三基色荧光灯、小功率陶瓷金属卤化物灯。

3）灯具安装高度较高的场所，应按使用要求，采用金属卤化物灯、高压钠灯或高频大功率细管径直管荧光灯。

4）照明设计不应采用普通照明白炽灯，对电磁干扰有严格要求，且其他光源无法满足的特殊场所除外。

5.2.2.2　照明灯具及其附属装置的选择

（1）选择的照明灯具、镇流器应通过国家强制性产品认证。

（2）在满足眩光限制和配光要求条件下，应选用效率或效能高的灯具。

（3）根据照明场所的环境条件，应分别选用下列灯具：

1）在特别潮湿的场所，应采用相应防护措施的灯具。

2）在有腐蚀性气体或蒸汽的场所，应采用相应防腐蚀要求的灯具。

3）在高温场所，宜采用散热性能好、耐高温的灯具。

4）在多尘埃的场所，应采用防护等级不低于 IP5X 的灯具。

（4）直接安装在普通可燃材料表面的灯具，应符合现行国家标准《灯具　第 1 部分：一般要求与试验》（GB 70000.1）的有关规定。

（5）镇流器的选择应符合下列规定：

1）荧光灯应配用电子镇流器或节能电感镇流器。

2）对频闪效应有限制的场合，应采用高频电子镇流器。

　　3）高压钠灯、金属卤化物灯应配用节能型电感镇流器；在电压偏差较大的场所，宜配用恒功率镇流器；功率较小者可配用电子镇流器。

5.2.3　照度的选择

　　照度的选择必须与所进行的视觉工作相适应，合理使用电能。合适的照度有利于保护视力，提高劳动生产率和产品质量；过大的照度会造成不必要的电能浪费。在建筑照明设计中，我国目前执行的照度标准是 2014 年 6 月 1 日开始施行的《建筑照明设计标准》(GB 50034—2013)。在确定照度时，可从该标准规定中选取。

5.2.4　照明电压的选择

　　(1)　一般照明光源的电源电压应采用 220V。1500W 及以上的高强度气体放电灯的电源电压宜采用 380V，以降低损耗。

　　(2)　当移动式和手提式灯具采用Ⅲ类灯具时，应采用安全特低电压 (SELV) 供电，其电压限值应符合下列规定：

　　1)　在干燥场所交流供电不大于 50V；

　　2)　在潮湿场所不大于 25V。

　　(3)　照明灯具的端电压不宜大于其额定电压的 105%，且宜符合下列规定：

　　1)　一般工作场所不宜低于其额定电压的 95%；

　　2)　当远离变电所的小面积一般工作场所难以满足第 1) 款的要求时，可为 90%；

　　3)　应急照明和用安全特低电压 (SELV) 供电的照明不宜低于其额定电压的 90%。

5.2.5　照明供配电和控制方式的选择

　　5.2.5.1　照明供配电系统的选择

　　(1)　供照明用的配电变压器的设置应符合下列规定：

　　1)　当电力设备无大功率冲击性负荷时，照明和电力宜共用变压器。

　　2)　当电力设备有大功率冲击性负荷时，照明宜与冲击性负荷接自不同变压器；当需接自同一变压器时，照明应由专用馈电线供电。

　　3)　当照明安装功率较大或有谐波含量较大时，宜采用照明专用变压器。

　　(2)　三相配电干线的各相负荷宜分配平衡，最大相负荷不宜大于三相负荷平均值的 115%，最小相负荷不宜小于三相负荷平均值的 85%。

　　5.2.5.2　照明控制方式的选择

　　(1)　公共建筑和工业建筑的走廊、楼梯间、门厅等公共场所的照明，宜按建筑使用条件和天然采光状况采取分区、分组控制措施。

　　(2)　公共场所应采用集中控制，并按需要采取调光或降低照度的控制措施。

　　(3)　除设置单个灯具的房间外，每个房间照明控制开关不宜少于 2 个。

　　(4)　当房间或场所装设有两列或多列灯具时，宜按下列方式分组控制：

　　1)　生产场所宜按车间、工段或工序分组。

　　2)　在有可能分隔的场所，宜按每个有可能分隔的场所分组。

3）除上述场所外，所控灯列可与侧窗平行。

5.2.6 导线截面的选择

合理选择照明线路的导线截面，既要符合导线允许载流量，又满足一定的机械强度要求，并保证光源有给定的电压水平，还应节约电能。

导线截面的选择有以下几种方法：

（1）按发热条件选择导线截面。按发热条件选择导线截面，应使其允许载流量必须大于或等于线路中的计算电流值，即

$$I \geq I_{js} \tag{5-1}$$

式中　I——选用导线的允许载流量，A；

I_{js}——计算电流，A。

（2）按电压损失条件选择导线截面。电压损失是指线路首末端电压的代数差，通常用相对于额定电压的百分数表示。按允许电压损失选择导线和电缆截面时，应满足以下条件：

$$\Delta U\% \leq \Delta U_{min}\% \tag{5-2}$$

式中　$\Delta U\%$——照明线路实际电压损失；

$\Delta U_{min}\%$——照明线路的允许电压损失，见表5-2。

表 5-2　照明线路的允许电压损失

照　明　线　路	允许电压损失/%
对视觉作业要求高的场所，白炽灯、卤钨灯及钠灯的线路	2.5
一般作业场所的室内照明，气体放电灯的线路	5
露天照明、道路照明、应急照明、36V 及以下照明线路	10

（3）按机械强度条件选择导线截面。按机械强度条件选择导线截面，所选导线截面应大于或等于按机械强度允许的最小导线截面，即

$$A \geq A_{min} \tag{5-3}$$

式中　A——所选导线的芯线截面，mm^2；

A_{min}——机械强度允许的最小导线截面，可由表5-3或其他有关资料查得，mm^2。

表 5-3　机械强度允许的最小导线截面

敷 设 方 式			线芯最小截面/mm²	
			铜 芯	铝 芯
照明用灯头引下线			1.0	2.5
敷设在绝缘支持件上的绝缘导线，其支持点的间距 L	室　内	$L \leq 2m$	1.0	2.5
	室　外	$L \leq 2m$	1.5	2.5
		$2m < L \leq 6m$	2.5	4.0
		$6m < L \leq 15m$	4.0	6.0
		$15m < L \leq 25m$	6.0	10.0

续表 5-3

敷 设 方 式		线芯最小截面/mm²	
		铜 芯	铝 芯
导线穿管、槽板、护套线扎头明敷，线槽		1.0	2.5
PE 线和 PEN 线	有机械保护时	1.5	2.5
	无机械保护时	2.5	4.0

导线截面的选择必须同时满足以上选择条件，即选择其中最大的截面。根据设计经验，一般 10kV 及以下高压线路，通常先按发热条件选择截面，然后再校验电压损失和机械强度；低压照明供配电线路，因其对电压水平要求较高，因此通常先按允许电压损失进行选择，然后再校验允许载流量和机械强度等条件。

5.3 电气照明设备的经济运行及其管理

5.3.1 影响电气照明设备经济运行的因素

电气照明设备的用电量为光源的消耗功率与照明时间的乘积。而光源的消耗功率与其发出的光通量 Φ 成正比，与灯的效率 η 成反比，即

$$P = \frac{\Phi}{\eta} = \frac{AE}{N\mu K\eta} \tag{5-4}$$

式中 P——光源消耗功率，kW；

Φ——光通量，lm；

η——灯的效率；

A——室内面积，m²；

E——需要的照度，lx；

N——灯数；

μ——利用系数，%；

K——维护系数，%。

于是，电气照明设备的用电量为：

$$W = Pt = \frac{AE}{N\mu K\eta}t \tag{5-5}$$

式中 W——用电量，kW·h；

t——照明时间，h。

照明节电就是减少其用电量，分析式（5-5）可知，照明用电量与 t、E、A、N、μ、K、η 等 7 个因素有关。由此可以得出保证电气照明设备经济运行促进照明节电的七项措施，即

（1）提高灯的效率；

（2）减少照明时间；

（3）适当降低照度；

（4）正确计算房间面积；

（5）减少灯数；

（6）提高利用系数；

（7）提高维护系数。

5.3.2　保证电气照明设备经济运行的措施

5.3.2.1　提高照明设备效率的措施

要降低光源消耗功率，就必须提高照明设备的效率，其措施有：

（1）采用光效高的光源。按工作场所的条件，合理选用不同种类的光效高的光源，可降低电能消耗。

（2）采用低损耗镇流器。各种镇流器的功耗比较见表5-4。由此表可见，节能型电感镇流器和电子镇流器的自身功耗均比普通电感镇流器小。从节能的角度出发，应优先选用电子镇流器或节能电感镇流器，淘汰高耗的普通电感镇流器。

表5-4　各种镇流器的功耗比较

灯功率/W	镇流器功耗占灯功率的百分比/%			灯功率/W	镇流器功耗占灯功率的百分比/%		
	普通电感	节能型电感	电子型		普通电感	节能型电感	电子型
20 以下	40～50	20～30	<10	150	15～18	<12	<10
30	30～40	<15	<10	250	14～18	<10	<10
40	22～25	<12	<10	400	12～14	<9	5～10
100	15～20	<11	<10	1000	10～11	<8	5～10

（3）采用晶闸管调光器。对需要调光的场所，应采用晶闸管调光器，调光器的输入功率与灯的明暗成正比，故可以得到显著的节能效果。

（4）照明电源线路应尽量采用三相四线制供电方式。同时应尽量使三相照明负荷对称，以免影响灯泡的发光效率。

（5）除为了安全必须采用36V以下的照明器外，应尽量采用较高电压的照明器以减少供电损耗。

5.3.2.2　减少照明时间的措施

照明时间应根据实际需要，利用各种控制器合理控制照明时间，这是减少照明时间的一项有效措施。具体做法如下：

（1）合理设计照明控制系统，如对大型厂房照明，应采用分区控制方式，使不需照明时，可分区关灯或减少照明。

（2）适当多装照明开关，以便随手关灯。

（3）加强管理，当车间或办公室无人工作时，应及时关灯。

（4）室外照明系统为防止白天亮灯，最好采用光电控制器。室内楼道、走廊照明可采用光控、声控或延时自停开关，消灭长明灯。

（5）在窗边或人不经常走的地方宜单独设置照明开关，便于不用时将灯关掉。

5.3.2.3　适当降低照度的措施

按照度标准确定所需照度后，在做照明设计时，可用下列合理配置和控制电光源的方法，在不降低照明质量的前提下，适当降低照度：

（1）一般照明和局部照明相结合，适当增加局部照明，减少一般广度照明。

（2）人工照明和天然采光相结合，尽量多利用天然采光，适当降低人工照明。

（3）照明装置与合理控制相结合，合理控制灯的数目。

（4）采用调光器进行调光。

5.3.2.4　房间面积的计算

一般来说"长×宽"的房间面积大致与灯数成正比，尽管如此，最好还是深入了解室内空间的构成后，再进行设计计算，使房间面积、灯数与所进行的视觉工作需要的照度相适应。

5.3.2.5　减少照明灯具的措施

对现有的照明：

（1）要检查是否照度过分或照度不足。在不需要大照度的地方，可降低照度，减少灯具的密度和瓦数。

（2）通过改变灯具的不合理安装方式，采用合理的安装方式，增强照明效果，在满足相同照度水平的条件下，来减少灯数。

5.3.2.6　提高利用系数的措施

利用系数 μ 表示灯具投射到工作面上的光通量 Φ_f 与灯具中光源发出的总光通量的 Φ_s 之比，即 $\mu = \Phi_f / \Phi_s$，μ 值越大，所需灯具数也就越少。μ 值的大小不仅取决于灯具的效率，同时还取决于顶棚、墙面、地面的反射率和室形指数，也就是说与周围环境有关。因此，提高利用系数的措施为：

（1）采用高效灯具。

（2）室内顶棚、墙面、地面宜采用较浅颜色的建筑材料，以提高房间内表面反射率，并推广大房间建筑设计，改善环境条件。

5.3.2.7　提高维护系数的措施

维护系数 K 表示照明器在使用过程中，经过一定时期后的工作面照度与初期照度之比。表 5-5 列出维护系数值，由表可见，$K < 1$。导致照明器照度下降的原因有如下三点：

（1）电光源的光效随点燃时间的延长而逐渐衰减。

（2）灯具因脏污而使反射的光通量大大降低。

（3）由顶棚和墙壁脏污原因而造成的减光。

因此，必须加强灯具的维护管理，提高其维护系数，具体措施有：

（1）采用效率逐年降低比例较小的照明灯具。例如投光灯当采用附有过滤器来净化其内部空气时，该投光灯效率在 12 年内只降为初期效率的 94%，而没有过滤器时，则降为 70%。

（2）定期清扫灯具，保持照明灯具的高效率。照明灯具效率降低的最主要原因是反射镜上附着灰尘，或者是反射镜受到腐蚀，使反射的光通量大大降低。如某锻造厂 9 个月未对灯具进行清扫，经测试光通量降低了 50%。因此除采用涂有保护膜的铝板反射镜来防止反射镜受到腐蚀外，合理确定灯具的清扫周期、定期清扫灯具，是保持照明灯具高效率的有效方法。不同污染环境灯具的擦拭次数可参考表 5-5。

（3）及时更换老化灯泡。通过及时换灯和定期清扫灯具之后，可获得在照明设计时所规定的维护系数。

（4）定期维修室内表面，提高反射率。

表 5-5 维护系数

环境污染特征		房间或场所举例	灯具每年最少擦拭次数/次	维护系数 K
室内	清洁	卧室、办公室、影院、剧场、餐厅、阅览室、教室、病房、客房、仪器仪表装配间、电子元器件装配间、检验室、商店营业厅、体育馆、体育场等	2	0.80
	一般	机场候机厅、候车室、影剧院、机械加工车间、机械装配车间、农贸市场等	2	0.70
	污染严重	厨房、锻工车间、铸工车间、水泥车间等	3	0.60
室 外		雨篷、站台	2	0.65

5.3.3 电气照明设备的经济运行管理

对电气照明设备经济运行的维护与管理，其工作要点包括：

（1）应以用户为单位计量和考核照明用电量。

（2）应建立照明运行维护和管理制度，并符合下列规定：

1）应有专业人员负责照明维修和安全检查并做好维护记录，专职或兼职人员负责照明运行。

2）应建立清洁光源、灯具的制度，根据标准规定的次数定期对光源、灯具进行擦拭。

3）宜按照光源的寿命或点亮时间、维持平均照度，定期更换光源。

4）更换光源时，应采用与原设计或实际安装相同的光源，不得任意更换光源的主要性能参数。

（3）重要大型建筑的主要场所的照明设施，应定期进行巡视和照度的检查测试。

5.4 绿色照明工程的实施

5.4.1 绿色照明概述

绿色照明是节约能源、保护环境，有益于提高人们生产、工作、学习效率和生活质量，保护身心健康的照明。

绿色照明概念于 1991 年 1 月由美国环保局（EPA）首先提出，后来传播到世界许多国家。我国在 1996 年 10 月全面启动绿色照明工程。其目的是通过实施绿色照明工程，推动我国发展和推广高效照明器具，改善照明质量，节约照明用电，创建一个高效、环保、安全、舒适的生产、生活、工作、学习的照明环境。据统计，我国照明用电量已占总用电量的 12% 左右。另据估算，如果我们能用 3 亿只高效节能灯替代能耗高的白炽灯等光源，每年可节约 220 亿千瓦时的电量，相当于少建约 350 万千瓦装机容量的电站，节约电力建设资金 250 亿元左右，同时可减少 CO_2 排放量 2200 万吨左右。因此，利用新技术、新产品开展照明节能的潜力很大。绿色照明工程主要包含三项内容：开发并推广应用高效照明设备、采用合理的照明设计以及加强照明节能管理。

5.4.2　高效照明设备的开发与应用

5.4.2.1　高效节能光源的推广使用

我国绿色照明工程要求推广使用能耗低、光效高、光色好、寿命长的环保节能新光源，包括细管三基色荧光灯、紧凑型荧光灯、高压钠灯、金属卤化物灯等。

实施绿色照明工程的一般要求：

（1）各宾馆、饭店、商场、写字楼、机关、学校、新建住宅楼、营业网点等非工业用电单位，使用紧凑型荧光灯和配以电子镇流器的细管荧光灯，取代白炽灯和粗管普通荧光灯。

（2）工厂企业的车间、体育场馆、车站码头、广场道路照明，选用适宜的金属卤化物灯、高低压钠灯、高频无极荧光灯等照明节电产品，取代高压汞灯和管形卤钨灯。

（3）大力提倡和鼓励城乡居民住宅使用紧凑型荧光灯和配以电子镇流器的细管荧光灯，取代白炽灯和普通荧光灯。

（4）凡新建、扩建的单位在设计、选用照明器具时，必须选择符合国家"节电产品推广应用许可证"的照明节电产品。

5.4.2.2　高效灯具的选用

灯具性能的优劣，主要是从光的利用效率和光质这两个方面来评估。前者指灯具对光源光通量有效的利用程度，后者指防止眩光的品质及配光的合理性。灯具的利用率高，则节能效果就好，而光质好的灯具，会大大提高人们的视觉工作效能，保证高效率的工作，这也是一种节约。如果灯具效率低，配光选择不合理，能量损失可达30%～40%。因此，从节能的角度出发，应优先选用效率高、利用系数高、配光合理、保持率高的灯具。

5.4.2.3　智能照明控制系统的使用

A　照明控制的发展

照明控制的发展经历了手动控制、自动控制和智能化控制三个阶段。

（1）手动控制。最初阶段是手动控制，即利用开关等元器件，以手动操作方式来实现灯具的开关控制。

（2）自动控制。伴随着电器技术的发展，照明控制进入自动控制阶段，它的特征是以光、电、声等技术来实现灯具的开关控制。

（3）智能化控制。随着计算机技术、通信技术、自动控制技术、总线技术、信号检测技术和微电子技术的迅速发展和相互渗透，照明控制技术进入了智能化控制的新时期。

智能化照明控制系统以计算机、网络技术为核心，利用微处理器技术和存储技术，将来自传感器的关于建筑物照明状况的信息进行处理后，通过一定的程序指令控制照明电路中的设备，调用不同的程序，执行不同的功能，就可以达到不同的照明水平，营造出不同的氛围和环境。

智能照明控制系统与手动照明控制系统相比具有很多优点，包括创造环境气氛、提高工作效率、良好的节能效果、延长光源寿命、管理维护方便等。

（1）创造环境气氛。智能照明控制系统，使照明不单纯地给人以视觉上的明暗效果，更由其具备多种控制方案，使建筑物更加生动，艺术性更强，给人以丰富的视觉效果、艺术效果和舒适美感。

（2）改善工作环境，提高工作效率。智能照明控制系统以调光模块控制面板代替传统的平开关控制灯具，可以有效地控制各房间内整体的照度值，从而提高照度的均匀性。同时这种控制方式有效地解决了频闪效应，不会使人产生不舒服、头昏脑胀、眼睛疲劳的感觉，从而营造出良好的工作照明环境，提高了工作效率。

（3）良好的节能效果。智能照明控制系统借助各种不同的"预设置"控制方式和控制组件，对不同时间、不同环境的光照度进行精确设置和合理管理，实现节能。应用这种自动调节照度的方式，可以充分利用室外的自然光，只有必需时才把灯点亮或点亮到要求的亮度，利用最少的能源保证所要求的照度水平，节电效果十分明显。

此外，智能照明控制系统对荧光灯等进行调光控制，由于荧光灯采用了有源滤波技术的可调光电子镇流器，降低了谐波的含量，提高了功率因数，降低了无功损耗。

（4）延长光源寿命。无论是热辐射光源，还是气体放电光源，电网电压的波动均会影响其寿命。使用智能照明控制系统，可保持电压稳定并根据需要略微调低电压，既节能又延长光源寿命。

另外，根据照明场所的照度（通过照度传感器采集现场信号）及电能质量的具体情况，智能照明控制系统将采集到的信号经过分析、计算后，对电光源进行自动调整，达到最经济、舒适的照度。同时，自动控制系统综合滤波电路、电流波形、补偿无功功率，吸收内部失真电流并循环转化为有用的能量，提高整体电源效率，达到智能化节能的目的。

（5）管理维护方便。智能照明控制系统对照明的控制是以模块式的自动控制为主，手动控制为辅。照明预制场景的信息存储在控制计算机的内存中，这些信息的设置和更换十分方便，使建筑物的照明管理和设备维护变得更加简便。

B　智能照明控制系统的结构

智能照明控制系统是全数字、模块化、分布式结构的控制系统。整个系统由管理模块、调光模块、探测模块、操作模块等各种功能模块组成，各模块内置微处理器和存储器，而整个系统网络连接只需通过总线相连，它可以是一般的五类双绞线，或是通过载波方式调制在电力线上，或是通过无线网络方式进行信息传递，完成对室内外照明及相关控制。

智能照明控制系统结构如图5-1所示。

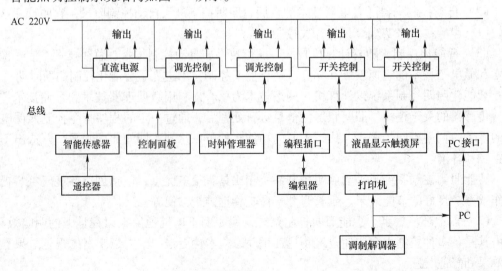

图5-1　智能照明控制系统结构

智能照明控制系统一般主要由输入单元、输出单元及系统单元三部分组成。在某些复杂的智能照明控制系统中，还需要有辅助单元和系统软件。

（1）输入单元。输入单元的功能是将外界的控制信号转换为系统信号，并作为控制依据。输入单元包括控制面板、液晶显示触摸屏、智能传感器、时钟管理器、遥控器。

1）控制面板。控制面板是供人们直观操作控制灯光场景的部件，由微处理器控制相应的调光模块或开关模块，实现对光源的调光控制或开关控制。而各种不同的控制要求则可以通过编程完成。

2）液晶显示触摸屏。当需要在控制面板上清晰地表达各个灯光场景控制状况的图像时，可以选择液晶触摸显示屏。它是一种较高级的人机界面，具有信息存储记忆功能，能显示多种画面图像及相关信息，实现直观的多功能、多区域控制。

3）智能传感器。智能传感器是系统中实现照明智能管理的自动信息传感元件，具有动静检测（用于识别有无人进入房间）、照度动态检测（用于自动日光补偿）和接收红外线或无线遥控等三种功能。

4）时钟管理器。时间管理模块的时钟能与系统总线上的所有设备互相接口，实现自动化事务和实时事件控制。它可以用于一星期或一年内复杂照明事件和任务的时序设定，也可对客厅、餐厅、卧室、洗手间、走廊、景观照明等系统具有周期性控制特点的场所实施时序控制。一台时钟管理器可管理多个区域，每个区域可能多个回路、多个场景。

（2）输出单元。输出单元的功能是接收总线上的控制信号，控制相应的负载回路，实现照明控制。输出单元包括开关控制模块、调光控制模块、开关量控制模块及其他模拟输出单元。

1）开关控制模块。开关控制模块的工作原理是由继电器输出节点控制电源的开关，从而控制光源的通断。

2）调光控制模块。调光控制模块是控制系统中的主要设备，它的工作原理是由微处理器控制可控硅的开启角大小，从而控制输出电压的平均幅值以调节光源的亮度。它的主要功能是对不同功能的灯具进行配电、无级连续调光和开关控制。它能适应电源电压、频率的变化，抑制电磁干扰，改善电源电压输出波形，防止高起动电流和热冲击，以及通过软起动特性和软关断技术来保护灯具，延长灯具寿命。

调光控制模块可以储存控制场景，通过调试软件编程后，用户可以很方便地在面板上调出不同组合、不同明暗的灯光效果，以满足实际的照明需求。同时，当系统因外在因素掉电后，恢复通电时它能自动恢复掉电前的场景。

调光控制模块还具有自定义灯光场景控制序列的功能，可以使照明控制和照明效果更加丰富多彩。

（3）系统单元。系统单元由供电单元、系统网络、调制解调器、编程插口和 PC 监控机等具有独立功能的部件组成，在系统控制软件的支持下，通过计算机对照明系统进行全面的实时控制。

1）控制总线。控制总线的作用是传输信号。

2）编程插口。采用便携式编程器或计算机插入编程插口与系统网络相连接，就可对系统任何一个调光区域的灯光场景进行预设置、修改或读取，并显示各调光回路预设置值。

3）控制计算机。智能照明控制系统是一个数字式控制系统，它能接受控制计算机的管理。控制计算机可对照明控制网络进行实时监控、管理和对有关信息的网络远程传输。

4）网络配件。网络配件包括网关、服务器、交换机等。

C 智能照明控制系统的类型

智能照明控制系统按其通信介质，可分为总线型、电力线载波型、无线网络型等；按网络的拓扑结构，可分为集中式和分布式。

（1）集中式智能照明控制系统。集中式智能照明控制系统主要为星形拓扑，即以中央控制节点为中心，把若干外围节点连接起来的辐射式互连结构，如图5-2所示。

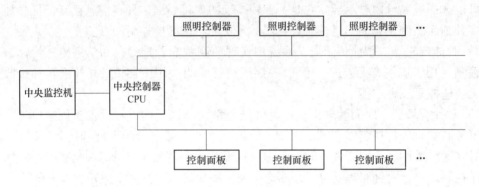

图 5-2　集中式智能照明控制系统

由图5-2可见，各照明控制器、控制面板等设备均连接到中央控制器上，由中央控制器向照明控制器等末端执行单元传送数据包。该系统的优点是：照明的控制功能高，故障的诊断和排除简单，存取协议简单，传输速率较高。其缺点是：因过分依赖中央控制器，系统的可靠性和经济性相对较低。虽然采用多种改进措施后，可提高中央控制和系统的可靠性，但其价格上的劣势仍十分突出。

集中式智能照明控制系统适用于规模较小、分布区域不大的场合。

（2）分布式智能照明控制系统。分布式智能照明控制系统是以中央监控机为中心，组建控制主干网和多个控制子网，并把具有中央处理器CPU单元的各照明控制器和控制面板等设备之间通过现场总线相连接在控制子网上，构成现场总线子网，如图5-3所示。

现场总线子网的组建，使照明线路中的开关或控制箱成为现场总线中的一个网络节点，于是所有的控制信号、开关灯的状态信号以及采集的电量信号都可通过现场总线网络进行通信。网络中的每个节点都可以接受网络中其他节点的信息，节点间的互相监测与控制非常方便。这样基于现场总线的各个控制子网就可以脱离中央监控主机而独立运行，实现分散控制，提高可靠性。同时，系统具有现场级设备的在线故障诊断、报警、记录功能，可完成远程设备的参数设定、修改等工作，也增强了系统的可维护性。现场总线网络系统具有优良的系统扩展性，可以非常方便地增加网络节点，如增加声音检测、照度检测、图像采集、红外线信号采集等网络节点，通过这些传感器节点采集人们活动环境的变化参数，上传至中央监控主机进行分析、处理、计算，做出各种控制决策，实现智能化集中管理。

5.4.3　合理的照明设计

于2013年11月29日颁布2014年6月1日实施的《建筑照明设计标准》（GB 50034—

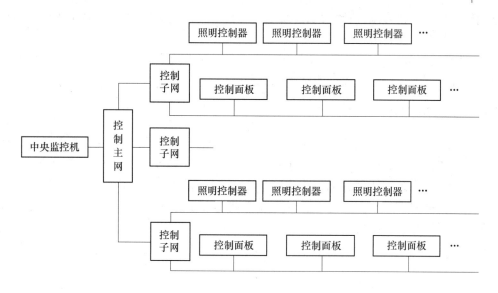

图 5-3　分布式智能照明控制系统

2013）是在原国家标准《建筑照明设计标准》（GB 50034—2004）的基础上，标准编制组经广泛调查研究，认真总结实践经验，参考有关国际标准和国外先进标准，并广泛征求意见后，进行全面修订而成。新标准适用于新建、改建和扩建的居住、公共和工业建筑的照明设计。新标准的绿色照明设计是推动绿色照明工程的首先环节。

新标准的主要特点：

（1）新标准对不同场合的照度作出规定，照度水平有效大幅提高，适应了当前生产、工作、学习和生活的需要。

（2）照明质量有新的更高的要求，有利于改善视觉条件。

（3）反映了照明科技进步，照明设计采用高效光源及优质灯具，有利于优质、高效照明器材的发展和推广应用。

（4）实现了节能，抓住了源头，运用强制性条文，采用照明功率密度值作为照明节能的评价指标，以限制照明功率密度，促进照明系统能效的提高。

（5）更严格地限制了白炽灯的使用范围；增加了发光二极管灯应用于室内照明的技术要求。

（6）充分考虑了绿色照明要求，全面实施绿色照明工程，贯彻节约能源、保护环境的重大方针。绿色照明工程不只考虑照明节能，重点是在有益于提高人们生产、工作、学习效率和生活质量，保护身心健康的基础上达到节约能源、保护环境的目的，是一个全面、系统的工程。而新的《建筑照明设计标准》充分考虑了绿色照明要求，从内容上全面、系统的规定了工业与民用建筑的照度水平、照明质量和常用场所的照明功率密度限值，与绿色照明的目标和内容是完全统一的，也可以看做是设计层面上绿色照明的技术立法。

（7）新标准还对充分利用天然光作出规定：

1）房间的天然采光系数或采光窗地面积比应符合《建筑采光设计标准》（GB 50033）的规定。

2）在技术经济条件允许下，宜采用各种导光装置，如导光管、光导纤维等，将光引入室内进行照明。或采用各种反光装置，如利用安装在窗上的反光板和棱镜等使光折向房间的深处，提高照度，节约电能。

3）太阳能是取之不尽、用之不竭的能源，虽一次性投资大，但维护和运行费用很低，符合节能和环保要求。经核算证明技术经济合理时，宜利用太阳能作为照明能源。

5.4.4　照明节能管理

（1）加强照明供电电压管理。照明供电电压波动，对电光源各种参数影响很大。电压过高会影响光源寿命；电压过低会引起光通量减少，照度降低。所以要加强对照明供电设备的电压管理，保证照明器的端电压偏移在设计允许的范围内。

（2）加强照明设备的维护管理。照明设备在使用过程中，无论是光源的光亮度还是灯具反射面的反射率都会随时间的推移逐渐衰减。因此，加强对照明设备的维护保养，根据照明环境的具体情况定期清洁灯泡、灯具和墙壁，及时调换陈旧、老化的灯泡，恢复原来的照度值，也是照明节能的一个重要环节。

第6章 电能平衡管理

6.1 电能平衡概述

电能利用率是考核企业合理用电的一项主要指标,应加强电能平衡管理,促进企业不断提高电能利用率,以降低不必要的电能损耗,达到合理用电的目标。

6.1.1 电能平衡

6.1.1.1 用电系统与用电系统的边界

电能平衡所考察的用电设备、装置构成的系统称为用电系统。它可以视为是一台或一组用电设备,也可以视为是一个车间或一个企业。

用电系统与其周围相邻部分的分界面称为用电系统的边界。进行电能平衡时,用电系统必须有明确的边界。边界应根据电能平衡研究的范围和所要达到的目的等因素确定。为使企业电能平衡的结果具有可比性,同类用电系统应有统一的边界。

6.1.1.2 电能平衡

电能平衡是对供给电量在用电系统内的输送、转换、利用进行考核、测量、分析和研究,并建立供给电量、有效电量和损失电量之间平衡关系的全过程。电能平衡的模型如图6-1所示。

电能平衡理论基础是能量守恒定律,根据能量守恒定律,用电系统内的电能平衡关系式为:

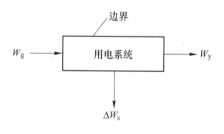

图6-1 电能平衡模型

$$W_g = W_y + \Delta W_s \qquad (6-1)$$

式中 W_g——供给电量,是指从系统外供给用电系统的有功电量,$kW \cdot h$;

      W_y——有效电量,是指用电系统在一定生产工艺条件下,达到预定的目标和质量标准时,在物理、化学变化中所需的有功电量,$kW \cdot h$;

  ΔW_s——损失电量,是指供给电量与有效电量之差,$kW \cdot h$。

6.1.1.3 企业开展电能平衡的目的和意义

电能平衡是工业企业实现科学管理、合理使用电能极其重要的基础工作,是一项涉及面广、测算量大的系统工程。企业开展电能平衡时应包括考核对象的所有用电项目和达到预定目标的全过程。电能平衡从电网计量点开始,通过普查、统计、测试、计算等手段,揭示企业在整个生产过程中各个用电环节的使用情况,研究分析哪些是合理使用,哪些是不合理使用,哪些损失是必要的,哪些损失是不必要的。在此基础上找出使用中存在的问题,制定节电措施和改进计划。通过加强科学管理,采用新设备、新技术、新工艺、新材料等手段,降低产品用电单耗,进一步使企业电能利用率提高到一个新的水平。

企业开展电能平衡的意义归纳起来有以下四点：

（1）摸清用电设备家底，全面了解设备运行使用情况。

（2）掌握用电水平。通过电能分布图、主要用电设备的电能利用率、主要用电系统的电能利用率、能耗框图等直观形象地反映企业用电情况和水平，实现企业、车间以及用电管理人员从定性认识到定量认识的飞跃。

（3）找出企业设备运行和管理中的薄弱环节，制定节电计划。通过对设备和工艺点的测试以及系统分析，找出问题并针对性提出近期和远期整改计划，如合理选用设备、改造低效高耗能设备、改变不合理的工艺、制定用电管理中的规章制度等。对一些明显不合理而又容易解决的问题，应及时加以解决，使电能平衡这项技术管理工作尽快收到效益。

（4）提高企业用电管理人员的素质，培养一批技术管理人员。

6.1.1.4　开展电能平衡的原则

（1）电能平衡的理论基础是能量守恒定律，所以电能平衡是电能"收入"与"支出"的平衡。"收入"包括用电系统从外界吸收的电能和系统本身自发的电能；"支出"包括用电系统内有效利用的电能和各项损失的电能。

（2）电能平衡是能量平衡而不是功率平衡，所以电量应使用电能表测定，对于稳定负荷可利用输入功率或输出功率与运行时间来求其电量。

（3）电能平衡是在企业正常生产情况下进行的，它反映的不是企业用电设备的额定功率，而是实际运行使用效率，因此与设备的选型和运行工况合理与否密切相关。

（4）电能平衡可取用某一代表日、某正常生产月、某正常生产季度或某一年的用电量来进行平衡，即平衡的时间可以是一天或一个月、一个季度或一年。各企业应根据生产特点与规律自行决定。

（5）电能平衡方法有两种，即正平衡法（直接平衡法）与反平衡法（间接平衡法）。在实际平衡工作中，这两种方法应结合起来灵活使用。这样既有利于分析又可以减少工作量。

（6）企业电能平衡的测算误差应尽量低于10%。

6.1.1.5　用电系统电能平衡的内容和步骤

用电系统电能平衡的内容和步骤如下：

（1）确定用电系统的边界。

（2）确定用电系统内的用电单元。

（3）确定用电系统内电量平衡。

（4）测量与计算电能量。

（5）编制电能量平衡表。

（6）计算与分析用电系统的电能利用率。

（7）提出节电技术改造方案。

6.1.1.6　电能平衡测试条件

电能平衡测试条件如下：

（1）用电设备电能平衡的测试应符合《用能设备能量测试导则》（GB/T 6422—2009）的要求。

（2）用电系统应在正常运行条件下进行测试。

（3）对于同类用电系统可抽样测试，抽样数量或百分比可根据实际情况确定。

（4）对于负荷变化的用电系统，应取其平均值。

（5）电量应用电能表测定，对于稳定负荷亦可用功率表测定。

（6）测试选用的仪器仪表的准确等级，应符合相关标准的规定。

（7）当测试条件与实际运行条件有差异时，应对测试的数据加以修正。

6.1.2　电能利用率

为了衡量企业各项用电设备及企业总体有功电能的利用情况，引入电能利用率的概念来用作考核用电系统合理用电程度的指标。所谓电能利用率（或电能利用效率）是指用电系统的有效利用电量与输入有功电量之比。电能利用率可通过直接测定法（正平衡法）或间接测定法（反平衡法）得到。

（1）直接测定法。直接测定法是通过直接测量出用电系统的供给电量 W_g 与有效电量 W_y，然后按下式计算电能利用率：

$$\eta_L = \frac{W_y}{W_g} \times 100\% \tag{6-2}$$

（2）间接测定法。间接测定法是先通过测量用电系统的各项损失电量 ΔW_s 与供给电量 W_g，然后按下式计算电能利用率：

$$\eta_L = \frac{W_g - \Delta W_s}{W_g} \times 100\% = \left(1 - \frac{\Delta W_s}{W_g}\right) \times 100\% \tag{6-3}$$

如果在电能平衡时间内，用电系统输入的有功功率与有效利用功率保持恒定不变，则电能利用率也可用功率求得。

6.1.3　电能分布图

复杂用电系统的电能平衡，使用电能分布图。电能分布图是用来表示用电体内电能的分布、流向和转换的模型图。

用电系统的基本电能分布图有单元图、串联系统图及并联系统图，如图 6-2 所示。

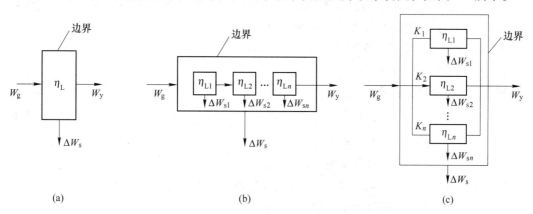

图 6-2　电能分布图

（a）单元图；（b）串联系统图；（c）并联系统图

（1）单元图。单元图用以表示最基本且能独立完成电能的输送、转换和传递功能之一的用电系统，如图6-2（a）所示。其电能利用率可直接用式（6-2）或式（6-3）计算。

（2）串联系统图。串联系统图用以表示由若干单元 $i(i = 1, 2, \cdots, n)$ 串联组成的用电系统的电能分布图，如图6-2（b）所示，图中有效电能顺序通过各个单元。串联用电系统电能利用率的计算式为：

$$\eta_L = \eta_{L1} \eta_{L2} \eta_{L3} \cdots \eta_{Ln} \tag{6-4}$$

式中　η_{L1}，η_{L2}，η_{L3}，$\cdots$，η_{Ln}——用电系统中各串联单元 i 的电能利用率，%。

（3）并联系统图。并联系统图用以表示由若干单元 $i(i = 1, 2, \cdots, n)$ 并联组成的用电系统的电能分布图，如图6-2（c）所示，图中有效电能是各分路单元有效电能的汇集。并联用电系统电能利用率的计算式为：

$$\eta_L = (K_1 \eta_{L1} + K_2 \eta_{L2} + K_3 \eta_{L3} + \cdots + K_n \eta_{Ln}) \times 100\% \tag{6-5}$$

式中　K_1，K_2，K_3，$\cdots$，K_n——各分路单元 i 的分电率，即为各单元从总供给电量中分得的
电量占总供给电量的分电权重，$K_1 + K_2 + K_3 + \cdots + K_n = 1$；
η_{L1}，η_{L2}，η_{L3}，$\cdots$，η_{Ln}——用电系统中各分路单元的电能利用率，%。

6.2　供配电设备电能利用率测定计算

正确测定、计算电能利用率是极为重要的，只有正确测定、计算电能利用率，才能确切得出企业合理用电的程度，并由此通过分析比较得出各项损失电能升降的真实原因。

全面测定计算供配电设备、用电设备电能利用率是电能平衡的基础。本节先介绍企业供配电设备电能利用率的测定计算，用电设备电能利用率的测定计算则在下节介绍。

6.2.1　配电线路电能利用率测算

6.2.1.1　配电线路损耗计算

企业配电线路在传输电能时，不可避免地会损耗一部分电能。而且，如果企业存在配电线路结构不合理、线路载流量过大、运行方式不经济、线路长期未维护或者有漏电等因素，则会使线损更为增加。因此，测算配电线路损耗以及电能利用率，对掌握其运行状况、降低线损、提高电能利用率实属完全必要。

企业配电线路损耗多采用理论计算法与实测法。

A　配电线路损耗的计算法

先计算出三相线路的有功损耗

$$\Delta P_x = 3I_{rms}^2 R \times 10^3 = 3I_{rms}^2 r_0 L \times 10^{-3} \tag{6-6}$$

式中　ΔP_x——三相线路的有功损耗，kW；
I_{rms}——日的均方根负荷电流，A；
R——线路每相电阻，应取导线或电缆实际运行温度时的电阻值，Ω；
r_0——导线单位长度的电阻值，Ω/km；
L——导线的长度，km。

于是，在电能平衡时间内，线路运行 $T_j(h)$ 时损耗的有功电量为：

$$\Delta W_{\mathrm{p}} = 3I_{\mathrm{rms}}^2 r_0 T_{\mathrm{j}} \times 10^{-3} \tag{6-7}$$

B 配电线路损耗的实测法

实测法是通过测量手段，测量出线路的电阻、电抗或者线路的损耗。它通常包括实测电压法、实测功率法和实测电量法。

（1）实测电压法。以三相低压（380/220V）配电线路为例，在电能平衡某一时刻 t_i 同时测量线路首端与末端的线电压和线路中的电流，此时每相线路电阻压降为：

$$\Delta U_{\mathrm{R}i} = \sqrt{(U_{1i} - U_{2i})^2 - I_i^2 X^2} \tag{6-8}$$

式中 $\Delta U_{\mathrm{R}i}$——每相线路电阻压降，V；

U_{1i}、U_{2i}——时间 t_i 时，线路首端、末端线电压有效值，V；

I_i——时间 t_i 时，线路中电流有效值，A；

X——线路每相电抗，$X = X_0 L$；

X_0——导线单位长度的电抗值，Ω / km。

于是，每相线路电阻为：

$$R = \frac{\Delta U_{\mathrm{R}i}}{I_i} \tag{6-9}$$

若在电能平衡时间内，线路运行了 $T_{\mathrm{j}}(\mathrm{h})$，则线路损耗有功电量为：

$$\Delta W_{\mathrm{p}} = 3I_{\mathrm{rms}}^2 r_0 T_{\mathrm{j}} \times 10^{-3} = 3I_{\mathrm{rms}}^2 \frac{\Delta U_{\mathrm{R}i}}{I_i} T_{\mathrm{j}} \times 10^{-3} \tag{6-10}$$

实测法适用于电压损失较大且中间无分支的低压线路。

（2）实测功率法。实测功率法是利用电测仪表在电能平衡某一时刻 t_i，同时测取线路首端和末端的有功功率以及线路中的电流，则线路损耗有功功率为：

$$\Delta P_i = P_{1i} - P_{2i} \tag{6-11}$$

式中 ΔP_i——线路损耗有功功率，kW；

P_{1i}——时间 t_i 时，线路首端有功功率，kW；

P_{2i}——时间 t_i 时，线路末端有功功率，kW。

线路每相电阻

$$R = \frac{\Delta P_i}{3I_i^2} \tag{6-12}$$

电能平衡时间 T_{j} 内，线路损耗有功电量为

$$\Delta W_{\mathrm{p}} = 3I_{\mathrm{rms}}^2 R T_{\mathrm{j}} \times 10^{-3} \tag{6-13}$$

由于厂区线路一般较短，线路损耗较小，因此，最好选择在大负荷情况下测试，这样结果更为准确。

实测功率法适用于负荷较稳定且中间无分支的低压线路。

（3）实测电量法。对具有分支或负荷波动较大的线路，可采用实测电量法，如图 6-3 所示。

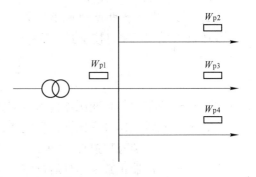

图 6-3 实测电量法示意图

由图 6-3 可见，在线路首端与各支路末端分别装有有功电能表 W_{p1}、W_{p2}、W_{p3}、W_{p4}。在一定时间间隔 T_j 内，记录下各电能表的读数，计算出实际电量，则该部分线路损耗有功电量为

$$\Delta W_p = W_{p1} - (W_{p2} + W_{p3} + W_{p4}) \tag{6-14}$$

式中　　　　W_{p1}——线路首端输入有功电量，kW·h;

W_{p2}，W_{p3}，W_{p4}——各支路输出有功电量，kW·h。

为提高测量精度，各电能表的误差特性应当一致：或者皆为正误差，或者皆为负误差，电能表精度也应尽量高。

6.2.1.2　配电线路电能利用率计算

企业配电线路的电能利用率是指企业配电线路末端输出的有功电量与其首端输入的有功电量之比，即

$$\eta_x = \frac{W_{p2}}{W_{p1}} \times 100\% = \frac{W_{p1} - \Delta W_p}{W_{p1}} \tag{6-15}$$

式中　　W_{p1}——配电线路首端输入的有功电量，kW·h;

　　　　W_{p2}——配电线路末端输出的有功电量，kW·h;

　　　　ΔW_p——配电线路损耗的有功电量，kW·h。

由式（6-15）可见，配电线路的电能利用率多采用反平衡法计算。

一般大中型企业配电线路的电能利用率应在 97%～99%，即线损率在 1%～3% 之间。

6.2.2　变压器电能利用率测算

6.2.2.1　变压器有功功率损耗计算

变压器的有功功率损耗可按下式计算：

$$\Delta P = \Delta P_0 + K_T \beta^2 \Delta P_K \tag{6-16}$$

式中　　ΔP_0——变压器空载损耗，kW;

　　　　K_T——变压器负荷波动损耗系数;

　　　　β——变压器平均负荷率，$\beta = S/S_N$;

　　　　S——一定时间内变压器平均输出的视在功率，kV·A;

　　　　S_N——变压器的额定容量，kV·A;

　　　　ΔP_K——变压器额定功率负荷损耗，kW。

6.2.2.2　变压器电能利用率计算

变压器电能利用率可按下式计算：

$$\eta_b = \frac{W_1 - \Delta W}{W_1} \times 100\% \tag{6-17}$$

式中　　W_1——正常工作日变压器输入电能，kW·h;

　　　　ΔW——正常工作日变压器损耗电能，$\Delta W = \Delta P t$，kW·h;

　　　　ΔP——变压器有功损耗，kW;

　　　　t——变压器正常工作日运行时间，h。

变压器的电能利用率也就是其效率。在所有用电设备中，变压器的电能利用率是最高

的。目前小型变压器的电能利用率可达 98% 以上，大型变压器则可达 99% 左右。然就实际使用情况而言，一般企业变压器的电能利用率低于这一水平。虽说变压器的电能利用率很高，但由于多数工业企业的变压器是长年运行的，因此其损耗的总电量依然很可观。

6.3　用电设备电能利用率测定计算

6.3.1　电力传动设备电能利用率测算

6.3.1.1　三相异步电动机电能利用率测算

A　异步电动机输入、输出电功率的测算

（1）异步电动机输入功率 P_1 的测量。

1）有功电能表法。利用电动机的电能表或根据电动机容量加装相应的临时测量用的电能表，选取有代表性的正常运行工况进行测量，确定电动机输入功率。

2）智能化多功能测试仪计量法。用智能化多功能测试仪测量异步电动机输入功率是目前最常用的方法。常用仪器设备有 Fluke Norma 4000CN 多功能功率分析仪。该测试仪可不断电在线检测电动机的所有电能电量参数。

（2）异步电动机输出功率 P_2 的测算。

1）转矩转速测试法。

$$P_2 = M\omega \tag{6-18}$$

式中　M——电动机输出转矩；

　　　ω——电动机角速度。

由于电动机输出转矩的测试非常困难，因此经常采用下列方式对电动机效率进行近似计算。

2）根据效率曲线查得。当电动机有效率曲线时，可按测出的输入功率 P_1，查出对应 P_1 时的效率，然后计算出电动机轴上的输出功率。

$$P_2 = \eta P_1 \tag{6-19}$$

3）根据电动机额定效率 η_N 计算。当已知电动机的额定效率 η_N 时，可按测出的输入功率 P_1，选择一个与 P_1 相对应的效率 η，然后再计算出电动机轴上的输出功率。

$$P_2 = \eta P_1$$

当 $P_1/P_N > 50\%$ 时，取 $\eta = \eta_N$；

当 $P_1/P_N = 50\% \sim 25\%$ 时，取 $\eta = \eta_N - 0.1$；

当 $P_1/P_N < 25\%$ 时，取 $\eta = \eta_N - 0.5$。

其中，P_N 为电动机额定功率。

4）电流表法测算。应用电流表测算异步电动机输出轴功率。

$$P_2 = P_N \sqrt{\frac{I_1^2 - I_0^2}{I_N^2 - I_0^2}} \tag{6-20}$$

式中　I_1——测试电流，A；

　　　I_0——空载电流，A；

I_N——额定电流，A。

5）转速法测算。应用转速法测算异步电动机输出轴功率。

$$P_2 = P_N \left(\frac{n_0 - n}{n_1 - n_N} \right) \left(\frac{U_1}{U_N} \right)^2 \frac{n}{n_N} \qquad (6\text{-}21)$$

式中 n_0——同步转速，r/min；

n_1——实测转速，r/min；

n_N——额定转速，r/min；

U_1——实测电压，V；

U_N——额定电压，V。

6）应用 $M\text{-}s$ 曲线计算。异步电动机的实用公式如下：

$$\frac{M}{M_m} = \frac{2}{\dfrac{s_m}{s} + \dfrac{s}{s_m}} \qquad (6\text{-}22)$$

由产品目录查出最大转矩 M_m，再将电动机额定转矩 M_N 及与额定转速 n_N 相对应的 s_N 代入上式，求出产生最大转矩时的转差率 s_m。这样上式中的 M_m 和 s_m 就均为已知数，然后每假定一个转矩 M，就可求出相对应的转差率 s，再根据这些不同的 M 和 s 值，做出 $M\text{-}s$ 曲线，如图 6-4 所示。

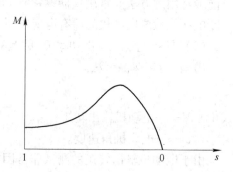

图 6-4 电动机 $M\text{-}s$ 曲线

应用 $M\text{-}s$ 曲线求 P_2 的方法为：先测出某负载时的输入功率 P_1 和转速 n，计算出 s，查 $M\text{-}s$ 曲线，找到对应的转矩 M，即可求得 P_2。

$$P_2 = \frac{M}{M_N} \cdot \frac{n}{n_N} P_N \qquad (6\text{-}23)$$

B 异步电动机的电能利用率计算

异步电动机的电能利用率是指电动机输出功率与电动机输入功率之比，也就是电动机的效率 η_d。

$$\eta_d = \frac{P_2}{P_1} \times 100\% \qquad (6\text{-}24)$$

由此可见，电动机电能利用率计算的关键是得到电动机的输出功率 P_2。在电能平衡工作中，电动机输入功率采用现场测试得到，而电动机输出功率采用测试和计算相结合的方式求出。

6.3.1.2 泵系统电能利用率测算

A 泵系统电能平衡

泵系统是由机组和管网按流程要求所组成的总体。其中，泵机组是由泵、交流电动机、调速装置和传动机构所组成的总体；管网则是由直管道、弯头、阀门、锥管及工艺所必需的其他辅助设备按流程要求所组成的总体。泵系统组成如图 6-5 所示。

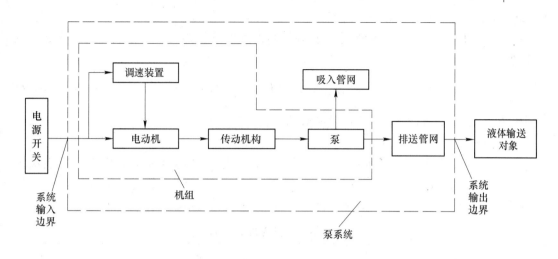

图 6-5　泵系统组成

泵系统电能平衡方程式为：

$$W_{sr} = W_y + \Delta W_s \tag{6-25}$$

或

$$W_{sr} = W_y + （\Delta W_{sd} + \Delta W_{st} + \Delta W_{sc} + \Delta W_{sb} + \Delta W_{sg}） \tag{6-26}$$

式中　W_{sr}——泵系统输入电能，即泵系统在实际运行中，由电源供给的电能，$kW \cdot h$；

$\quad\quad W_y$——泵系统有效电能，即泵系统在实际运行中，抽送的流体介质有效用于生产流程的电能，$kW \cdot h$；

$\quad\quad \Delta W_s$——泵系统总损耗电能，$kW \cdot h$；

$\quad\quad \Delta W_{sd}$——电动机损耗电能，$kW \cdot h$；

$\quad\quad \Delta W_{st}$——调速装置损耗电能，$kW \cdot h$；

$\quad\quad \Delta W_{sc}$——机械传动机构损耗电能，$kW \cdot h$；

$\quad\quad \Delta W_{sb}$——泵损耗电能，$kW \cdot h$；

$\quad\quad \Delta W_{sg}$——管网损耗电能，即流体流经管网过程中泄漏和阻力损失所损耗的电能，$kW \cdot h$。

泵系统电能平衡框图如图 6-6 所示。

B　泵技术参数的测算

水泵用电系统电能利用率（运行效率）与水的重力密度（$\gamma = \rho g$）、水泵的扬程与流量、电机的功率因数与运行电压和电流有关。水的重力密度受密度变化影响，随着温度的不同而变化，可从

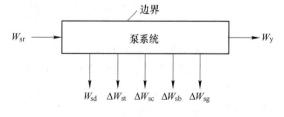

图 6-6　泵系统电能平衡框图

相关热工性质表中查得，一般地，当水的密度为 $1000kg/m^3$ 时，重力加速度为 $9.81m/s^2$。水泵的扬程近似地可用水泵进出口压力表差来代替；流量可用各种流量计测量。而功率因数、电压以及电流等电参数的测量，则可用一种智能钳形电功率计实现。只要将其电流钳、电压夹挂在电机供电线路上，通过电流互感器，该电功率计自身的微处理器即可测算出电流、电压、功率因数等参数，并可实时记录输出，十分方便。

C 机组中设备运行效率的计算

（1）电动机运行效率 η_d 是指电动机在运行时，实际输出功率与输入有功功率之比的百分数，即

$$\eta_d = \frac{P_{yd}}{P_{srd}} \times 100\% = \left(1 - \frac{\Delta P_{sd}}{P_{srd}}\right) \times 100\% \tag{6-27}$$

式中 P_{yd}——电动机带负荷运行时的有效功率，kW；

ΔP_{sd}——电动机带负荷运行时的损耗功率，kW；

P_{srd}——电动机带负荷运行时的输入功率，可用有功电度表法或用二瓦特表法测得，kW。

（2）机械传动机构传动效率 η_c 可按表6-1查取（一般可取大值）。

表6-1 机械传动机构的传动效率 η_c

传动形式	泵机同轴直连	联轴器传动	胶带传动		机械变速装置传动
			V形带	普通平带	
传动效率/%	100	99~99.5	96~97	93~97	产品样本提供

（3）交流电气传动调速装置运行效率的计算。当采用变频调速时，按下式计算其运行效率 η_t：

$$\eta_t = \frac{P_{sct}}{P_{srt}} \times 100\% \tag{6-28}$$

式中 P_{srt}——调速装置输入电功率，kW；

P_{sct}——调速装置输出电功率，kW。

调速装置输入、输出电功率均可采用铁磁式或整流式仪表测得。

当采用串级调速时，效率的测试与测试单台交流电动机方法相同，但此时测得的效率为串级调速装置与电动机运行效率的乘积。

当采用液力偶合器调速时，其运行效率可由产品说明书查取。

（4）泵运行效率 η_b 是指泵在运行时，输出的有效功率与机组输入的有功功率之比的百分数，即

$$\eta_b = \frac{P_{yb}}{P_{srb}} \times 100\% \tag{6-29}$$

式中 P_{yb}——泵有效功率（或输出功率），$P_{yb} = \rho g q_v H \times 10^{-3}$，kW；

P_{srb}——泵输入功率（或称轴功率），kW。

（5）机组运行效率 η_j 是指机组运行时，泵输出的有效功率与机组输入的有功功率之比的百分数，即

$$\eta_j = \frac{P_{yb}}{P_{srd}} \times 100\% = \left(1 - \frac{\Delta P_{sd} + \Delta P_{sc} + \Delta P_{st} + \Delta P_{sb}}{P_{srd}}\right) \times 100\% \tag{6-30}$$

式中 ΔP_{sd}——电动机的损耗功率；

ΔP_{sc}——机械传动机构的功率损耗，kW；

ΔP_{st}——调速装置的功率损耗，kW；

ΔP_{sb}——泵运行时的功率损耗，kW。

并联机组运行效率按下式计算：

$$\eta_{j} = \frac{\sum\limits_{i=1}^{n} P_{ybi}}{\sum\limits_{i=1}^{n} P_{srdi}} \tag{6-31}$$

式中　P_{ybi}——第 i 台泵有效功率（或称输出功率），kW；

　　　P_{srdi}——第 i 台泵输入功率。

　　D　管网效率计算

　　管网效率是指管网（吸入或排送管网）末端输出的有效功率与管网（吸入或排送管网）起始端输入的有效功率之比的百分数。

　　吸入管网效率按下式计算：

$$\eta_{g1} = \frac{H_1}{H_{xr}} \times 100\% = \left(1 - \frac{\Delta H_{s1}}{H_{xr}}\right) \times 100\% \tag{6-32}$$

式中　H_1——吸入管网末端的扬程，m；

　　　ΔH_{s1}——吸入管网的扬程损耗，m；

　　　H_{xr}——吸入管网起始端处扬程，m。

　　并联机组吸入管网的效率按下式计算：

$$\eta_{g1} = \frac{\sum\limits_{i=1}^{n} H_{1i}}{\sum\limits_{i=1}^{n} H_{xri}} \times 100\% \tag{6-33}$$

式中　H_{1i}——第 i 根吸入管网末端的扬程，m；

　　　H_{xri}——第 i 根吸入管网起始端处扬程，m。

　　排送管的效率按下式计算：

$$\eta_{g2} = \frac{q_{V3}H_3}{q_{V2}H_2} \times 100\% \tag{6-34}$$

式中　q_{V3}——系统输出边界点处实测的液体流量，m^3/s；

　　　H_3——系统排送管网末端（输出边界点处）的总扬程，m；

　　　q_{V2}——排送管网起始端处实测的液体流量，m^3/s；

　　　H_2——排送管网起始端处扬程，m。

　　并联机组排送管网的效率按下式计算：

$$\eta_{g2} = \frac{\sum\limits_{j=1}^{m} q_{V3j}H_{3j}}{\sum\limits_{j=1}^{m} q_{V2j}H_{2j}} \times 100\% \tag{6-35}$$

式中　q_{V3j}——第 j 根排送管网末端的流程，m^3/s；

H_{3j}——第 j 根排送管网末端的扬程，m；

q_{V2j}——第 j 根排送管网起始端处流量，m^3/s；

H_{2j}——第 j 根排送管网起始端处扬程，m。

泵系统管网总效率按下式计算：

$$\eta_g = \eta_{g1}\eta_{g2} \tag{6-36}$$

E　泵系统运行效率计算

当泵系统为由单台泵与一条主管道组合成的系统时按下式计算其运行效率

$$\eta_{Lb} = \frac{P_y}{P_{sr}} \times 100\% = \frac{\rho g q_{V3} H_3 \times 10^{-3}}{\sqrt{3}UI\cos\varphi} \times 100\% \tag{6-37}$$

或

$$\eta_{Lb} = \eta_d\eta_c\eta_t\eta_b\eta_g \tag{6-38}$$

式中　P_y——泵系统输出功率（或泵系统有效功率），kW；

P_{sr}——泵系统输入功率，kW。

由多台泵与多条主管道串联或并联运行的泵系统，其运行效率按下式计算：

$$\eta_{Lb} = \frac{\sum\limits_{j=1}^{m} P_{yj}}{\sum\limits_{i=1}^{n} P_{sri}} \times 100\% \tag{6-39}$$

式中　P_{yj}——第 j 条主管道输出功率（或有效功率），kW；

P_{sri}——第 i 台泵的输入功率，kW。

F　泵系统电能利用率计算

泵系统电能利用率是指泵系统管网末端输出有效能量与供给系统电能量之比的百分数，即

$$\eta_{Lb} = \frac{W_y}{W_{sr}} \times 100\% = \left(1 - \frac{\Delta W_s}{W_{sr}}\right) \times 100\%$$

$$= \left(1 - \frac{\Delta W_{sd} + \Delta W_{sc} + \Delta W_{st} + \Delta W_{sb}}{W_{sr}}\right) \times 100\% \tag{6-40}$$

本节水泵用电系统电能利用率计算适用于普通离心泵、轴流泵和混流泵。

为了正确反映水泵的电能利用率，选择的工况点应是全年经常运行的工况。若泵在流量变化较大的场合下运行，则应分别测量最大流量、最小流量及一般常用工况下的电能利用率。

6.3.1.3　风机系统电能利用率测算

A　风机系统的组成

风机系统是由机组、管网和辅助设备按流程要求所组成的总体，如图 6-7 所示。其中机组是由风机、交流电动机、调速装置和传动机构所组成的总体。

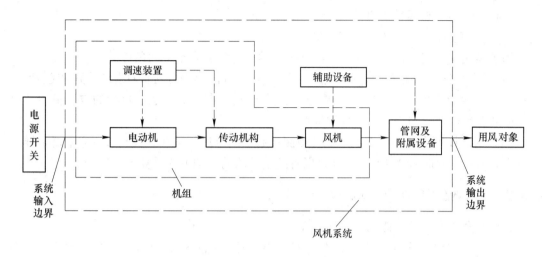

图 6-7 风机系统组成

B 风机系统电能利用率测算

风机系统电能利用率（运行效率）的计算式如下：

$$\eta_{Lf} = \frac{W_{yf}}{W_g} \times 100\% = \frac{P_{yf}}{P_g} \times 100\% \tag{6-41}$$

式中 W_{yf}——风机系统有效电能，$W_{yf} = P_{yf}t$，$kW \cdot h$；

t——运行时间，h；

W_g——风机系统输入电能，$kW \cdot h$；

P_{yf}——风机系统有效功率，kW；

P_g——风机系统输入功率，kW。

对于长期稳定在某一负荷下运行的风机，通常只需测试在该工况下的电能利用率或效率。对于受生产及季节性影响而负荷变化幅度较大的风机，优先使用在线连接测量仪表进行风机电能利用率或效率的实时测算，如无相关设备则应将生产中所出现的最大、最小负荷工况及具有代表性工况作为测试工况分别测其电能利用率或效率。

6.3.1.4 空压机组电能利用率测算

空压机组电能利用率是指空压机的等温过程有效输出电能量（压缩空气带走的总能量）与供给该机组电能量之比的百分数，其计算式为：

$$\eta_{Ly} = \frac{W_y}{W_{sr}} \times 100\% \tag{6-42}$$

$$W_y = q_V p_x \ln \frac{p_p}{p_x} t \times 10^{-3}$$

$$W_{sr} = P_{sr} t$$

式中 W_y——等温有效输出电能，$kW \cdot h$；

q_V——折算成吸气边的排气量，m^3/s；

p_x——压缩机吸气绝对压力，Pa；

p_p——压缩机排气绝对压力，Pa；

t——测试时间，h；

W_{sr}——空压机组输入电能，$kW \cdot h$；

P_{sr}——空压机组输入电功率，kW。

为了客观反映空压机运行状况，测试工况的确定需要满足下列条件：

（1）测试必须在空压机组及供气系统正常工况下进行，且该工况应具有统计值的代表性。

（2）对稳定负荷的空压机组，以 2h 为一个检测周期；对不稳定负荷的空压机组，以一个或几个负荷变化周期为一个检测周期。

（3）检测周期内，同一工况下的各被测参数应同时进行采样。被测参数应重复采样三次以上，采样间隔时间为 10 ~ 20min，以各组读数值的平均值为计算值。

6.3.2 电加热设备电能利用率测算

这里仅介绍电阻炉电能利用率的测算。

（1）输入热量的测算。输入热量 Q_{sr} 是由电网输入电阻炉的电能所转换成的热量，即当电流通过电热元件时放出的热量，可按下式计算：

$$Q_{sr} = I^2 Rt \times 10^{-3} \qquad (6\text{-}43)$$

式中　I——通过电热元件的电流，A；

　　　R——电热元件的电阻，Ω；

　　　t——电流通过电热元件的时间。

在现场具体条件下，可用电度表直接测量所消耗的电量，然后再用下式换算成放出的热量：

$$Q_{sr} = 3600A \qquad (6\text{-}44)$$

式中　A——电度表测得的耗电量，$kW \cdot h$；

　　3600——换算系数，$1kW \cdot h = 3600kJ$。

（2）有效热量的测算。加热工件时所需的有效热量 Q_{yx}，其计算式为：

$$Q_{yx} = G(t_2 - t_1)c_p \qquad (6\text{-}45)$$

式中　G——被加热工件的质量，kg；

　　　t_1——工件加热前的温度，$℃$；

　　　t_2——工件加热后的温度，$℃$；

　　　c_p——工件平均比热容，$kJ/(kg \cdot ℃)$。

常用金属材料的比热容见表6-2。

表 6-2　常用金属材料的平均比热容

材料名称	平均比热容/$kJ \cdot (kg \cdot ℃)^{-1}$		
	0 ~ 200℃	0 ~ 900℃	0 ~ 1200℃
铝	0.946	1.352	—
铜	0.398	0.444	0.649
纯 铁	0.490	0.649	0.670
碳钢和低合金钢	0.494	0.682	0.678
高碳钢	0.502	0.678	0.695

材料名称	平均比热容/kJ·(kg·℃)$^{-1}$		
	0~200℃	0~900℃	0~1200℃
Cr12	0.490	0.567	0.657
Mn12	0.532	0.611	0.628
W18Cr4V	0.410	0.511	0.561
铸 铁	0.544	0.712	—

（3）电阻炉电能利用率计算。电阻炉的电能利用率也就是电阻炉的热效率，是指电阻炉将电能转变成热能过程中电能的利用程度，即有效热量与输入热量之比的百分数。

$$\eta_L = \frac{Q_{yx}}{Q_{sr}} \times 100\% \tag{6-46}$$

6.3.3 电化学设备电能利用率测算

电化学设备电能利用率测算包括电解整流设备的整流效率及其供电对象的电能利用率测算。

6.3.3.1 整流设备的效率

整流设备的效率是指功率效率。

（1）整流设备标准规定效率。整流设备标准规定效率 η_s 是指整流设备在标准规定的负荷（如额定负荷）下测定的效率，其计算式为：

$$\eta_s = \frac{P_d}{P_d + \Sigma\Delta P_s} \times 100\% \tag{6-47}$$

式中 P_d——直流额定输出总功率，可用瓦特表测得，kW；

$\Sigma\Delta P_s$——在额定负荷下各项损耗功率之和，可用瓦特表测得，在条件不允许的情况下也可用计算方法确定，kW。

（2）整流设备运行效率。整流设备运行效率 η_{run} 是指整流设备在运行或运行阶段中测定的效率，其计算式为：

$$\eta_{run} = \frac{P_a + P_d}{P_i} \times 100\% = \frac{P_o}{P_i} \times 100\% \tag{6-48}$$

式中 P_a——交流分量输出功率，kW；

P_d——直流输出功率，kW；

P_o——整流设备输出的总功率，可用瓦特表测得，kW；

P_i——整流设备输入的交流有功功率，可用瓦特表测得，kW。

（3）变流因数。对于脉动数小于6的整流设备，当直流输出侧电压电流的交流分量不对负荷提供有功功率时，须在功率效率之外再给出变流因数 γ_{inv}。当负荷条件确定后，变流因数应以其输出的直流电压和直流电流的乘积与输入交流基波功率之比来确定，即

$$\gamma_{inv} = \frac{U_d I_d \times 10^{-3}}{P_{i(1)}} \times 100\% \tag{6-49}$$

式中　U_d——直流输出电压平均值，V；

　　　I_d——直流输出电流平均值，A；

　　$P_{i(1)}$——交流输入侧基波有功功率，kW。

6.3.3.2　整流站（所）的总效率

整流站（所）由两台及以上整流设备并联运行时需测算其总效率。整流站（所）的总效率分为总瞬时效率和总平均效率。

整流站（所）总瞬时效率 η_{gst} 按下式计算：

$$\eta_{gst} = \frac{P_{go}}{P_{gi} + \Sigma \Delta P_{aux}} \times 100\% \tag{6-50}$$

式中　P_{go}——整流站（所）总瞬时输出功率，kW；

　　　P_{gi}——整流站（所）总瞬时输入功率，kW；

　$\Sigma \Delta P_{aux}$——参与整流设备运行的其他辅助装置的瞬时功率损耗之和，kW。

$\Sigma \Delta P_{aux}$ 包括各整流设备冷却装置（风机、水泵等）所耗功率以及触发装置所耗功率。

整流站（所）的总平均效率 η_{avg} 按下式计算：

$$\eta_{avg} = \frac{W_o}{W_i + \Sigma \Delta W_{aux}} \times 100\% \tag{6-51}$$

式中　W_o——整流站（所）总输出平均电能，kJ；

　　　W_i——整流站（所）总输入平均电能，kJ；

　$\Sigma \Delta W_{aux}$——参与整流设备运行的其他辅助装置所耗平均电能之和，kJ。

$\Sigma \Delta W_{aux}$ 所包括项目与式（6-50）中 $\Sigma \Delta P_{aux}$ 所包括的项目相同。

式（6-51）中三项电能的积算周期 T：对于小时平均效率 $T = 1h$；对于班平均效率 $T = 8h$（三班制）或 $T = 6h$（四班制）；对于日平均效率 $T = 24h$。

6.3.3.3　电解整流设备供电对象的电能利用率

电解整流设备供电对象包括电解槽、槽组、槽系列。电解槽、槽组、槽系列的电能利用率 η_{ee} 是用电解法生产单位重量产品所需的理论直流电能与实际消耗交流电能之比，即

$$\eta_{ee} = \frac{W_{di}}{W_{ar}} \times 100\% \tag{6-52}$$

式中　W_{di}——用电解法生产单位重量产品所需的理论直流电能，由理论计算确定；

　　　W_{ar}——用电解法生产单位重量产品所实际消耗的交流电能，可用交流电度表测定。

（1）电能效率。电解槽、槽组、槽系列的电能效率 η_e 是指电解槽、槽组、槽系列生产单位重量产品所需的理论直流电能与实耗直流电能之比，即

$$\eta_e = \frac{W_{di}}{W_{dr}} \times 100\% \tag{6-53}$$

式中　W_{dr}——用电解法生产单位重量产品的实耗直流电能。

（2）电流效率。电解槽、槽组、槽系列的电流效率 η_i 是指用电解法生产单位重量产品所需的理论电荷量与实耗电荷量之比，即

$$\eta_i = \frac{Q_i}{Q_r} \times 100\% \tag{6-54}$$

$$Q_i = \frac{元素的原子价}{元素的原子量} \times 26.81 \times 10^3$$

式中　Q_i——电解法生产单位重量产品所需的理论电荷量（又称元素的电化当量），kA·h/t；

　　　Q_r——电解法生产单位重量产品实耗电荷量，kA·h/t。

（3）电压效率。电解槽的电压效率 η_u 是指电解质（金属盐类）电解工艺过程中的理论分解电压与电解槽的实际工作电压之比，即

$$\eta_u = \frac{U_i}{U_r} \times 100\% \tag{6-55}$$

式中　U_i——电解质的理论分解电压；

　　　U_r——电解槽实际工作电压，为分解电压、电解质及导电内衬和连接导体的电阻压降、过电压三者之和。

（4）电能利用率、整流效率、电流效率、电压效率之间的换算关系。

$$\eta_{ee} = \eta_{Rtf} \eta_i \eta_u \tag{6-56}$$

式中　η_{Rtf}——整流效率，可根据 η_i、η_u 的条件在 η_{run}、η_{gst}、η_{avg} 中选取。

6.3.4　电气照明设备电能利用率测算

电气照明设备的电能利用率包括了两个方面：一是光源本身的电能转换效率即产品的电能利用率，随着产品新技术的使用，国家能效标准的实施，光源产品自身效率大大提升；二是光源在各种场所的综合利用率即被实际使用的效率，此效率受到维修制度不健全、使用场所等影响。

企业照明的设计应根据《建筑照明设计标准》（GB 50034—2013）进行，因此企业照明的实际电能利用率可按下式计算。

（1）实际照度低于国家标准时，电能利用率

$$\eta_1 = \frac{E_1'}{E_1} \times 100\% \tag{6-57}$$

式中　E_1'——用照度计测出的实际照度，lx；

　　　E_1——由实际使用光源的电功率计算该场所应达到的照度，lx。

（2）实际照度高于国家标准时，电能利用率

$$\eta_2 = \frac{P_2'}{P_2} \times 100\% \tag{6-58}$$

式中　P_2'——按各种场所的照度标准计算所需功率，W；

　　　P_2——实际使用照明功率，W。

以上统计各场所光源功率时应包括镇流器耗电。

第7章 产品电耗定额管理

7.1 电耗定额概述

单位产品（产值）电耗是考核企业经济用电的一项主要指标，应加强产品电耗定额管理，促进企业不断降低单位产品（产值）电耗，以最少的电能消耗生产出最多的优质产品，达到经济用电的目标。

7.1.1 电耗和电耗定额

单位产品电耗（简称电耗）和单位产品电耗定额（简称电耗定额）都是表示生产某一单位产品所消耗的电量。然而，它们的内涵是不相同的。

单位产品电耗是表示生产单位产品的实际耗电量。

单位产品电耗定额则是指在特定条件下，生产单位产品或完成单位工作量合理消耗电量的标准量。电耗定额可用下式表示：

$$D_e = \frac{\sum_{i=1}^{n} W_i}{G} \tag{7-1}$$

式中 D_e——生产某产品或完成某工作量的电耗定额，$kW \cdot h$ 或 $kW \cdot h/m^3$ 或 $kW \cdot h/$万元；

$\sum_{i=1}^{n} W_i$——生产某产品或完成某工作量所合理消耗的电量的总和，$kW \cdot h$；

W_i——生产某产品或完成某工作量所合理消耗电量中的第 i 项电量，$kW \cdot h$；

G——在某一生产周期内生产某产品或完成某工作量的合格品的数量或折合量，t 或 m^3 或万元产值等。

电耗定额通常作为衡量企业生产技术水平和经营管理水平的一项综合性技术经济指标，也是检查企业经济用电，考核生产人员工作水平，计算节电成果和确定经济用电指标的依据。

同时，全厂电耗定额也是企业向电力分配部门申请用电指标和电力分配部门向企业分配用电指标的依据。

制定电耗定额的目的，是为了促进企业在生产过程中经济用电，降低电能消耗和提高生产率。

7.1.2 电耗定额的分类

企业的电耗定额，按用电构成范围及所起的考核作用，可分为单项电耗定额和综合电耗定额两类。单项电耗定额又分为工序电耗定额和工艺电耗定额；综合电耗定额又分为全厂综合电耗定额和车间综合电耗定额。

7.1.2.1　单项电耗定额

（1）工序电耗定额。工序电耗定额是指工序产品生产时在物理过程和化学过程中直接消耗的电能（即有效电能），以及与生产设备性能和生产技术过程有关的各种损耗电能（如传动损耗、摩擦损耗、热力损耗、用电设备电能损耗及化学反应损耗等）。

（2）工艺电耗定额。工艺电耗定额通常是为耗电量大的生产过程制订的。这种定额内的电能直接用于工艺产品生产（如电冶炼、电加热、电解等）和耗电量大的机组（如轧钢机、空压机等）。

工艺电耗定额包括某一工艺过程的全部耗电量，包括工艺产品生产时在物理和化学过程中的消耗电能，以及该工艺生产过程所采用的工艺设备和动力设备的损耗电能（电损、热损和机械损耗等）。

7.1.2.2　综合电耗定额

（1）车间综合电耗定额。车间综合电耗定额是指工序产品、工艺产品在该车间生产过程中所消耗的全部电量，包括直接生产用电量（即直接用于各工序产品生产过程、工艺产品生产过程的用电量）和间接生产用电量（包括车间内部的起重运输、通风空调、其他辅助机械、照明、环保等的用电量，以及车间内部线路、变压器的损耗电量）。

（2）全厂综合电耗定额。全厂综合电耗定额是指生产该项产品的各车间综合电耗定额之和，并包括全厂性间接生产用电量，如全厂性辅助生产用电（机修、运输等）的用电量，厂区、厂房及办公室等的照明用电量，以及应分摊给该项产品的上述各项用电的供电线路、变压器的损耗电量。企业对各种产品均应分别制订全厂电耗定额。

全厂定额是企业向电力分配部门申请用电指标的依据，车间、工艺、工序定额除用来考核各自范围内的合理用电外，还是制定全厂定额的基础。单项定额具有横向可比性，而综合定额由于各类企业生产的内外部条件存在差异，一般不具有横向可比性。

7.1.3　电耗定额计算范围

制定各类企业的电耗定额前，应对其电量、产量的计算范围作出明确的统一规定。

7.1.3.1　电量计算范围

计算单项产品电耗定额的用电量是指按生产工艺流程确定范围内用于直接生产所消耗的电量。

计算综合产品电耗定额的用电量是指确定范围内用于直接生产和间接生产所消耗电量之和。

A　直接生产用电

直接生产用电是指企业在生产工艺过程中，从原材料处理到完成半成品、成品为止，全部用于产品生产的各项用电量。它包括产品（或半成品）生产时在物理和化学过程中消耗的电量，以及在生产工艺、设备中直接损耗的各项电量，如机械、热力、电磁、化学等引起的损耗电量。

B　间接生产用电

间接生产用电是指与企业直接生产过程相关联的其他消耗电量。为便于说明，将间接生产用电分成以下三个部分：

（1）辅助生产用电。辅助生产用电包括修理车间、工具车间、备料车间、运输车间、试验室等的用电量；供水、供气、供热等的用电量；生产设备的大修、中修、小修、事故检修及检修后试运行的用电量；生产中为保证安全需要的用电量；"三废"处理的用电量。

（2）生产照明用电。生产照明用电包括厂区、生产厂房、仓库及办公室等的照明用电量。

（3）生产用电损耗。生产用电损耗是指与上述各项用电有关的供电设施如线路和变压器等的损耗电量。

电耗定额的用电构成不包括与产品生产无直接关联的用电，即企业的非生产性用电部分，如向外转供电量，基建工程用电量，文化、生活福利设施的用电量，新产品开发、研制和投产前试生产的用电量，自备发电厂的厂用电量，与上述有关的供电设施的损耗电量。

电耗定额的用电构成项目，各类企业应有统一的格式。各企业根据产品生产过程、生产组织和有关的用电项目，按统一格式编制本企业电耗定额的用电构成项目表，作为审批电耗定额的一项重要依据，随同定额一起报送主管部门审批。

表 7-1 为电耗定额构成的用电项目表。

表 7-1　电耗定额构成的用电项目表

产品名称	用 电 项 目	消耗电量/kW·h	备 注
	一、直接生产用电 　1. ××工序 　　（1）××设备 　　（2）××设备 　　（3）线损 　2. ××工序 　　（1）××设备 　　（2）××设备 　　（3）线损 二、间接生产用电 　1. 公共车间 　　（1）修理车间 　　（2）运输车间 　2. 动力用电 　　（1）供水 　　（2）供气 　3. 检修用电 　　（1）大修 　　（2）中修 　　（3）小修 　　（4）事故检修 　　（5）检修后试运行 　4. 生产中为保证安全需要的用电 　5. 三废处理用电 　6. 照明用电 　　（1）厂区 　　（2）生产厂房 　　（3）仓库 　　（4）生产办公 　7. 供电设施损耗电量 　　（1）变压器 　　（2）线路		

7.1.3.2　产量计算范围

A　产品产量的计量单位

电耗定额中产品产量的计量单位的选定应满足以下条件：

（1）该单位要与生产该产品的耗电量直接有关，且能用电度表对该产品的实际耗电量进行客观的检查。

（2）要适于进行全厂、车间、工序或工艺产品生产过程所规定的生产计算和原材料计算。

（3）要与生产计划、统计和产品目录中所用的计量单位相一致。

产品产量的计量单位通常选用产品的实物量单位，如1t钢、1t水泥、1000m³压缩空气等，而电耗定额也就是为这一单位的实物量确定的耗电量。如难以选用产品实物量的单位，则可选用产品的工作量（如产值）单位，即按其工作量来制定产品总产量每万元产值的电耗定额。

B　产量计算

综合电耗定额的产品产量应按合格产品的实物量计算。如难以按产品实物量制定电耗定额时，可按工作量（如产值）制定电耗定额。

单项电耗定额的产量应按产品实物量计算。但在不影响电耗定额的可比性情况下，也可按产品基准量或折纯量计算。

实物量换算成基准量的计算公式为：

$$G_{jz} = G_{sw}K_z/K_j = f_z G_{sw} \tag{7-2}$$

式中　G_{jz}——产品的基准产量，t；

　　　G_{sw}——产品的实物量产量，t；

　　　K_z——产品实物量中含量某元素的百分数，%；

　　　K_j——产品基准量中所规定某元素的基准含量的百分数，%；

　　　f_z——某元素在实物量中的含量，折合为基准量的比值，$f_z = K_z/K_j$。

【例7-1】　电石产品规定标准发气量为300L/kg，现在有发气量为290L/kg的100t电石，其基准产品产量是多少？

解：其基准产品产量按式（7-2）计算为：

$$G_{jz} = 100 \times \frac{290}{300} = 96.67t$$

实物量折算折纯量可用下式计算：

$$G_{zc} = K_{zc} G_{sw} \tag{7-3}$$

式中　G_{zc}——产品的折纯产量，t；

　　　K_{zc}——实物量中含纯品的百分数，%。

用万元产值计算工作量时，其产值计算的价格应采用国家公布的不变价格，否则会影响电耗定额的可比性。

必须指出，下列情况的产量不包括在产品产量的计算范围内：

（1）新产品开发、研制和投产前试生产阶段的合格品以及基本建设附产的合格品。

（2）生产产品的下脚余料和废料，如钢材切头、切尾、铸件注余及中心注管等。

（3）投入生产过程中，某些原材料没有完全消耗掉，企业采取回收提纯或再生，并又供本企业自用的产品。

（4）从外购进的工业品，未经本企业作任何加工的产品。

（5）为检验产品质量，用来做破坏性试验的产品。

7.2 电耗定额制定

7.2.1 电耗定额制定的原则

产品电耗定额并不是可以任意选取的一个电耗数值，应在生产情况正常、工作方式经济合理、电能消耗最低的条件下，参照先进定额和考虑综合能耗最佳的原则制定。

由此可见，制定电耗定额最重要的任务，是为企业制定出具有充分科学依据的先进用电定额，以达到生产过程中最合理的使用电能，实现用最低能耗获得最大产量的经济用电目的。

7.2.2 电耗定额制定前的准备工作

制定电耗定额前，首先必须收集有关资料，作为制定电耗定额的科学依据，并应加以整理和进行准确性、可靠性审查。

编制定额前应收集的资料有：

（1）历年生产的技术经济指标，如产值、产量品种、消耗等；

（2）计划期内的生产任务、生产能力和技术经济指标；

（3）历年的用电量及其构成；

（4）产品电耗的技术计算、专门试验和实测数据；

（5）电能平衡和电能利用率；

（6）节电措施实施情况；

（7）国内、外同类产品电耗水平。

7.2.3 制定电耗定额的方法

制定电耗定额的方法主要有三种，即技术计算法、数理统计法和实测法。

7.2.3.1 技术计算法

技术计算法是根据产品设计和已经形成的生产工艺等条件，经过专门的试验和理论计算，并根据实际生产条件加以修正而确定电耗定额的一种方法。

在计算技术计算时，应具有的资料包括：

（1）生产工艺的技术参数（如温度、热量、时间、机械强度等）。

（2）设备技术性能参数（如电流、电压、容量、效率及生产能力等）。

（3）设备的工作方式（按时间分为连续、间断和班次，按负荷分为冲击、稳定等）。

（4）各种有关的技术经济指标（如成品率、原料配比、设备运行时间、停机及空转时间、二次动力消耗量等）。

（5）计划期内规定的生产任务。

（6）历年节约用电的技术组织措施及完成情况分析等。

具体计算时分下述三种情况：

（1）对于生产单一产品企业的产品电耗计算。

1）无再制品（或半成品）的产品电耗。

$$D_{w} = \frac{W}{G} \tag{7-4}$$

式中　D_{w}——无再制品（或半成品）的产品电耗，kW·h/t 或 kW·h/m³；

　　　W——产品生产用电量，kW·h；

　　　G——合格产品产量，t 或 m³。

2）有再制品（或半成品）的产品电耗。

$$D_{y} = \frac{W_{1} + W_{2} + W_{3}}{G} \tag{7-5}$$

式中　D_{y}——有再制品（或半成品）的产品电耗，kW·h/t 或 kW·h/m³；

　　　W_{1}——本期产品生产全部用电量，kW·h；

　　　W_{2}——本期再制品的用电量，kW·h；

　　　W_{3}——上期再制品的用电量，kW·h；

　　　G——本期合格产品产量，t 或 m³。

（2）对于生产多种产品，当用电量无法分开时，可采取用电换算率分摊法计算每个产品的实际电耗。

1）产品的实际电耗：

$$D'_{a} = \frac{W}{G_{a} + \frac{D_{b}}{D_{a}}G_{b} + \frac{D_{c}}{D_{a}}G_{c}} \tag{7-6}$$

2）产品的实际电耗：

$$D'_{b} = \frac{D_{b}}{D_{a}}D'_{a} \tag{7-7}$$

3）产品的实际电耗：

$$D'_{c} = \frac{D_{c}}{D_{a}}D'_{a} \tag{7-8}$$

式中　D'_{a}，D'_{b}，D'_{c}——产品 A、B、C 的实际电耗，kW·h/t 或 kW·h/m³；

　　　G_{a}，G_{b}，G_{c}——产品 A、B、C 的产量，t 或 m³；

　　　D_{a}，D_{b}，D_{c}——产品 A、B、C 的电耗定额，kW·h/t 或 kW·h/m³；

　　D_{b}/D_{a}，D_{c}/D_{a}——产品 B、C 折合成产品 A 的换算率；

　　　　　W——所有产品的用电量，kW·h。

如果各个产品的用电量能够分开（即分车间装电度表）时，计算多种产品的实际电耗可按单一产品的方法计算。

（3）对于产值电耗的计算，以万元产值电耗表示。

$$D_{cz} = \frac{W}{G_{cz}} \tag{7-9}$$

式中　D_{cz}——万元产值电耗，kW·h/万元；

　　　W——企业全部用电量，kW·h；

　　　G_{cz}——工业总产值，万元。

7.2.3.2　数理统计法

数理统计法是运用数理统计方法在对有关的统计资料进行整理和分析的基础上，考虑影响定额的诸因素，如生产工艺的改进、生产设备的改造、产品结构的变化、生产机械化自动化程度的提高、自然条件的变更、生产原料的变化、生产组织的改善、用能结构的改变，以及节约技术措施的应用等，确定电耗定额的一种方法。

7.2.3.3　实测法

实测法是对实际生产过程所消耗的电量进行现场科学的测定，以确定电耗定额的一种方法。

在实测时，应满足以下条件：被测的机组应处于正常状态，并在额定负荷下运转，工作方式经济合理，并采用与正常生产相同质量、规格的原材料。

上述三种方法，各有优、缺点，采用哪一种方法计算，要根据企业设备状况、技术条件、管理水平等具体情况来确定。一般来说，对于单项电耗定额，由于其影响的因素较少，电力消耗的过程相对较为简单，且易定量测定，采用技术计算法较为合适；对于综合电耗定额，因其构成较为复杂，影响因素又很多，目前多采用数理统计法。实测法通常是在无技术资料或资料不全的情况下采用。

7.2.4　电耗定额的计算

7.2.4.1　单项电耗定额计算

A　机台定额

机台定额是最原始的电耗定额。如纺织厂的细纱机、水泥厂的球磨机、炼铁厂的高炉等都可以制定机台定额。机台产品所消耗的电量，就是机台本身直接消耗的电量，它包括加工产品时直接消耗的有效电量，以及机台在起动、停、运、空转、保温、冷却和克服各种阻力时消耗的无效电量。机台定额可用下式计算：

$$D_{ej} = \frac{W_{yj} + \sum_{i=1}^{n} W_{sji}}{G_j} \qquad (7\text{-}10)$$

式中　D_{ej}——机台定额，kW·h/t 或 kW·h/m³ 或 kW·h/万元；

　　　W_{yj}——机台消耗的有效电量，kW·h；

　　　W_{sji}——机台生产时的各项损耗电量，kW·h；

　　　G_j——机台生产的合格产品的产量，t 或 m³ 或万元。

B　工序定额

工序定额也是原始定额，其所消耗的电量，也就是组成该工序的若干台设备所消耗的电量之和。如果每台设备都有机台定额，则该工序定额可按下式计算：

$$D_{eg} = \frac{\sum_{i=1}^{n} D_{eji}G_{ji}}{G_g} \qquad (7\text{-}11)$$

式中　D_{eg}——工序定额，$kW \cdot h/t$ 或 $kW \cdot h/m^3$ 或 $kW \cdot h/万元$；

　　　D_{eji}——工序内第 i 号设备的机台定额，$kW \cdot h/t$ 或 $kW \cdot h/m^3$ 或 $kW \cdot h/万元$；

　　　G_{ji}——与工序产量相匹配的第 i 号设备的产量，t 或 m^3 或万元；

　　　G_g——该工序生产的合格产品的产量，t 或 m^3 或万元。

如果组成工序的设备没有机台定额时，工序定额可按下式计算：

$$D_{eg} = \frac{\sum_{i=1}^{n} W_{yji} + \sum_{i=1}^{n} W_{sji}}{G_g} \tag{7-12}$$

式中　W_{yji}——工序内第 i 号设备的有效电量，$kW \cdot h$；

　　　W_{sji}——工序内第 i 号设备的损耗电量，$kW \cdot h$。

C　工艺定额

工艺定额也是原始定额，它所包括的用电量仅指各工序直接消耗的电量之和，不包括为生产工艺过程创造生产条件提供生产服务而消耗的间接用电量。工艺定额按下式计算：

$$D_{ey} = \frac{\sum_{i=1}^{n} D_{egi} G_{gi}}{G_y} = \sum_{i=1}^{n} D_{egi} K_{yi} \tag{7-13}$$

式中　D_{ey}——工艺定额，$kW \cdot h/t$ 或 $kW \cdot h/m^3$ 或 $kW \cdot h/万元$；

　　　D_{egi}——工艺流程中第 i 项工序的定额，$kW \cdot h/t$ 或 $kW \cdot h/m^3$ 或 $kW \cdot h/万元$；

　　　G_{gi}——与工艺产量 G_g 相匹配的第 i 项工序的产量，t 或 m^3 或万元；

　　　G_y——工艺生产的合格品的产量，t 或 m^3 或万元；

　　　K_{yi}——工艺生产的合格品产量与第 i 号工序的产量比值。

【例 7-2】　某水泥厂各工序的定额为：石灰石工序定额 $D_{eg1} = 3kW \cdot h/t$，生料工序定额 $D_{eg2} = 20kW \cdot h/t$，煤粉工序定额 $D_{eg3} = 20kW \cdot h/t$，煅烧工序定额 $D_{eg4} = 20kW \cdot h/t$，熟料工序定额 $D_{eg5} = 40kW \cdot h/t$，包装运输定额 $D_{eg6} = 10kW \cdot h/t$。根据水泥生产工艺要求，生产 1t 水泥需要 1.6t 生料、0.3t 煤粉，试计算水泥生产工艺定额。

解：根据生产工艺要求原料的配比，求出生产 1t 水泥时各道工序的产量比值为：石灰石工序 $K_{y1} = 1.6$，生料工序 $K_{y2} = 1.6$，煤粉工序 $K_{y3} = 0.3$，煅烧、熟料、包装工序 $K_{y4} = K_{y5} = K_{y6} = 1$。

根据式（7-13）计算水泥生产工艺定额为：

$$D_{ey} = \sum_{i=1}^{n} D_{egi} K_{yi}$$

$$= 3 \times 1.6 + 20 \times 1.6 + 20 \times 0.3 + 15 \times 1 + 40 \times 1 + 10 \times 1$$

$$= 107.8 kW \cdot h/t$$

7.2.4.2　综合电耗定额计算

A　车间定额

生产单一产品的车间，其车间定额可按下式计算：

$$D_{ec} = D_{eg} + \frac{W_{ej}}{G_{eg}} \tag{7-14}$$

式中　D_{ec}——车间定额，$kW \cdot h/t$ 或 $kW \cdot h/m^3$；

　　　D_{eg}——本车间内产品生产的工艺定额，$kW \cdot h/t$ 或 $kW \cdot h/m^3$；

　　　W_{ej}——本车间的间接生产用电量，$kW \cdot h$；

　　　G_{eg}——车间的产品产量，t 或 m^3。

对于生产多种产品的车间，其中某一产品的车间定额按下式计算：

$$D_{eci} = D_{egi} + \frac{W_{ej}K_i}{G_{egi}} \tag{7-15}$$

式中　D_{eci}——本车间第 i 种产品的车间定额，$kW \cdot h/t$ 或 $kW \cdot h/m^3$；

　　　D_{egi}——本车间生产的第 i 种产品的工艺定额，$kW \cdot h/t$ 或 $kW \cdot h/m^3$；

　　　W_{ej}——车间的全部间接生产用电量，$kW \cdot h$；

　　　G_{egi}——车间生产的第 i 种产品的产量，t 或 m^3；

　　　K_i——某一产品的车间间接用电量的分摊系数。

B　全厂定额

生产单一产品的企业，其全厂定额可按下式计算：

$$D_{eq} = \sum_{i=1}^{n} D_{eci} + \frac{W_{qi}}{G_{qc}} \tag{7-16}$$

式中　D_{eq}——全厂定额，$kW \cdot h/t$ 或 $kW \cdot h/万元$；

　　　D_{eci}——产品在第 i 车间的车间定额，$kW \cdot h/t$ 或 $kW \cdot h/万元$；

　　　W_{qi}——全厂的间接生产用电量，$kW \cdot h$；

　　　G_{qc}——全厂的产品产量或工作量，t 或 $万元$。

生产多种产品的企业，其中某一产品的全厂定额按下式计算：

$$D_{eqr} = \sum_{i=1}^{n} D_{ecri} + \frac{W_{qi}K_r}{G_{qcr}} \tag{7-17}$$

式中　D_{eqr}——全厂定额，$kW \cdot h/t$ 或 $kW \cdot h/万元$；

　　　D_{ecri}——生产的第 r 种产品在第 i 车间的车间定额，$kW \cdot h/t$ 或 $kW \cdot h/万元$；

　　　W_{qi}——全厂的间接生产用电量，$kW \cdot h$；

　　　G_{qcr}——全厂第 r 种产品的产量或工作量，t 或 $万元$；

　　　K_r——第 r 种产品的间接用电量分摊系数。

7.3　电耗定额管理

7.3.1　加强电耗定额管理的意义

加强电耗定额管理，就是要认真做好电耗定额的编制、上报、统计、分析和考核工作，以及制定降低单耗的技术措施并组织实施，其意义有：

（1）有利于促进经济用电。加强电耗定额管理，使定额真实地反映产品的电能消耗情况，促进企业经济使用电力。

（2）有利于提高生产效率。加强电耗定额管理，经常研究分析产品电耗定额的完成情况，从而能及时掌握生产各个环节存在的问题，及时采取有效措施予以处理，促使生产效率得到最大限度提高，实现优质、高产、低电耗和安全生产。

（3）有利于降低生产成本。加强电耗定额管理，可以提高企业的经营管理水平，推动生产技术、设备、工艺、质量、原材料等管理工作的向前发展，从而提高企业的全面管理水平，取得降低电能消耗、降低生产成本的效果。

7.3.2　电耗定额的管理

7.3.2.1　定额申报和核定

定额每年申报和核定一次。全厂定额由电力分配部门审批下达和考核；单项定额和车间定额由用电单位的主管部门审批下达和考核。

变更定额时，应由用电单位提出理由，并经原审批部门核准，才能变更。

7.3.2.2　定额编制、上报、统计、分析和考核

用电单位（及其主管部门）应做好定额的编制、上报、统计和分析工作，并根据批准的定额，制定和下达本单位车间、工段、班组的定额，定期考核，节奖超罚。

7.3.2.3　电能计量管理

用电单位应加强电能计量管理，健全计量检测手段。在车间、工段和大型机台等处配置电能计量装置，实现按产品分开计量，以保证统计的准确可靠。

生产多种产品而其用电量无法分开计量的用电单位（或车间、工段），其直接和间接用电量合理分摊，也可按某一产品为基准进行分摊。

7.3.2.4　电耗定额管理的责任制

用电单位及其车间、工段、班组的负责人，应对定额执行情况及时进行检查；各级电力分配部门也应负责进行监督检查。

用电单位应指定专人负责电耗的统计分析工作，并定期向电力分配部门报送定额执行情况。

7.3.2.5　影响产品电耗因素的原因分析及其改进

影响产品电耗变化的因素较多，归纳起来有两个主要因素：一个是产品生产过程中的耗电量因素；另一个是产品产量因素。因此，当耗电量和产品产量因素发生变化时，必将引起产品电耗发生变化。所以各类企业要充分分析并找出影响本企业这两大因素升降变化的原因，以便采取相应改进措施，降低电耗，力求企业达到先进合理的电耗定额。

第8章 工业企业管理信息系统与能源管理系统

8.1 工业企业管理信息系统

8.1.1 工业企业管理信息系统的发展趋势

目前，工业企业管理信息系统已由信息孤岛向集成化的方向发展。

集成化方向的突出代表是计算机集成制造系统（Computer Integrated Manufacturing System，CIMS）和企业资源计划系统（Enterprise Resource Planning，ERP）。

CIMS 是把企业生产经营活动的全部环节，通过以计算机为基础的各个子系统用网络有机地集成在一起，形成一个管理和控制一体化的完整体系，其目的在于提高劳动生产率，保证产品高质量、低消耗、低成本以及取得更大的管理效率，从而使企业具有极强的市场竞争力和获得最佳的经济效益。

CIMS 的雏形始于 20 世纪 60 年代的机器制造业，先是从数控机床发展起来，实现车间生产控制自动化，进而与计算机生产管理自动化结合起来，逐步发展形成一个管控一体化系统。但由于当时受计算机技术水平的限制，这种一体化系统的功能还是很有限的。

到了 20 世纪 70 年代，由于国际商品市场的激烈竞争，计算机技术的高速发展，计算机在企业商品制造、产品设计、经营管理等领域中进一步深入广泛的应用，促进了 CIMS 概念的形成。1973 年，美国的约瑟夫·哈林顿（Joseph Harrington）博士首先提出了 CIMS 的概念。哈林顿认为企业生产中各环节，包括市场分析、产品设计、加工制造、经营管理到售后服务是一个不可分割的整体。而整个生产过程实质是一个数据采集、传递和加工处理的过程，最终产品可以看成是数据的物质表现。从这两个基本观点出发，他提出了电子计算机可以把整个制造或生产过程集成起来的新概念。哈林顿以系统的观点（全局观点）用 CIMS 组织企业的全部生产经营活动的理论，很快地为各国企业界接受应用。CIMS 的原理也极大地推动了信息系统集成概念的发展。

随着市场竞争的进一步加剧，现代企业竞争空间与范围进一步扩大，已不再是单一企业与单一企业间的竞争，而是一个企业供应链与另一个企业供应链之间的竞争。20 世纪 90 年代初，美国的 Garther 集团提出企业资源计划的概念。ERP 的核心管理思想就是实现整个供应链的有效管理，以便适应在知识经济时代市场竞争的需要。亦即在知识经济时代，仅靠自己企业的资源已不可能有效地参与市场竞争，因此在 ERP 的系统设计中，不仅考虑企业自身的资源，还必须把经营过程中涉及的各方如供应商、制造商、分销商和客户等外部资源整合在一起，形成一个完整且紧密的供应链，优化各种资源配置，并对供应链上所有环节进行有效管理，这样才能有效地安排企业的产、供、销活动，满足企业利用全社会一切市场资源快速高效地进行生产经营的需求，从而达到降低生产经营成本、提高盈利水平的目标，在市场上获得竞争优势。

8.1.2　工业企业管理信息系统结构

8.1.2.1　CIMS 的五级结构

广义的工业企业信息化涵盖了生产自动化、控制智能化和管理信息化。

工业企业管理信息系统按 CIMS 不同层次的功能被分成五级，即检测驱动级、设备控制级、过程控制级、生产管理级和经营管理级，如图 8-1（a）所示。

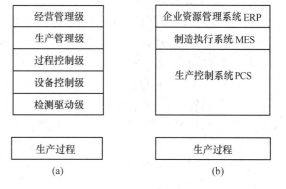

图 8-1　工业企业管理信息系统结构
（a）CIMS 的五级结构；（b）ERP 的三级结构

A　检测驱动级

检测驱动级采用传感与量测技术，对生产工艺流程的物理参数及闸阀、开关状态进行检测，以及驱动闸阀开关动作。早期的自动化仪表和传动多采用模拟技术，现已普遍采用先进的数字技术。

B　设备控制级（或基础自动化级）

设备控制级根据上级计算机下达的设定值，具体完成生产线范围内诸设备的直接数字控制、过程顺序控制、数据采集、过程画面、故障诊断和报警等功能。设备控制级主要由可编程序控制器（PLC）、分布式控制系统（DCS）以及实现设备控制级各项实时控制的个人计算机（PC）等组成，并以总线技术形成网络化。

C　过程控制级

过程控制级的主要功能是过程控制及优化。即根据上级计算机的要求，考虑约束条件，按照数学模型或人工智能计算所属子系统的参数设定值，同时实时监控各子系统协调运行，以实现系统的动态最优化控制。通常，过程控制级采用数台小型计算机局域网技术。

D　生产（制造）管理级

传统的工业企业生产组织中，往往把单元生产过程划分成车间、分厂或独立的工厂。生产管理级接受上级计算机的指令，编制本级车间/厂生产计划（包括产量、品种计划、日程计划、原材料及能源需要量计划等），担负生产管理事务，并进行数据收集、生成各类报表、文件传上级计算机，同时还对原料与成品（半成品）进行质量管理。生产管理级通常采用大、中型计算机。

E　经营管理级

经营管理级担负全企业经营和生产活动。企业经营和生产活动管理包括市场信息采集、订货处理、生产计划编制、物料管理、能源管理、质量管理、劳动人事管理、财务管理、设备维修及备件管理、发货管理、售后服务管理等。经营管理级计算机通常采用大型计算机。

8.1.2.2　ERP 的三级结构

随着信息技术、自动化技术和管理方法的不断创新，工业企业管理信息系统的五级功能结构发生了变化，功能框架被简化为三级，即生产控制系统（Process Control System，PCS）、制造执行系统（Manufscturing Execution System，MES）和企业资源计划系统（ERP），如图 8-1（b）所示。

A　生产控制系统

PCS 是现代三级结构的基础，也是传统意义的工业自动化控制系统，因此，PCS 实质上是将传统五级结构前三级的检测驱动级、基础自动化级、过程控制级予以合并后的简称。PCS 对企业各车间/厂（包括能源中心）的生产过程实行监测、控制和数据处理，它们接受从 MES 传来的作业指令，并将执行的结果变成生产实绩，回馈给 MES。

B　制造执行系统

MES 是对从下达订单到生产出最终产品的生产过程进行优化的信息系统。

由于不同特点的制造过程的特点不同，不同商业运作模式，制造与管理的接合部不同，因此所需的 MES 功能和侧重点也不同，例如钢铁企业 MES 的功能为：

（1）制造标准管理。根据订货合同需求，管理所产产品生产过程各工序的工艺制造标准和作业标准，执行这些标准的输入和维护。

（2）作业计划编制。根据 ERP 下达的日计划及当时的生产实绩，编制各机组的作业计划。

（3）生产指令生成及下达。根据确定的计划及质量设计结果自动生成指令及 PID 数据，将生产合同的要求自动转化成各个机组及设备的操作指令，进一步转化成各种基础自动化设备的控制参数，下达给相应的机组的 PCS。

（4）物料跟踪管理。MES 对存货信息与物料状态进行管理，根据生产实绩对计划和物料做相应的处理，设置计划执行状态和物料状态，并对物料生产进行生产履历跟踪。

（5）质量设计判定跟踪。MES 接收到 ERP 下达的生产合同后，选择最佳的生产路径，并根据选择好的工艺路径自动进行质量设计，形成各个机组及设备的操作指令和控制参数。同时下达各种物料的质量判定标准，MES 可以根据生产实绩中包含的实绩数据，例如尺寸、湿度、板形及各种测量值，把它们与判定标准自动进行对比，对不合格的产品设定状态标志进行在线封锁。

（6）生产实绩收集。各机组根据制造指令执行生产，产品产出后将生产过程中具体设定的参数及各种生产实绩，包括主原料和副原料的投用、各种测量设备测试的结果，上传给 MES。MES 根据生产实绩对计划和物料进行相应的处理，设置计划执行状态和物料状态，分品种规格地对生产结果进行实时统计。

（7）工序成本的实时监视。MES 可以按设定的成本控制点收集各工序的成本数据，同时收集生产过程中的能源消耗数据，向相关系统，如统计、财务等系统进行实时抛账，完成对生产成本的动态核算。

（8）生产设备运行状况监视。MES 还具有对生产设备的管理功能，监控重点设备并跟踪其运输状况和生产过程，确保作业计划能进行实时动态调整。

MES 有效地组织企业的设备、物料、能源、人力和资金，优化工厂的生产活动，使企业生产的产品在质量和数量和交货期上满足用户需求。

C　企业资源管理系统

企业管理信息化是个与时俱进的过程，ERP 也在不断发展完善。目前扩展的 ERP 完成企业管理各项任务，包括中长期生产计划管理、销售管理（含客户关系管理）、采购和供应管理（含供应链管理）、生产管理、质量管理、财务管理、设备管理和维修管理、能源管理、投资项目管理、人力资源管理、统计管理、公文管理和办公自动化等。

上述扩展的 ERP，指的是把客户关系管理（CRM）和供应链管理（SCM）的功能融入 ERP 的销售管理和采购管理系统，并且纳入了必要的办公自动化（OA）。扩展的 ERP，人们也称之为企业资源管理系统（ERM）。ERM、MES 与 PCS 构成了产供销一体化企业管理信息系统。

8.2 能源管理系统

8.2.1 能源管理系统简介

工业是国民经济最大的能源消耗部门。工业企业特别是大型钢铁企业消耗的能源介质有煤、煤气、重油、蒸汽、氧气、电力、水等。企业面对种类如此众多的能源介质，消耗量又是如此的巨大，如果没有一个对全厂能源进行分散控制、集中管理、优化分配的现代化管理系统，定将造成生产管理混乱，生产过程中的能源浪费。在以往，能源管理调度作业的主要工具是通信系统，技术手段落后。和电力系统的出现能量管理系统（EMS）一样，在 20 世纪 70 年代日本等国钢铁企业改革这种落后的调度方式，开始采用并逐步发展成目前的工业企业能源管理系统（Energy Management System，EMS）。能源管理系统在自动化、信息化和系统节能技术的支撑下，是一个集现场能源采集、处理和分析、控制和调度、能源管理为一体的管控一体化计算机网络系统。能源管理的目标是：通过改善能源管理，合理利用能源，提高能源综合使用效率，经济使用能源，最大限度地降低生产成本，从而提高产品的市场竞争力。

企业能源调度管理人员以及能源管理系统主要装备安置在能源中心（Energy Center，E/C）里，能源中心是对能源进行集中管理的设施。在我国，宝钢是第一个设置能源中心的钢铁企业。1982 年 4 月，从日本富士电机株式会社引进全套能源管理系统的宝钢能源中心投入运行。进入 21 世纪以来，继宝钢之后，武钢、沙钢、济钢、攀钢、鞍钢、马钢、太钢等陆续建起能源管理中心。

为便于管理，EMS 按能源介质性质划分成三个部分设置，即动力部分（包括煤、煤气、重油、蒸汽、氧气、氮气、氩气等）、电力部分和用水部分。此外，EMS 还设有环境监测装置，以最大限度地降低能源使用对环境的污染。本章在概要介绍能源管理系统之后，主要介绍其电力部分的功能。

能源管理系统电力部分的管理对象范围为全厂供配电系统的变电所（室），包括总降压变电所和各车间变电所。

8.2.2 能源管理系统的构成

8.2.2.1 能源管理系统的总体构成

设置能源管理系统的目的是提高管理水平，达到最大可能的合理、经济用能。完整的能源管理系统由管理部、检测部、报警处理部、操作部和档案处理部等部分组成，如图 8-2 所示。其中管理部是整个系统的核心。

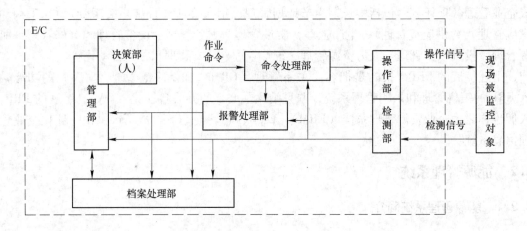

图 8-2　能源管理系统的总体构成

8.2.2.2　能源管理系统计算机的硬件体系结构

按照能源管理系统的总体构成要求，图 8-3 示出某大型钢铁企业能源管理系统计算机的硬件体系结构。该 EMS 是以可编程序控制器（PC）为基础级，组成现场数据采集站，这些控制器将所收集到的现场过程信号，通过以太局域网，传送给处理它们的工作站（服务工作站和过程工作站）。同样，也可以反向把来自工作站的过程变量通过控制器输出给过程。

在图 8-3 中，EMS 计算机的硬件系统包括：

（1）过程工作站（PWS）。图中有 7 台过程工作站，其中 1 台作为数据库站（DB），4 台作为动力、电力、用水、环境的监控站（OS），1 台作为工程师站（EP），1 台作为系统开发站（DEP）。PWS 用以完成大量数据的长时间存储、监控操作、数据处理和程序修改等功能。

（2）服务工作站（SWS）。4 台服务工作站作为现场监测数据及操作信号传输的中转站，对信号进行短时间暂存和处理。

（3）现场数据采集站（DAS）。15 台可编程序控制器（PC）用来收集现场被监控对象的有关参数的监测信号，以及用来向被监控对象发送操作指令。

（4）通信网络（CNW、NW）。能源管理系统要求具有一个高性能和大范围的通信系统，因而采用了"以太"（Ethernet）光纤局域网系统，使资源共享的程度大为提高。与普通同轴电缆网络相比，它具有如下优点：作为传输介质是非导电体；传输速率达 10Mbit/s；更大的传输范围（可达 4.6km）；抗电磁干扰；防分流；无接地问题。

EMS 也是一个具有完整能源监控、管理、分析和优化功能的管控一体化计算机信息系统，是钢铁企业整体信息化的一部分。EMS 与 ERP 相连，EMS 向企业 ERP 提供能源管理的各种数据，同时从 ERP、MES 及 PCS 获取企业的生产计划、维修计划、订单等信息及生产过程信息。

8.2.3　能源管理系统的功能结构

能源管理系统的功能结构如图 8-4 所示。

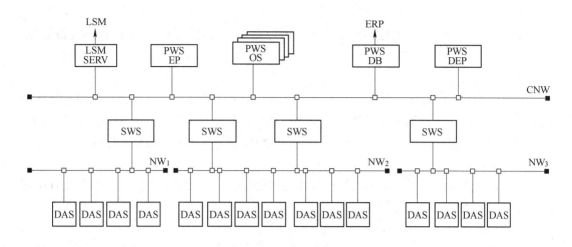

图 8-3　能源管理系统计算机的硬件体系结构

PWS—过程工作站；SWS—服务工作站；DAS—数据采集站；EP—工程师站；OS—监控站；

DB—历史数据库；DEP——系统开发站；CNW—中心网络；NW—网络；

ERP—企业资源计划系统；LSM—大屏幕显示器；SERV—服务器

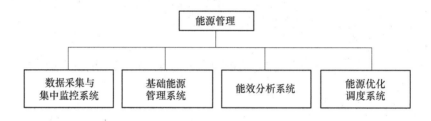

图 8-4　能源管理系统的功能结构

　　通常能源管理系统包括数据采集与集中监控系统、基础能源管理系统、能效分析系统及能源优化调度系统等。

8.2.3.1　数据采集与集中监控系统

A　数据采集系统

数据采集系统实现电压、电流、频率、功率、压力、流量、热值、温度、电导率、开度、水位、设备状态信号等实时数据的采集存储。

B　集中监控系统

集中监控（SCADA）系统对分散于企业各厂、各车间的生产重要参数和电力、水、动力（蒸汽、压缩空气等）能耗数据进行集中监视，以直观的形式向管理人员提供流程监视画面、报警监视画面、生产统计画面等信息，使管理人员能够及时、准确、全面地了解和掌握现场的情况，对生产过程中出现的异常状况进行及时干预，以提高能源质量。

监控系统中配置 Web 发布功能（瘦客户端），将最终的监视画面以 Web 形式发布，这样可以通过浏览器对监控画面进行远程访问。

监控系统画面按操作功能分为电力、水、动力三个子系统。

8.2.3.2 基础能源管理系统

基础能源管理系统一般包括计划实绩、运行支持、质量管理、能源监察、设备管理、系统节能与环保管理等功能。

A 计划实绩

计划实绩功能是指根据各工序产品生产计划，按工序各能源介质单耗，预测一定时期内的能源需求量，并在期末通过能源计量规划点统计完成的实绩量，在后续各计划期中，以历史实绩为参照，不断修正能源计划量，以达到计划量与实绩量的不断趋近。

B 运行支持

能源运行支持提供对能源调度的日常性工作进行登记与管理的功能，包括调度日志管理、停复役管理、重要事件管理等。

C 质量管理

能源质量管理主要是对能源介质的质量指标进行监测管理，编制各类能源质量报表，同时对各类指标进行跟踪监控，避免不合格的能源介质供应，确保企业整个能源系统的优质稳定供应。

D 能源监察

能源监察是指能源管理部门对企业由产能到用能整个链路环节进行检查，发现能源隐患时，对存在的隐患提出整改意见的过程记录功能。

E 能源设备管理

能源设备管理是能源管理部门在管理范围内，为保障能源系统正常运行，对需要关注的设备进行管理。

F 系统节能与环保管理

系统节能是采用信息化技术来优化能源管理，通过优化能源调度和平衡指挥系统，节约能源和改善环境。为达到这一目标应该建立以能源中心为核心的新一代能源管理系统。新一代能源管理系统贯穿了从能源发生（或输入）开始，经能源分配和传输、能源使用（消耗）的全过程。同时应用信息化技术对这个过程进行分析、评估和进行量化计算，促进能源管理技术的发展。

8.2.3.3 能效分析系统

一般来说，能效分析系统包括实绩分析、对标管理、能效分析及节能对策四大模块。

A 实绩分析

根据自动采集的数据，准确计算本期各种相关能耗数据，检测企业及工序的物流图、能流图，准确地描述企业能源、资源的来龙去脉，确实把握企业的能耗现状。

B 对标管理

构建企业、工序、设备等多个层面的能效指标体系，通过横向与先进企业对标，找到能效水平差距；通过纵向与企业历史最佳指标对比，找出企业取得的进步和存在的差距。

C 能效分析

应用 E-P（物流-能流）分析、OLAP（多维度）分析、多因素分析等方法，挖掘企业在直接节能与间接节能方面的潜力、关键设备在运行优化方面的节能潜力。

D　节能对策

根据分析结果，从 11 个方面（生产布局、外部条件、原燃料条件、工艺流程、工艺设备、辅助设备、工艺操作、热工操作、产品结构、副产品、废弃品及废能的处理）、三个层次（企业、工序、设备）、两流（物质流、能量流）等方面提出阶段性节能对策，指导企业节能与能源管理工作。

8.2.3.4　能源优化调度系统

能源优化调度系统主要包括能源供需预测与能源优化调度两大模块。它们是企业能源管理系统重要应用的基本组成部分。

A　能源供需预测

能源供需预测是企业能源管理系统进行能源在线平衡调度的基础。没有能源供需预测，就不能进行能源调度的平衡分析与优化。

企业能源供需预测方法，根据预测的时效性，可归纳为三种：

（1）基于生产排程的预测方法，主要用于能源中、长期预测，为合理安排能源计划提供依据。

（2）基于时间序列的预测方法，用于能源短期预测。

（3）智能模型预测方法，用于影响因素复杂的用户能源预测。

B　能源优化调度

能源优化调度的关键在于建立优化调度数学模型。建模过程中，目标函数设计至关重要，其直接影响各种能源介质供应量及整个系统的能源调度。一般来说，钢铁企业能源优化调度可以单位最终产品综合能耗最少和单位最终产品总能源消耗成本最少为优化调度目标。

8.2.4　能源管理系统电力部分的功能

EMS 电力部分的功能可分为数据收集功能、监控功能和管理功能三部分，如图 8-5 所示。

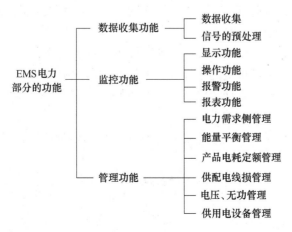

图 8-5　EMS 电力部分的功能

8.2.4.1 数据收集处理功能

A 实时数据收集

实时数据收集是 EMS 最基本的功能项目。EMS 电力部分所采集的实时数据是指现场设备和系统的运行状态和生产情况等的过程量。该过程量按传送信号类别可分为状态量、模拟量和脉冲量三种。

（1）状态量。断路器和隔离开关状态、报警等均用状态量表示。一般状态量用 1 位或 2 位二进制的位表示：1 位可以表示开与合两种状态；2 位可分别表示开与合，可以检测状态量出错（例如 00 配合）。有时用 3 位甚至可以表示合—开—合的重合闸过程。由于状态量使用二进制的数字信号传送，这些信号一般是不需要转换即可以被计算机所接收。

状态量在应答式运动中正常情况下是在出现变化时才传送，在循环式运动中正常情况下按某一周期循环传送。

（2）模拟量。电压、电流、有功功率、无功功率、频率、功率因数、温度等均用模拟量表示。一般这些量随时间推移而变化。模拟量反映的是测量对象的瞬间状态。

模拟量通过安装在现场的各种检测器及变送器，被转换成统一的直流电流或电压信号，使之与 EMS 的输入匹配。模拟信号主要选用直流电流信号，距离很近的（200m 以内）用屏蔽电缆时才采用电压信号。常用的模拟信号规格见表 8-1。

表 8-1 常用的模拟信号规格

信号类别		一 般 规 格	推荐值
电流	单向/mA	0~1,0~5,0~10,0~20,4~20(双线变送器)	4~20
	双向/mA	±1,±5,±10,0~0.5~1,4~12~20 或 4~20(四线变送器)	4~12~20
电压	单向/V	0~5,0~10,1~5	1~5
	双向/V	±5,±10,0~2.5~5	0~2.5~5

将模拟量从现场送往 E/C 的 EMS 可以采用数字式送量法和直送法两种传送方式。

1）数字式送量法：即把模拟量通过 A/D 转换器转换为数字量传送。

2）直送法：即把模拟量直接传送。

模拟量在显示或送往其他应用程序之前需要进行刻度变换，一般是线性变化，偶尔也有非线性变化，因此每个模拟量的标尺也要保持在数据库中。

模拟量的采集在循环式远动中以某一周期做循环扫描；在应答式远动中，则对比前一次传送的值超过某一死区时才传送一次。

（3）脉冲量。有功电度、无功电度等累计值数据均用脉冲量表示，即电量值由脉冲计数方式得到。

此外，还有些数据可通过对现场实测数据计算后求得（如通过有功功率和无功功率计算出视在功率等）。

B 信号的预处理

预处理是指对收集到的信号根据信号的性质做初加工和初步浓缩。

a　信号预处理的目的

在对现场过程数据的采集中，不可避免地存在着种种测量误差（随机误差、系统误差、粗大误差等），为了提高测量精度，必须设法尽可能地消除或减小误差。同时，信号在传输过程中还可能受到干扰，也必须设法滤除干扰。此外，为了减轻通信网络和过程工作站的负担，对进入系统的 4 ~ 20mA 的标准信号不仅需换算成有单位的真值，并需对信号进行压缩处理。

b　信号预处理方法举例

信号预处理的方法很多，在设计应用软件前应根据具体对象（信号）的特性确定选用某种方法。在 EMS 中信号预处理的方法一般有：

（1）提高测量值的可信度多采用算术平均法。例如系统需要某一参数每秒一个测量值，为了提高其可信度，可以每秒实测 5 个值，以这 5 个值的算术平均值作为该参数的每秒测量值。根据各种参数的不同特点，可以选用如几何平均值、面积平均值、中心值、组中值、最频值等。

（2）滤除干扰的方法也很多，例如上例中每秒测 5 个值，采取消除最大值和最小值，再将剩余的三个值求出算术平均，这样就可使大部分的干扰影响得到消除。

（3）信号压缩的方法有比较法和延长传送数据间隔法两种。

1）比较法。由于能源系统的参数变化均较平稳，变电所的断路器更是极少动作，因此可以采用比较法压缩信号。如当系统收到现场输入的模拟量信号，与其前次信号相比，二者相差小于某设定值（例如3%）时，又如输入的是状态量信号，与其前次信号相比相同时，均认为该变量无变化。上述情况前置处理器（服务工作站）不发送信号，过程工作站认定该变量保持原值。所以在信号传送中要求每个被传送的信号标上检测时间，为此要求整个系统的时钟同步。

2）延长传送数据时间间隔法。根据管理工作的需要，一些数据可以每分钟取值，一些数据可以 10min 取值，从而可按需要情况减少信号的传送。

以上的信号压缩是指系统正常运行时的情况。对某些特别重要的数据，如总降压变电所的受电和馈电回路发生异常情况，为了事故追忆的需要，应把发生异常情况前、后 2s 和 3s 的测量值记录下来，并存入历史数据库，以备今后分析事故参考。上述异常情况是指参数超过最大值或低于最小值或变量变化率超过某指定值。

C　实时数据库

实时数据库保存经实时数据收集和预处理后的数据。数据保存期按需要和可能选定。

实时数据库收集到的数据，按系统要求可能要进行再加工，总之所有现场数据均应达到过程工作站的输入要求。

本数据库设有终端，可供预处理功能进行监视。

8.2.4.2　监控功能

能源管理系统电力部分的监控功能通过监控站（OS）进行。监控站是指监控用过程工作站，包括监控台和数据库。监控工作通过监控台上的 CRT、键盘和鼠标实现。CRT 提供各种画面。

监控功能是能源管理系统的重要功能，其内容包括显示功能、遥控功能、报警功能、报表功能。

A　显示功能

显示功能是能源管理系统向值班人员提供直观、确切的实时数据信息和历史数据信息画面，据以进行监控的基础。其画面种类大致有：

（1）总貌画面。显示全厂供配电系统的总貌，有时称常驻画面，它是供值班人员日常监视用的最重要的画面，如图 8-6 所示。画面上应表示数据和状态，并表示系统平衡表，如标明主要设备投入运行的情况、系统是分列运行还是并列运行、当前的负荷情况、购入还是售出电力、本月耗电量、加权功率因数等关系企业的经济和运行情况等。画面上还可表示某些母线的电压和频率值。

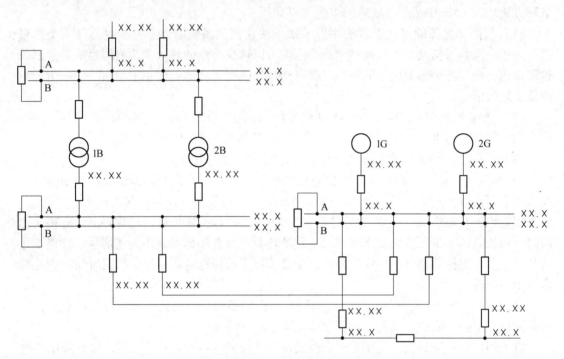

图 8-6　供配电系统常驻画面

（2）操作画面。操作画面是供值班人员操作现场设备用，如图 8-7 所示，画面表示某变电所的总貌系统，在画面的下部或一侧设操作功能键。

（3）报警显示。无论当前 CRT 上是何种画面，一旦发生事故，该画面上就应立即显示报警信息。如在图 8-7 中，画面上部留有报警文件显示窗口。也有采用在画面的最上部或最下部显示一条报警信息的。

（4）事故记录报表画面。事故记录报表画面是供了解事故情况和查询历史事故情况用。此报表应记录事故发生的时间和地点（对象标志号、对象名称）、事故名称、确认者及确认时间、恢复时间。信息中发生、确认、恢复部分可用三种颜色区分。事故记录报表可以在事故文件窗中显示，文件窗中的条文，以新推旧逐步推移。事故记录报表画面还可通过打印机输出上报。

（5）操作记录报表画面。操作记录报表画面记录操作发生的时间、部位（对象标志号、对象名称）、操作行为、操作者代码。

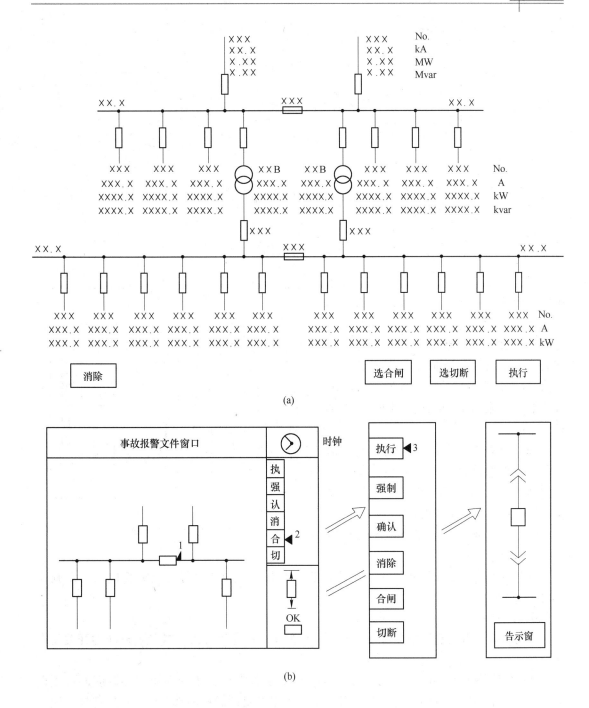

图 8-7　变电所操作画面

（a）操作功能键在画面下部；（b）操作功能键在画面一侧

（6）参数的趋势画面。当需要了解某个参数变化的情况，可将该现场数据绘成曲线，做成参数的趋势画面。一般每帧可绘 8 根曲线，每根曲线可以有自己的坐标，如图 8-8（a）所示。但每帧的坐标系不宜太多。如果需要观察几个参数变化的相互关系，则可将曲线绘在同一坐标系中，而每帧的曲线仍不超过 8 根，如图 8-8（b）所示。

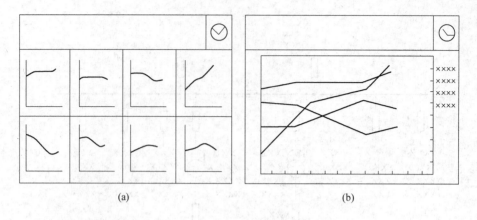

图 8-8　趋势画面

（7）棒形（柱形）画面。参数值采用棒形图画面显示，要比数值显示更形象化，便于参数的静态比较。棒形图形每帧不超过 8 个。在图形上、下可用数字表示其实际值、上限值、下限值、设定值等，如图 8-9 所示。另外，为了醒目，上、下限和设定值也可加上图形表示。

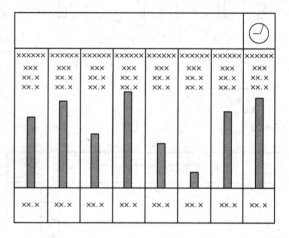

图 8-9　棒形图画面

（8）电力继电保护整定值。整定值画面表中设回路号、主保护和后备保护装置名称及其整定值（电流、电压、动作时间等）以及整定者的代码。

（9）其他画面，如控制系统的逻辑图、时序图等。

（10）画面目录。画面目录一般做成格子图形，被选画面可用光标直接从目录画面调用。

B　遥控功能

遥控功能是指在能源中心对现场设备进行操作。选择远方操作或就近操作的开关设在现场。

操作的程序如图 8-10 所示。在现场选择远方操作的前提下，能源中心调度即可预选操作方式（手动、半自动、自动等）和对象，如果有错则做重新选择或撤销原选择。确认无误后，选定操作类别（合、分或起动、停止或设定等）。再次确认无误后，发出执行命令。如果有错还可重新选择操作类别。

被控对象的控制系统在得到执行命令后，完成动作并给出新的状态信号。有的系统在选择对象后会在操作区显示如图 8-7（b）所示图形，告示窗会显示"√"（同意），"!"（慎重）需"确认"一下，"×"（禁止），"-"（在就近操作）。系统显示"慎重"后的确认，必须操作一次"确认"，这次确认是要求操作者再考虑一下是否正确无误。

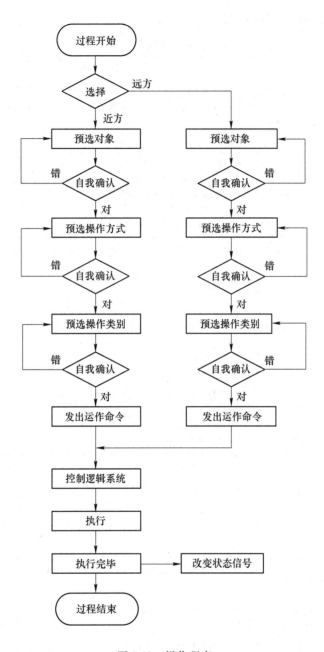

图 8-10　操作程序

通常操作由鼠标和键盘实现。

C　报警功能

a　报警的方式

能源管理系统电力部分使用视觉和听觉两种类别的工具对各种异常事件发出警报。当需要指示事件发生的时间和具体场所、对象、严重程度和事故类别时，可采用灯光、LED、CRT 等视觉信号报警；当需要提示值班员注意出现异常事件时，则采用电铃、蜂鸣器、语言等听觉信号报警。

能源管理系统电力部分的报警方式见表8-2。

表8-2　报警方式

类别	方式	说明
视觉	灯光（或LED）	闪烁：0.67~1.67次/s; 变色：一般以黄色表示严重故障，如要求区分几种不同故障，宜选几种易分辨的色灯或光示牌
	光示牌	灯光与文字组合，起明显的提示功能
	CRT屏幕显示	图形闪烁：1次/s; 变色：一般选用与信号灯相同的颜色，但CRT可用两种颜色相并的图形表示不同的故障，还可采用反转方式（如红底白字反为白底红字）； 变图形：如在原图形上加"×"； 文字形式：报警窗提供事故的全部信息是最直观的方式
听觉	电铃和蜂鸣器	电铃和蜂鸣器可用以区分两种信号，提示值班员去查看"视觉"信号，听觉信号的响度约为65dB
	电声器	电声器的音频可以选择，响度可以调节，其作用同电铃和蜂鸣器
	语言	可事先录就或声音合成的，如"××变电所故障"等；当发生故障时，由扬声器发出相应的语言信息；这种方式比一般听觉信号传递的信息多，可缩小值班员寻找事故的范围，节省时间

b　报警的分级

能源管理系统电力部分的报警按事故严重程度分成最轻、轻、中、重四级。报警的分级详见表8-3。

表8-3　报警的分级

级别	说明	视觉	听觉
0级（最轻级）	系统出现短暂异常，不影响正常运行，如数据瞬时丢失，很快又恢复正常	LED闪烁	
1级（轻级）	系统出现异常，但生产仍在正常运行，如备用设备自动切换成功； 出现事故苗头，允许等待一段时间进行检查，暂时不必停止生产运行，如变压器的轻瓦斯保护动作或温度报警，预测到可能在1h内超限等	闪烁、变色	语言
2级（中级）	系统出现故障，只能维持部分生产或低压负载生产，如两台工作机械中的一台自动切换失败等	闪烁、变色	语言、音响
3级（重级）	系统出现必须立即停止生产的重大事故，如馈线的短路保护动作等	闪烁、变色	语言、音响

c　报警的逻辑

能源管理系统电力部分因是全厂性的，某一上级站、所的故障会波及下一级站、所，所以报警功能应对输入的事故信息进行逻辑推理，判断真正的故障原因，以便给值班人员作出明确的显示。因此需要对事故原因进行排队，在队列前面的将是故障的祸首。表8-4举出供配电系统出现低电压报警的各种因果关系。低电压的原因可能是由于上级变电所低电压造成，也可能是短路故障造成的，如果是后者则应表示短路故障，而不需要发出低电压报警。

表 8-4　供配电系统事故的因果序列举例

系　　统	事故因果序列
	电网低电压 B_1 两侧开关跳闸　过电流保护动作 　　　　　　　　B_1 差动保护动作 　　　　　　　　B_1 重瓦斯保护动作 $G_1 \cdots G_n$ 跳闸　过电流保护动作 　　　　　　　接地保护动作 M_1 母线低电压
	B_{10} 两侧开关跳闸　过电流保护动作 　　　　　　　　B_{10} 差动保护动作 　　　　　　　　B_{10} 重瓦斯保护动作 $Z_1 \cdots Z_n$ 跳闸　过电流保护动作 　　　　　　　接地保护动作 M_{10} 母线低电压
	B_{100} 两侧开关跳闸　过电流保护动作 　　　　　　　　B_{100} 重瓦斯保护动作 $S_1 \cdots S_n$ 跳闸　过电流保护动作 M_{100} 母线低电压

d　事故数据记录

事故数据记录是分析事故和预防事故的宝贵资料，它分为事故顺序记录和事故追忆两部分。

（1）事故顺序记录。事故顺序记录即按系统事故发生先后的顺序记录、存档。事故顺序记录通常采用事故记录报表的形式存放。此报表应记录事故发生时间和地点（包括对象编号、对象名称）、事故名称、确认者及确认时间、恢复时间及附注等内容。报表制成后存入历史数据库。在报表中还可采用不同颜色区别各种报警的级别。

（2）事故追忆。事故追忆功能用于记录事故发生前后的参数变化情况，并存入历史数据库。

8.2.4.3　管理功能

A　电力管理

（1）电力计划编制。企业生产计划是电力计划编制的基础，它可由 CIMS 取得。企业电力计划以年、季、月、日为单位，一般采用单位产品电耗量法进行计算。单位产品电耗量的值由 EMS 收集。单位产品电耗量与计划产量相乘即可求得计划总生产用电量。电力计划也可供企业计算该时期需购入的电能数量。

（2）电力预测与负荷调整。电力预测是根据企业在前一段时间电耗量的变化趋势来推测其未来的演变趋势。电力预测的目的是保证企业按与电力公司所签合同规定的每小时电力最大需量限额内用电，实现企业计划用电管理。预测的方法很多，对于参数（电耗量）波动较大的情况，一般采用回归技术，对于参数波动较小的情况，则采用平滑技术。

例如：根据全厂 15min 内每分钟的耗电量（共 15 个值）预测后 1h 的电耗量。采用最小二乘法的一次线性回归方程，1h 的电耗量预测可由下式求得：

$$W_h = at + b \tag{8-1}$$

式中　W_h——电耗量，$MW \cdot h$；

　　　　t——时间，min；

　　a，b——系数。

系数 a 由下式求得：

$$a = \frac{\sum_{n=1}^{15} S_{tn} S_{whn}}{\sum_{n=1}^{15} S_{tn}} \tag{8-2}$$

式中　S_{tn}——$S_{tn} = t_n - \bar{t}$，$n = 1 \sim 15$；

　　　S_{whn}——$S_{whn} = W_{hn} - \overline{W_{hn}}$，$n = 1 \sim 15$；

　　　　$\bar{t}$——15 个 t 的平均值，$\bar{t} = [(t-15) + (t-14) + \cdots + (t-2) + (t-1)]/15$。

系数 b 由下式求得：

$$b = \overline{W_h} - a\bar{t} \tag{8-3}$$

式中　$\overline{W_h}$——15min 电耗量的平均值，即 15min 电耗量之和除以 15。

计算结果可用图 8-11 的形式在屏幕上显示出该电力预测画面。当所得预测结果超出合同量时，调度人员当把预测结果作为参考，结合经验和当时潮流情况、作业情况进行综合判断后，作出调整电力负荷的指示。如采取甩零星次要负荷、甩允许短时停产的大负荷、禁止大负荷起动等措施来降低最大需量，减少超限罚款。

此外，如果厂内有大用电负荷（如大电弧炉或大型轧机负荷）投入或退出运行，为了提高预测的精度，应考虑大用电负荷投入和退出运行对预测值的影响，为此需对原预测线进行修正，如图 8-12 所示。

（3）潮流监视处理。按一定周期（1min）对各变电所电力的运行情况加以扫描，进行潮流监视，并用电力 CRT 显示，显示画面内容有：

1）电力综合潮流，显示出各变电所有功功率、无功功率的输送状况。

2）电力点潮流，显示各变电所主要馈电线的有功功率、无功功率的状况。

由 1）项过程处理送来的电力数据，与预先设定的上、下限值比较，发生超越上、下限值时认为潮流异常，当即发出报警，与之相对应的电力 CRT 显示潮流异常系统的

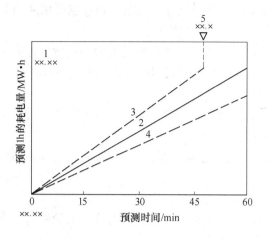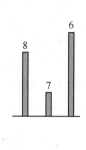

图 8-11　电力消耗预测线

1—合同规定的每小时购电量；2—合同规定每小时购电量的增长线；3—预测的购电量增长线（超过合同规定）；
4—预测的购电增长线（未超过合同规定）；5—提前达到规定购电量的时间；6—前 15min 实际用电量；
7—前 15min 实际自发电量；8—前 15min 实际购电量

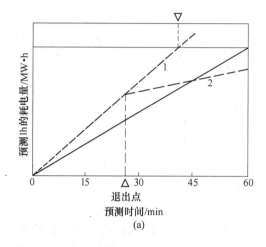

(a)

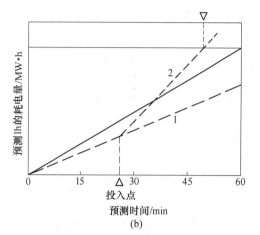

(b)

图 8-12　修正后的电力消耗预测线

（a）大负荷退出工作；（b）大负荷投入工作；
1—原预测线；2—修正后的预测线

画面，为调整电力负荷提供必要的判断信息，操作员据此调整供需，确保电力的稳定供给。

（4）用电分析。用电分析的目的是考核和促进企业按计划供用电合同用电。EMS 电力部分提供用电分析的基础资料有：

1）电力计划及完成情况报表。

2）各车间（或分厂）电能消耗量报表以及全厂电能消耗量报表。

按期对电力计划及完成情况进行检查分析，分析超用或少用的原因，针对存在的问题，提出改进对策。

各车间电能消耗统计报表不仅是向各车间收费的依据，同时也可用来和全厂电能消耗量相校核，分析产生差额的因素，从中找出损耗所在。

（5）电力需求侧管理。在企业能源管理系统中，有关电力需求侧管理的主要任务是按供电合同的要求，移峰填谷调整负荷，提高电能利用率和降低单位电耗量。

B　电能平衡管理

电能平衡工作纳入EMS进行管理，其目的是提高电能利用率，实现企业合理用电。

EMS进入电能平衡管理的主要内容有：

（1）将用电系统内供给电能、有效电能、损失电能的测试计算结果制成电能平衡表。

（2）计算出各单项电能利用率和企业总电能利用率。

（3）分析电能平衡表，找出电能利用率偏低的项目，供管理人员做进一步分析整改。

C　产品电耗定额管理

产品电耗定额管理的内容包括：

（1）在生产情况正常、工作方式经济合理、电能损耗最低的条件下，参照先进定额和考虑综合能耗最佳的原则下编制电耗定额。

（2）取历史数据库的数据中的实际电能消耗数据与产品生产实际数据，求得单位产品电耗。

（3）分析实际单位产品电耗与单位产品电耗定额的差值，找出产生差值的原因，以便采取措施降低单位产品电耗。

D　供配电线损管理

供配电线损管理的内容包括：

（1）定期分压、分区进行供配电网络的理论线损电量和线损率计算。

（2）与前一次线损理论计算结果进行对比，从中检查降损措施的实施。

（3）与同期供配电网络的统计线损电量和线损率进行对比分析，找出两者差值及产生差值的原因，有针对性地采取改进措施，将线损降到合理范围。

E　电压、无功管理

对用户供电的电压质量，是以用户受电端电压质量来考核的。除供电部门采取电压、无功管理措施保证用户受电端电压质量符合电压质量要求外，电压质量还与用户自身负荷特性、无功补偿方式、容量及调节能力等有关。因此，企业用户也需加强电压、无功管理，主要内容包括：

（1）对总降压变电所及各车间变电所受电端的电压进行监测。

（2）保持无功就地平衡，按电压或功率因数自动投切无功补偿设备。既要防止低功率因数运行，也要防止在低谷负荷时向电网反送无功电力，并监督《功率因数电费调整办法》执行情况。

（3）在无功补偿设备全部投入仍不能保证电压质量时，应采取调整变压器分接头等调压措施。

F　供用电设备管理

对供用电设备管理的目的在于：保证供用电设备持续安全经济运行；降低供用电设备维修费用。

供用电设备管理工作的主要内容有：

（1）制定供用电设备的运转计划。

（2）建立设备管理档案，包括设备运行记录、设备基础技术资料等的建立。

（3）制定检修计划。

为保证供用电设备持续安全经济运行，现代化工厂都设置设备集中监视诊断系统，以便全面掌握设备的运行状态。随着计算机网络技术的高速发展，各种设备监视诊断系统都朝着计算机网络化的方向发展。企业各变电所（室）的供配电设备监视诊断系统，一般由接在 EMS 网络中的专设的微机完成。而车间供用电设备的监视诊断系统则接在 ERP 的各车间自动化系统的 PCS 上。

最后必须指出，为加强用电管理，企业能源部应配备专职技术人员负责上述管理功能的实施。

下篇 输配电、发电系统智能节电技术

第9章 电力需求侧管理与智能电网

9.1 电力需求侧管理

9.1.1 电力需求侧管理基本概念

20世纪70年代初爆发的世界性能源危机，促使作为重要能源生产的电力行业也从系统的角度进行反思，认识到与其在电力供应侧新建电厂增加发电，还不如在需求侧深挖节电潜力，减少或延缓电厂及电网建设更为经济合理，从而走向整合电力供需侧各种形式的节电资源，提高能源资源利用效率，有效减少资源消耗，实现供需资源协同优化整合的系统节电之路。1981年美国电力研究院（Electric Power Research Institute，EPRI）提出电力需求侧管理（Demand Side Management，DSM）。电力需求侧管理是指通过采取有效的激励措施，引导电力用户改变用电方式，提高终端用电效率，优化资源配置，改善和保护环境，实现最小成本电力服务所进行的用电管理活动。它是在传统的负荷管理的基础上，考虑电力系统发电、供电、用电是同时进行的特点，那种仅靠电力部门单方面采取强制性负荷管理措施是不够的，还必须有用户的积极参与，整合电力供需侧节电资源，才能解决电力供需之间的固有矛盾，取得双赢的效果。

由于DSM是一种先进的能效管理、负荷管理新方法和长效的节电运作新机制，因而很快地在数十个国家和地区得到广泛应用。20世纪90年代初，DSM理念引入到我国，受到我国政府和电力部门的高度重视并推广应用。自DSM引入以来，已在调节电力供需平衡、提高电网负荷率、促进节能减排以及应对自然灾害、维护缺电地区社会和谐稳定、保障电力系统安全稳定运行等方面发挥了重要作用。

与电力需求侧管理同时引入的还有综合资源规划（Integrated Resource Planning，IRP），DSM是IRP的重要组成部分，IRP是一种把电力需求侧管理资源与电力供应侧资源同等对待的资源规划方法，在社会资源规划和电力规划中应用IRP，可以实现电力应用的社会效益最大化。

9.1.2　电力需求侧管理实施手段

实现 DSM 需要采取多种手段，包括技术手段、经济手段、引导手段、行政手段。

9.1.2.1　技术手段

电力需求侧管理包括能效管理和负荷管理两大部分。能效管理是指通过用户采用先进的节电技术、管理手段和高效设备提高终端用电效率，减少电量消耗，降低产品（产值）单耗。其中，峰荷期间运行的高效节电设备还可降低电网的最大负荷，从而获得减少电力需求，减少系统装机容量，降低输电设备投资等方面的效益。负荷管理是指通过负荷调整措施改变用户的用电行为和用电方式，从而达到降低电网的最大负荷，取得节约电力，减少系统装机容量的效果。应用技术手段的目的，在于引导用户实现提高终端用电效率或改变用电方式。

A　提高终端用电效率

提高终端用电效率是通过引导用户采用先进的节电技术和高效设备来实现的，我国近期重点推广的节电技术和设备有绿色照明、电动机系统节能、变频调速、节能变压器、无功自动补偿、高效节能家用电器、建筑节能、热泵、空调系统、高效电加热、热电冷联产等。

B　改变用户的用电方式

改变用户用电方式是通过电力负荷管理技术来实现的。亦即通过负荷管理系统采用调整负荷的措施，改变用户电力需求在时序上的分布，削峰、填谷、移峰填谷，以保持电力系统发、供、用电平衡协调，使有限的电力资源得到优化配置和对电能的优化利用。

调整负荷的主要措施有：

（1）削峰。削峰是指在电网峰荷时段减少用户的电力需求。削峰的控制手段主要有两种，即直接负荷控制和可中断负荷控制。

直接负荷控制是指在电网峰荷时段，系统调度人员通过负荷控制装置控制用户终端用电的一种方法。由于它是随机控制，往往冲击生产秩序和生活节奏，大大降低了用户峰期用电的可靠性，虽然对参与直接负荷控制的用户按合同约定可以享受较低的电价，但大多数用户不易接受。直接负荷控制多用于工业的用电控制，以停电损失最小为原则进行排序控制。

可中断负荷控制是根据供需双方事先的合同约定，在电网峰荷时段系统调度人员向用户发出请求信号，经用户响应后中断部分供电负荷的一种方法。它特别适合于对可靠性要求不高的那些用户，主要应用于工业、商业、服务业等。可中断负荷控制是有一定准备的停电控制，且由于按合同约定的低电价或给予中断补偿，有些用户愿意以降低用电可靠性为代价减少电费开支。

（2）填谷。填谷是指在电网负荷低谷时段增加用户的电力需求。较为常用的填谷技术有：增添低谷用电设备，在夏季尖峰的电网可适当增加冬季用电设备，在冬季尖峰的电网可适当增加夏季用电设备。在电网日负荷低谷时段，鼓励用户投入电气锅炉或蓄热装置采用电气保温，在冬季后半夜可投入电暖气或电气采暖空调等进行填谷。

（3）移峰填谷。移峰填谷是指将高峰负荷的用电需求推移到低谷时段，同时起到削峰和填谷的双重作用。目前正在使用的蓄冷蓄热技术是移峰填谷行之有效的技术手段。

随着工业现代化的发展和人民生活水平的提高，空调用电量越来越大。如何节约空调制冷用电及将制冷转移到夜间低谷用电，并将夜间制得的冷量储存起来供白天高峰时使用显得越来越重要。我国从 20 世纪 90 年代初吸取国外的经验开发研究的集中式空调蓄冷节电技术，就是将空调在后半夜电网负荷低谷时段制冷，并把冰或水等蓄冷介质储存，在白天或前半夜电网负荷高峰时段再把冷量释放出来转换为空调冷气，达到移峰填谷的目的。这样做既可缓解高峰电力不足，又可利用夜间气温低制冷单耗小的有利因素节约电力。有关蓄冷式空调已在 3.10.3.2 节中介绍，这里恕不赘述。

同样，蓄热技术是在后半夜负荷低谷时段，把锅炉或电加热生产的热能储存在蒸汽或热水蓄热器中，在白天或前半夜电网高峰时段将热能用于生产或生活等来实现移峰填谷。

此外，随着电网智能水平以及电动汽车保有量的大幅提高，未来电动汽车的车载电池可成为智能电网中的分散式储能单元，参与在电网负荷高峰时段由电动汽车车载电池向电网传输电能，而在低谷时段由电网为电动汽车车载电池进行充电。这样能够有效降低电网峰谷差，降低传递调峰备用发电容量，提高电网利用效率。

C　改变用户的用能方式

1978 年以后分布式能源与能源系统优化利用技术的高速发展，改变了人们的用能方式。因此 DSM 定义中在引导用户改变用电方式，提高终端用电效率之后应增添改变用户用能方式的新内容。改变用户的用能方式是通过应用分布式能源与能源系统优化利用技术来实现的。分布式能源与能源系统优化利用技术为能源梯级利用、资源综合利用、新能源和可再生能源的综合优化利用，实现充分利用各种能源资源，乃至实现能源效率最大化和效能的最优化提供了可能。

9.1.2.2　经济手段

电价是电力需求侧管理中重要的经济手段，是建立电力需求侧管理市场机制的重要环节。电价是一种很有效而且便于操作的经济激励手段，激励用户改变消费行为和用电方式。目前国内外通行的电价有容量电价、峰谷分时电价、季节性电价、可中断负荷电价等。

（1）容量电价。容量电价又称基本电价，它以用户变压器装置容量或最大负荷需量收取电费，可促进用户加强负荷管理，优化负荷曲线，自觉控制高峰负荷需求。

（2）峰谷分时电价。峰谷分时电价是指为改善电力系统年内或日内负荷不均衡性，反映电网峰、平、谷时段的不同供电成本而制定的电价制度。它以经济手段激励用户少用高价的高峰电，多用便宜的低谷电，达到移峰填谷、提高负荷率的目的。

（3）季节性电价（丰枯电价）。季节性电价是为改善电力系统季节性负荷不均衡性所采取的一种鼓励性电价。根据不同地区的用电特性，在一些季节适当提高电价，而在另外一些季节调低电价。

丰枯电价是在水力资源丰富的地区实行的一种电价。在丰水期电价下浮，而在枯水期电价上调。它有利于充分利用水力资源，降低电网的供电成本。

（4）可中断负荷电价。可中断负荷电价是指电网公司和用户签订合同或协议，使用户在系统峰值时或紧急状态下按合同要求中断或削减负荷，同时给予用户电价上的一定优惠。

9.1.2.3　引导手段

引导是使用户经济合理消费电能的一种有效的、不可缺少的市场手段。相同的经济激励和同样的收益，用户可能出现不同的反应，关键在于引导。通过引导使用户愿意接受DSM的措施，知道如何用最少的资金获得最大的节能效果，并在使用电能的全过程中自觉挖掘节能潜力。

主要的引导手段有节能知识宣传、信息发布、免费能源审计、技术推广示范、政府示范等。

9.1.2.4 行政手段

DSM 的行政手段是指政府及其有关职能部门，通过法律、标准、政策、制度等规范电力消费和市场行为，推动节能增效、避免浪费、保护环境的管理活动。

政府运用行政手段宏观调控，保障市场健康运转，具有权威性、指导性和强制性。例如，将综合资源规划和需求侧管理纳入国家能源战略，出台行政法规，制订经济政策，推行能效标准标识及合同能源管理、清洁发展机制，激励、扶持节能技术，建立有效的能效管理组织体系等均是有效的行政手段。调整企业作息时间和休息日是一种简单有效的调节用电高峰的办法，但应在不牺牲人们生活舒适度的情况下谨慎、优化地使用这一手段。

9.1.3 电力需求侧管理的运作机制

9.1.3.1 有序用电

有序用电是指在各级政府的领导下，针对电力供应不足的情况，利用行政、经济和技术等手段调节电力需求，通过有保有限的原则引导用户有效利用电能，确保电力供需平衡，保障平稳的供电秩序，将电力供需矛盾给社会和企业带来的不利影响降低到最低程度的管理活动。

有序用电和需求响应都是 DSM 的一部分。有序用电处于 DSM 发展的比较初级阶段，而需求响应则处于 DSM 发展的高级阶段。在现阶段，有序用电主要是通过行政手段，并逐步过渡到市场手段；而需求响应的推行主要采用的是市场手段，通过市场本身的优势来调配电能资源实现有效用电。

我国目前的有序用电措施包括错峰用电、避峰用电、限电、紧急拉闸等。

（1）错峰用电是将用户高峰负荷转移到其他时段的调荷方法。它包括将日高峰负荷移至日其他时段的日错峰，将工作日负荷移至休息日周错峰，将高峰月份用电移至低谷月份的年度错峰等。

（2）避峰用电是通过可中断负荷避开高峰用电。

（3）限电是在一定时期内限制部分电力用户使用电能或限制其用电功率。

（4）紧急拉闸是根据各级调度机构发布调度命令，切除部分用电负荷。

有序用电严格遵循"先错峰、后避峰、再限电、最后拉闸"的原则。

电力负荷管理系统是实施有序用电的重要技术手段，它使原来单纯依靠强制拉闸的限电方式转变为依靠电力负荷管理系统的错峰、避峰负荷转移控制、可中断负荷控制，最大限度地确保用户用电需求。

9.1.3.2 需求响应

A 需求响应及其经济学原理

电力需求侧管理具有双重任务，一是建立长效机制，即建立中长期改变负荷和节约电力的行为和机制；二是建立短期负荷响应行为和引入市场机制，即建立需求响应。因此，需求响应是电力需求侧管理的一种衍生产物，它通过在电力市场中引入需求响应机制来实现其目标，使电力需求侧管理在竞争市场中充分发挥稳定作用以维护系统可靠性和提高系统运行效率。

需求响应（Demand Response，DR）是指当电力批发市场价格升高或系统可靠性受到威胁时，电力用户响应电网企业电价等经济激励政策，调整用电方式，转移部分电力负荷到电网低谷时段，以确保电网电力平衡的运作机制。

电力需求响应于 21 世纪初由美国为应对加州电力危机而创立。

电力虽为一种特殊商品，与一般商品市场相似，根据经济学理论，电力的需求也是随着价格的上涨而下降的。电力的需求-价格曲线如图 9-1 所示。

对需求响应一般可以采用需求-价格弹性进行分析。需求-价格弹性即图 9-1 中需求与价格响应曲线的斜率 ξ，其表示式为：

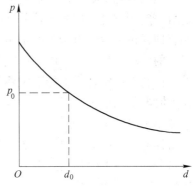

图 9-1 电力的需求-价格曲线

$$\xi = \frac{\Delta d/d_0}{\Delta p/p_0} \tag{9-1}$$

式中　Δd——需求的变化量；

　　　Δp——价格的变化量；

　　　d_0——某一均衡点对应的原始需求量；

　　　p_0——某一均衡点对应的原始价格。

需求-价格弹性表明了价格的相对变化所引起的商品需求的相对变化量。在实际电力市场中，需求随着时间和价格的变化而变化。

B　需求响应分类

根据美国能源部的研究报告，按照需求侧（终端用户）针对市场价格信号或者激励机制做出响应，改变自己原来用电模式的市场参与行为，需求响应可划分为基于价格的需求响应和基于激励的需求响应两种类型。

a　基于价格的需求响应

基于价格的需求响应是指用户根据收到的价格信息，包括分时电价（TOU）、实时电价（RTP）、尖峰电价（CPP）和阶梯电价（MSP）等，相应地调整电力需求。

分时电价是一种可以有效反映电力系统不同时段供电成本差别的电价机制，常见的分时电价有峰谷分时电价、季节性电价、丰枯电价等。分时电价是电力需求管理的一项重要经济手段，近年来得到广泛的研究与应用。

实时电价是一种理想化的、在空间展开的瞬时动态电价机制，它要求几乎瞬时在电网的各处使电价和成本相匹配。理论上实时电价是随着系统的运行状况变化而不断更新的，电价的更新周期越短，则电价的杠杆作用发挥越加充分，但对技术支持的要求越高。

由于分时电价的时段划分和费率都是事先确定的，其更新周期通常为 1 个季度以上，它只能反映电力系统长期的每日或季节供电成本变化，因而，当系统出现短期容量短缺时，分时电价就不能给予用户进一步削减负荷的激励。而零售侧实时电价因是一种动态定价机制，直接受批发价格的影响而呈逐时持续变化状态，其更新周期可以达到 1h 甚至更短，通过将零售侧的价格与电力批发价格联动，可以精确反映每天各时段供电成本的变化并及时地传导给用户，为电能供需双方提供必要的价格信号。

虽然实时电价是理想的定价方式，然而在市场建设初期，要在零售侧全面实施实时电价还有一定的难度。尖峰电价是在分时电价和实时电价的基础上发展起来的一种动态电价机制，即通过在分时电价上叠加尖峰费率而形成。电网企业预先公布经批准的尖峰时段以及对应的尖峰费率，用户则可根据此作出相应的用电计划调整。尽管尖峰电价也是事先确定的，但它在一定程度上能反映系统尖峰时段的短期供电成本，因而优于分时电价，同时又比实时电价的实施难度和成本都要低。目前，在我国部分地区（如北京、上海）已经实施了夏季尖峰电价。

阶梯电价是指对用户消费的电量进行分段计价，电价随电量增加呈阶梯状变化。阶梯电价可分为递减式和递增式两种类型。递减式阶梯电价就是电价随用电量增加逐段下降，其作用是鼓励电力消费，在电力供给过剩的条件下，可有效降低电力供给的平均水平，增加电力公司收入。递增式阶梯电价则是指电价随用电量增加逐段上升，电价档次可以分三至六档或更多。第一阶梯为基数电量，此阶梯内电量较少，电价也较低，目的是要保证低收入用户能获得基本用电需要；第二阶梯电量较高，电价比第一阶梯高，按成本＋利润＋税金的合理电价水平定价；第三阶梯以上除合理电价水平外，考虑外部成本内部化，并反映资源稀缺程度定价；更高阶梯可以按绿色电力定价。

实行阶梯电价政策，可以充分发挥价格杠杆的作用，引导用户特别是用电量多的用户调整用电行为，促进公平、合理、节约用电，从而有利于建设资源节约型和环境友好型社会。

b 基于激励的需求响应

基于激励的需求响应是指实施机构根据电力系统供需状况制定相应政策，以激励用户在系统需要或电力紧张时及时响应减少电力需求，并由此获得独立于现有电价政策的直接补偿或在现有电价基础上给予折扣优惠。它包括直接负荷控制（DLC）、可中断负荷（IL）、需方投标（DSB）、紧急需求响应（EDRP）、容量市场/辅助服务（CASP）等。参与此类需求响应项目的用户一般需要与实施机构签订合同，在合同中约定需求响应的内容（如减少用电负荷大小及核算标准、响应持续时间、合同期内的响应次数等），提前通知时间、补偿或电价折扣标准、违约的惩罚措施等。

直接负荷控制是指在电网高峰时段，供电方通过远程控制装置直接控制（启停）用户的电器或设备。直接负荷控制一般适用于居民或小型的商业用户，且参与的控制负荷通常是那些短时停电对其供电服务质量影响不大的负荷，如电热水器、空调等，参与用户可以获得相应的补偿。

可中断负荷是指供需双方事先签订协议，约定在电力短缺或系统发生突发事件时供电方发出中断负荷要求，经用户响应后，按约定减少相应容量的用电需求，同时获得可中断负荷电价补偿。可中断负荷通常适用于对供电可靠性要求不高的大型工业用户，可根据约定的提前通知时间减少或停止部分用电设备用电。

需方投标是指需方资源参与电力市场竞争的一种实施机制，它使用户能够通过改变自己的用电方式，以投标的形式主动参与市场竞争，并获得相应的经济利益，而不再单纯是价格的接受者。

紧急需求响应是为电力系统稳定性受到威胁时而设计的。供电方为用户减少负荷而提供补偿，用户则自愿选择参与或放弃。

容量市场/辅助服务项目是指用户削减负荷为系统提供备用，替代传统发电机组提供资源的一种形式。参与该项目的用户可将削减负荷出售或投标作为电力公司备用容量，紧急时进行响应，以容量市场价格和中断时段的现货市场价格支付用户。

紧急需求响应、容量市场/辅助服务属于参与服务的需求响应，因此又被称为基于可靠性管理的需求响应措施。

9.1.3.3　能效电厂

能效电厂（Efficiency Power Plant，EPP）是指通过采用高效用电设备和产品、优化用电方式等途径形成某个地区、行业或企业节电改造计划的一揽子行动方案，达到与建新电厂相同的目的，将减少的需求视同"虚拟电厂"提供的电力电量，实现能源节约和污染物减排。能效电厂分为狭义能效电厂和广义能效电厂。狭义能效电厂是指将各种节电项目实施所产生的节电效果打包成一定规模的虚拟电厂，包括绿色照明能效电厂、高效电动机能效电厂、变频设备能效电厂、节能变压器能效电厂、高效电加热能效电厂、高效家电能效电厂等。广义能效电厂除了狭义能效电厂的内容外，还包括利用余压、余热、余能等建设发电厂的能源综合利用措施，但不包括用户的自备电厂。

能效电厂是一种虚拟电厂，它把某个地区、行业或企业的各种节能措施、节能项目打包，通过实施一揽子节能改造计划，形成规模化的节电能力，减少用户的电力消耗需求，从而达到与新建电厂和扩建电力系统相同的效果。也就是说，能效电厂的核心不是实际发电而是节电，将由节电而减少的电力需求视同为虚拟电厂提供的电力电量。

能效电厂虽然是虚拟电厂，但也可采取与常规电厂一样的融资和支付方式。常规电厂的基本建设费用和运行费用是通过发电回收，能效电厂的建设费用则是通过其节约的电费来分期偿付。

与一般分散管理的节电措施相比，能效电厂项目经过系统规划、周密论证、科学设计，项目建设有序高效、节能规模效果显著。与建设常规电厂相比，能效电厂具有投资省、节约土地资源、建设周期短、零污染、运营成本低等优势，以及有利于将需求侧资源纳入电力规划，优化资源配置，减少能源消耗，经济、社会和环保效益显著。

能效电厂已经成为我国正在积极推广的节能新理念。

9.1.3.4　合同能源管理

A　基本概念

20 世纪 70 年代中期，一种新型的市场化节能服务新机制——合同能源管理（Energy Performance Contracting，EPC）在美国产生。而基于这种市场化节能服务新机制运作的专业化的节能服务公司（Energy Service Company，ESCo）也随之得到迅速发展，尤其是在美国、加拿大，已发展成为一种新兴的节能产业。节能服务公司引入我国称为能源管理公司（Energy Management Company，EMCo）。EMCo 是一种基于合同能源管理机制运作的、以盈利为目的的专业化公司，通过为客户实施节能项目并从中获取节能效益来赢得自身的滚动发展。

合同能源管理就是专业的 EMCo 与愿意进行节能改造项目的客户签订节能服务合同，向客户提供能源审计、可行性研究、项目设计、项目融资、原材料和设备采购、工程施工、人员培训、节能量监测、改造系统的运行、维护和管理等项目全过程服务，向客户保证实现合同中所承诺的节能量和节能效益。对于分享型的合同能源管理业务，在项目合同期内分享大部分节能效益，以此来回收投资并获得利润，客户则在合同期内分享部分节能效益，在合同期结束后得到该项目全部节能设备和节能效益，合同双方达到双赢的结果。实践证实，通过 EMCo 以合同能源管理的形式来实现电力需求侧管理的节能项目是迄今最为行之有效的管理模式。它既可以通过 EMCo 解决电力需求侧管理实施节能项目的资金来源，为客户克服初始投资的障碍，又可以避免项目的技术风险，从而带动和促进社会的能效投资和节能项目的实施。

　　B　基本类型

合同能源管理机制的实质就是以减少的能源费用来支付节能项目全部成本的节能业务方式。依照具体的业务方式，合同能源管理的类型可分为节能效益分享型、节能效益保证型、能源费用托管型三种基本类型。

（1）节能效益分享型。这种类型的合同规定由 EMCo 提供资金和全过程服务，在项目期内客户和 EMCo 双方分享节能效益比例。其主要特点为：

1）EMCo 提供项目的资金。

2）EMCo 提供项目的全过程服务。

3）合同期内 EMCo 与客户按照合同约定分享节能效益；合同结束后设备和节能效益全部归客户所有。

（2）节能效益保证型。在这种类型的合同里，EMCo 保证客户的能源费用减少一定的百分比，既可由 EMCo 提供项目融资，也可由客户自行融资。其主要特点为：

1）客户提供全部或部分项目资金。

2）EMCo 提供项目的全过程服务。

3）在项目合同期内，EMCo 向企业承诺某一比例的节能量，用于支付工程成本；达不到承诺节能量的部分，由 EMCo 负担。

（3）能源费用托管型。在这类型合同中，由 EMCo 负责管理客户企业整个能源系统的运行和维护工作，承包能源费用。其主要特点：

1）按合同规定的标准，EMCo 为客户管理和改造能源系统，承包能源费用。

2）合同规定能源服务质量标准及其确认方法，不达标时，EMCo 按合同给予补偿。

3）EMCo 的经济效益来自能源费用的节约，客户的经济效益来自能源费用（承包额）的减少。

上述三种基本模式还可以拓展成多种复合模式。

9.2　智能电网

9.2.1　智能电网基本概念

进入 21 世纪，随着世界经济的发展，能源需求量迅猛增长，能源短缺、环境污染和气候恶化已成为困扰全球的严重问题。在此背景下，建设更加安全可靠、经济高效、节能环保的电力系统，成为世界各国电力企业、研究机构对未来电网探索的重大课题。2001年，美国电力科学研究院（EPRI）提出"Intelligrid"的概念，并于 2003 年将未来电网定义为智能电网（Intelligrid）。2005 年，欧盟委员会正式成立"智能电网欧洲技术论坛"。2009 年 5 月，在北京召开的"2009 特高压输电技术国际会议"上，国家电网公司在借鉴欧美智能电网研究和实践经验，并在国内电网企业、科研院所对智能电网相关技术领域开展大量研究和实践的基础上，正式发布了我国建设坚强智能电网的理念，即坚强智能电网是以坚强网架为基础，以通信信息平台为支撑，以智能控制为手段，包含发电、输电、变电、配电、用电和调度 6 大环节，覆盖所有电压等级，实现电力流、信息流、业务流的高度一体化融合，坚强可靠、经济高效、清洁环保、透明开放、友好互动的现代电网，从此拉开了我国建设坚强智能电网的序幕。

9.2.2　智能电网与节能一体化技术

智能电网的首要作用是节能，其节能作用贯穿于电力系统发电、输电、配电、用电全过程，且与之融合成一体。也就是说，组成智能电网技术的智能发电技术、智能输电技术、智能配电技术和智能用电技术的本身就是一种节能技术，其工作原理与节能作用有机融合成一体，确保电力系统在进行发电、输电、配电、用电过程的同时实现其节能作用。下面分别择要介绍智能发电、输电、配电、用电的与节电一体化技术。

9.2.2.1　智能发电与节电一体化技术

资源丰富的风能、太阳能、地热能、海洋能及生物质能等新能源既是近期重要的补充能源，又是未来能源结构的基础，对能源的可持续发展起着重要的作用。目前，我国的新能源发电呈现出大规模集中开发与分散开发并举的发展趋势，而智能电网具有强大的兼容性，为新能源的接入提供更好的技术平台，既能兼容新能源的大规模集中开发，又能兼容新能源的分散开发。

（1）大规模新能源发电、储能及并网技术。我国资源状况与经济发展区域的逆向分布，决定了新能源发电具有大规模集中开发、高压输送、大范围消纳的特点，智能电网提供的大规模新能源发电、储能及并网技术，有力地促进了我国在全国范围内的能源资源优化配置。

（2）分布式能源与能源系统优化利用技术。大电网与分布式电网的结合，被公认为是节省投资，降低能耗，提高电力系统稳定性和灵活性的主要方式，是 21 世纪电力工业的发展方向。

以分布式发电为基础的分布式能源是指位于或临近负荷中心的能源梯级利用、资源综合利用和新兴能源智能化综合利用系统。由于其具有充分利用各种能源资源，提高能源利用效率，降低能源消耗量，减少化石能源对环境的污染，提高供电系统的稳定性、可靠性和电能质量等优点，而被世界各国推广应用。

在智能电网中，分布式能源系统为电力用户改变用能方式，进一步应用能源系统优化利用技术，充分利用各种能源资源，实现能源利用效率最大化和效能的最优化提供了可能。分布式能源与能源系统优化利用技术包括：

1）能源梯级利用技术，如热电冷联产技术等。

2）资源综合利用技术，如余热、余压发电技术等。

3）新兴能源智能化综合利用技术，如应用智能能源网技术，将传统能源的清洁利用、碳回收与应用、新能源和可再生能源的开发与应用、各种能源之间的互补与转化等在统一的能源网络平台上进行整合，优化能源使用和服务，实现能源利用效率最大化和效能的最优化。

9.2.2.2　智能输电与节电一体化技术

A　特高压输电技术

基于我国能源供应和消费呈逆向分布特征，一次能源集中在西部和北部地区，而负荷又集中在中东部和南部地区，因此，我国坚强智能电网是以特高压输电网为骨干网架，各级电网协调发展的坚强网架为基础的。特高压输电技术包括特高压交流输电技术和特高压直流输电技术。国际上，特高压交流通常是指 1000kV 及以上电压等级，特高压直流是指 ±600kV 以上电压等级。在我国，特高压指的是 1000kV 及以上的交流和 800kV 及以上的直流。采用特高压输电技术，可以进行远距离、大容量、低损耗、高效率的电能输送，以及促进水电、火电、核电和可再生能源基地的大规模集约化开发，实现全国范围内的能源资源优化配置。特高压交流和特高压直流输电各有优点：一般地讲，特高压交流输电适合于更高一级电压等级的网架建设和跨大区联络线，以提高系统的稳定性；而特高压直流输电则适合于大型水力发电基地和大型燃煤发电基地的大容量远距离输送，以提高输电线路建设的经济性。

B　柔性输电技术

由于社会用电需求的不断增长以及线路走廊资源的日益紧张，新建线路的困难也在增大。为了解决输电容量需求持续增长与建设新线路困难的矛盾，近年来，一种挖掘现有输电网潜力，大幅度提高其输送能力的柔性输电技术得到了广泛的应用。柔性输电技术分为柔性交流输电技术和柔性直流输电技术。

柔性交流输电技术（Flexible Alternating Current Transmission System，FACTS）又称灵活交流输电技术，它是将电力电子技术、微处理机技术和控制技术等高新技术综合应用于高压输电系统，对输电系统中影响潮流分布的三个主要电气参数电压、阻抗、相位角按照系统的需要，进行灵活快速调节控制，使不可控电网变得可以全面控制，从而可以在不改变网络结构的情况下，实现在较大范围内控制潮流，得到比较理想的潮流分布，以及在使电网维持或提高运行极限以保持电网稳定度的同时，增加自然输送容量，使线路输送能力增大至接近导线的热稳定极限，提高输送能力 50%～100%。所以，通过应用 FACTS 技术，可以提高输电系统的可控性，保证电能质量，并能增强输电线路的传输能力，获得大量的节电效益。

柔性直流输电技术（Voltage Source Converter-High Voltage Direct Current，VSC-HVDC）是一种以电压源型换流器、可控关断器件和脉宽调制为基础的新型直流输电技术。与传统直流输电技术相比，柔性直流输电技术具有能够瞬时实现有功和无功的独立耦合控制，能向无源网络供电，换流站间无需快速通信，易于构成多端直流系统等优点。此外，柔性直流输电技术还能同时向系统提供有功功率和无功功率的紧急支援，在提高系统稳定性和输电能力方面具有优势。

由于具有上述独特的技术优势，柔性直流输电在孤岛供电、城市配电网的增容改造、交流系统互联、风电场等新能源并网等方面获得广泛应用。

C　超导输电技术

由于超导材料的零电阻特性在输电工程中所具有的独特优势，高温超导电缆在超导输电技术领域得到快速发展。高温超导电缆具有体积小、重量轻、损耗低和传输容量大的优点，可以实现低损耗、高效率、大容量输电。高温超导电缆的传输损耗仅为传输功率的0.5%，比常规电缆 5% ~10% 的损耗要低得多。在重量、尺寸相同的情况下，与常规电力电缆相比，其传输容量可提高 3 ~5 倍，损耗下降 60%，可明显地节约占地面积和空间，节省宝贵的土地资源。此外，利用高温超导电缆还可以改变传统输电方式，采用低电压、大电流传输电能。从内蒙古到上海通过传统输电方式输电至少需要 500kV 的电压，但通过超导电缆可使用 220kV 的电压输送。因此，超导电网为我国输电网的建设提供了一种全新且行之有效的方法。

在现有技术条件下，高温超导电缆可应用于短距离、大电流传输电力的场合。随着科技的进步，未来高温超导电缆将应用于大容量远距离输电。

由于超导输电具有电压等级要求更低，可将输电损耗、电磁污染、占用走廊宽度降至最低等特点，代表了世界最先进的输电技术发展方向，美国在建设智能电网进程中，计划使用超导输电技术而并非特高压输电技术，超越 4 个时区将全国主要电网连接起来，以提高电网的安全性和电力调配能力。

9.2.2.3　智能配电与节电一体化技术

A　配电自动化与智能配电网

配电自动化是提高供电可靠性、扩大供电能力、提高供电质量、实现配电网高效经济运行的重要技术手段。随着技术的不断进步，配电自动化的发展已经历了，基于自动化开关设备相互配合的馈线自动化系统（FA），基于通信网络、馈线终端单元和后台计算机网络的配电自动化系统（DAS），以及集成了配电网数据采集和监控（SCADA）、配电网分析应用、基于地理信息系统的停电管理、需求侧负荷管理等功能的配电管理系统（DMS）等三个阶段。

配电自动化（Distribution Automation，DA）是以一次网架和设备为基础，以配电自动化系统为核心，综合利用多种通信方式，实现对配电系统的监测与控制，并通过与相关应用系统的信息集成，实现配电系统的科学管理。

配电自动化系统（Distribution Automation System，DAS）是指为实现配电系统的运行监视和控制的自动化系统。配电自动化主要分为简易型、实用型、标准型、集成型、智能型。标准型 DAS 具备配电 SCADA、馈线自动化、电网分析应用及与相关应用系统互联等功能，主要由配电主站、配电终端、配电子站和通信信道等部分组成。

配电管理系统（Distribution Management System，DMS）是一种对变电、配电到用电过程进行监视、控制和管理的综合自动化系统。DMS 的构成方式实质上是在标准型 DAS 的基础上发展而得的集成型配电自动化系统，它能通过信息交互总线或综合数据平台技术，与企业内各个与配电相关的系统实现互联，整合配电信息，外延业务流程，扩展和丰富配电自动化系统的应用功能，支持配电生产、调度、运行及用电营销等业务的闭环管理，为配网安全和经济指标的综合分析以及辅助决策提供服务。有关配电管理系统的详细介绍见14.3 节。

随着智能电网建设的发展，智能配电网（Smart Distribution Grid，SDG）成为智能电网的重要组成部分。考虑配电网网架、自动化技术水平等多方面因素，我国智能配电网建设将在目前实施的配电自动化基础上做进一步延伸和发展，逐步向高级配电自动化（Advanced Distributed Automation，ADA）演进，以实现大规模分布式电源/储能装置/微电网接入、配电网快速自愈、电网与用户双向互动等功能。所谓高级配电自动化，包括高级配电运行自动化和高级配电管理自动化。高级配电运行自动化包括高级配电运行监视与控制、自动故障隔离与配电网自愈等内容。高级配电管理自动化包括设备管理、停电管理等内容。

随着技术的发展，智能配电网的定义、内容也将不断补充、完善、发展。与传统的配电网相比，智能配电网具有以下功能特征：

（1）自愈。自愈是指 SDG 能够及时检测出已发生或将要发生的故障并进行相应的纠正性操作，使其不影响对用户的正常供电或将其影响降至最小。自愈主要解决供电不间断的问题，是对供电可靠性概念的发展，其内涵大于供电可靠性。例如，目前的供电可靠性不计及一些持续时间较短的断电，但这些供电短时中断往往会使一些敏感的高科技设备损坏或长时间停运。

（2）更高的安全性。SDG 能够很好地抵御战争攻击、恐怖袭击与自然灾害的破坏，避免出现大面积停电；能够将外部环境限制在一定范围内，保障重要用户的正常供电。

（3）更高的电能质量。SDG 实时监测并控制电能质量，使电压有效值和波形符合用户的要求，即能够保证用户设备的正常运行并且不影响其使用寿命。

（4）支持分布式电源的大量接入。这是 SDG 区别于传统配电网的重要特征。在 SDG 里，不再像传统电网那样，被动地硬性限制分布式电源接入点与容量，而是从有利于可再生能源足额上网，节省整体投资出发，积极地接入分布式电源并发挥其作用。通过保护控制的自适应以及系统接口的标准化，支持分布式电源的即插即用。通过分布式电源的优化调度，实现对各种能源的优化利用。

（5）支持与用户互动。与用户互动也是 SDG 区别于传统配电网的重要特征之一。具体表现在：一是应用智能电表，实行分时电价、动态实时电价，让用户自行选择用电时段，在节省电费的同时，降低电网高峰负荷；二是允许并积极创造条件让拥有分布式电源（包括电动汽车）的用户在用电高峰时向电网送电。

（6）对配电网及其设备进行可视化管理。SDG 全面采集配电网及其设备的实时运行数据以及电能质量扰动、故障停电等数据，为运行人员提供高级的图形界面，使其能够全面掌握电网及其设备的运行状态，克服目前配电网因"盲管"造成的反应速度慢、效率低下等问题。对电网运行状态进行在线诊断与风险分析，为运行人员进行调度决策提供技术支持。

（7）更高的资产利用率。SDG 实时监测电网设备温度、绝缘水平、安全裕度等，在保证安全的前提下增加传输功率，提高系统容量利用率；通过对潮流分布的优化，减少线损，进一步提高运行效率；在线监测并诊断设计的运行状态，实施状态检修，以延长设备使用寿命。

（8）配电管理与用电管理的信息化。SDG 将配电网实时运行与离线管理数据高度融合、深度集成，实现设备管理、检修管理、停电管理以及用电管理的信息化。

B　智能配电网相关技术

（1）微电网技术。随着风能、太阳能等新能源利用技术的日益成熟，分布式发电技术得到快速发展，但分布式发电的大规模接入对传统电网的冲击很大，同时单机接入成本高，控制困难，不利于调度统一管理。于是，微电网技术通过在配电网建立由分布式发电、负荷、储能装置及相应的配电线路构成的一个相对独立的微电网，较好地解决了分布式能源的接入问题。

（2）用户电力技术。电能质量问题不仅会影响电力系统安全稳定运行，还会影响社会经济发展。为了提高电能质量和供电可靠性，应用现代电力电子和控制技术，向用户提供特定电能质量要求的用户电力技术。

有关微电网技术、用户电力技术的详细介绍，请参阅 13.4 节及 12.1.2 节。

9.2.2.4　智能用电与节电一体化技术

A　智能用电概述

国家电网公司在其智能用电体系研究报告中给出了以下智能用电的概念和特征：

（1）智能用电的概念。智能用电依托坚强电网和现代管理理念，利用高级量测、高效控制、高速通信、快速储能等技术，实现市场响应迅速、计量公正准确、数据采集实时、收费方式多样、服务高效便捷，构建电网与用户电力流、信息流、业务流实时互动的新型供用电关系。

（2）智能用电的特征。智能用电的主要特征为：

1）技术先进。自主创新并消化吸收计量、控制、通信、储能、超导等新技术。

2）经济高效。推动可再生能源利用、经济用电，提高能源利用效率。

3）服务多样。满足用户多元化、个性化需求。

4）灵活互动。实现电能、信息和业务的双向交互。

5）友好开放。充分利用电网资源为用户提供增值服务。

智能用电关键技术很多，下面主要介绍高级量测体系、用电信息采集系统、智能用电服务系统、智能家居与智能楼宇/智能小区、电动汽车充放电技术等。

B　高级量测体系

高级量测体系（AMI）是用来测量、收集、储存、分析用户用电信息的完整的网络和系统。该系统是在双向计量、双向实时通信、需求响应及用户用电信息采集技术的基础上，支持用户分布式电源与电动汽车接入和监控，实现智能电网与电力用户的双向互动。换言之，AMI 的建立彻底改变了电力流和信息流单方向流动的现状，为用户和电网的双向全面互动提供平台和技术支持。用户和电网的信息互动，将使用户随时掌握电网的负荷情况和电价信息，从而可以积极主动参与需求响应或电力市场；用户侧储能装置和分布式可再生能源的接入将改变配电网的潮流分布，在电价政策的合理引导下减小电网负荷的峰谷差，提高电力设施的利用率。

图 9-2 所示为高级量测体系的结构图。图中，AMI 由智能电能表、双向通信网络、量测数据管理系统组成、用户户内网络。

（1）智能电能表。智能电能表是以微处理器应用和网络通信技术为核心的智能化仪表，具有自动计量测量、数据处理、双向通信和功能扩展等能力，能够实现双向计量、远程本地

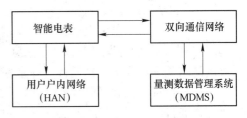

图 9-2　高级量测体系的结构图

通信、实时数据交互、多种电价计费、远程断供电、电能质量监测、电水气表抄读，与用户互动等功能。以智能电表为基础构建的智能计量系统，能够支持智能电网对负荷管理、分布式电源接入、能源效率、电网调度、电力市场交易和减少排放等方面的要求。

（2）双向通信网络。AMI 采用固定的双向通信网络，由此改变了以往数据中心只能从用户方面单向获取数据的模式，使用户也可以随时获知电网方面的运行状态和电价等信息，从而可以主动参与到电网生产和运行中。

（3）量测数据管理系统（MDMS）。MDMS 是一个带有分析工具的数据库，位于数据中心，用来存储、分析和管理用户的计量计费信息，并负责与其他系统进行对接，为智能电网的决策运行提供基础数据支持。

（4）用户户内网络（HAN）。HAN 是整个 AMI 的最末端环节，通过网关或用户入口将智能电能表和用户户内各种可控的电器或装置无缝连接起来，用电信息即由智能电能表上传给主站，并接受下发的用电控制策略，使用户能根据电力公司的需要，积极参与需求响应或电力市场。

C 用电信息采集系统

用电信息采集系统是对电力用户的用电信息进行采集、处理和实时监控的基础应用系统。该系统通过采集终端、智能电能表、智能监控终端等设备，实现用电信息自动采集、计量异常监测、电能质量监测、用电分析与管理、相关信息发布、分布式电源监控、智能用电设备的信息交互等功能。关于用电信息采集系统的详细介绍请阅读 14.4 节。

D 智能用电服务系统

智能用电服务系统是以坚强智能电网为坚实基础，以通信网络与安全防护为可靠保证，以信息共享平台为信息交换途径，通过技术支持平台和互动服务平台，为电力用户提供智能化、多样化、互动化的用电服务的智能化综合应用集合。该系统实现与电力用户能量流、信息流、业务流的友好互动，达到提升用户服务质量和服务水平的目的。关于智能用电服务系统的详细介绍请阅读 14.5 节。

E 智能家居与智能楼宇及智能小区

智能建筑的主要表现形式一般可分为三种，即智能家居、智能楼宇与智能小区。

a 智能家居

（1）智能家居的概念。智能家居（或称智能住宅）是应用先进的家庭网络（Home Network），将与家居生活有关的各种子系统有机地结合到一起，既可以在家庭内部实现信息共享和通信，又可以通过家庭智能网关与家庭外部网络进行信息交换。智能家居的主要目标是为人们提供一个集体系、结构、服务、管理为一体的高效、舒适、安全、便利、环保的居住环境。

（2）智能家居的主要特征：

1）能实现用户与电网企业互动，获取用电信息和电价信息，进行用电缴费和用电方案设置等，指导科学合理用电，倡导家庭的节能环保意识。

2）能增强家居生活的舒适性、安全性、便利性和交互性，优化人们的生活方式。

3）可支持远程缴费。

4）可通过电话、手机、互联网等方式实现家居的远程控制，及时发现用电异常，并能及时处理。

5）能实现电能表、水表、气表等多表的实时抄表及安防服务，为优质服务提供更加便捷的条件。

（3）智能家居的构成。在智能家居中为实现家庭用电智能化的关键设备除智能电能表外还有家庭网关、智能交互终端、智能插座等。

家庭网关设备是整个家庭网络与外部网络发生联系的桥梁，是实现家庭网络内部各设备与外部设备相互通信的集中式智能接口设备，也是实现数字家庭各种业务和应用最核心的构成部分。对管理对象较多的用户，家庭网关可以是一台独立的设备；而对于一般家居类的用户，它可能是一个虚拟的设备，一组嵌入在智能电能表、计算机或机顶盒内的功能性单元。

智能交互终端利用先进的信息通信技术，对家庭用电信息进行采集和分析，接收电网发布的电价信息，实现家庭用电设备的统一监控和管理，并通过其友好的人机界面，实现电网与用户之间的信息交互，指导用户科学用电，调节居民用电负荷。此外，通过智能交互终端，可实现家庭安防、社区服务等，还能实现电能表、水表、气表抄收。智能交互终端具有智能用能、智能家电管理和增值服务等功能。

1）智能用能。智能交互终端可以为智能用能提供用电信息、耗能分析、分布式电源管理、用电指导等服务。

用电信息服务可为用户提供用电量、剩余电量（费）、电价等信息，同时可以查询用电情况的历史数据，并进行对比分析。

耗能分析可以提供每个电器的详细用电分析。

分布式电源管理可以显示分布式电源、储能等设备的各种状态信息，统计分布式电源的发电量及其在居民电能消耗中所占的比例。

用电指导主要根据居民用电习惯，结合电价和能源使用类型为居民提供日常用电策略和建议。

2）智能家电管理。利用智能交互终端可以直接进行智能家电的启停控制、模式设定等各种管理和操作；对于传统家电，可以通过智能插座实现电器用电信息的采集、显示和通电控制。此外，当家庭安防装置在发生紧急情况下发出报警信息时，会通过智能交互终端发送到物业管理中心，或拨打用户预设的电话。智能交互终端还支持"三表"抄收。

3）增值服务。智能交互终端可以提供自助缴费、可视电话、社区服务、订购消费、医疗服务等增值服务。

电网与用户之间的信息交互还可选用智能交互机顶盒来实现。智能交互机顶盒通过电视向用户提供操作简便的服务。与智能交互终端类似，智能交互机顶盒能提供用电信息管理、能效管理、家电管理及控制、家庭负荷分析、"三表"抄收、增值服务和信息服务等功能。

智能插座是一个集用电信息采集、通信、控制为一体的简易负荷管理设备。它将接入电器的工作电流采集下来，并发送给智能交互终端或局域网信息系统。当智能电能表或局域网信息系统按照设定的阈值对电器实现管理时，智能插座中的负荷开关按照控制命令的要求执行开合闸操作。系统设定的阈值可以是时间、温度、电价或负荷等参数。用户可以在智能交互终端上观察到以图表、曲线等形式表现的采集数据，在进行统计、分析的基础上，制定个性化的家庭用电管理策略。

图 9-3 所示为智能家居的构成。

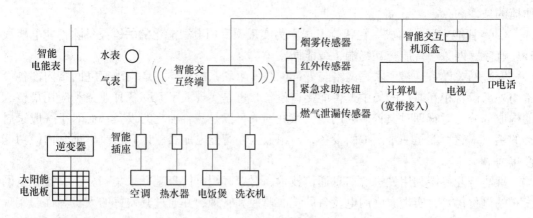

图 9-3　智能家居的构成

通过构建家庭户内的通信网络，实现家庭空调等智能家电的组网；电力光纤网络互联。通过智能交互终端、智能插座对家用电器用电信息自动采集、分析、管理，实现家电经济运行和节能控制。通过电话、手机、互联网等方式实现家居的远程控制等服务。通过智能交互终端，实现烟雾探测、燃气泄漏探测、防盗、紧急求助等家庭安全防护功能；开展水表、气表等的自动采集与信息管理工作；支持与物业管理中心的小区主站联网，实现家居安防信息的授权单向转输等服务。

b　智能楼宇

随着信息技术、计算机网络技术、通信技术、控制技术的发展，智能楼宇在 20 世纪 80 年代诞生，由于智能楼宇带来了良好的经济效益和社会效益，因此它在世界范围内得到快速发展。智能楼宇在我国于 20 世纪 90 年代开始起步，迅猛发展势头令世人瞩目。

智能楼宇是以建筑为平台，兼备信息设施系统、信息化应用系统、建筑设备管理系统、公共安全系统等，集结构、系统、服务、管理及其优化组合为一体，向人们提供安全、高效、便捷、节能、环保和健康的建筑环境。

在国际上，通常将智能楼宇系统描述为由 3 个子系统构成，即楼宇自动化系统（BAS）、通信自动化系统（CAS）和办公自动化系统（OAS）。在我国，由于安全防范和消防行业管理的特殊性，把楼宇自动化系统细分为三个子系统，即楼宇设备控制子系统、安全防范子系统和消防自动化子系统。

楼宇自动化系统的主要功能是对楼宇设备的运行状况进行监测和控制，如楼宇给排水系统设备状态监测、采暖通风与空调系统设备状态监测、冷却水系统与热交换系统设备状态监控、供配电系统设备状态监控、电梯系统状态监控、照明设备状态监控、停车场管理系统状态监控、火灾自动报警与消防联动系统监控、安全防范系统监控等。

通信自动化系统主要功能是实现楼宇内外的语音通信、数据通信和图文通信。它主要包括计算机网络系统、综合布线系统、数字会议系统、卫星及有线电视系统、公共广播系统、程控交换系统等。目前，通信网络线路主要分为无线和有线通信线路两种，其中无线通信技术包括卫星通信、微波通信和红外线通信。

办公自动化系统的主要功能是实现数据处理、信息管理和决策支持。该子系统主要有信息查询、电子邮件管理、事务与文件处理、物业管理、财务管理、决策支持等功能。

c　智能小区

智能楼宇逐渐由单体向区域化发展，从而发展成综合智能小区。智能小区是在智能楼宇的基本含义中扩展和延伸出来的。与智能楼宇相比，智能小区的基本功能更注重于居住环境的安全性、舒适性，便利的社区服务和社区管理，具有增值应用效应的网络通信等方面的实现以及个性化需求。智能小区基本功能有宽带多媒体信息服务、社区安全防范系统、社区物业服务与管理系统和家居智能化系统。

智能电网赋予了智能小区新的内涵，即在原有功能的基础上，应用了用电信息采集系统、双向互动服务、小区配电自动化、分布式电源及储能、电动汽车充电、智能家居监控等新技术成果，综合了计算机技术、综合布线技术、通信技术、控制技术、量测技术等多项技术，是多领域、多系统协调的集成应用。智能小区总体构成如图 9-4 所示。由图可见，智能小区总体架构分为电力公司主站、通信信道、终端设备和服务对象四个层次，主要包括如下部分：

（1）主站。电力公司主站层包括用电信息采集系统主站、用能管理系统主站和配电自动化系统主站，完成智能小区用电信息的采集存储、数据分析、远程控制等功能，同时作为与外部互联网联网的服务器，为智能小区用户提供公共商业增值服务信息。

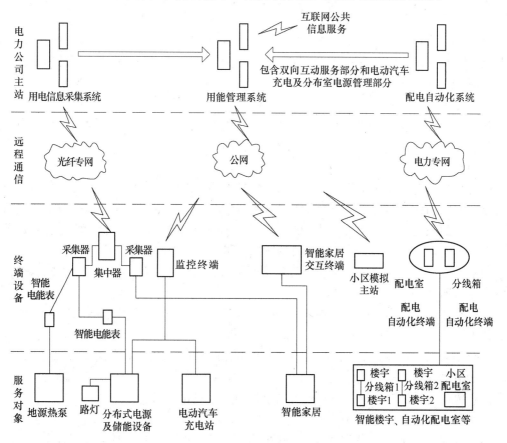

图 9-4　智能小区总体构成

（2）通信信道。通信信道分为远程通信网和本地通信网。远程通信网综合采用光纤、电力线载波、GPRS 等通信方式。本地通信网选择光纤复合低压电缆通信、电力线宽/窄带 PLC 通信、无线通信等。

（3）终端设备。终端设备包括智能电能表、集中器、采集器、配电终端、分布式电源及储能设备监控终端、电动汽车充电设施监控终端等。

（4）用电信息采集系统。通过智能电能表和智能终端设备，利用小区电力通信网络，实现小区用户用电信息实时采集、处理和监控，为其他系统提供智能小区基础的用电信息服务。

（5）双向互动服务系统。通过用电服务自助终端、智能交互终端、电动汽车充电设施监控终端、分布式电源监控终端及电脑、电话、手机等设备，以营销业务应用系统为支撑，利用"95598"互动网站、短信、语音、邮件等多种渠道，构建双向互动用电服务系统，实现电网与用户的双向互动。根据用户的定制要求，向用户提供信息查询、业务受理、用能策略、多渠道缴费等灵活多样服务。

（6）电动汽车充电控制系统。电动汽车充电控制系统实现充电信息采集、监控、统计分析等功能，通过对用户充电时段和充电容量的管理与控制，实现电动汽车有序充电。

（7）分布式电源管理系统。分布式电源管理系统实现用户侧分布式电源双向计量、运行状态监测与并网控制；实现小区分布式电源就地消纳和优化协调控制以及分布式电源参与电网调峰。

（8）小区配电自动化系统。小区配电自动化系统实现小区供用电设备运行状况监控、电能质量实时监控、小区配电设施视频监控，支持与物业管理中心主站的信息集成，提高故障响应能力和处理速度。

F　电动汽车充放电技术

汽车的能源消耗和废气排放是造成全球石油危机和温室效应的主要原因之一。电动汽车因具有节能、高效、低排等优势，受到世界各国的广泛重视，成为国际节能环保汽车的主攻方向。

随着智能电网的发展以及电动汽车保有量的大幅提高，未来电动汽车的车载电池可作为智能电网中的移动储能单元，一方面在电网低谷时段由电网为电动汽车车载电池进行充电，另一方面在电网高峰负荷时段由电动汽车车载电池向电网传输电能，使之有效调节负荷，降低电网峰谷差，降低传统调峰备用发电容量，提高电网利用效率。

目前，电动汽车主要分为纯电动汽车（BEV）、混合动力汽车（HEV）和燃料电池电动汽车（FCEV）。

纯电动汽车是指完全由蓄电池提供动力的汽车，它以车载可充电电池作为储能动力源，用电动机来驱动车辆行驶。

混合动力汽车是指装有两种或两种以上动力源的汽车。当前混合动力汽车通常是指用内燃机和电动机驱动的混合动力汽车。

燃料电池电动汽车是指采用燃料电池作为动力源的电动汽车。

电动汽车充电方式主要有下列三种：

（1）慢速充电方式。慢速充电方式主要采用交流充电桩方式，对具有车载充电机的小型电动汽车进行充电。交流充电桩主要建在商业设施、企事业单位、住宅小区等的停车场。其建设成本低，安装比较简单，便于利用负荷低谷时段充电，充电费用相对低廉；缺点是充电时间较长，一般为 6h 以上，难以满足车辆紧急充电需求。

（2）快速充电方式。快速充电方式主要采用直流充电方式，需在配置有专门充电机的充电站采用较大电流进行充电，充电时间一般小于 30min。这种充电方式的优点是充电效率高、时间短，缺点是经常性大电流快速充电对电池寿命有一定影响。快速充电方式主要用于城市公共交通。

（3）电池更换方式。电池更换方式是指采用更换电池的方式为电动汽车补充电能。这种方式克服了目前电池性能上的局限，可快速为电动汽车补充电能，通常需要 10min 左右。

电池更换方式主要在换电站进行，需要配备必要的电池更换设施。换电站通常还配备直流充电机或交流充电桩，以便对更换下来的电池组集中充电。

电池更换方式的优点是更换电池时间很短，解决了充电时间长的问题；通过电池的集中充电和管理，可以对电池进行性能匹配和梯次利用，提高电池的寿命。其缺点是对电池及相关部件设计、制造的标准化，对电池的流通管理和换电站的布局都提出了较高要求。

9.2.3　智能电网与物联网

物联网（Internet of Things，IOT）的概念最早于 1999 年由美国麻省理工学院提出。所谓物联网就是通过射频识别（RFID）、红外感应器、全球定位系统、激光扫描器等信息传感设备，按约定的协议，把任何物品与互联网相连接，进行信息交换和通信，以实现对物体的智能化识别、定位、跟踪、监控和管理的一种网络。

面向智能电网应用的物联网（以下简称电力物联网）是指在电力生产、输送、消费等环节，广泛部署具有一定感知能力、计算能力和执行能力的各种感知设备，采用标准协议通过电力信息通信网络，实现信息的安全可靠传输、协同处理、统一服务及应用集成，从而实现从电力生产到电力消费全过程的全景全息感知、互联互动及无缝整合。

电力物联网的体系架构主要分为感知层、网络层和应用层。感知层主要通过无线传感网络、RFID 等技术实现对电网各应用环节相关信息的采集。网络层以电力光纤网为主，辅以电力线载波通信网、无线宽带网，实现感知层各类电力系统信息的广域或局部范围内的信息传输。应用层主要采用智能计算、模式识别等先进技术实现电网信息的综合分析和处理，实现智能化的决策、控制和服务，从而提升智能电网各个应用环节的智能化水平和节能水平。

物联网以其独特的优势能在多种场合满足智能电网信息获取的实时性、准确性、全面性等需求，有助于对电力生产全过程进行全方位监控。利用物联网技术可以提高智能电网一次设备的感知能力，并结合二次设备，实现联合处理、状态监测、数据传输、综合判断等功能，改善现有电力基础设施的利用效率，有效提高电网的智能化管理水平。当前，物联网技术在智能电网的发电、输电、变电、配电、用电、调度等各个环节得到广泛应用。下面介绍其在智能电网中的一些典型应用。

（1）风光储联合发电厂微气象监测系统。风光储联合发电厂充分利用了风能、光能在时间和空间上的互补优势，同时结合储能电池的能量可存储性，克服了风能、光能发电的间歇性和随机性等特点，缓解了可再生能源接入电网的不稳定性矛盾。采用物联网技术的风光储联合发电厂微气象监测系统，可获取环境温度、湿度、风速、风向、雨量、气压、太阳总辐射等多项参数指标，通过无线通信网络进行实时数据传输，进而可以及时准确地了解发电厂区的气象状况，为生产、工作提供参考。

（2）发电机组状态监测系统。发电机组是发电厂的关键设备，它的安全运行是发电厂确保安全、优质、经济发/供电的物质基础。基于物联网技术的机组状监测系统给每台发电机组配备一套状态监测子系统，通过对机组的振动、摆度、压力、脉动、定/转子气隙、磁场强度、发电机局部放电等物理量的在线监测，同时联合计算机监控系统的监测信息，利用各种分析、诊断策略和算法，建立一个功能全面、实用性强的监测与诊断系统。机组状态监测系统提供的监测、报警、状态分析、故障诊断等一系列工具和手段，可实时掌握发电机组的健康状态，并为其安全运行、优化调度和检修指导提供有力的技术支持，为状态检修提供辅助决策并实现与其他系统的信息共享。

（3）输电线路在线监测系统。输电线路状态在线监测系统是物联网的重要应用之一。主要包括雷电定位和预警、输电线路气象环境监测与预警、输电线路覆冰监测与预警、输电线路在线增容、导地线微风振动监测、导线温度与弧垂监测、输电线路风偏在线监测与预警、输电线路图像视频监控、输电线路运行故障定位及性质判断、绝缘子污秽监测与预警、杆塔倾斜在线监测与预警等方面。这些方面都需要物联网技术的支持，包括各种传感器技术、分析技术和通信技术等。

（4）物联网技术在智能变电站中的应用。利用物联网技术，可以自动、实时对变电站的设备进行识别、定位、跟踪、监控并触发相应事件，从而实现对设备的实时管理和控制；通过对外界的感知，构建传感网监测网络，可对影响变电站运行的因素实施全方位智能监测；通过 RFID、智能设备、传感器等可以实现智能巡检、系统安防、变电站环境动力监测、设备运行状态的数据监测。在传感网监测平台上可以建立一套全站公用的智能监测与辅助控制系统，它集成目前图像监视、安全警卫、火灾报警、主变消防、采暖通风等辅助系统的系统功能，可以满足"智能监测、智能判断、智能管理、智能验证"的要求，实现变电站的智能运行管理。

（5）物联网技术在智能用电中的应用。利用物联网技术有助于实现智能用电双向交互服务、用电信息采集、家居智能化、家庭能效管理、分布式电源接入以及电动汽车充放电，为实现用户与电网的双向互动、提高供电可靠性与用电效率以及节能减排提供技术保障。

物联网技术应用于用电信息采集系统，可通过智能电表实现用户之间、用户与电力公司之间的即时连接的网络互动，从而实现数据读取的实时、快速、双向的功能，可以对用户需求进行更准确的分析与管理。基于物联网的用电信息采集系统面向电力用户、电网关口等层面，可以实现购电、供电、售电三个环节信息的实时采集、统计和分析，反映不同时刻的发电、输电成本，有助于帮助用户制定动态计费方案，调节用电峰谷，使电网保持供需平衡。该系统具有用电信息的自动采集、计量异常监测、电能质量监测、分布式电源监测及相关信息发布等功能。

物联网技术应用也有助于实现家居智能化。通过在各种家用电器中内嵌智能采集模块和通信模块，实现家用电器的智能化和网络化，完成对家用电器运行状态的监测、分析及控制；通过在家中安装门磁报警、窗磁报警、红外报警、可燃气体泄漏监测、有害气体监测等传感器，实现家庭安全防护；通过应用无线、电力线载波技术，实现水、电、气表自动抄收；通过光纤复合低压电缆、电力线载波以及智能交互终端，实现用户与电网的交互，提供通信服务、视频点播和娱乐信息服务等。

应用物联网技术的电动汽车充放电设施，是通过在电动汽车、电池、充电设施中设置的传感器和射频识别装置，实时感知电动汽车运行状态、电池使用状态、充电设施状态以及当前网内能源供给状态，实现电动汽车及充电设施的综合监测与分析，保证电动汽车的稳定、经济、高效运行。

9.2.4　智能电网与智能电力需求侧管理

传统的电力需求侧管理技术手段是指针对具体的管理对象、生产工艺和生活习惯的特点，采用当前成熟的节电技术、管理技术和高效设备来提高终端用电效率或改变用电方式。智能电网的发展给智能电力需求侧管理提供了技术手段，推动传统的电力需求侧管理向智能电力需求侧管理演进，从而使传统的电力需求侧管理的负荷管理与能效管理被赋予新的内涵，对于负荷管理主要是自动需求响应和智能有序用电，对于能效管理主要是产生了能效电厂、合同能源管理以及远程能耗监测与能效诊断等。

自动需求响应是智能电力需求侧管理的主要特征，而实施自动需求响应需要先进的具备双向通信功能的电子计量表计和负荷管理技术，智能电网即为之提供高级量测体系（AMI），使用户能通过 AMI 的双向和闭环系统实施自动需求响应，调节供需。

智能电网的发展，促进了以价格市场化为核心的电力体制改革，但无论是在国外还是国内，传统的电力需求侧管理本质上都不是市场的产物，均是政府用于节约电力、保护环境的调控手段。因此，在电力市场的环境下，如何让电力需求侧管理向智能需求侧管理演进，在竞争市场中充分发挥作用，亦即让用户能够直接根据价格信号，对自身负荷需求或用电模式及时主动地做出改变或将能源输送给电网，换言之也就是让用户具有自动需求响应，成为电力价格市场化改革的热点问题。于是，智能电网的高级量测体系彻底改变了电力流、信息流、业务流单方向流动的状况，在技术上解决了智能电网用户和电网之间的双向全面互动，使用户能随时掌握电网的负荷情况和电价信息，从而在实时的市场价格和有效的市场价格机制的引导下，主动参与需求响应，调整用电负荷或接入分布式电源及储能元件，减小电网负荷的峰谷差，实现柔性负荷控制提高电力设施的利用率，以及提高电能质量和供电可靠性。

9.3　智能电力需求侧管理技术支持系统

9.3.1　智能电力需求侧管理技术支持系统架构

图 9-5 所示为智能电力需求侧管理技术支持系统总体架构。智能电力需求侧管理技术支持系统以高级量测技术、通信技术以及计算机技术为基础。由图 9-5 可见，智能电力需求侧管理技术支持系统的基础架构主要包括主机、网络、存储等硬件设施，即为上层应用提供硬件支撑。

平台软件的总体结构由三部分组成：一是数据架构层，包括各类用户及能效管理基础数据、能效项目实施前后数据、国内外能效标准、能效管理典型案例等数据和信息；二是

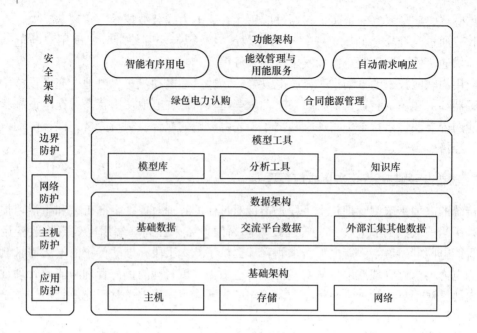

图9-5 智能电力需求侧管理技术支持系统总体架构

模型工具层，包括专业分析工具、数据挖掘工具、模型库、知识库管理系统等；三是功能应用层，包括智能有序用电、自动需求响应、能效管理与用能服务、绿色电力认购、合同能源管理等功能模块。此外，智能电力需求侧管理技术支持系统与营销业务系统连接，实现智能化查询、统计、分析和预测，使管理层能够及时全面地了解接入系统内各用电大户情况，为挖掘节能潜力用户提供数据依据。

9.3.2 智能电力需求侧管理技术支持系统功能

智能电力需求侧管理技术支持平台利用现代信息化技术，集成有序用电、需求响应、能效管理等关键技术，实现绿色电力认购、合同能源管理、能效电厂等项目的全过程信息化、自动化管理，开展能效市场潜力分析、用户能效项目在线预评估及能效信息发布和交流，为智能电力需求侧管理工作的开展提供技术支撑。

9.3.2.1 智能有序用电

（1）建立用户档案。与大用户电力负荷管理系统有机结合，建立用户用电档案，掌握用户详细用电信息及负荷变化特点，实现有序用电方案的辅助自动编制及优化调整。

（2）信息实时传递。利用95598呼叫中心及错峰短信群发系统，确保供电企业可以及时、快速、准确地将错峰用电信息传递给用户，有效调动用户与供电企业的实时联动，实现有序用电指标和指令的自动下达，有序用电措施的自动通知、执行、报警、反馈，提高错峰用电优质服务水平。

（3）有效监控执行。利用大用户负荷管理系统的实时在线监控功能，实现对有序用电执行的分区、分片、分线、分户的分级分层实时监控。

（4）效果分析评价。实现有序用电效果自动统计评价，确保有序用电措施迅速执行到位，保障电网安全稳定运行。

9.3.2.2　自动需求响应

（1）信息交互。结合电力负荷管理系统、95598 呼叫中心建立电网和用户双向实时的通信，实现两者的双向互动。

（2）信息下达。电力公司借助电力负荷管理系统向用户及时发布当前电价、电网供需状况、计划停电信息等，以便用户据此制定用电方案和选择自动响应。

（3）负荷调整。用户根据电力公司发布的信息，按照自身电力需求以及电力系统满足其需求的能力来调整负荷。

（4）效果评价。建立需求响应资源对电价、备用、容量市场和市场流动性的影响模型，进而确定需求响应资源的价值。

9.3.2.3　能效管理与用能服务

A　能效管理

能效管理主要是通过提升能源使用效率，降低能源总体消耗两个方面来实现。为此，国家电网公司建立能效管理数据平台，全面支持节能服务体系建设，为国家电力需求侧管理与节能减排工作做技术支撑。能源管理数据平台的服务对象主要有工商业用能用户、能源服务公司、电网公司、政府等四个方面，从而分别建立四个专业能效管理数据平台。工商业企业的能效服务平台为企业用户提供用电数据、用能数据和电能质量状况，为企业开展能效评估、节能同业对标、制定有序用电方案、优化节能方案提供数据和业务支撑。能源服务公司的技术服务平台为节能服务公司提供节能知识库、节能量审核与验证、能效服务网络活动信息等技术手段，为节能服务公司开拓市场提供支撑。国家电网公司的能效管理平台对国家电网能效数据进行汇总、分析、处理，为定期编制国家电网公司节能工作报告提供支撑；提供电网节能服务公司的技术咨询、节能培训等，为各省网节能服务工作的开展提供数据资源和技术支持；通过电网营销系统、用电信息采集系统数据或在线监测系统，为工商业用户提供用能趋势分析与评价，通过分析，建立有序用电方案，及时引导用户错峰、避峰用电等。各级政府的宏观能效分析平台通过各种能效数据汇总，为各级政府提供行业和地区的能效数据分析报告，从而编制不同行业、地区的能效统计报表，并开展各行业的用能数据对标管理；按照电力需求侧管理办法，对节电量进行统计分析，为节电量进行考核与认定提供依据。

图 9-6 所示为能效管理数据平台。图中，对于工业用户、商业楼宇及公共建筑等已建有能源管理系统（FMES、HEMS/BEMS）的用户，可以通过用户接口把相关用能数据接入能效管理数据平台。对于还没有建立能源管理系统的用户，可以考虑加装各种类型的能效采集终端，直接采集各种用能设备或用能系统的数据并上传到能效管理数据平台。对于完全不具备自动采集的用户，可以采用人工抄报方式。另外，也可以从用电信息采集系统中调用相关工商业用户关口表采集的信息进行能效分析。

B　远程能效监测与能效诊断

开展用电侧能效管理，通常是采用远程传输手段对重点耗能用户主要用电设备的用电数据进行采集和实时监测，并将采集的数据与设定的阈值或同类用户数据进行比对，分析用户能耗情况。通过能效智能诊断，自动编制能效诊断报告，为用户节能改造提供参考和建议，为能效项目实施效果提供验证，实现能效市场潜力分析、用户能效项目在线评估及能效信息发布和交流等。

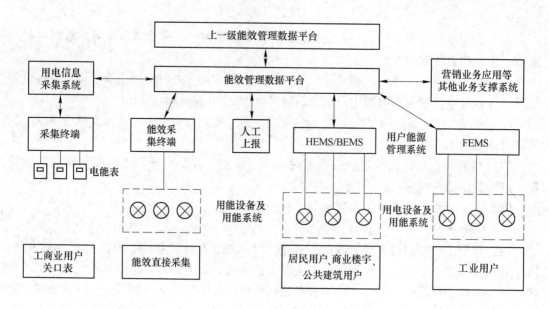

图 9-6   能效管理数据平台

HEMS—家庭能源管理系统；BEMS—商业楼宇能源管理系统；FMES—工厂能源管理系统

C   用户用能服务

智能用电服务系统的用户用能服务子系统是实现智能用电增值服务的有效手段。用户用能服务系统由主站、通信信道、智能互动终端等部分组成。系统通过主站实现对智能交互终端的信息采集和操作。智能交互终端涵盖大用户和居民用户。对于大用户，该系统可将采集的用能数据传递至营销业务应用子系统，完成能效评测等服务，达到提高能源利用效率的目的；对于居民用户，该系统可与智能家居的各种应用子系统有机结合，通过综合管理，实现智能家居服务。

图 9-7 所示为针对大用户的电力需求侧能效评估体系。图中，通过采集大用户电能信息（电压、电流、有功功率、无功功率、三相不平衡率、功率因数、用电负荷率等）和生产信息（产品价格、电量、产值、电费成本、产值能耗等）进行能效管理，建立起电力需

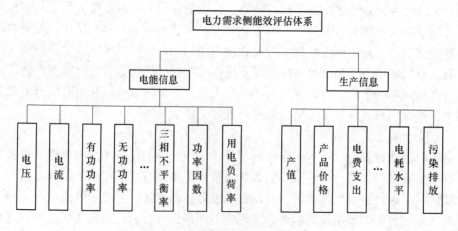

图 9-7   电力需求侧能效评估体系

求侧能效评估体系。

电力需求侧能效评估体系的考核对象为电能信息和生产信息，对其进行能效统计分析以及电能质量评价和产值能耗评价，并进一步做节能潜力分析，展开能效对标，限定阈值，引导企业节能。系统根据相关节能技术标准，按满足经济运行的要求，设定各项指标正常值范围，然后将现值（查询时刻采集到的实际值）与正常值进行比较，如果超出正常范围，则判定为异常。此时，系统自动在运行情况分析栏提示某项指标不正常，并在建议栏自动给出一些调整改造的意见。

能效评价体系的建立，促使用户高效用电，提高电能质量、错峰避峰、削峰填谷，减少企业用电量，有效降低用电企业产值能耗；对用户节能工作进行跟踪、指导和监管；对污染排放未达标企业予以警告，限期整改，通过调整差别电价予以限制生产。

9.3.2.4 绿色电力认购

（1）供应商信息查询。用户通过网络即可查阅到各个绿色电力供应商的实力，为用户选择供应商提供依据。

（2）价格发布。电力供应商通过平台发布各种绿色电力价格，供应商和用户都可以通过网络实时了解当前绿色电力价格信息。

（3）在线申购。用户通过平台任意选择购买绿色电力的比例，并提交申请。

（4）实时结算。定期公布年度认购计划，按照绿色电力认购单价和认购电量进行结算。

（5）交易结果发布。自动记录绿色电力用户信息及认购电量，定期网上公布绿色电力用户名单排名情况。

9.3.2.5 合同能源管理

（1）项目查询。用户可通过平台，了解节能服务公司情况，合同能源管理项目的开展流程、相关政策、常见问题等基础信息。同时平台提供互动答疑服务，为用户明确项目关键信息扫除后顾之忧。

（2）项目申请。用户可通过平台向政府提出合同能源管理项目立项申请，按照模板如实填写用户联系信息及项目基本情况介绍等。

（3）项目审批。工作人员通过信息化平台对用户的申请进行初步审核，将符合条件的项目上报有关部门审批，并将项目审批情况实时在网上公布，以供用户查询。

（4）项目实施。全过程记录项目的实施情况，尤其是详细描述出现的问题及解决方案，最终形成项目档案，建立案例库，以供用户开展类似项目参考。

（5）项目验收。由用户整理完备的项目电子资料，向有关部门提出验收申请，工作人员根据项目涉及专家库选取并通知专家，制定验收时间计划并及时通知用户。

（6）项目效益分享。工作人员根据项目涉及专业在机构库中选取具有资质的第三方节能量核证机构对项目的实际效果进行核证，实现能源合同管理项目全过程管理的信息化和自动化。

第10章 供电线损的降低

10.1 供电线损概述

10.1.1 供电线损

10.1.1.1 电力系统的组成

按系统工程进行分类，电力系统是由发电系统、供电系统（即由输电网和配电网构成的电力网）、用电系统等三大子系统所组成，如图 10-1 所示。发电系统将一次能源经发电机转换为电能，再经过供电系统输送和分配到用电系统。

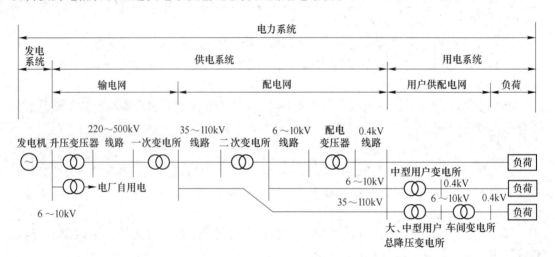

图 10-1　电力系统示意图

电力网的输电网主要是将远离负荷中心的发电厂所发出的电能经升压变压器升高电压至 220～500kV，并通过超高压输电线输送到邻近负荷中心的一次变电所。同时，输电网还有联络相邻电力系统和联系相邻变电所的作用。

配电网是将输电网获得的电能，经二次变电所逐级分配或就地消费，即将高压电能降至方便运行又适合用户需要的各种电压，组成多层次的网络，向用户供电。配电网按电压等级分为高压、中压、低压配电网。高压配电网的电压等级一般为 35～110kV 或更高，中压配电网的电压等级一般为 6～10kV，它们将来自二次变电所的电能分配到众多的配电变压器，以及直接供给中型用户。低压配电网的电压等级为 380/220V，其功能是以中压配电变压器为电源，将电能通过低压线路直接配送给用户。

用电系统是电力系统的终端系统，它将电能消费，转换为机械能、热能、化学能、光能等，以满足生产、生活的需求。

10.1.1.2　用户供配电网

对于大、中型工厂，来自电力网的 35 ~ 110kV 电源，一般由其总降压变电所降压为 6 ~ 10kV 后，经高压配电线分送到各车间变电所（或高压用电设备），再由车间变电所降压为 0.4/0.23kV 后，经低压配电线向各用电设备供电，这就构成了工厂内部供配电网，如图 10-2 所示。

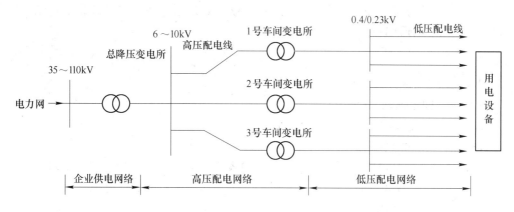

图 10-2　工厂供配电网示意图

由此可见，工厂内部供配电网通常是由高低压线路以及变电所组成。而变电所中的电气设备主要包括电力变压器和受、配电设备（开关设备、母线、保护及自动装置、测量装置等）以及电力电容器等设备。

根据图 10-2，也可将工厂供配电网按结构的特点，划分成三个部分：

（1）工厂供电网：是指从 35 ~ 110kV 电源点至总降压变电所为止的供电网络。

（2）高压配电网：是指从总降压变电所至各车间变电所为止的 6 ~ 10kV 配电网络。

（3）低压配电网：是指从车间变电所至用电设备的电源侧端子为止的 0.4/0.23kV 配电网络。

10.1.1.3　供电线损电量

由图 10-1 和图 10-2 可知，发电机发出的电能输送给用户电气设备使用，必须经过线路和变压器构成的电力网的输电、变电、配电设备以及用户的供配电设备。由于线路和变压器都具有电阻和电抗，因此电流通过时就会产生电能损耗，并转化为热能散失在周围介质中。这种电能损耗称为供电线损电量，简称线损。

基于供电线损存在于供电系统的输电网、配电网以及用电系统的供配电网中，考虑到它们对于供电线损具有的共性，为了讨论上的方便，提出广义供电系统的概念。广义供电系统的范畴既包括供电系统的输电网、配电网，又包括用电系统的供配电网以及电厂自用电的供电网。以后所讨论的供电系统的供电线损，均指广义供电系统的供电线损。

供电系统实际发生的供电线损电量是根据企业（电网企业或用户企业）报告期供电量（输入电量）和售电量（输出电量）电能表的积算量统计而得，故也称统计线损。按国家电力工业生产统计规定，统计线损电量用下式计算：

$$\Delta A_{t} = A_{g} - A_{sh} \tag{10-1}$$

式中　ΔA_{t}——统计线损量，kW·h；

A_g——供电量（输入电量），$kW \cdot h$；

A_{sh}——售电量（输出电量），$kW \cdot h$。

供电线损通常由技术线损和管理线损两部分组成。技术线损分为可变损耗和固定损耗。可变损耗是指电流流过线路导线和变压器绕组时产生的铜损，它与流过的电流的 2 次方成正比。固定损耗是指变压器的铁损、电缆和电容器的介质损耗、35kV 及以上线路的电晕损耗等，这部分损耗与运行电压有关。技术线损可通过对供电系统线损的理论计算求得，故也称理论线损。理论线损可用下式表示：

$$\Delta A_L = \Delta A_0 + \Delta A_k \tag{10-2}$$

式中　ΔA_L——理论线损，$kW \cdot h$；

ΔA_0——固定损耗，$kW \cdot h$；

ΔA_k——可变损耗，$kW \cdot h$。

理论线损可以通过相应的技术措施予以降低。

管理线损主要包括电能表误差损失电量、抄表错差损失电量、漏电损失电量、用户违章窃电损失电量等。管理线损可以通过加强组织管理措施予以降低或避免。

供电线损的组成如图 10-3 所示。

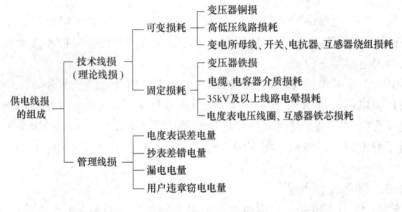

图 10-3　供电线损的组成

10.1.2　线损率

由于供电系统网络参数以及负荷等都是变化的，故其线损的高低也是随之而变化的，为了衡量供电系统网络线损的高低及其合理的程度，常用其线损电量与供电量之比的百分数，即电能损耗率（简称线损率）这个概念来考核。

$$\Delta A\% = \frac{\Delta A}{A_g} \times 100\% \tag{10-3}$$

式中　ΔA——线损电量，$kW \cdot h$。

线损率是用来考核供电企业生产技术和经营管理水平的一项重要的综合性技术经济指标。目前，我国的线损率与世界上发达国家相比还有一定差距，节电潜力较大。

按照我国国家标准《评价企业合理用电技术导则》（GB/T 3485—1998）规定，用电企业根据受电端至用电设备的变压等级，其总线损率应不超过以下指标：一级 3.5%、二级 5.5%、三级 7%。

在实际工作中，线损电量有两个值，即实际线损电量与理论线损电量，因此，线损率也有两个对应值，即实际线损率（或称统计线损率）和理论线损率。统计线损率 $\Delta A_t\%$ 是企业对所属范围内供电系统网络各供、售电量电能表统计得出的线损率。

$$\Delta A_t\% = \frac{\Delta A_t}{A_g} \times 100\% = \frac{A_g - A_{sh}}{A_g} \times 100\% \qquad (10\text{-}4)$$

理论线损率 $\Delta A_L\%$ 是企业对所属范围内供电系统网络设备，根据设备参数、负荷潮流、特性计算得出的线损率。

$$\Delta A_L\% = \frac{\Delta A_L}{A_g} \times 100\% = \frac{\Delta A_0 + \Delta A_k}{A_g} \times 100\% \qquad (10\text{-}5)$$

10.1.3　降低供电线损的措施与供电系统的经济运行

图 10-4 所示为降低供电线损的措施。降低供电线损的措施主要包括三个部分，即线损的理论计算和降损分析；降低供电线损的技术措施；降低供电线损的管理措施。

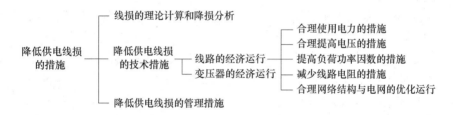

图 10-4　降低供电线损的措施

必须指出，采取降低供电线损的措施，其目的就是使运行的供电系统在达到所有功能指标与额定参量的条件下，使之在低电能损耗的状态下经济运行。换句话说，供电系统的经济运行就是运行的供电系统在达到所有功能指标与额定参量的条件下，采取降低供电线损的措施，使其处于一种低电能损耗的运行状态。降低供电线损的措施与供电系统的经济运行是不可分割的整体。

基于供电线损主要发生在供电系统的线路及变压器的铜损、铁损上，因此降低供电线损的措施，主要是讨论线路及变压器的降损措施。

本章主要讨论供电线路的降损措施，至于变压器的降损措施，将安排在 11.3 节中讨论。

10.2　线损的理论计算和降损分析

10.2.1　电力网线损理论计算

电力网线损理论计算是指根据电力网的结构参数和运行参数，运用一定的方法，将电网元件的理论线损电量及其在总损耗中所占比例、电网的理论线损率、经济线损率等数值计算出来，并进行定性和定量分析。

通过线损理论计算能够查明线损电量的组成和分布情况，借以从中分析出存在的问题，以便进一步采取相应措施，将线损降低到一个比较合理的范围内。

10.2.2　电力网线损理论计算的方法

电力网线损理论计算的方法很多，应根据实际情况选用最合适的方法。一般来说潮流计算法用在 35kV 及以上输电网；10（6）kV 配电网可采用等值电阻法计算，但考虑到计算精确度宜基于配变电量进行等值；对于 0.4V 配电网，不推荐使用电压损失法，可采用等值电阻法，但宜基于低压用户售电量等值。推荐采用台变损失率法，但必须确保线损实测台区的样本典型性以及实测结果的准确性。

10.2.3　线损分析

10.2.3.1　进行线损分析的目的

供电系统线损的大小不仅与系统电源分布、负荷分布、网络结构、无功配置、运行方式、用电构成、电压等级以及设备性能等因素有关，而且还与电力调度、运行维修、用电管理以及工作人员的技术水平有关。因此，线损是否合理，必须对线损进行深入细致的分析。其目的在于：

（1）通过分析，找出影响线损升降的因素，找出高线损的设备，从而采取降低线损的技术措施和管理措施。

（2）监视网络潮流变化的合理性，为优化运行方式提供依据。

（3）鉴定网络结构的合理性，为网络改造提供依据。

（4）为编制降损措施提供依据。

10.2.3.2　线损电量、线损率的分压、分线、分台区计算和统计分析

供电系统网络由多级电压组成，为使线损分析工作不断深入，使它能反映出各种电压等级供电系统的网络结构、设备技术状况、供用电构成及管理水平等方面的特点，其统计线损的统计和理论线损的计算，均应分压、分线、分台区进行。

通过分压、分线、分台区细分进行线损理论计算和统计分析，一方面，统计线损可与其相对应的线损理论计算值进行比较，掌握线损的组成，并找出两者差距及查清差距原因，明确降损的主攻方向；另一方面，可进一步掌握供电系统网络中线路总损耗、各级电压等级线路的损耗及其所占比重、变压器总损耗、各级电压变压器的损耗及其所占比重，其中变压器铜损和铁损又各占若干等等，便于找出问题，采取措施。

10.2.3.3　对理论线损电量和线损率的分析

要定期分压、分线、分台区进行供电系统网络的理论线损计算，并进行如下分析：

（1）根据代表日的负荷资料和理论线损电量找出供电系统网络某些线路或变压器线损过大的原因，并采取相应措施予以降低。

（2）与前一次理论计算结果逐项进行对比，从中检查降损措施的实效。

（3）与供电系统网络的统计线损对比分析，找出两者差值及产生差值的原因，有针对性地采取改进措施。

10.2.3.4　对统计线损电量和线损率的分析

对统计线损电量和线损率一般进行以下对比分析：

（1）与前一年同期统计线损对比。

（2）与线损计划指标对比。

（3）与理论线损对比。

通过对比分析，找出线损升降的原因，统计线损与理论线损不一致的原因，以便采取措施将线损降到合理范围。

10.2.4　电力网线损管理系统

随着计算机网络技术的不断发展，20 世纪 90 年代中期，陆续有一些软件厂商开始进行线损计算分析软件的研发，替代费时费力的人工计算。

当前，随着智能电网用电信息采集系统逐步覆盖应用，线损的计算、分析与管理均使用计算机编制的相应软件完成，且从以往的单纯线损计算向着线损综合管理系统方向发展，从而实现线损的全方位、全过程、精益化管理。下面以河南电网线损管理系统为例予以简述。

河南电网线损管理系统是一个通过整合公司范围内多个不同的自动化系统与线损管理相关的数据，实现线损分区、分压、分线、分台区的在线统计与理论计算，达到线损实时监测、分析与管理的现代化线损信息管理系统。该线损管理系统由数据集成、统计线损管理、理论线损管理、线损分析、降损辅助决策、线损指标考核管理、信息管理、系统管理等八个子系统组成，从自动化、准确化、智能化、标准化四个方面实现线损的全过程管理。各个应用子系统架构如图 10-5 所示。

（1）数据集成子系统。数据集成子系统是指从各自动化系统如营销综合业务管理系统、用电信息采集系统、调度 SCADA/EMS 系统、其他自动化系统读取数据，按照统一标准、规范和编码进行数据抽取、转换和装载，以高效的方式组织和存储数据，建设线损数据仓库，并提供数据访问服务，实现信息的全局共享。

（2）统计线损管理子系统。统计线损管理子系统自动从数据集成子系统线损数据仓库中动态获取电网模型和运行数据，以时、天、月、季度、年度为计算精度，从而实现全网分区、分压、分线、分台区的统计线损在线计算，并对异常线损进行管理分析。

（3）理论线损管理子系统。理论线损管理子系统按照电网结构、元件特性、计算方法的不同，分为输电网理论线损在线计算、6～20kV 理论线损在线计算和低压 400V 台区理论线损计算三个部分。系统以电网拓扑结构为基础，从线损数据库中获取运行数据，在剔除无效数据后依据相应的计算方法进行理论线损计算，从而实现对全网的理论线损进行在线监测。

（4）线损分析子系统。线损分析子系统包含理论线损同环比分析、统计线损同环比分析、理论统计线损比对分析、线损趋势分析、技术降损分析等模块，从线损结果趋势、重损线路、重损变压器、母线不平衡率等多角度对线损计算结果进行分析，及时确定线损变化的原因，准确掌握每个电网设备、每条线路在不同用电负荷和设备投切等情况下，引起线损变化的规律及特点，以使对线损较高的情况，有针对性地找到管理方面的问题。

（5）降损辅助决策子系统。降损辅助决策子系统是在准确的理论线损在线计算和全面的统计线损计算分析的基础上，通过对电网损耗分布情况的整体把握，为线损管理人员提供科学的降损节能措施。降损辅助决策子系统可以帮助线损管理人员进行输电网无功优

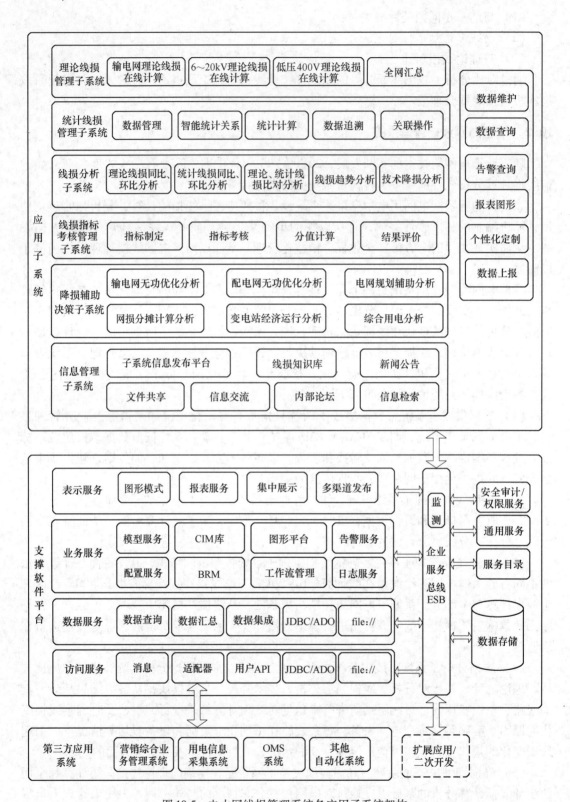

图 10-5　电力网线损管理系统各应用子系统架构

化、配电网无功优化、配电变压器轮换、配电变压器最佳接入位置、高耗能变压器更换、配电变压器能效技术经济评价分析、电压优化调整、导线更换、三相不平衡调整等。

（6）线损指标考核管理系统。线损指标管理子系统将依照河南省电力公司线损管理考核管理相关制度进行设计和开发，以满足河南省电力公司对线损统计管理考核的需要。

（7）信息管理子系统。信息管理子系统主要为系统提供信息发布的统一平台，支持文字、表格、图形、报表等形式，实现信息共享。

（8）系统管理子系统。系统管理子系统为系统提供安全管理、系统配置管理、用户管理、权限管理、操作日志管理等系统功能。

10.3　降低供电线损的技术措施

10.3.1　影响供电线路损耗的因素及降损的技术措施

在三相交流线路中，线路的有功损耗可用下式计算：

$$\Delta P = 3I^2R \times 10^{-3} = \frac{P^2}{U^2\cos^2\varphi}R \times 10^{-3} \tag{10-6}$$

分析式（10-6）可以得出结论，影响供电线路损耗的因素有如下几个参数：（1）线损与线路输送有功功率 P 的平方成正比；（2）线损与供电线电压 U 的平方成反比；（3）线损与用电功率因数 $\cos\varphi$ 的平方成反比；（4）线损与网络电阻 R 成正比。

由此可见，降低供电线路损耗所需采取的相应技术措施为：

（1）合理使用电力减少负荷功率；

（2）合理提高供电线电压；

（3）提高用电功率因数；

（4）减少线路电阻；

（5）合理网络结构与电网的优化运行。

10.3.2　合理使用电力减少负荷功率的措施

10.3.2.1　合理选择供用电设备

由于供电系统网络元件中的电能损耗是与负荷的有功功率的平方成正比，因此要合理选择供用电设备，避免"大马拉小车"，减少无谓的负荷功率，提高效率，降低线损。例如使用电力为 50kW，当选用变压器为 400kV·A，使用功率因数为 0.8 时，不计算低压电路的损失，单是变压器的损失等就达到 2.08%，若选用 200kV·A 的变压器，变压器的损失率就降为 1.7%。所以在选用供用电设备时，应当按照经济效益最佳的运行容量合理选择。

此外，合理地规划企业电力的长远使用目标，也是极为重要的。

10.3.2.2　合理控制电力的开、停

电力的使用应随同生产的开、停方式及时地进行开、停控制，不要开空车，以免浪费电力。

10.3.2.3　用电负荷率的提高

负荷率是指平均负荷功率与最大负荷功率之比。负荷率低表明负荷曲线波动大，负荷

率越高表明负荷波动越接近平均值，负荷曲线趋于平直。根据线损与负荷的关系，提高用电负荷率能够达到降损节电的效果。资料表明，负荷率提高10%，线损可降低2%。

提高用电负荷率的措施有均衡用电、平衡三相负荷等。这些调荷措施不仅可以充分利用现有供用电设备的能力，降低电能损耗，而且也有利于电网的安全经济运行。以下介绍调整均衡日用电负荷与平衡三相负荷实现降损节电的原理、估算与实施方法。

A　调整均衡日用电负荷降损节能分析

日负荷是指企业每日用电负荷的情况，其大小的变化可通过电流的大小变化来表示。当日负荷不均衡时，网络可变损耗就会增加。

若企业的日用电负荷电流曲线 $i = f(t)$ 如图10-6所示。设网络线路导线及变压器的电阻为 R，则每日的可变损耗电量为：

$$\Delta A_{K1} = 3R\int_0^T f^2(t)\,dt \tag{10-7}$$

今通过调整均衡日用电负荷，使电流曲线变为水平直线 I，则每日的可变损耗电量为：

$$\Delta A_{K2} = 3RI^2T \tag{10-8}$$

现把 i 分解成 I 与 i_0，即 $f(t) = I + f_0(t)$，则有：

$$\int_0^T f(t)\,dt = IT + \int_0^T f_0(t)\,dt$$

当 $\int_0^T f_0(t)\,dt = 0$ 时，表示图10-6中横轴上下两部分阴影面积相等。在此情况下日负荷不均衡所增加的可变损耗

$$\Delta A_K = \Delta A_{K1} - \Delta A_{K2} = 3R\int_0^T f^2(t)\,dt - 3RI^2T$$

$$= 3R\int_0^T f_0(t)\,dt > 0 \tag{10-9}$$

由式（10-9）可见，日负荷不均衡所增加的损耗与 $\int_0^T f_0(t)\,dt$ 成正比，不均衡度越大，即阴影面积越大，所增加的损耗也就越大。所以调整均衡日负荷能减少损耗实现节能。

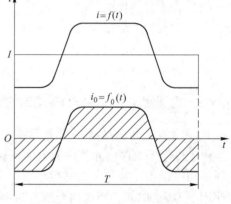

图10-6　日负荷电流曲线

B　调整均衡日用电负荷的方法

调整均衡日用电负荷的方法主要有：

（1）实行大设备让峰。将企业中并不经常开动的大设备运转时间，尽量安排在电力负荷低谷时段。此外，大设备的检修时间也可安排在 7~9 月内进行，以避开夏秋季的用电高峰。

（2）对于两班制和三班制的企业，可调整各生产班次的上下班时间，错开交接班时间。

C　平衡三相负荷降损节能分析

当三相负荷不平衡时，其可变损耗增加，为 $\Delta P = 2I_0^2 R \times 10^{-3}$。

　　三相负荷的不平衡度越大，所增加的附加线损也就越大，所以平衡三相负荷能减少附加线损，实现节能。

　　D　平衡三相负荷的方法

　　平衡三相负荷的方法主要有：

　　（1）将同时运行的单相用电设备均衡地分配到各相线路上。

　　（2）将单相两线制照明干线改为三相四线制干线。

　　（3）尽量扩大三相四线制干线的配电区域，使之深入到负荷附近。

　　（4）不仅要使各相的照明负荷相同，还应尽可能使各相的负荷矩相等。

　　（5）在条件许可的情况下，可将多路干线并联起来采用树干式接线。在并联干线中，因功率因数参差可使负荷减小，线损降低。

　　这里的将不同功率因数的用电设备共变压器配电或共线配电，使总电流减小，进而使变压器或干线导线线损减少的方法，就称为功率因数参差节电法。

　　以干线为例，若枝接的三个负荷功率因数不同，干线电流等于各用电设备电流的相量和（小于代数和），如图 10-7 所示。

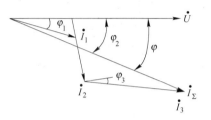

图 10-7　不同功率因数的用电设备共线配电相量图

　　由图可见，干线电流 I 的大小比三个设备电流的代数和（$I_1 + I_2 + I_3$）小得多，I 减少，I^2R 即下降，这就是功率因数参差能够节电的原理。

10.3.3　合理提高线路电压的措施

10.3.3.1　简化电压等级和升压改造

　　线路和变压器是供电系统中的主要元件，其损耗占总线损的比重很大，多一级电压，就要多一次变压，而多一次变压，要增加 1% ~ 2% 的有功损耗和 10% ~ 15% 的无功损耗。因此，对供电系统进行升压改造，简化电压等级，减少变压次数和变电重复容量，是降低线损的一项极为有效的措施。如将 3kV、6kV 的供电电压提高一级，升压为 10kV，既能提高线路的输送容量，又可以大大降低线损。

　　供电网升压改造后线损降低百分数为：

$$\Delta P\% = \left(1 - \frac{U_{N1}^2}{U_{N2}^2}\right) \times 100\% \tag{10-10}$$

式中　U_{N1}，U_{N2}——分别为供电网升压改造前、后的额定电压，kV。

　　表 10-1 所示为供电网升压改造后线损降低百分数。

表 10-1　供电网升压改造后线损降低百分数

升压前的额定电压/kV	升压后的额定电压/kV	升压后降损百分数/%
110	220	75
35	110	89.88
10	35	91.8
6	10	64
3	10	91

供电网升压改造后的降损电量可按下式计算:

$$\Delta A_2 = \Delta A_1\left(1 - \frac{U_{N1}^2}{U_{N2}^2}\right) \tag{10-11}$$

式中 ΔA_1, ΔA_2——分别为升压前、后供电网的损耗电量,kW·h。

与供电网升压改造相关联的还有尽量用较高等级的电压深入负荷中心,例如将110kV的引入负荷中心,直接降压为10kV配电,取消35kV电压等级,从而降低线损。

10.3.3.2   合理调整运行电压

合理调整供电系统运行电压是指通过调整变压器分接头或安装有载调压变压器,以及在母线上投切无功补偿设备等调节手段,在保证电压质量的基础适度地调整运行电压。由式(10-6)可知,线损与运行电压 U 的平方成反比,所以合理调整(提高或降低)运行电压可以降损节电。

为了正确决定合理调压工作,应按以下条件进行事先判断:

(1)当供电系统的可变损耗与固定损耗之比(即铜损、铁损比) C 大于表10-2数值时,提高运行电压有降损效果。

表10-2   提高运行电压降损判断

$\alpha/\%$	1	2	3	4	5
C	1.02	1.04	1.061	1.092	1.10

(2)当供电系统的可变损耗与固定损耗之比 C 小于表10-3数值时,降低运行电压有降损效果。

表10-3   降低运行电压降损判断

$\alpha/\%$	−1	−2	−3	−4	−5
C	0.98	0.96	0.941	0.922	0.903

运行电压提高率 $\alpha\%$ 可按下式计算:

$$\alpha\% = \frac{U_2 - U_1}{U_1} \times 100\% \tag{10-12}$$

式中 U_1, U_2——分别为调整运行电压前、后的母线电压,kV。

铜、铁损的比值 C 按下式计算:

$$C = \frac{\Delta A_k}{\Delta A_0} \tag{10-13}$$

式中 ΔA_k——调压前网络的可变损耗电量,kW·h;

       ΔA_0——调压前网络的固定损耗电量,kW·h。

调压后的降损电量为:

$$\Delta A = \Delta A_k\left[1 - \frac{1}{(1+\alpha)^2}\right] - \Delta A_0\alpha(2+\alpha) \tag{10-14}$$

10.3.4   提高负荷功率因数的措施

式(10-6)表明供电系统中电能损耗与用电负荷功率因数的关系,当输送的有功功率及供电电压一定时，线损与负荷功率因数的平方成反比。因此，实现无功功率的就地平衡，提高负荷功率因数，减少输送的无功电流，能有效地降低网络损耗。

提高功率因数与降低有功损耗的关系可用下式计算：

$$\Delta P\% = \left[1 - \left(\frac{\cos\varphi_1}{\cos\varphi_2}\right)^2\right] \times 100\% \tag{10-15}$$

式中　$\cos\varphi_1$——原功率因数；

　　　$\cos\varphi_2$——提高后的功率因数。

表 10-4 列出提高功率因数与降低有功损耗百分数。

表 10-4　提高功率因数与降低有功损耗百分数

$\Delta P\%$		$\cos\varphi_2$				
		0.8	0.85	0.9	0.95	1.00
$\cos\varphi_1$	0.60	43.75	50.17	55.55	60.11	1.00
	0.65	33.98	41.52	47.84	53.18	57.75
	0.70	23.44	32.18	39.50	45.70	51.00
	0.75	12.11	22.15	30.56	37.67	43.75
	0.80		11.42	20.98	29.08	36.00
	0.85			10.80	19.94	27.75
	0.90				10.25	19.00
	0.95					9.75

10.3.5　减少线路电阻的措施

线路电阻与导线的长度和导线的电阻率成正比，与导线的截面积成反比，因此要减少线路导线电阻，关键在于尽可能缩短线路长度，使用电阻率小的及截面积大的导线。

除要减少线路导线电阻外，线路上还具体存在各种接触连接，所以减少线路接触电阻也不可忽视。

10.3.5.1　导线截面的选择

A　选择的一般原则

在电力线路设计中，对于 35kV 及以上高压输电线路和 6～10kV 高压配电线路的导线截面，一般按经济电流密度选择，然后再以机械强度、发热条件、电压损失等技术条件加以校验；对于 1kV 以下的动力或照明低压线路的导线截面，由于负荷电流较大，一般均按发热条件、机械强度条件和电压损失条件选择；对于电力电缆截面的选择，有时还要按短路时的热稳定来校验。

B　按发热条件选择导线截面

按发热条件选择导线截面即按导线长期允许负荷电流选择导线、电缆。

所选择导线截面，应满足下式要求：

$$I_{js} \leqslant KI_g \tag{10-16}$$

式中　I_{js}——线路计算电流，A；

I_g——导线、电缆按发热条件允许的长期工作电流（即安全载流量），可由电工手
　　册查得，A；

K——考虑环境温度、土壤热阻系数、并列敷设、穿管敷设等情况，与标准情况不
　　同时的相应修正系数，可由电工手册查得。

对于三相电路：

$$I_{js} = \frac{P_{js}}{\sqrt{3} U_N \cos\varphi} = \frac{S_{js}}{\sqrt{3} U_N}$$

对于单相电路：

$$I_{js} = \frac{P_{js}}{U_N \cos\varphi} = \frac{S_{js}}{U_N}$$

式中　P_{js}——用有功功率表示的计算负荷，kW；

　　　S_{js}——用视在功率表示的计算负荷，kV·A；

　　　U_N——线路额定电压，kV；

　　$\cos\varphi$——负荷功率因数。

C　按机械强度条件选择导线截面

架空线路要经受风、雨、结冰和温度的影响，因此必须具有足够的机械强度，以保证
安全运行。按机械强度要求的架空线路导线最小允许截面见表 10-5。

表 10-5　架空线路导线最小允许截面　　　　　　　　　　　　　（mm²）

导线材料	35kV	6~10kV		1kV 以下
		居民区	非居民区	
铝及铝合金线	35	35	25	16
钢芯铝绞线	35	25	16	16
钢　线	直径 3.2mm	16	16	—

D　按电压损失条件选择导线截面

线路电压损失应低于最大允许值，以保证供电质量。

按允许电压损失选择导线、电缆时，其截面 $S(\text{mm}^2)$ 可按下式计算：

$$S = \frac{\sum_1^n PL}{10\gamma U_N^2 \Delta U_a\%} \tag{10-17}$$

式中　$\sum_1^n PL$——负荷矩，kW·km；

　　　γ——导线的电导率，m/（mm²·Ω）；

　　　U_N——线路额定电压，kV；

　　$\Delta U_a\%$——有功负荷及电阻引起的电压损失。

$$\Delta U_a\% = \Delta U\% - \Delta U_r\%$$

式中　$\Delta U\%$——规定的允许电压偏差；

　　$\Delta U_r\%$——无功负荷及电抗引起的电压损失。

计算截面 S 前，要先按下式初步求出 $\Delta U_r\%$：

$$\Delta U_r\% = \frac{X_0}{10U_N^2}\sum_1^n PL \tag{10-18}$$

式中　X_0——导线或电缆的单位电抗值，Ω/km，对于 6 ~ 10kV 架空线路，一般取 $X_0 = 0.3 \sim 0.4\Omega/\text{km}$，电缆线路 $X_0 = 0.08\Omega/\text{km}$。

然后将求得的 $\Delta U_r\%$ 代入 $\Delta U_a\% = \Delta U\% - \Delta U_r\%$，便可求得 $\Delta U_a\%$。再将 $\Delta U_a\%$ 代入式 (10-17)，即可求得截面 S，选出标称截面。

　　E　按经济电流密度选择导线截面

　　按经济电流密度选择导线截面时，可用下式计算导线截面 $S(\text{mm}^2)$。

$$S = \frac{I_{js}}{j} = \frac{P}{\sqrt{3}jU_N\cos\varphi} \tag{10-19}$$

式中　j——经济电流密度，A/mm^2。

　　为了取得最大的综合经济效益，我国于 1956 年由电力部颁布了用于确定长导体经济截面的经济电流密度标准，见表 10-6。按经济电流密度选择导线、电缆的截面，是根据节省投资费用和年运行费用以及有色金属消耗量等因素综合考虑后制定的。综合考虑各方面的因素而确定的符合总经济利益的导线截面，称为经济截面，对应经济截面的电流密度就称为经济电流密度。

表 10-6　经济电流密度　　　　　　　　　　　　　　　　　　　　　　　　　　　　　（A/mm^2）

导线材料	年最大负荷利用小时数		
	3000 以下	3000 ~ 5000	5000 以上
裸铜线和母线	3.0	2.25	1.75
裸铝线和母线（钢芯）	1.65	1.15	0.9
铜芯电缆	2.5	2.25	2.0
铝芯电缆	1.92	1.73	1.54
钢线	0.45	0.4	0.35

　　表 10-6 的经济电流密度值是根据当时的国民经济状况制定的。如今，经济状况、基建投资方式、电线电缆价格、电价等均已发生巨大变化，继续使用半个世纪前制定的经济电流密度值是否能达到经济合理的目的是值得商榷的。

　　目前国际上已普遍采用按经济电流密度选择电缆线芯截面的方法。IEC 也制定了这方面的计算标准，即《电力电缆线芯截面的经济最佳化》（IEC 287-3-2/1995），且已被广泛采用。

　　10.3.5.2　增大导线截面或改变线路迂回

　　随着用电企业的快速发展，负荷容量的扩大，为数不少早年建成投产的供电线路出现线径偏小、输送能力不够的局面，从而导致线路压降及电能损耗增加。为此应对截面偏小的导线进行更新改造，增大其截面。

　　此外，还应注意线路走向，线路应尽量沿着直线方向前进。对已建成投运的线路，如存在线路迂回折转，须进行裁弯取直处理，以缩短线路长度，减小线路电阻，降低线损。

　　增大导线截面或改变线路迂回后的降损电量可用下式计算：

$$\Delta A_2 = \Delta A_1\left(1 - \frac{R_2}{R_1}\right) \tag{10-20}$$

式中　ΔA_1，ΔA_2——分别为改造前、后线路的损耗电量，$kW \cdot h$；

　　　　R_1，R_2——分别为线路改造前、后的电阻，Ω，对于有分支的线路，要以等值电阻代替。

10.3.5.3　增加并列线路

对于负荷过大或一些严重过负荷的线路，可采取增加并列线路的办法减轻线路负荷。

增加并列线路是指由同一电源至同一受电点增加一条或几条线路并列运行，以降低线损。

（1）增加等截面、等距离线路并列运行后的降损电量，可用下式计算：

$$\Delta A_2 = \Delta A_1\left(1 - \frac{1}{N}\right) \tag{10-21}$$

式中　ΔA_1，ΔA_2——分别为增加前、后线路运行时的损耗电量，$kW \cdot h$；

　　　　N——并列运行线的回路数。

（2）在原导线上增加一条不等截面导线后的降损电量计算式如下：

$$\Delta A_2 = 1 - \frac{R_2}{R_1 + R_2} \tag{10-22}$$

式中　R_1，R_2——分别为增加前、后线路的电阻，Ω。

【例10-1】已知：某矿最大负荷为3500kW，年总用电量为2452.8万千瓦时，平均功率因数为0.85，年最大负荷损耗小时数 $\tau = 5700h$，由两路150mm² 钢芯铝绞线供电，其 $r_0 = 0.21\Omega/km$，线路长度为4km，平均电压为6kV。试计算单线路、双线路并列运行的线路损耗电量。

解：（1）当单回线运行时，全年线路的损耗电量为：

$$\Delta A_1 = 3I_{\max}^2 R\tau \times 10^{-3} = \left(\frac{P_{\max}}{U\cos\varphi}\right)^2 r_0 L\tau \times 10^{-3} = \left(\frac{3500}{6 \times 0.85}\right)^2 \times 0.21 \times 4 \times 5700 \times 10^{-3}$$

$$= 2253213 kW \cdot h$$

（2）当双回线并列运行后，全年线路的损耗电量为：

$$\Delta A_2 = \Delta A_1\left(1 - \frac{1}{N}\right) = 2253216 \times \left(1 - \frac{1}{2}\right) = 1126606.5 kW \cdot h$$

由此可见，双回线并列运行的损耗比单回线运行时损耗下降一半。

10.3.5.4　降低线路接触电阻

接触电阻就是当电流从两个接触连接导体的一边流入另一边时的欧姆电阻。

企业供用电设备之间存在着大量的各种类型的电气接触连接，如固定连接、可动连接或滑动连接，但不管是哪一种类型的接触连接，总是有两个或两个以上的面互相接触。接触面从表面上看来是经过仔细加工，平滑光洁，但实际的表面却是凹凸不平的，如图10-8所示。因此连接处接触面之间不是整个面积的接触，而只是凸起的接触点间的接触。

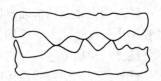

图10-8　两片母线表面的
实际接触情况

当没有压力时，被连接导体的接触点数量不多，而接触点的接触电阻较大。如在接触面两侧加大压力，此时随着压力的增加，接触的材料产生挤压现象，从而在接触面上出现许多新的接触点，使接触面积增加，于是总的接触面积（cm^2）由下式确定：

$$S = \frac{p}{\sigma} \tag{10-23}$$

式中　p——压力，N；

　　　σ——材料的抗压强度，kPa，各种材料的抗压强度见表 10-7。

表 10-7　各种材料的抗压强度

材　料	铝	软铜	硬铜	锌	锡	银	铅	镍	石墨	铂
抗压强度/kPa	8826	38250	50990	42170	4410	30400	22560	220650	12940	76490

由式（10-23）可见，实际接触面积与所加压力成正比，与接触材料的抗压强度成反比。

关于接触电阻计算的经验公式，已经在第 3 章中作过介绍：$r_j = \dfrac{C}{9.8 p^m}$。由此可见，接触电阻值与接触面上的压力、接触面的状态、构成接触面材料的电阻率以及接触面的大小和温度等因素有关。

接触面上的压力对接触电阻值有着极大的影响。因此，保持接触面间足够的接触压力，是保证接触电阻值在合理数值范围以内的基本方法。但是这种压力又不能过大，过大的接触压力不仅会使接触的材料弹性消失，严重时还会使接触连接瓦解。表 10-8 列出不同的材料和不同的接触面状态所允许的最大接触压力值。

表 10-8　最大接触压力允许值

材　料	接触面状态	最大压力允许值/N
铜	镀锡	(4903 ~ 9807) × 9.8
铜、黄铜或青铜	—	(5884 ~ 11768) × 9.8
钢	—	58840 × 9.8
钢	镀锡	(9807 ~ 14710) × 9.8
铝	涂凡士林、用金刚砂磨光	(19613 ~ 29420) × 9.8
锌合金	用锉加工	(1961 ~ 4903) × 9.8

接触电阻对于接触面的状态也是非常敏感的。试验表明，接触电阻与接触面的加工方法和接触面的氧化、腐蚀程度有关。一般采用最为简单的办法如用涂有凡士林油的砂纸来加工铜母线的接触面，就能取得极为良好的效果。

接触电阻还与接触处的温度有关。接触处的温度升高将加速接触表面的氧化，从而导致接触电阻的增加，接触电阻的增加又进一步加速接触表面的氧化，如此恶性循环，这一过程有可能发展到接触连接熔化为止。表 10-9 列出母线连接处接触面最大允许温升值。

表 10-9　母线连接处的允许温升值

连接部分名称	最大允许温升值/℃	
	无镀层	镀　锡
母线与母线紧固接合处	45	60

　　接触面的大小对接触电阻的影响，表现在两个方面，一方面随着接触面的增大接触点数目的增加使接触电阻减小，另一方面随着接触冷却面的增大将散出更多的热量，保证接触电阻不至增大。但是，接触面的尺寸大小，对接触电阻的影响是有一定极限的，超过此极限就无效果。因此，确定接触连接的表面尺寸，主要是保证接触面中有较为合理的电流密度为原则。

　　接触电阻与接触面材料的电阻率的关系也很大，表 10-10 列出各种材料接触偶的接触电阻值（$R_偶/R_铜$）。

表 10-10　各种材料接触偶的接触电阻值（$R_偶/R_铜$）

接触偶材料	铜-铜	铜-黄铜	铜-铝	铜-铁	铝-铝	铁-铁
$R_偶/R_铜$	1	1.8～2.5	1.3	7.0	1.5～2.5	35

　　由表 10-10 可见，铜-铝、铜-铁、铝-铝、铁-铁等材料连接的接触电阻都较铜-铜连接为大。

　　以上讨论了接触电阻一些物理性质以及影响接触电阻数值的一些因素。但实际上，要求出接触面的接触电阻是很困难的，通常可用测量接触面电压降数值的方法来检查接触面的接触电阻。如图 10-9 所示，用 4～6V 的蓄电池组先检查接触面上的电压降，然后在同一电流的情况下，检查与接触面长度相同的母线段上的电压降。硬母线之间（或导线之间）连接处的接触电阻，其允许值不应超过同样长度的硬母线（或导线）电阻的 1.2 倍。

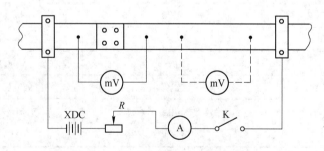

图 10-9　检查母线接触电阻的接线图

mV—毫伏表；A—电流表；R—调节电阻器；XDC—蓄电池；K—开关

　　对于电解与电镀的大电流直流设备的主要母线或导线任一螺栓接点的电压降，不得超过相当于长度为 0.5m 的母线或导线的电压降。

　　要达到尽可能降低接触连接的接触电阻的要求，做好电气连接点的日常维修和检查工作也是十分重要的。其工作重点为：

　　（1）保证接触面的稳固性和正常运行温度，这也是接触连接可靠工作的基础。为了保证接触面的稳固性，重视加工与安装质量，必须始终维持接触面上的单位压力，这可在每个螺钉的螺母下面安装弹簧垫圈并定期检查接触连接的夹紧状况来做到。

要定期检查接触面的运行温度，不应超过规定的允许值。

（2）防止接触面的氧化、腐蚀。为了防止铜、黄铜或青铜氧化，最为简单的办法是在铜或铜合金的表面涂上锡，钢母线在加工后也要涂锡，但更好的办法是镀镉、镍或锌。

由于铝在空气中较铜更易氧化，且铝的氧化层电阻很高，故在铝母线（或导线）加工磨光后，要涂上一层凡士林或导电膏，以隔绝空气的侵蚀，防止氧化。

此外，要加强铜铝接头的维护。因为当铜、铝两种不同的金属相连接时，由于空气或雨水中含盐溶液的潮气侵蚀接触表面，铜、铝金属间会出现电位差，而产生电流。此时，比铜具有更大的溶解张力的铝中的金属正离子电离跑入溶液中，使接触面的铝受腐蚀而损坏。为了防止腐蚀，应加强对铝接触的维护，最为简便的办法是在它的表面涂漆，使之不易受潮。也就防止了铜、铝金属间出现电位差而腐蚀铝接触。当然，采用专用的铜铝过渡接头是从根本上解决这类腐蚀问题的好办法。

为了克服接触连接易氧化，接头上的压力易松弛，在周围环境温度的影响下过热等缺点，在一些固定连接的场合，采用焊接的办法，也取得了降低接触电阻的良好效果。

10.3.5.5　特高压输电技术与高温超导输电技术的应用

特高压输电技术与高温超导输电技术均为能够降低损耗的输配电技术。

A　特高压输出技术

特高压输电技术包括特高压交流输电技术和特高压直流输电技术。特高压输电技术指的是 1000kV 交流和 ±800kV、±1000kV 直流输电工程和技术。我国建设以特高压电网为骨干网架的坚强智能电网，将大大提高远距离、大容量输电的效率，降低输电损耗。在导线总截面、输送容量均相同的情况下，±800kV 特高压直流线路的电阻损耗是 ±500kV 直流线路的 39%，而 1000kV 特高压交流线路损耗则是 500kV 交流线路的 1/16 ~1/4。因此，应用特高压输电技术能够有效提高输电效率，降低输电损耗。

我国晋东南—南阳—荆门 1000kV 特高压交流试验示范工程自 2009 年 1 月 6 日投运至今保持安全稳定运行；我国已建和在建的特高压直流输电工程有 ±800kV 向家坝—上海直流输电示范工程、±800kV 锦屏—苏南直流输电工程和 ±800kV 云南—广东直流输电工程。"十二五"期间，国家电网把特高压发展作为重中之重，建设连接大型能源基地与主要负荷中心的"三纵三横"特高压骨干网架和 13 项直流输电工程，形成大规模"西电东送"、"北电南送"的能源资源优化配置格局。

B　高温超导输电技术

高温超导电缆是高温超导技术的重要应用之一。高温超导电缆通过绝热套将超导体封闭在液氮中以持续获得临界温度。高温超导电缆在输电中的应用，具有输电过程中的能量损耗低、输送容量大、体积小、电磁污染小四大优点。高温超导电缆的电流密度可超过 $10000A/cm^2$，电流输送能力是常规电缆的 3~5 倍，传输容量比传统电缆高 5 倍左右，传输损耗仅为传输功率的 0.5%，导体损耗不足常规电缆的 1/10，这说明高温超导电缆在电力系统节能减排方面具有巨大的应用前景。

今后高温超导电缆在智能电网中的应用主要有远距离、大容量输电、为大城市和特殊场合供电、应用于变电站内的大电流传输母线、替换海底电缆、离岸风电站接入、可再生成源后备、电网间能源交换等。

10.3.6　合理网络结构与电网的优化运行

合理网络结构与电网的优化运行，是保证线路经济运行的基础。

10.3.6.1　低压配电网接线方式的合理选择

低压配电网的接线方式颇多，根据国家有关规定，通常采用单相二线制、三相三线制、三相四线制等三种接线方式。一般来说，单相二线制用于生活照明供电，三相三线制用于动力供电，三相四线制用于照明和动力混合供电。此外，还有单相三线制接线方式用于两级电压（220V 和 110V）的单相负荷，但因需配置专用变压器，故一般很少采用。

假设在所供负荷相同、线电压相同、导线截面相同、配电距离相等以及负荷的功率因数均为 1.0 时，各种接线方式的技术经济比较见表 10-11。

表 10-11　各种接线方式的技术经济比较

接线方式	单相二线制	单相三线制	三相三线制	三相四线制
接线图				
供电功率	$P = UI_1$	$P = 2UI_2$	$P = \sqrt{3}UI_3$	$P = 3UI_4$
导线总量	$V = 2S_1 L$ 100%	$V = 3S_2 L$ 150%	$V = 3S_3 L$ 150%	$V = 4S_4 L$ 200%
导线截面积	S_1 100%	$S_2 = \dfrac{2}{3}S_1$ 66.7%	$S_3 = \dfrac{2}{3}S_1$ 66.7%	$S_4 = \dfrac{1}{2}S_1$ 50%
线电流	$I_1 = \dfrac{P}{U}$ 100%	$I_2 = \dfrac{I_1}{2}$ 50%	$I_3 = \dfrac{I_1}{\sqrt{3}}$ 57.5%	$I_4 = \dfrac{I_1}{3}$ 33.3%
电压降	$\Delta U_1 = 2I_1 R_1 = 2\dfrac{I_1 \rho L}{S_1}$ 100%	$\Delta U_2 = I_2 R_2 = \dfrac{3}{4}\dfrac{I_1 \rho L}{S_1}$ 37.5%	$\Delta U_3 = \sqrt{3}I_3 R_3 = \dfrac{3}{2}\dfrac{I_1 \rho L}{S_1}$ 75%	$\Delta U_4 = I_4 R_4 = \dfrac{2}{3}\dfrac{I_1 \rho L}{S_1}$ 33.3%
供电损耗	$\Delta P_1 = 2I_1^2 R_1 = 2I_1^2 \dfrac{\rho L}{S_1}$ 100%	$\Delta P_2 = 2I_2^2 R_2 = \dfrac{3}{4}I_1^2 \dfrac{\rho L}{S_1}$ 37.5%	$\Delta P_3 = 3I_3^2 R_3 = \dfrac{3}{2}I_1^2 \dfrac{\rho L}{S_1}$ 75%	$\Delta P_4 = 3I_4^2 R_4 = \dfrac{2}{3}I_1^2 \dfrac{\rho L}{S_1}$ 33.3%

注：V 为导线总量；S_1、S_2、S_3、S_4 为导线截面积；L 为线路长度。

由表 10-11 可见，电压降和供电损耗均最小的是三相四线制，以下依次是单相三线制、三相三线制及单相二线制。因此在选择接线方式时，应尽可能采用三相四线制接线方式。

10.3.6.2　最小线损的配电变压器安装位置的选择

配电变压器的安装位置不同，则供电线路的损耗也不同。配电变压器越接近负荷中心，供电线路损耗也就越小。这里的负荷中心是指负荷矩（即输送容量和输送距离的乘积）的中心，而不是负荷位置中心。计算负荷中心时，应使负荷中心两端的负荷矩相等，即

$$P_1 L_1 = P_2 L_2 \tag{10-24}$$

式中　P_1，P_2——两个负荷的容量，kW；

　　　L_1，L_2——负荷中心与两个负荷点之间的距离，m。

对于两端有负荷 P_1 及 P_2（电流为 I_1 及 I_2），长度为 L 的线路，配电变压器与两端的距离分别为 L_1 及 L_2（见图 10-10），则 L_1、L_2 可用下式计算

$$L_1 = \frac{P_2}{P_1 + P_2}L \quad \left(\text{或} \frac{I_2}{I_1 + I_2}L\right) \tag{10-25}$$

$$L_2 = \frac{P_1}{P_1 + P_2}L \quad \left(\text{或} \frac{I_1}{I_1 + I_2}L\right) \tag{10-26}$$

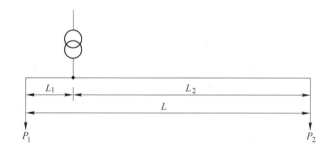

图 10-10　配电变压器设在负荷中心

若 $P_1 > P_2$，则 $L_2 > L_1$，例如 $P_1 = 100\text{kW}$，$P_2 = 20\text{kW}$，$L = 600\text{m}$，则 $L_1 = 100\text{m}$，$L_2 = 500\text{ m}$。

当有几个负荷点时，其负荷中心的坐标位置按下式确定：

$$\left.\begin{array}{l} \bar{x} = \dfrac{\Sigma(P_m + x_m)}{\Sigma p_m} \\[4mm] \bar{y} = \dfrac{\Sigma(P_m + y_m)}{\Sigma p_m} \end{array}\right\} \tag{10-27}$$

式中　P_m——m 个负荷点功率，kW；

　　x_m，y_m——分别为 m 个负荷点距 x 轴、y 轴的垂直距离，m；

　　$\bar{x}$，$\bar{y}$——分别为负荷中心距 x 轴、y 轴的垂直距离，m。

必须指出，对于多负荷点而言，将配电变压器安装在负荷中心点，不一定是最佳方案。因为：（1）在负荷中心点，不一定有适合安装变压器的位置；（2）负荷中心点不挂靠任何一个负荷点，会给运行维护带来困难。所以，一般地应将配电变压器安装在重负荷点，再向其他小负荷点供电，这样总的线路损耗是最小的，而且大负荷点配电装置齐全，不但可以提供配电装置的安装位置，还可以使运行维护方便。

在供电容量、线路架设规格及总长度相同的前提下，比较几种配电变压器安装位置对线损的影响。

(1) 变压器向单侧供电的三相线路损耗（见图10-11a）。

$$\Delta P_1 = 3I^2 R \times 10^{-3} \tag{10-28}$$

(2) 变压器向双侧供电的三相线路损耗（见图10-11b）。

$$\Delta P_2 = 2 \times 3 \times \left(\frac{I}{2}\right)^2 \frac{R}{2} \times 10^{-3} = \frac{3}{4}I^2 R \times 10^{-3} \tag{10-29}$$

(3) 变压器向三个方向供电的三相线路损耗（见图10-11c）。

$$\Delta P_3 = 3 \times 3 \times \left(\frac{I}{3}\right)^2 \frac{R}{3} \times 10^{-3} = \frac{1}{3}I^2 R \times 10^{-3} \tag{10-30}$$

(4) 变压器向单侧均匀分布负荷供电的三相线路损耗（图10-11d）。

$$\Delta P_4 = I^2 R \times 10^{-3} \tag{10-31}$$

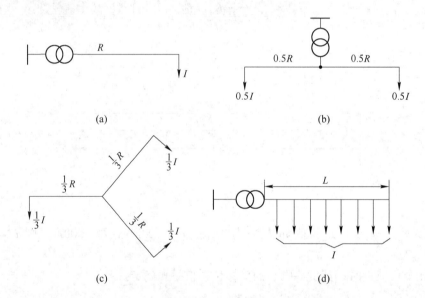

图 10-11 几种变压器安装位置对线损影响的比较

(a) 单侧供电；(b) 双侧供电；(c) 三侧供电；(d) 单侧均匀分布供电

若以 ΔP_1 为基准，与其他三种供电情况作比较：

$$\Delta P_2 = \frac{\frac{3}{4}I^2 R \times 10^{-3}}{3I^2 R \times 10^{-3}}\Delta P_1 = \frac{1}{4}\Delta P_1 \tag{10-32}$$

$$\Delta P_3 = \frac{\frac{1}{3}I^2 R \times 10^{-3}}{3I^2 R \times 10^{-3}}\Delta P_1 = \frac{1}{9}\Delta P_1 \tag{10-33}$$

$$\Delta P_4 = \frac{I^2 R \times 10^{-3}}{3I^2 R \times 10^{-3}}\Delta P_1 = \frac{1}{3}\Delta P_1 \tag{10-34}$$

由此可见，变压器安装在负荷中心，当低压线路总长度（电阻）相等，供电容量相同时，分支线越多，线损也越少，而且线损是随分支线的平方成反比地下降，因此应尽量避免向单侧供电，更应避免迂回供电的情况。

10.3.6.3　环网经济运行方式确定

A　环网经济运行方式的确定

环网供电是目前国际上广泛采用的供电方式。采用环网供电，不但能提高供电可靠性，也是降低线损、节约电能的有效措施。

环网可以开环运行，也可以闭环运行。环网的这种开环、闭环运行，关系着功率损失的大小。为最大限度地降低线损，就需研究如何确定环网在何种场合适用开环或闭环的经济运行方式。研究表明，在均一环网中，功率分布与各线段电阻成反比，此时环网中线损最小，均一环网的这种有功功率最小的功率分布称为功率经济分布。由此可见，均一环网采用闭环运行可以取得很好的降损效果。在非均一环网中，功率按阻抗反比分布，即所谓功率自然分布。若将非均一环网闭环运行，将出现循环电流，因而使线损增加。为降低其线损，可选择一最佳开环点实现开环运行。而最佳开环点的选择应通过计算对负荷做适当调整，使开环后的功率分布尽可能与功率经济分布相接近，使线损最小。

环网闭环运行时的功率分布按下式计算：

$$\left. \begin{aligned} \dot{S}_{Li} &= \frac{\sum\limits_{k=1}^{m} \dot{S}_k \dot{Z}_k}{\dot{Z}_\Sigma} \\[2em] \dot{S}_{Ln} &= \frac{\sum\limits_{k=1}^{m} \dot{S}_k \dot{Z}'_k}{\dot{Z}_\Sigma} \end{aligned} \right\} \tag{10-35}$$

式中　$\dot{S}_{Li}$，$\dot{S}_{Ln}$——通过各线段的功率，$kV \cdot A$，下标 i 为线段顺序号，$i = 1 \sim n$，n 为线段数；

$\dot{S}_k$——环网各节点的负荷功率，$kV \cdot A$，下标 k 为节点顺序号，$k = 1 \sim m$，m 为节点数；

$\dot{Z}_k$——第 k 节点后各线段阻抗之和，Ω；

$\dot{Z}'_k$——第 k 节点前各线段阻抗之和，Ω；

$\dot{Z}_\Sigma$——环网各线段阻抗之和，$\dot{Z}_\Sigma = \dot{Z}_k + \dot{Z}'_k$，$\Omega$。

其余线段的功率分布可按克希荷夫第一定律确定。

环网功率经济分布的计算式为：

$$\left. \begin{aligned} \dot{S}_{Lij} &= \frac{\sum\limits_{k=1}^{m} \dot{S}_k R_k}{R_\Sigma} \\[2em] \dot{S}_{Lnj} &= \frac{\sum\limits_{k=1}^{m} \dot{S}_k R'_k}{R_\Sigma} \end{aligned} \right\} \tag{10-36}$$

式中　R_k——第 k 节点后各线段电阻之和，Ω；

　　　　R_k'——第 k 节点前各线段电阻之和，Ω；

　　　　R_Σ——环网各线段电阻之和，$R_\Sigma = R_k + R_k'$，Ω。

其他各线段的功率可按克希荷夫第一定律确定。

根据功率经济分布得出的送端输出功率 S_{Lij}、S_{Lnj} 及各负荷节点的负荷功率，确定环网的开环点，使开环后的网络功率分布接近功率经济分布，并得出开环后各线段的功率 S_{Lig}。

环网开环运行后的降损电量计算式如下：

$$\Delta A = \frac{Ft}{U_{av}^2} \sum_{k=1}^{n} (S_{Li}^2 - S_{Lig}^2) R_{Li} \times 10^{-3} \qquad (10\text{-}37)$$

式中　S_{Li}——闭环运行各线段的功率，$kV \cdot A$；

　　　　S_{Lig}——开环运行各线段的功率，$kV \cdot A$；

　　　　U_{av}——环网送端母线的平均电压，kV；

　　　　R_{Li}——各线段的电阻，Ω；

　　　　F——损失因数；

　　　　t——运行时间，h。

当已知各负荷节点的电流时，电流的自然分布、经济分布及其降损电量计算分别与式（10-35）~ 式（10-37）相似。

【例10-2】已知：如图10-12 所示，两条线路向一变电所供电，1 号线是电缆线路，$Z_1 = 0.92 + j0\Omega$，2 号线是架空线路，$Z_2 = 0.92 + j0.72\Omega$。该 35kV 变电所装有母线联络开关 B，一段母线负荷 $S_{L1} = 10000 - j5000kV \cdot A$，二段母线负荷 $S_{L2} = 10000 - j4000kV \cdot A$。试比较闭环与开环两种运行方式哪个经济。

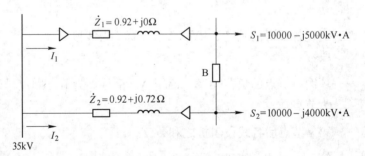

图 10-12　例 10-2 的环网等值电路

解：（1）闭环运行时的功率损耗。开关 B 闭合，两回线路并列运行，则两回线路中的功率分布分别为：

$$\dot{S}_1 = (20000 - j9000)\left(\frac{0.92 + j0.72}{0.92 + 0.92 + j0.72}\right) = 12854.92 - j1704.1kV \cdot A$$

$$\dot{S}_2 = (20000 - j9000)\left(\frac{0.92}{0.92 + 0.92 + j0.72}\right) = 7145.08 - j7295.9kV \cdot A$$

线路功率损耗为：

$$\Delta P_b = \Delta P_1 + \Delta P_2 = \left(\frac{12854.92^2 + 1704.1^2}{35^2} \times 0.92 + \frac{7145.08^2 + 7295.9^2}{35^2} \times 0.92 \right) \times 10^{-3}$$

$$= (126286 + 78318) \times 10^{-3} = 204.604 \text{kW}$$

（2）开环运行时的功率损耗。开关 B 断开，成开环运行则功率损耗为：

$$\Delta P_k = \left(\frac{10000^2 + 5000^2}{35^2} \times 0.92 + \frac{10000^2 + 4000^2}{35^2} \right) \times 10^{-3}$$

$$= (92878 + 87118) \times 10^{-3} = 180.996 \text{kW}$$

开环运行可减少的功率损耗为：

$$\Delta P = \Delta P_B - \Delta P_k = 204.604 - 180.996 = 23.608 \text{kW}$$

从而一年可节约电量为：

$$\Delta A = 23.608 \times 8760 = 206806.08 \text{kW} \cdot \text{h}$$

由此可见，其节电是十分可观的，但供电可靠性较差。

另从闭环时的电流分布可见 $I_1 = 213.91\text{A}$，$I_2 = 168.46\text{A}$，$I = 382.37\text{A}$；开环时 $I_1 = 184.43\text{A}$，$I_2 = 177.67\text{A}$，$I = 362.1\text{A}$。显然，闭环时的总电流大于开环时的总电流。也就是说，对于非均一环网，闭环时将出现循环电流，因而使线损增加。

  B　环网开环运行线路负荷经济分配计算

对于双电源供电的企业，不采取环网运行时，应根据负荷变化情况，选择最佳开环点做开环运行。最佳开环点的选择应使开环后的功率分布尽可能与功率经济分布相接近，使线损最小。下面介绍最佳开环点的确定方法。

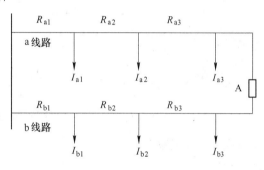

图 10-13　环网开环运行线路负荷经济分配计算

如图 10-13 所示的环网，设原来的开环点在断路器 A 处，各负荷功率因数相等，a、b 两条供电线路的每相电压降为：

$$\left. \begin{array}{l} \Delta U_a = \displaystyle\sum_{k=1}^{n_1} I_a R_a \\[3mm] \Delta U_b = \displaystyle\sum_{k=1}^{n_2} I_b R_b \end{array} \right\} \tag{10-38}$$

假设 $\Delta U_a \neq \Delta U_b$，现调整部分负荷 ΔI，调整后 a、b 两线路的电压降为：

$$\Delta U'_a = \sum_{k=1}^{n_1} (I_a + \Delta I) R_a = \Delta U_a + \sum_{k=1}^{n_1} \Delta I R_a$$

$$\Delta U'_b = \sum_{k=1}^{n_2} (I_b + \Delta I) R_b = \Delta U_b + \sum_{k=1}^{n_2} \Delta I R_b$$

要使线损最小，$\Delta U'_a = \Delta U'_b$，即

$$\Delta U_{a} + \sum_{k=1}^{n_1} \Delta I R_{a} = \Delta U_{b} - \sum_{k=1}^{n_2} \Delta I R_{b}$$

$$\Delta U_{b} - \Delta U_{a} = \Delta I \left(\sum_{k=1}^{n_1} R_{a} + \sum_{k=1}^{n_2} R_{b} \right) = \Delta I \sum_{k=1}^{n} R$$

于是得出经济运行的调整电流为：

$$\Delta I = \frac{\Delta U_{b} - \Delta U_{a}}{\displaystyle\sum_{k=1}^{n} R} \tag{10-39}$$

式中　$\displaystyle\sum_{k=1}^{n} R$——整个环网电阻，$\displaystyle\sum_{k=1}^{n} R = \sum_{k=1}^{n_1} R_{a} + \sum_{k=1}^{n_2} R_{b}$，$\Omega$。

由式（10-39）可见：

（1）若 $\Delta U_{b} > \Delta U_{a}$，$\Delta I$ 为正，则应增大 a 线路电流，减小 b 线路电流。

（2）若 $\Delta U_{b} < \Delta U_{a}$，$\Delta I$ 为负，则应增大 b 线路电流，减小 a 线路电流。

对于第（1）种情况，调整负荷前 a、b 两线路的线损为：

$$\Delta P_{a} = 3 \sum_{k=1}^{n_1} (I_{a}^2 R_{a}) \times 10^{-3}$$

$$\Delta P_{b} = 3 \sum_{k=1}^{n_2} (I_{b}^2 R_{b}) \times 10^{-3}$$

调整负荷后的线损为：

$$\Delta P_{a}' = 3 \sum_{k=1}^{n_1} (I_{a} + \Delta I)^2 R_{a} \times 10^{-3} = \Delta P_{a} + \left(6\Delta I \Delta U_{a} + 3\Delta I^2 \sum_{k=1}^{n_1} R_{a} \right) \times 10^{-3}$$

$$\Delta P_{b}' = 3 \sum_{k=1}^{n_2} (I_{b} + \Delta I)^2 R_{b} \times 10^{-3} = \Delta P_{b} - \left(6\Delta I \Delta U_{b} + 3\Delta I^2 \sum_{k=1}^{n_2} R_{b} \right) \times 10^{-3}$$

调整负荷后线损减少量为：

$$\Delta P = (\Delta P_{a} + \Delta P_{b}) - (\Delta P_{a}' + \Delta P_{b}') = 3\Delta I \left(2\Delta U - \Delta I \sum_{k=1}^{n} R \right) \times 10^{-3} \tag{10-40}$$

10.3.6.4　电网的优化运行

A　配电网的优化运行

配电网的优化运行是指配电网在某一负荷的运行中，实现线损率最小的经济运行状态。由于线损率：

$$\Delta A\% = \frac{\Delta A}{A_{g}} \times 100\% = \frac{\Delta A_0 + \Delta A_k}{A_{g}} \times 100\% = \left[\frac{\Delta P_0 t}{A_{g}} \left(\frac{U_N}{U_d} \right)^2 + \frac{A_{g}(R_{dx} + R_{db}) \times 10^{-3}}{U_N^2 \cos^2\varphi t} \right] \times 100\% \tag{10-41}$$

式中　R_{dx}——线路导线等值电阻；

　　　R_{db}——变压器绕组等值电阻。

中括号内前者为固定损耗，后者则为可变损耗。

根据式（10-41），就能得出以供电量 A_{g} 为横坐标，以线损率 $\Delta A\%$ 为纵坐标的 $\Delta A\% = f(A_{g})$ 曲线图，如图 10-14 所示。

由图 10-14 可见，$\Delta A\%$ 曲线是由与供电量 A_g 成反比例的曲线 $\Delta A_0\%$ 和与供电量 A_g 成正比例的曲线 $\Delta A_k\%$ 合成的。当供电量 $A_g = A_{jg}$ 时，配电网中的可变损耗电量等于固定损耗电量，在曲线 $\Delta A_0\%$ 和曲线 $\Delta A_k\%$ 交点处，出现一经济运行点 a，此时供电量 $A_g = A_{jg}$ 处于 $\Delta A\% = f(A_g)$ 曲线的最低点 b。A_{jg} 就称为最优供电量，它是衡量电网运行状态的一个重要量，对分析网络的运行状态是一个重要的数据。

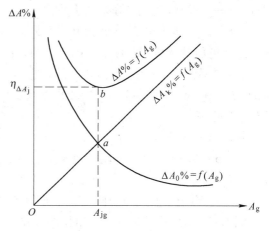

图 10-14　$\Delta A\% = f(A_g)$ 曲线图

当运行电压 $U = U_N$，配电变压器分接电压 $U_d = U_N$ 时，最优供电量为：

$$A_{jg} = \sqrt{\frac{U_N^2\cos^2\varphi t^2 \Delta P_0 \times 10^3}{R_{dx} + R_{db}}} = U_N\cos\varphi t\sqrt{\frac{\Delta P_0 t}{R_{dx} + R_{db}}} \tag{10-42}$$

B　电网运行状态的判断

电网的运行状态是指电网的运行结构一定时，所供负荷的状态。它常用电网的负荷系数 K_a 来表示，即

$$K_a = \frac{A_g}{A_{jg}} \tag{10-43}$$

电网负荷为 $A_g = K_a A_{jg}$。

图 10-15 所示为 $K_a = f(A_g)$ 的曲线。由图可见，根据 K_a 就可判断电网的运行状态：

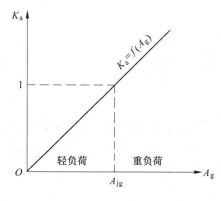

图 10-15　$K_a = f(A_g)$ 曲线图

（1）当 $K_a = 1$ 时，$A_g = A_{jg}$，配电网中的铁损等于铜损，$\Delta A\%$ 为最小；

（2）当 $K_a < 1$ 时，$A_g < A_{jg}$，电网处于轻负荷运行状态，配电网中的损失电量铁损占主导地位，这时应降低电压运行，以降低铁损，实现 $\Delta A\%$ 为最小的条件；

（3）当 $K_a > 1$ 时，$A_g > A_{jg}$，电网处于重负荷运行状态，电阻上的损失电量起主要作用，这时应升高电压运行，降低铜损，以维持 $\Delta A\%$ 为最小的条件。

C　配电网的最优运行电压的确定

对于一定的配电网，供电量虽是一变量，但当供电负荷 A_g 为一定时，可通过调整运行电压 U，使之 $\Delta A\%$ 曲线的最低点移到负荷为 A_g 点上，那么此时的运行电压 U 称为配电网在供电负荷为 A_g 时的最优电压。电网的最优运行电压可用下式表示：

$$U = U_N K_a K_d = K_u U_N$$

式中　K_d——配电变压器分接电压系数；

　　K_u——配电网的最优运行电压系数，$K_u = K_a K_d$。

当然电压的调整应在保证供电质量的条件下，在电压允许的范围内进行。

【例 10-3】 某电网 $U_N = 10\text{kV}$，经计算得最优供电量 $A_{jgN} = 40 \times 10^4 \text{kW} \cdot \text{h}$，而夜间供电量为 $35 \times 10^4 \text{kW} \cdot \text{h}$，白天为 $45 \times 10^4 \text{kW} \cdot \text{h}$，分接电压系数 $K_d = 1$。试计算夜间和白天的最优运行电压。

解：（1）夜间。

$K_a = 35/40 = 0.875$，电压系数 $K_u = 0.94$，最优运行电压 $U = 9.4\text{kV}$。

（2）白天。

$K_a = 45/40 = 1.125$，电压系数 $K_u = 1.06$，最优运行电压 $U = 10.6\text{kV}$。

图 10-16 所示为其最优运行电压的优化过程。

图 10-16 中，如晚间供电负荷为 A_{jg1}，白天供电负荷为 A_{jg2}，根据计算值可在保证供电质量的情况下分别选 U_1 和 U_2 运行。如当上述两负荷运行在额定电压 U_N 时，其对应的线损率分别为 ΔA_{N1} 和 ΔA_{N2}。因此由图可见，当分别运行在电压 U_1 和 U_2 时，其最优线损分别为 ΔA_{j1} 和 ΔA_{j2}，和两负荷运行在 U_N 时相比，晚间可降低线损率为 $\Delta A_{N1} - \Delta A_{j1}$ 个百分点，白天可降低线损率为 $\Delta A_{N2} - \Delta A_{j2}$ 个百分点。所以说，根据供电量的变化适当地调整运行电压，亦即调整变压器的分接开关就可降低线损。

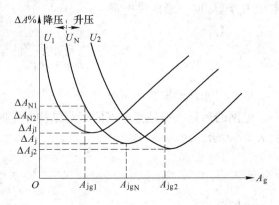

图 10-16　最优运行电压的优化过程

10.4　降低供电线损的管理措施

国家电网公司系统各单位的线损管理按照统一领导、分级管理、分工负责的原则，实行线损的全过程管理。

降低供电线损的管理措施主要有：

（1）建立健全线损管理体制和职责。各级电网经营企业要建立健全线损领导小组，由公司主管领导担任组长。领导小组成员由有关部门的负责人组成，分工负责，协同合作。日常工作由归口管理部门负责，并设置线损管理岗位，配备专责人员。

线损管理职责包括：

1）国家电网公司负责贯彻国家节能方针、政策和法律、法规，根据国家电网公司系统各单位的运营情况研究节能降损技术，制定规则、标准、奖惩办法等；组织、协调各电网经营企业的节能降损工作，制定、审批节能规划和重大节能措施。

2）各级电网经营企业负责贯彻国家电网公司的节能降损方针、政策、法律、法规及有关指令，制定本企业的线损管理制度，负责分解下达线损率指标计划；制定近期和中期的控制目标；监督、检查、考核所属各单位的贯彻执行情况。

（2）指标管理。线损管理是以指标管理为核心的全过程管理。线损指标的构成应包括线损率指标和线损管理小指标。

线损率指标实行分级管理，国家电网公司向各电网有限公司或省（自治区、直辖市）电力公司下达年度线损率计划指标，各级电网公司要将年度线损率指标分解下达、确保完成。同时要认真总结管理经验，分析节能降损项目的经济效益。

为减少电量损失、便于检查和考核线损管理工作，各电网经营企业应建立线损小指标内部统计与考核制度。具体指标由各电网经营企业制定。

（3）关口计量管理。所有关口计量装置配置的设备和精度等级要满足《电能计量装置技术管理规程》规定的要求，并按月做好关口表计所在母线电量平衡。220kV 及以上电压等级母线电量不平衡率不超过 ±1%；110kV 及以下电压等级母线电量不平衡率不超过 ±2%。

（4）营销管理。主要包括：

1）各电网经营企业，必须加强电力营销管理，建立健全营销管理岗位责任制，减少内部责任差错，防止窃电和违章用电，坚持开展经常性的用电检查，对发现由于管理不善造成的电量损失应采取有效措施，以降低管理线损。

2）严格抄表制度，所有用户的抄表例日应予固定。每月的售电量与供电量尽可能对应，以减少统计线损的波动。

3）严格供电企业自用电管理，变电站用电纳入考核范围。

4）电力营销部门要加强用户无功电力管理，搞好无功电力就地平衡。

5）各电网经营企业要结合本单位实际情况，制定落实低压线损分台区的考核管理制度和实施细则。

（5）各电网经营企业要定期组织负荷实测，进行线损理论计算，35kV 及以上输电网每一年一次；10kV 及以下配电网每两年一次，为电网建设、技术改造和经济运行提供依据。

（6）线损率指标要按照线损管理职责范围，实行分级、分压、分线、分台区管理，并定期进行线损率的统计分析工作，以便发现问题及时采取措施，确保线损指标的完成。

（7）各电网经营企业要重视线损管理人员素质的提高，定期组织线损专业培训，每三年对线损专业人员至少进行一次轮训。

第11章 无功功率的合理补偿

11.1 无功补偿概述

11.1.1 无功功率补偿与功率因数的提高

11.1.1.1 无功功率补偿与功率因数提高的概念

图 11-1（a）的功率三角形表示出视在功率 S、有功功率 P、无功功率 Q 和功率因数 $\cos\varphi$ 的相互关系。图中的 φ 角称为功率因数角，它的余弦为有功功率 P 与视在功率 S 的比值就是功率因数，即

$$\cos\varphi = \frac{P}{S} \qquad (11\text{-}1)$$

换句话说，其物理意义是供给线路的有功功率 P 占线路的视在功率 S 的百分数。

在图 11-1（a）的功率三角形中，当有功功率一定时，如企业所需要的无功功率增大，其视在功率也随之增大，功率因数因此下降。为满足无功功率增大

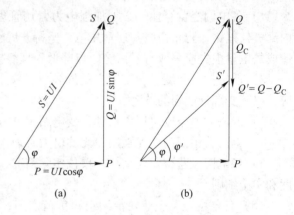

图 11-1　无功补偿与功率因数的提高
（a）功率三角形；（b）无功补偿的作用

的需要，势必要将供电线路和变压器的容量增大。这样，不仅增大了投资，而且也造成企业电能损耗的加大。

解决的办法是在感性负荷附近安装并联容性设备来提高电路的功率因数。若将感性负荷和容性设备并联连接，当感性负荷吸收能量时，恰好容性设备在释放能量（放电），而当感性负荷放出能量时，容性设备却在吸收能量（充电）。能量就在感性负荷与容性设备之间来回交换，亦即感性负荷所吸收的无功功率，可由容性设备所输出的无功功率中得到补偿，这就是无功功率补偿的基本原理。而这种向感性负荷提供无功功率的容性设备就称为无功补偿设备。

图 11-1（b）为无功补偿的作用示意图。

在未装电容器前，感性负荷需从电源吸取的无功功率为 Q，装设电容器后，补偿的无功功率为 Q_C，这就使无功功率需要量由原来的 Q 减少为 Q'，功率因数也由原 $\cos\varphi$ 提高到 $\cos\varphi'$，视在功率由 S 减小到 S'。无功补偿设备所补偿的 $Q_C = Q - Q'$ 称为无功补偿容量。

11.1.1.2 功率因数的规定值及其适用范围

世界各国的电力企业要求用户的用电功率因数一般在 0.85 左右。我国对电力用户功

率因数应达到的规定值及其适用范围为：

（1）高压供电的工业用户和高压供电装有带负荷调压装置的电力用户，功率因数为0.90 以上。

（2）其他 100kV·A（kW）及以上电力用户和大、中型电力排灌站，功率因数为 0.85以上。

（3）趸售和农业用电，功率因数为 0.80。

11.1.1.3　无功补偿的作用与提高功率因数的效益

无功补偿的作用主要有以下几点：

（1）提高供用电系统及负荷的功率因数。

（2）稳定受电端及电网的电压，提高电能质量。在远距离输电线中合适的地点设置动态无功补偿装置还可以改善输电系统的稳定性，提高输电能力。

（3）在电气化铁道等三相负荷不平衡的场合，通过适当的无功补偿可以平衡三相的有功及无功负荷。

无功补偿提高功率因数的问题是本章讨论的重点，至于无功补偿提高电能质量和平衡三相有功、无功负荷的问题，则在第12章中阐述。

提高功率因数的效益有：

（1）增加发供电设备有功出力。

（2）降低线路损耗。

（3）改善电压质量。

（4）减少用电企业电费开支。

11.1.2　电力系统无功功率的平衡

电力系统无功功率平衡是指电力系统所有的无功电源发出的无功功率总和与所有无功负荷所取用的无功功率总和相等。但是，系统的无功负荷是经常发生变化的，这就导致无功功率不平衡，而引起系统电压的变化。无功功率不足，会使系统或地区电压下降；无功功率过剩，又会使电压过分升高，影响系统和用户电气设备的运行安全以及增加电能损耗。因此，系统的无功功率平衡是保证电压质量的基本条件。为了确保电压质量，供电企业和用户应当按照分层分线分级补偿，就地平衡的原则，保持电力系统无功功率平衡：

（1）35kV 及以下配电系统，按电压层次进行补偿。

（2）配电线路的无功功率应在各自线路范围内平衡。

（3）各配电电压低压台片的无功功率应通过配电变压器低压侧的集中与分散补偿予以平衡。

（4）用户的无功功率应由用户通过集中的无功自动补偿装置和用户设备的就地补偿装置进行平衡，以达到降损和供电部门对功率因数的要求。

11.1.3　提高功率因数的措施

提高功率因数的措施有提高自然功率因数和功率因数的人工补偿两种，如图 11-2所示。

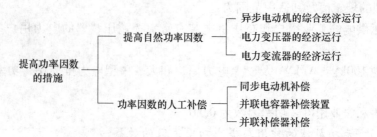

图 11-2   提高功率因数的措施

（1）提高自然功率因数的措施。自然功率因数是指未装设人工补偿装置时的功率因数。提高自然功率因数的措施，亦即设法从设备的合理选择和经济运行等方面减少各供用电设备本身所需的无功功率，而使自然功率因数提高的措施。

（2）功率因数的人工补偿措施。功率因数的人工补偿措施，即装设无功功率补偿设备使功率因数提高的措施。

由于人工补偿措施需要增加额外的设备，并且在补偿设备中也将引起电能损耗，因此在选择提高功率因数措施时，应优先考虑对企业供用电设备采用提高自然功率因数的措施，如经努力还达不到供电部门对功率因数的规定要求时，才进一步考虑采取适当的人工补偿措施。

到目前为止，提高功率因数的措施已发展得较为完善，具有一整套技术。

11.2   异步电动机的综合经济运行

异步电动机的综合经济运行是指电动机在满足其拖动机械运行要求时以全面节约有功、无功电能和提高综合经济效益为原则，优选电动机的类型、运行方式及功率匹配，使电动机在综合运行效率高、综合功率损耗低、经济效益最佳的状态下运行。

11.2.1   异步电动机的综合经济运行计算与判定

11.2.1.1   电动机综合功率损耗

在第 2 章中，应用式（2-1）仅计算了电动机有功功率损耗，而未考虑电动机无功功率在电网中所引起的有功功率损耗。现在可用无功经济当量来计算电动机在运行过程中，其有功损耗和由于电动机无功功率使电网增加的有功损耗之和的总损耗，即电动机综合功率损耗。

$$\Delta P_{\mathrm{C}} = \Delta P_0 + \beta^2 (\Delta P_{\mathrm{N}} - \Delta P_0) + K_{\mathrm{q}} [Q_0 + \beta^2 (Q_{\mathrm{N}} - Q_0)] \tag{11-2}$$

式中 ΔP_{C}——电动机综合功率损耗，kW；

ΔP_0——电动机的空载有功损耗，kW；

β——负荷率，$\beta = P_2 / P_{\mathrm{N}}$，其中 P_2 为电动机的输出功率，P_{N} 为电动机的额定功率；

ΔP_{N}——电动机额定负荷时的有功损耗，kW，$\Delta P_{\mathrm{N}} = \left(\dfrac{1}{\eta_{\mathrm{N}}} - 1 \right) P_{\mathrm{N}}$，其中 η_{N} 为电动机额定效率；

K_q——无功经济当量，kW/kvar；

Q_0——电动机空载时的无功功率，kvar；

Q_N——电动机额定负载时的无功功率，kvar。

11.2.1.2　电动机综合效率与额定综合效率及综合经济运行的判别

A　电动机综合效率与综合经济负荷率

（1）电动机综合效率。电动机综合效率 η_C 是电动机输出功率与对应的综合功率消耗之比，可用下式计算：

$$\eta_C = \frac{P_2}{P_2 + \Delta P_C} \times 100\% = \frac{\beta P_N}{\beta P_N + \Delta P_C} \times 100\% \tag{11-3}$$

（2）综合经济负荷率。综合经济负荷率 β_{cm} 是指电动机综合效率最高时的负荷率：

$$\beta_{cm} = \sqrt{\frac{\Delta P_0 + K_q Q_0}{\Delta P_N - \Delta P_0 + K_q (Q_N - Q_0)}} \times 100\% \tag{11-4}$$

B　电动机额定综合效率

电动机额定综合效率 η_{CN} 是电动机在额定负荷运行时的综合效率，可用下式计算：

$$\eta_{CN} = \frac{P_N}{P_N + \Delta P_{CN}} \times 100\% \tag{11-5}$$

式中　ΔP_{CN}——电动机额定综合效率，%。

C　电动机综合经济运行的判定

判定电动机本身是否经济运行，主要是将电动机的实际综合运行效率 η_C 与额定综合效率 η_{CN} 相比较。《三相异步电动机经济运行》（GB/T 12497—2006）规定：

（1）电动机综合效率大于或等于额定综合效率，表明电动机对电能利用是经济的；电动机综合效率小于额定综合效率但大于额定综合效率的 60%，表明电动机对电能利用是基本合理的；电动机综合效率小于额定综合效率的 60%，表明电动机对电能利用是不经济的。

据此，电动机经济运行的判定为：

1）当 $\eta_C \geq \eta_{CN}$ 则电动机的电能利用是经济的。

2）当 $\eta_{CN} > \eta_C \geq 0.6\eta_{CN}$ 则电动机的电能利用是基本合理的。

3）当 $0.6\eta_{CN} > \eta_C$ 则电动机的电能利用是不经济的。

（2）在现场计算电动机综合效率有困难的情况下，也可用电动机输入功率（电流）与额定输入功率（电流）之比来判断电动机的工作状态：输入电流下降在 15% 以内属于经济使用范围；输入电流下降在 35% 以内属于允许使用范围；输入电流下降超过 35% 属于非经济使用范围。

11.2.2　保证异步电动机综合经济运行的措施

保证异步电动机综合经济运行的措施，包括提高自然功率因数的措施和功率因数人工补偿措施两个部分。提高自然功率因数的措施包括采用轻载节能技术、非经济运行电动机的技术改造和提高电动机检修质量；功率因数的人工补偿措施包括电动机无功功率就地补偿（一种并联电容器的补偿方式详见 11.6.3.2 节）。

11.2.2.1 采用轻载节能技术

定期检测电动机的实际负荷率和变化规律，并按11.2.1节所述方法进行综合经济运行计算，如电动机长期处于空载或轻载性非经济运行状态，应分别情况采取如下轻载节能技术措施：（1）更换电动机；（2）降压运行；（3）采用空载限制器；（4）运行台数控制。

A 更换电动机

当电动机处于非经济运行状态而进行更换或改造时，所选用的新电动机必须满足被拖动机械负载的要求，使电动机运行的负荷率接近综合经济负荷率，使更新或改造后电动机的综合功率损耗小于原电动机的综合功率损耗。

在更换新电动机之前，要根据电动机工作环境和要拖动的负载，在国家现行系列产品中合理选择。

更换的电动机应进行起动性能的校验，使

$$M_{\min} \geqslant M_{1\max} \frac{K_S}{K_V^2} \tag{11-6}$$

式中　$M_{\min}$——电动机起动过程中可能出现的最大负载转矩（标幺值）；

$\quad\quad M_{1\max}$——电动机起动过程中的最小转矩（标幺值）；

$\quad\quad K_S$——保证起动时有足够加速转矩所采用的系数，$K_S = 1.15 \sim 1.25$；

$\quad\quad K_V$——电压波动系数，$K_V = 0.81 \sim 0.95$。

B 降压运行

a 轻载电动机降压节电运行的基本原理

电动机在轻载、空载运行时，效率和功率因数都很低。为了提高效率和功率因数，可以采用适当降低轻载、空载电动机电压的办法来提高其效率和功率因数。电动机降压后，主磁通下降，电动机铁损下降，则电动机效率提高。由于铁损是感性的，铁损下降，功率因数因而也随之提高。

b 轻载降压运行原则

对于变负荷运行的电动机，当空载时间较长，且轻载运行的负荷率 $\beta < 30\%$ 时，应采用降压节电运行，以提高电动机的运行效率和功率因数，但应做起动条件和过载校验。

c 降压系数的确定

根据不同负荷率 β，按电动机损耗最小的原则确定允许降压系数。

$$K_{um} = \sqrt{\frac{\beta^2}{K} \left[1 - \frac{\Delta P_0}{\left(\frac{1}{\eta_N} - 1 \right) P_N} \right]} \tag{11-7}$$

式中　K_{um}——降压系数；

$\quad\quad \beta$——负荷率，$0.15 < \beta < 0.30$；

$\quad\quad K$——系数，2极电动机，$K = 0.15$；4极电动机，$K = 0.25$；6极以上电动机，$K = 0.3$。

$$K = \frac{\Delta P_0 - \Delta P_{fw}}{\left(\frac{1}{\eta_N} - 1 \right) P_N} \tag{11-8}$$

式中　ΔP_{fw}——电动机的机械损耗，kW。

d　降压运行节电计算

节约的有功功率

$$\Delta P = \left[\left(\frac{1}{\eta_N}-1\right)P_N\right]\beta^2\left(1-\frac{1}{K_u^2}\right) + K\left(\frac{1}{\eta_N}-1\right)P_N(1-K_u^2) \tag{11-9}$$

节约的无功功率

$$\Delta Q = \left(\frac{P_N}{\eta_N}\tan\varphi_N - \Delta Q_0\right)\beta^2\left(1-\frac{1}{K_u^2}\right) + \Delta Q_0(1-K_u^2) \tag{11-10}$$

式中　K_u——降压系数，$K_u = U_1/U_N \times 100\%$，当采用式（11-7）确定的降压系数 K_{um} 时，则式（11-9）、式（11-10）中取 $K_u = K_{um}$。

　　　　K——系数，取值同式（11-8）。

e　降压运行的方式

电动机轻载节能降压运行的方式有电感调压节电器、星三角转换器、定子绕组分段改接、软起动器等几种方式。

如 2.4.1.2 节所述，软起动器通过电流控制环自动检测电动机的负荷变化去改变晶闸管的导通角的大小，从而改变电动机的工作电压，使电动机工作电压在轻载时自动降低，并随着负荷的变化而变化，这就保证电动机能始终在较经济的工作电压下运行，实现在轻载时，通过降低电动机端电压，减少电动机的铜铁损，提高效率以及改善功率因数，达到轻载节能的目的。

C　采用空载限制器

一些生产机械如金属切削机床在加工零件过程中，不可避免地需要退刀、测量等辅助时间，在这些辅助时间里设备是空转的，据统计，金属切削机床的这种工序间的间歇时间（辅助时间）占全部切削作业时间的 35% ~ 65%。大量电动机的轻载运行，使工厂的有功功率损耗和无功功率增加，异步电动机的平均功率因数大大下降。

我国在 20 世纪 60 年代就推广了金属切削机床自动和半自动停车装置和交、直流电焊机自动断路装置等空载限制器，不但提高了功率因数，节约了电能，而且也保证了安全操作。

D　运行台数控制

有时，为了同一目的采用多台同一类型的生产机械并列运行时，应根据机械类型和设备特性，按照负荷变化情况，及时控制生产机械运行台数，合理分配负荷，使电动机经济运行，这样就可以避免空载轻载，获得节能的效果。

11.2.2.2　非经济运行电动机的技术改造

目前，在企业中尚有为数不少的各种类型的老式电动机长期处于不合理的非经济运行状态。对于长期处于非经济运行状态，或额定效率低于 Y 系列电动机标准值 1% 以上者，可采取改进措施，如采用磁性槽泥（楔）、改进电动机的风扇、改变绕组等。

11.2.2.3　提高电动机检修质量

工厂在对异步电动机作定期检修时应注意检修质量，异步电动机的检修质量不但影响使用寿命，而且对功率因数和效率值有着极大的影响。因此在检修时，必须严格遵守检修标准和检修后的验收技术条件。

经验证明，在检修中要保证电动机的各项额定数据，尤其要注意定、转子空气间隙以及绕组数据。

A　变更电动机空气间隙对功率因数的影响

异步电动机空气间隙的磁阻占电动机磁路全部磁阻的70%～80%，因此可以认为，异步电动机空载运行时的无功功率有70%～80%是由于间隙的磁阻所引起的。可见间隙对无功功率的巨大影响。因此，必须在检修和运行中严格按照设计标准监视间隙值。

在检修电动机调整间隙时，应认真细致，切不可图省事，随意增大间隙，从而增大无功功率值。

为了有效地监视空气间隙值，可在电动机检修前、后检验空载电流值，务必使电动机检修后的空载电流符合标准值。

B　变更电动机绕组数据对功率因数的影响

当检修中需要重绕定子绕组时，应当保证：

（1）新绕绕组每相的总截面应保持不变，即重绕绕组所有并联支路的导线总截面应与原来绕组每相的截面相等。

（2）新绕组每相的串联绕组匝数不应少于原来绕组的匝数。

否则将使电动机运行性能变坏。

例如，在修理工作中，出现电动机每相的截面保持不变，但每相的匝数减少10%的情况，这将使磁通和磁感应强度增加10%，其结果是电动机的无功功率和空载电流大约要增加25%，从而导致电动机的功率因数严重恶化。同时，由于铁芯的有功损耗与磁感应强度的平方成正比，因而使电动机的有功损耗增加，从而使其效率大大下降。因此，重绕绕组的每相匝数不允许少于原匝数。

11.3　电力变压器的节电技术

11.3.1　电力变压器节电技术概述

11.3.1.1　电力变压器节电技术

电力变压器是一种进行电功率传递和电压变换的电气设备，它广泛应用于发电、供电到用电的整个电力系统。虽然电力变压器的额定效率已达到98%以上，属高效率设备，但由于在电力系统中变压器的拥有量极大，所以从全国范围来说，变压器造成的总电能损耗还是相当可观的，要占总发电量的7%～10%。因此，降低变压器的损耗是节能的重要课题。电力变压器节电技术就是用来降低变压器电能损耗的措施与方法。变压器的节电技术可以归纳为合理选择、经济运行和经济运行的管理三大部分。

在未讨论电力变压器的节电技术前，有必要先了解一下变压器的运行特性。

11.3.1.2　电力变压器的技术参数

电力变压器之所以存在经济运行问题，主要是由于它的技术参数存在着差异，以及在运行过程中，其自身要产生有功功率损耗和无功功率损耗，而且它的有功损耗与无功损耗是随负荷的变化而变化的，对于供用电企业的变压器，因负荷变动很大，往往不能处在经济运行状态，造成电力浪费。从以后的讨论中可以看到，变压器只有处在经济负荷率时，它的损耗率才最低而效率最高。因此，深入地分析变压器的技术参数与技术性能具有重要意义，通过分析、计算，确定变压器的最佳工况，据此合理调整负荷，最大限度地降低损耗，以充分发挥变压器的效能，使有限的电力发挥最大的经济效益。

在分析计算变压器经济运行时，常用到的技术参数有六个，即 I_0、U_K、ΔP_0、ΔP_K、ΔQ_0、ΔQ_K，而 ΔP_0、ΔP_K、I_0、U_K 称为变压器的基本参数。

（1）空载电流（励磁电流）I_0。I_0 的数值从变压器空载试验取得，即当变压器二次侧开路，一次侧加上额定电压后，所测得一次绕组中通过的电流值即为 I_0，一般以对额定电流比的百分数 $I_0\%$ 表示。

$$I_0\% = \frac{I_0}{I_{1N}} \times 100\% \qquad (11\text{-}11)$$

式中　I_{1N}——一次侧额定电流，A。

（2）短路电压（短路阻抗）U_K。U_K 的数值可从变压器短路试验取得。它是变压器绕组漏磁通在额定负荷条件下所产生的阻抗电压降。它的大小与绕组匝数的平方成正比。一般情况下，短路电压 U_K 都以对一次额定电压 U_{1N} 比的百分数 $U_K\%$ 表示。

$$U_K\% = \frac{U_K}{U_{1N}} \times 100\% \qquad (11\text{-}12)$$

（3）空载损耗 ΔP_0。ΔP_0 又称变压器铁损，与负荷无关。它是 I_0 在变压器铁芯中产生的涡流损耗与磁滞损耗之和。ΔP_0 近似地与铁芯中磁通密度 B_m 的平方成正比，且与铁芯的材料特性密切相关。

（4）短路损耗 ΔP_K。ΔP_K 又称额定负载损耗或变压器铜损，随负荷的平方变化。它是变压器一、二次绕组在额定负荷条件下所产生的功率损耗。ΔP_K 的数值也是从短路试验中取得。

（5）励磁损耗 ΔQ_0。ΔQ_0 又称空载无功损耗，是建立变压器磁场必需的无功功率，与负荷无关。

$$\Delta Q_0 = S_N I_0\% \times 10^{-2} \qquad (11\text{-}13)$$

式中　S_N——变压器额定容量，kV·A。

（6）漏磁损耗 ΔQ_K。ΔQ_K 又称负载无功损耗，是变压器漏磁通产生的无功功率损耗，随负荷的平方而变化。变压器额定负荷时

$$\Delta Q_K = S_N U_K\% \times 10^{-2} \qquad (11\text{-}14)$$

上述六个参数，I_0 与 ΔP_0 主要反映变压器铁芯的特性，而 U_K 与 ΔP_K 主要反映变压器一、二次绕组的特性，ΔP_0 与 ΔP_K 反映变压器的有功功率损耗，$I_0/\Delta Q_0$ 与 $U_K/\Delta Q_K$ 则反映变压器的无功功率损耗。通常参数 I_0、U_K、ΔP_0、ΔP_K 的数值可直接从产品样本中查得。

11.3.1.3　电力变压器的功率损耗

变压器在传输功率过程中，其自身要产生有功功率损耗和无功功率损耗。变压器的有功功率损耗、无功功率损耗和综合功率损耗计算，是定量分析变压器经济运行的重要基础。计算变压器有功功率损耗、无功功率损耗和综合功率损耗时应考虑负荷波动损耗系数对计算结果的影响，采用动态计算式。

A　变压器功率损耗的动态计算

（1）变压器平均负荷率。平均负荷率 β 是指一定时间内平均输出的视在功率与变压器额定容量之比，其计算式为：

$$\beta = \frac{S}{S_N} = \frac{P_2}{S_N \cos\varphi} \qquad (11\text{-}15)$$

式中　S——一定时间内变压器平均输出的视在功率，kV·A；

　　　S_N——变压器的额定容量，kV·A；

　　　P_2——一定时间内变压器平均输出的有功功率，kW；

　　$\cos\varphi$——一定时间内变压器负荷侧平均功率因数。

（2）有功功率损耗计算。

$$\Delta P = \Delta P_0 + K_T \beta^2 \Delta P_K \qquad (11\text{-}16)$$

式中　K_T——负荷波动损耗系数，是指一定时间内，负荷波动条件下的变压器负荷损耗
　　　　　与平均负荷条件下的负荷损耗之比，可由《电力变压器经济运行》（GB/T
　　　　　13462—2008）附录 C 求得。

（3）无功功率损耗计算。

$$\Delta Q = \Delta Q_0 + K_T \beta^2 \Delta Q_K \qquad (11\text{-}17)$$

（4）综合功率损耗计算。综合功率损耗是指变压器运行中有功功率损耗与因无功功率
损耗使其受电网增加的有功损耗之和，其计算式为：

$$\Delta P_Z = \Delta P + K_q \Delta Q = \Delta P_{OZ} + K_T \beta^2 \Delta P_{KZ} \qquad (11\text{-}18)$$

$$\Delta P_{OZ} = \Delta P_0 + K_q \Delta Q_0$$

$$\Delta P_{KZ} = \Delta P_K + K_q \Delta Q_K$$

式中　K_q——无功经济当量，kW/kvar，见表 11-1；

　　　ΔP_{OZ}——变压器综合功率的空载损耗，kW；

　　　ΔP_{KZ}——变压器综合功率的额定负荷损耗，kW。

表 11-1　无功经济当量 K_q

变压器受电位置	K_q	变压器受电位置	K_q
发电厂母线直配	0.04	三次变压	0.10
二次变压	0.07	当功率因数已补偿到 0.9 及以上时	0.04

B　变压器损耗率的计算

（1）变压器有功功率损耗率。

$$\Delta P_0\% = \frac{\Delta P}{P_1} \times 100\% \qquad (11\text{-}19)$$

式中　P_1——变压器电源侧有功功率，$P_1 = P_2 + \Delta P$。

（2）变压器无功功率损耗率。

$$\Delta Q_0\% = \frac{\Delta Q}{P_1} \times 100\% \qquad (11\text{-}20)$$

（3）变压器综合功率损耗率。

$$\Delta P_Z\% = \frac{\Delta P_Z}{P_1} \times 100\% \qquad (11\text{-}21)$$

C　变压器的经济负荷率

变压器在运行中，其自身的有功功率损耗、无功功率损耗以及综合功率损耗都将随着负荷的变化而发生非线性变化。在其非线性曲线中，始终存在着一个最低点（见图11-3）。有功功率损耗率最低点的负荷率称为有功功率经济负荷率；无功功率损耗率最低点的负荷率称为无功经济负荷率；综合功率损耗率最低点的负荷率称为综合功率经济负荷率。变压器经济负荷率是理论上的经济运行点，在经济负荷率的基础上，可进一步推导出变压器经济运行区间，这对实施变压器经济运行有着实际意义，并由此根据变压器经济运行区间的划分，对变压器过轻负荷（俗称"大马拉小车"）进行科学判定。

（1）变压器的有功功率经济负荷率。式（11-16）和式（11-19）为变压器的有功功率损耗和有功功率损耗率的计算式。其中，式（11-19）的变压器有功功率损耗率计算式可变为：

$$\Delta P_0\% = \frac{\Delta P}{P_1} \times 100\% = \frac{\Delta P}{P_2 + \Delta P} \times 100\% = \frac{\Delta P_0 + K_T\beta^2\Delta P_K}{\beta S_N\cos\varphi + \Delta P_0 + K_T\beta^2\Delta P_K} \times 100\%$$

而变压器的效率计算式为：

$$\eta = \frac{P_2}{P_1} \times 100\% = \frac{P_1 - \Delta P}{P_1} \times 100\% = \left(1 - \frac{\Delta P}{P_2 + \Delta P}\right) \times 100\%$$

$$= \left(1 - \frac{\Delta P_0 + K_T\beta^2\Delta P_K}{\beta S_N\cos\varphi + \Delta P_0 + K_T\beta^2\Delta P_K}\right) \times 100\% = 1 - \Delta P\%$$

$$(11\text{-}22)$$

由此可见，变压器最高效率出现在有功功率损耗率最小时。

根据式（11-16）和式（11-19）可绘制成如图11-3所示的变压器有功功率损耗和损耗率曲线。

由式（11-19）及图11-3可知，变压器损耗率 $\Delta P\%$ 是变压器负荷率 β 的二次函数，$\Delta P\%$ 先随着 β 的增大而下降到最低点，此时铜损等于铁损，负荷率为：

$$\beta_{jp} = \sqrt{\frac{\Delta P_0}{K_T\Delta P_{KZ}}} \qquad (11\text{-}23)$$

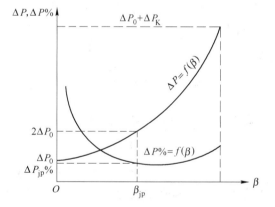

图 11-3　变压器有功功率损耗和
损耗率的负荷特性曲线

然后 $\Delta P\%$ 又随着 β 的增大而上升。β_{jp} 是最小损耗率 $\Delta P_{jp}\%$ 的负荷率，称为有功功率经济负荷率。

在图11-3所示有功功率经济负荷条件下，变压器有功功率损耗率最低（即效率最高），有功功率最低损耗率 $\Delta P_{jp}\%$ 的计算式为：

$$\Delta P_{jp}\% = \frac{2\Delta P_0}{\beta_{jp}S_N\cos\varphi + 2\Delta P_0} \times 100\% \qquad (11\text{-}24)$$

（2）无功功率经济负荷率。同理，由式（11-17）和式（11-20）可绘出变压器无功功率损耗和损耗率的负荷特性曲线。

同时，在无功功率损耗率 $\Delta Q\% = f(\beta)$ 曲线中，也存在无功功率经济负荷率 β_{jq}。当变压器负载漏磁功率等于空载励磁功率时，$\Delta Q\%$ 即随着 β 的增大而下降到最低点，此点即称为无功功率经济负荷率 β_{jq}。

$$\beta_{jq} = \sqrt{\frac{\Delta Q_0}{K_T \Delta Q_K}} = \sqrt{\frac{I_0\%}{U_K\%}} \qquad (11\text{-}25)$$

换言之，β_{jq} 是最小无功消耗率 $\Delta Q_{jq}\%$ 的负荷率。

在无功功率经济负荷率条件下，变压器无功消耗率最低，最低无功消耗率的计算式为：

$$\Delta Q_{jq}\% = \frac{2\Delta Q_0}{\beta_{jq} S_N \cos\varphi + 2\Delta P_0 + \beta_{jq}^2 \Delta P_K} \times 100\% \qquad (11\text{-}26)$$

（3）综合功率经济负荷率。同理，由式（11-18）和式（11-21）可绘出变压器综合功率损耗和损耗率的负荷特性曲线。同样，在综合功率损耗率 $\Delta P_z\% = f(\beta)$ 曲线中，也存在综合功率经济负荷率 β_{jz}。变压器在运行中，其综合功率损耗率随负荷率呈非线性变化，在此非线性曲线中，其最低点即称为综合功率经济负荷率 β_{jz}。

$$\beta_{jz} = \sqrt{\frac{\Delta P_{OZ}}{K_T \Delta P_{KZ}}} \qquad (11\text{-}27)$$

变压器在综合功率经济负荷率条件下运行时，其综合功率损耗率最低。最低综合功率损耗率的计算式为：

$$\Delta P_{jz}\% = \frac{2\Delta P_{OZ}}{\beta_{jz} S_N \cos\varphi + \Delta P_{ZO} + \beta_{jz}^2 \Delta P_{KZ}} \qquad (11\text{-}28)$$

11.3.2　电力变压器的合理选择

11.3.2.1　变压器类型选择

对于一般变电所，应优先选择低损耗油浸式变压器。对防火要求较高或环境潮湿、多尘的场所，应选择环氧树脂浇注的干式变压器。对有化学腐蚀性气体、蒸汽或具有导电、可燃粉尘、纤维的场所，应选择密闭式变压器。对多雷区域或土壤电阻率高的山区，应选择防雷变压器。对电压要求偏差小、稳定性高的场所，应选择有载调压变压器。以上各种变压器均应是低损耗变压器。

11.3.2.2　变压器容量选择

变压器容量的选择与负荷种类和特性、负荷率、需要率、功率因数、变压器有功损耗和无功损耗、电价（包括基本电价）、基建投资（包括变压器价格及安装土建费用和供电贴费）、使用年限、变压器拆旧、维护费以及将来的计划等因素有关，所以变压器容量的选择是一个极为复杂的技术、经济问题。

多年来，变压器容量选择是供用电部门和设计研究部门有关专业工作者广为探讨的课题。下面介绍计算负荷法、最佳负荷率法和计算最佳负荷率法等几种选择方法，从以后的讨论中可以看到这些方法各有优缺点。

A　按计算负荷法选择变压器

按负荷计算的规定和方法确定工厂或车间总计算负荷后，即可按式（11-29）选择变压器容量。其出发点是可以提高设备的利用率及减少投资，这是工厂供配电设计中常用的一种方法。其计算式为

$$S_N = S_{js} + S_y \tag{11-29}$$

式中　S_{js}——工厂总计算负荷，kV·A；

　　　S_y——考虑将来的增容裕量，kV·A。

计算负荷法没有反映出变压器经济运行的内容。

B　按综合功率经济负荷率法选择变压器

在考虑无功功率损耗对变压器损耗的影响后，单台变压器的综合功率经济负荷率的表达式为：

$$\beta_{jz} = \frac{S_{js}}{S_N} = \sqrt{\frac{\Delta P_{OZ}}{K_T \Delta P_{KZ}}} \tag{11-30}$$

若企业的负荷维持 S_{js} 不变，则按式（11-30）可求得变压器的容量为：

$$S_N = \frac{S_{js}}{\beta_{jz}} = S_{js} \sqrt{\frac{\Delta P_{OZ}}{K_T \Delta P_{KZ}}} \tag{11-31}$$

按综合功率经济负荷率选择变压器容量，刚好使企业平均负荷落在运行变压器的 β_{jz} 值上。从节能角度来说，按式（11-31）选择的变压器，能使变压器处于效率最高的状态下经济运行。然而变压器在负荷率 β_{jz} 下运行时，由于一般 6～10kV 变压器的 β_{jz} 在 0.5～0.6 之间，故实际负荷仅为其额定容量的 50% 左右。因此，按式（11-31）所选变压器容量往往偏大，以致损耗也高，从建设投资和运行费用来考虑并不理想。

C　按计算最佳负荷率法选择变压器

上述综合功率经济负荷率法是建立在假设企业负荷不变的情况下来选择变压器容量，这在生产实践中是较少的。对于变化的负荷可采用下面介绍的计算最佳负荷率法选择变压器容量。因为计算最佳负荷率含有用电时间和损耗时间的因素，所选变压器容量要比按综合功率经济负荷率法小很多，所以可以收到节省变压器投资和降低变压器损耗的效果。

按计算最佳负荷率法选择变压器容量的计算式为：

$$S_N = \frac{S_{js}}{\beta_{jz}\sqrt{\dfrac{T}{\tau}}} \tag{11-32}$$

式中　T——变压器年运行小时数，h，可按表 11-2 选取；

　　　τ——变压器年最大负荷损耗小时数，h，可按表 11-2 选取；

　　　β_{jz}——变压器的计算最佳负荷率。

变压器年电能损耗量可按下式计算：

$$\Delta A = （\Delta P_0 + K_q \Delta Q_0）T + （\Delta P_K + K_q \Delta Q_K）\tau \left(\frac{S_{js}}{S_N}\right)^2 \tag{11-33}$$

表 11-2　T 和 τ 选用参考值　　　　　　　　　　　（h）

生产班制	τ	T
一班制	700 ~ 2000	8000 ~ 8600
二班制	1400 ~ 3800	8000 ~ 8600
三班制	2500 ~ 6000	8000 ~ 8600
三班连续	5500 ~ 7500	8000 ~ 8600

综合上述变压器容量选择的几种方法表明：对于一班制生产的企业，可按计算负荷法选择变压器容量，对于二班制生产的企业，可按计算最佳负荷率法选择变压器容量，对于连续生产或三班制生产的企业，可按综合功率经济负荷率法选择变压器容量。

11.3.3　电力变压器的经济运行

变压器的经济运行是指在确保安全可靠运行及满足供电量需求的基础上，通过对变压器进行合理配置，对变压器运行方式进行优化选择，对变压器负载实施经济调整，从而最大限度地降低变压器的电能损耗。

11.3.3.1　变压器经济运行区的确定

由于变压器的经济负荷系数仅是变压器负荷功率曲线上的一点，这对负荷在一定范围内波动时，校验变压器经济运行条件来说是很困难的。因此，《电力变压器经济运行》（GB/T 13462—2008）提出了变压器经济运行区的概念：经济运行区是指综合功率损耗率等于或低于变压器额定负荷时的综合功率损耗率的负荷区间。该标准同时给出了按综合功率确定变压器经济运行区的方法，即将变压器的运行区间划分为最佳经济运行区、经济运行区、非经济运行区。如图 11-4 所示，综合功率的运行区间范围是：

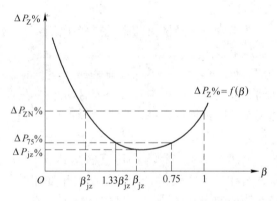

图 11-4　变压器综合功率运行区间划分

（1）最佳经济运行区（优选段）为 $1.33\beta_{jz}^2 \leqslant \beta \leqslant 0.75$；

（2）经济运行区为 $\beta_{jz}^2 \leqslant \beta \leqslant 1$；

（3）非经济运行区为 $0 \leqslant \beta \leqslant \beta_{jz}^2$。

非经济运行区也为变压器"大马拉小车"提供了科学依据。

11.3.3.2　变压器经济运行方式的确定

前述变压器的功率损耗和损耗率的负荷特性曲线称为变压器的技术特性，它是一种反应变压器技术参数和工况负荷的特性。

对变压器技术特性优劣的判定是变压器经济运行的基础。其判定标准是：在相同负荷条件下，损耗小者为优，损耗大者为劣。

在实际工作中，主要是通过对临界综合负荷视在功率的计算分析，判定变压器技术特性的优劣，从中选择出技术特性为优的变压器投入经济运行。这里所说的临界综合负荷视在功率是指两种经济运行方式的综合功率损耗特性曲线交点处的负荷视在功率。

下面具体给出并列运行变压器经济运行方式的选择方法。

在选择经济运行方式前，首先应绘制出两种组合方式综合功率损耗的负荷特性曲线 $\Delta P_Z = f(S)$，然后比较两条负荷特性曲线的优劣确定组合（含单台）变压器经济运行方式。

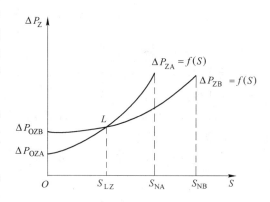

图 11-5　变压器间综合功率损耗特性曲线

若两种组合方式综合功率损耗的负荷特性曲线无交点，应选用综合功率空载损耗值较小的变压器组合方式运行。

若两种组合方式综合功率损耗的负荷特性曲线有交点 L（见图 11-5），且当两种组合方式的变压器为不同容量时，可按下式计算出临界综合负荷视在功率：

$$S_{LZ} = \sqrt{\dfrac{\Delta P_{OZA} - \Delta P_{OZB}}{K_T\left(\dfrac{\Delta P_{KZB}}{S_{NB}^2} - \dfrac{\Delta P_{KZA}}{S_{NA}^2}\right)}} \tag{11-34}$$

式中　ΔP_{OZA}，ΔP_{OZB}——分别为并列运行变压器 A、B 的综合功率空载损耗，kW；

　　　ΔP_{KZA}，ΔP_{KZB}——分别为并列运行变压器 A、B 的综合功率额定负载损耗，kW；

　　　S_{NA}，S_{NB}——分别为并列运行变压器 A、B 的额定容量，kV·A。

或当两种组合方式的变压器其容量相同时，可按下式计算出临界综合负荷视在功率：

$$S_{LZ} = S_N\sqrt{\dfrac{\Delta P_{OZA} - \Delta P_{OZB}}{K_T(\Delta P_{KZB} - \Delta P_{KZA})}} \tag{11-35}$$

求得临界综合负荷视在功率 S_{LZ} 后，将变压器总平均视在功率 S 与 S_{LZ} 对比：当负荷视在功率 S 小于 S_{LZ} 时，应选用综合功率空载损耗值较小的变压器组合方式运行；当负荷视在功率 S 大于 S_{LZ} 时，应选用综合功率额定负荷损耗值较小的变压器组合方式运行。

11.3.3.3　变压器负荷经济调整

基于电力系统用电负荷时刻都在发生变化，为充分利用发电容量，使发电和用电时刻保持相对平衡的同时，还能使系统降损节能经济运行，这就需要采取变压器负荷经济调整措施，合理调整系统变压器负荷，使在总综合功率损耗最低的经济运行区间运行。归纳起来，变压器负荷经济调整措施有三个方面的内容：（1）变压器间负荷经济调整；（2）调整负荷率和移峰填谷；（3）调整变压器相间不平衡负荷。

A　变压器负荷经济调整

当一个地区或一个企业的用电负荷由若干台变压器分别供电时，应合理分配变压器间负荷，使变压器总综合功率损耗最小，实现变压器间负荷的经济分配。

分列运行的任意一台双绕组变压器综合功率的负荷经济分配系数可按下式计算：

$$J_{Zr} = \frac{\dfrac{S_{Nr}^2}{K_{Tr}\Delta P_{KZr}}}{\displaystyle\sum_{i=1}^{m} \dfrac{S_{Ni}^2}{K_{Ti}\Delta P_{KZi}}} \tag{11-36}$$

B 调整负荷率和移峰填谷

负荷率是指平均负荷功率与最大负荷功率之比。负荷率的高低标志着负荷曲线的波动程度。对于变压器来说，在保持总供电量不变的条件下，负荷率越高，表明负荷曲线越接近平直，其有功功率损耗、无功功率消耗和综合功率消耗就越小。因此，提高负荷率（调整负荷曲线）可以实现变压器经济运行。

在总用电量不变的情况下，调整负荷率后变压器降低的综合功率损耗的计算式为：

$$\Delta\Delta P_Z = (K_{T1} - K_{T2})\frac{S^2 \Delta P_{KZ}}{S_N^2} \tag{11-37}$$

式中　K_{T1}——变压器调整负荷率前的负荷波动损耗系数；

　　　K_{T2}——变压器调整负荷率后的负荷波动损耗系数；

　　　S——负荷视在功率，kV·A。

移峰填谷就是将负荷曲线高峰负荷时段的部分负荷调整到低谷负荷时段，使变压器躲峰运行，让企业日、月、年负荷曲线趋于平坦，实现均衡用电。这样做不仅充分利用发、供电设备能力，缓和电力供需矛盾，同时还能降低电力变压器的有功损耗、无功消耗和综合功率损耗，对推动变压器经济运行具有重要意义。

移峰填谷也是在调整负荷曲线，是提高负荷率的一种特例。

变压器移峰填谷降低综合功率损耗的计算式为：

$$\Delta\Delta P_Z = 2\Delta S(S_H - S_L - \Delta S)\frac{\Delta P_{KZ}}{S_N^2} \tag{11-38}$$

式中　S_H——变压器原高峰负荷的视在功率，kV·A；

　　　S_L——变压器原低谷负荷的视在功率，kV·A；

　　　ΔS——调整负荷的视在功率，kV·A。

C 调整相间不平衡负荷

由于配电变压器和配电线路的单相用电负荷占较大比重，因此配电变压器和配电线路普遍存在着三相负荷不平衡的问题。配电变压器及其配电线路在供相同负荷条件下，会因三相负荷不平衡使其损耗增大。三相负荷不平衡度越大，其损耗也就越大。我们把变压器负荷三相不平衡负荷条件下的负荷功率损耗与三相平衡条件下的负荷功率损耗之比称为变压器相间不平衡负荷损耗系数 K_{Bb}。所以通过相间负荷的调整措施，就能减少相间负荷不平衡度，使三相负荷接近平衡，从而降低变压器综合功率损耗。变压器总负荷不变情况下，降低的综合功率损耗可按下式计算

$$\Delta\Delta P_Z = (K_{Bby} - K_{Bbj})\frac{3S_\varphi^2 \Delta P_{KZ}}{S_N^2} \tag{11-39}$$

式中　K_{Bby}——原变压器相间负荷不平衡度的损耗系数；

　　　K_{Bbj}——降低变压器相间负荷不平衡度的损耗系数；

ΔP_{KZ}——变压器单相综合功率的短路损耗，kW；

S_N——变压器单相额定容量，kV·A；

S_φ——变压器单相平衡负荷视在功率，kV·A。

关于变压器相间不平衡负荷的损耗系数 K_{Bb} 的计算法和查表法请阅《电力变压器经济运行》（GB/T 13462—2008）附录 D。

11.3.3.4　变压器电压优化调整

变压器电压优化调整也是确保供用电系统降耗节电经济运行的有效措施。其具体方法包括：对系统中的变压器与电力线路并联电容器无功补偿，提高用电负荷的功率因数；对变压器电压分接头的经济运行。

（1）变压器装设并联电容器无功补偿的降耗节电。在变压器负荷侧装设并联电容器，提高负荷功率因数，是实现变压器经济运行的有效措施，它既能降低电网的有功功率损耗、无功功率消耗和综合功率损耗，又能提高变压器和电力线路的容量利用率和减少电压降。

（2）变压器运行电压分接头的经济运行。利用电源侧的调节电压分接头，以改变负荷侧电压来满足变压器负荷侧对供电电压的需求。但是，变压器在不同电源电压分接头运行时，其损耗是不相同的。因此，应按变压器运行中电源侧电压变化范围和负荷侧工况负荷大小，来选取变压器损耗最小的电压分接头。

11.3.3.5　非经济运行变压器的更新改造

GB/T 13462—2008 提出的变压器更新原则为：

（1）超过寿命期服役的变压器、国家规定淘汰的老旧变压器应更新，所选用的变压器应符合国家相关能效标准。

（2）对变压器进行经济运行评价，评价为运行不经济且综合功率损耗大的变压器应更新。

11.3.4　电力变压器经济运行的管理

《电力变压器经济运行》（GB/T 13462—2008）提出了电力变压器经济运行的管理与评价。

A　经济运行管理

（1）单位应配置变压器的电能计量仪表，完善测量手段。

（2）单位应记录变压器日常运行数据及典型代表日负荷，为变压器经济运行提供数据。

（3）单位应健全变压器经济运行文件管理，保存变压器原始资料；变压器大修、改造后的试验数据应存入变压器档案中。

（4）定期进行变压器经济运行分析，在保证变压器安全运行和供电质量的基础上提出改进措施，有关资料应存档。

（5）单位应按月、季、年做好变压器经济运行工作的分析与总结，并编写变压器的节能效果与经济效益统计与汇总表。

B　经济运行判别与评价

（1）变压器的空载损耗和负载损耗达到《三相配电变压器能效限定值及节能评价值》

（GB 20052—2013）所规定的节能评价值，且运行在最佳经济运行区，经济运行管理应符合上述 A 的要求，则认定变压器运行经济。

（2）变压器的空载损耗和负载损耗达到能效标准所规定的能效限定值，且运行在经济运行区，经济运行管理应符合上述 A 的要求，则认定变压器运行合理。

（3）变压器的空载损耗和负载损耗未能达到能效标准所规定的能效限定值或运行在非经济运行区，则认定变压器运行不经济。

11.4　电力变流器的节电技术

11.4.1　电力变流器概述

11.4.1.1　电力变流器及其经济运行

电力变流器是能使电力系统的一个或多个参数（通常是电压、电流和频率）发生变化的设备的统称。其中将交流变为直流的变流器称为整流器，将直流变为交流的变流器称为逆变器，将某一频率的交流电变为另一频率的交流电的变流器则称为变频器。电力变流器广泛应用于工矿企业的电力传动、电力机车、电弧炉、电焊机、电加热、电镀、电解、电除尘、充电器、UPS 电源、直流输电等领域。

电力变流器经历了旋转变流机组、水银整流器、电力半导体变流器的发展历程，而电力半导体变流器的主要组成电力半导体器件又经历了从可控硅到晶闸管的阶段。不过，目前的电力半导体器件，已不再是晶闸管及其派生系列一统天下的年代了，晶闸管之外，电力晶体管和大功率 MOS 场效应晶体管等已取得很大的发展，各依其独特性能而广泛应用于各种变流场合，促进了变流技术的进一步发展。由于旋转变流机组、水银整流器已为电力半导体变流器所取代，因此本书仅讨论电力半导体变流器的节电技术。

电力半导体变流器的迅速发展与广泛应用，无疑对企业降低能耗，节约电能，提高生产技术水平，改善产品质量，增进经济效益，都具有重大作用。但随着变流器装机容量的不断增大，变流器产生的电压波形畸变，谐波噪声与干扰，功率因数的降低（尤其在低速大电流场合），以及无功功率的增大，导致无功功率冲击，使电网电压波动，凡此种种，形成"公害"，影响波及同电网的其他供用电设备的安全、经济运行。

基于上述原因，电力变流器的经济运行问题被提上日程。电力变流器的经济运行是指在满足生产设备的工艺要求前提下，采取措施，抑制高次谐波，改善功率因数，削减无功冲击，使变流器处于低能耗的状态下运行。

11.4.1.2　电力变流器的运行性能

A　电力变流器的损耗

电力半导体变流器的损耗包括：

（1）硅元件、晶闸管元件损耗，主要是元件的正向压降损耗。

（2）变流变压器（包括平衡电抗器）损耗，即变压器的铜损和铁损。

（3）电抗器（饱和电抗器、滤波电抗器）损耗，即电抗的铜损和铁损。

（4）均压电阻损耗。

（5）交流和直流侧 RC 过电压保护装置损耗，即电阻损耗和电容介质损耗。

（6）换相过压保护装置损耗，即电阻与电容损耗。

（7）连接母线电阻损耗。

（8）熔断器或快速开关损耗。

（9）辅助设备上的损耗，包括人工负荷电阻、冷却系统、触发电路、双变流器连接的环流等引起的损耗。

B　电力变流器的效率与变流因数

（1）变流器的效率。变流器的效率为直流侧总功率与交流侧功率之比。

在整流状态，变流器的效率 η 为：

$$\eta = \frac{P_d}{P_a} \times 100\% = \frac{P_d}{P_d + \Sigma \Delta P} \times 100\% \qquad (11\text{-}40)$$

式中　P_d——直流侧总功率，kW；

　　　P_a——交流侧功率，$P_a = P_d + \Sigma \Delta P$，kW；

　　$\Sigma \Delta P$——在额定负荷下各项损耗之和，kW。

在逆变状态，变流器的效率为整流状态效率的倒数。

（2）变流因数。变流因数为电力变流器输出的直流电压和直流电流的乘积与交流输入侧基波有功功率之比。

在整流状态，变流器的变流因数 γ 为：

$$\gamma = \frac{U_d I_d}{P_1} \times 100\% \qquad (11\text{-}41)$$

式中　U_d——直流输出电压平均值，V；

　　　I_d——直流输出电流平均值，A；

　　　P_1——交流输入侧基波有功功率，W。

在逆变状态，变流器的变流因数为整流状态交流因数的倒数。

效率和变流因数都是表示变流器输出功率对输入功率之比的特性数据。两者不同之点在于：效率的直流侧功率包括直流和交流分量，等于直流侧的总功率；而变流因数的直流功率，则不包括交流分量，只等于直流电压与直流电流之积。

当整流相数（即脉动次数）$p \geq 6$ 时，变流因数与效率接近，故不需在效率之外再给出变流因数。只有当脉动次数 $p \leq 3$ 时两者具有显著差别，此时若变流器直流侧电压和电流的交流分量不再对负荷提供有功功率时，才需在效率之外再给出变流因数的数据。

C　电力变流器的功率因数

在整流器中，供电电压为正弦波，而电流却为非正弦波，除基波外，还含有其他高次谐波。其中，仅基波的正弦分量与供电电压同一频率，产生有功功率，其他次谐波电流与供电电压的频率不同，只能产生无功功率。

整流器的总输入视在功率 S 为：

$$S = 3UI \times 10^{-3}$$

式中　U——交流相电压均方根值，V；

　　　I——交流线电流均方根值，A。

有功功率 P 为：

$$P = 3UI\cos\varphi \times 10^{-3}$$

式中 $\cos\varphi$——功率因数。

基波视在功率 S_1 为：

$$S_1 = 3UI_1 \times 10^{-3}$$

式中 I_1——I 中基波分量均方根值，A。

基波有功功率 P_1 为：

$$P_1 = S_1\cos\varphi_1 = 3UI_1\cos\varphi_1 \times 10^{-3}$$

式中 $\cos\varphi_1$——位移因数。

由于电源电压 U 中没有谐波，所以线电流 I 中的谐波分量不做功，因此 $P = P_1$。故变流器的功率因数为：

$$\cos\varphi = \frac{P}{S} = \frac{P_1}{S} = \frac{3UI_1\cos\varphi_1}{3UI} = \frac{I_1}{I}\cos\varphi_1\zeta\cos\varphi_1 \qquad (11\text{-}42)$$

式中 ζ——畸变因数，表示电流波形中所含高次谐波的程度。

由式（11-42）可见，整流器的功率因数为其交流侧有功功率 P 与视在功率 S 之比。功率因数等于位移因数 $\cos\varphi_1$ 和畸变因数 ζ 的乘积。因此，只要求出位移因数和畸变因数，就可求得功率因数。

如忽略换相影响，即假定换相角（重叠角）$\gamma = 0$ 时的功率因数为：

$$\cos\varphi = \left[\frac{I_1}{I}\right]_{\gamma = 0}\cos\varphi_1 \qquad (11\text{-}43)$$

式中 $\left[\dfrac{I_1}{I}\right]_{\gamma = 0}$——忽略换相影响的畸变因数。

当控制角 α 为零时，基波电流 I_1 与电压 U 同相，此时位移因数角 φ_1 为零；当控制角为 α 时，交流线电流 I 的相位发生后移，其基波电流 I_1 的相位也随之后移，此时，基波电流 I_1 与电压 U 的相位差即位移因数角 φ_1 等于控制角 α，故 $\cos\varphi_1 = \cos\alpha$，因此，功率因数也可写成：

$$\cos\varphi = \left[\frac{I_1}{I}\right]_{\gamma = 0}\cos\alpha \qquad (11\text{-}44)$$

由式（11-44）可见，晶闸管整流装置的功率因数等于控制角 α 的余弦函数和畸变因数之积。控制角越大，功率因数越小。

畸变因数与整流电路的接线有关。当忽略换相影响时，各种整流电路的畸变因数见表 11-3。

表 11-3   当忽略换相影响时的畸变因数值

整流电路	脉动次数 p	$\left[\dfrac{I_1}{I}\right]_{\gamma = 0}$
单相整流电路	2	$\dfrac{2}{\pi} = 0.64$
三相整流电路	3	$\dfrac{3\sqrt{3}}{2\pi} = 0.83$
	6	$\dfrac{\pi}{3} = 0.96$
	12	$\dfrac{6}{\pi\sqrt{2}\sqrt{3}} = 0.99$

由表11-3可见，畸变因数随脉动次数 p 的增加而改善，也就是说整流相数越多的整流电路，其谐波对电网的影响也就越小，当整流相数达6时，其畸变因数达0.96，已近似为1，即接近于正弦波。因此，工程上广泛应用以三相电源组成的多相整流电路（如6相、12相）来改善畸变因数。

当计及换相影响，即计入换相重叠角时的功率因数的近似计算式为：

$$\cos\varphi = \zeta\cos\varphi_1 \approx \cos\left(\alpha + \frac{\gamma}{2}\right) \approx \cos\alpha \tag{11-45}$$

上式也适用于逆变状态。

由于 ζ、φ_1 精确计算上的难度，工程中多按式（11-45）进行功率因数的近似计算。由式（11-45）也可见，当计及换相重叠角时，晶闸管变流装置的功率因数与 α、γ 有关，α、γ 越大，则 $\cos\varphi$ 越小。

11.4.2　电力变流器的经济运行

11.4.2.1　保证电力变流器经济运行的技术措施

随着变流器的广泛应用和装机容量的不断增大，会对供电电网造成高次谐波"公害"以及功率因数降低，因此，保证电力变流器经济运行的技术措施为：

（1）改善功率因数。如前所述，影响变流器功率因数降低的因素，包括：1）表示控制角 α 和重叠角所引起的输入交流电流较交流电压相位滞后的位移因数；2）表示电流波形畸变的畸变因数。所以，改善功率因数可从以下两个方面着手：1）功率因数的自然提高，即采用小控制角（逆变角）、两组整流器串联连接和增加整流电路相数的办法，以减少基波无功部分及降低谐波分量；2）功率因数的人工补偿，即采用无功补偿装置。

（2）抑制高次谐波。关于抑制高次谐波将在第12章中叙述。

（3）降低损耗，提高变流器效率。

11.4.2.2　改善功率因数的方法

从以上分析可知，要提高电力变流器的功率因数，就要设法减小高次谐波、控制角 α 和换相重叠角 γ。而变流器就是利用改变 α 来调压的。要获得低电压，α 自然要大，这势必使功率因数降低。因此，要使电力变流器在低电压下仍有较高的功率因数，就必须采取下列措施。

A　采用小控制角（逆变角）

对于需要长时间工作在低电压下且相对稳定的负荷，可采用改变整流变压器的二次抽头或采用星-三角变换等方法降低变压器二次侧电压，这样就可使变流器输出低电压时工作在小控制角下；需要输出高电压时，升高交流侧的电压。这样就能使变流器尽量运行在小控制角状态。

B　采用两组变流器串联工作

由于相控型晶闸管电力变流器运行在深控时，即控制角 α 大，整流电压很低时，变流器从交流电源吸取很大的无功功率，其功率因数将变得很低。

在工程上，常采用两组变流器串联的办法，并按确定的顺序变更各自的控制角，来控制输出电压，降低无功功率，提高功率因数。

图 11-6(a)中，两组变流器串联后对电动机 M 供电。图中，一台变流变压器的二次绕

组接成星形，另一台变流变压器接成三角形，所以其输出电压的波形为一个带有 12 脉动的波形。这样做的好处是：既可消除高次谐波，减小电流波形畸变，又可提高功率因数。

图 11-6(b) 中，在零位时，变流器 I 的控制角 α_1 定在 $\alpha_{1min} = 0$，即整流电压为最大值，变流器 II 的逆变角定在 $\beta_{2min} = 180°$，即逆变电压为最大值。此时，两组变流器的输出电压大小相等，方向相反，因此，总的直流输出电压 $U_d = U_{d1} - U_{d2} = 0$，而无功功率也为零，两组变流器的功率因数都比较高。

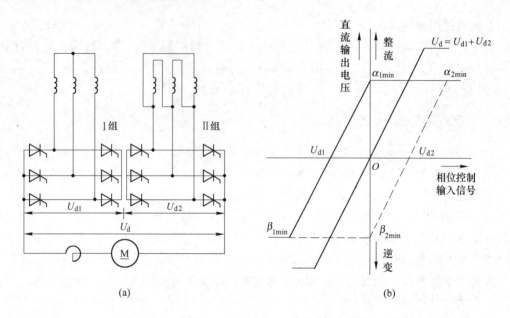

图 11-6　采用两组变流器串联工作以提高功率因数

(a) 电路图；(b) 直流输出电压特性

如负荷要求高电压时，可将两组变流器均工作在小控制角的整流状态，或将两组变流器均工作在小逆变角的逆变状态。此时，直流输出电压为两组直流电压之和。

C　增加整流电路相数

整流电路的相数越多，电流中的高次谐波的最低次数越高，且其幅值也减小，畸变因数更接近于 1，从而提高了功率因数。

D　设置无功补偿装置

当补偿电容器与晶闸管整流装置并联时，功率因数得以改善。但采用此法时应注意，由于电路中存在高次谐波，如果电容与电路中的电感配合不当，就会产生谐振。为此，在补偿电容器回路中往往串联电抗器，合理选择电感值，以防止谐振的产生。

11.4.2.3　降低变流器损耗，提高变流器效率

变流器虽是一种效率较高的电气设备，但仍有节电潜力可挖，减少其损耗，提高其效率的主要措施有以下几种。

A　合理选择设备和运行方式

(1) 使用中不需要调压的，就不应当选用可调压的整流设备，因为可调压整流设备中，无论是元件的损耗，还是附属设备的损耗，都会比不调压的硅整流设备大些。若需要

调整输出电压的整流设备时，也应根据负荷的要求，选用电压调整裕度合理的调压整流设备，不应选用调压范围过宽的设备。

（2）在选择整流设备的容量、电压、电流时，要适合负荷的要求，既不可以选得过大，也不能太小。

（3）在有多种不同的负荷时，不要为了节省投资而采取一机多用的方法，即用一台设备满足所有负荷的要求。这种做法将导致所用整流设备容量、电压、电流的裕度大，初看起来是节约了投资，而长期使用浪费的电能将是很大的。

（4）在选用调压整流设备时，建议采用效率高的晶闸管整流设备。

（5）有些整流设备工作状态是短时大电流输出，长期小电流输出，甚至空载。此类负荷最好是由两台容量不同的装置供电，以减少空载的损耗。

（6）整流设备的输出线路尽量地短，并使导线截面具有一定的裕度，以减少线路的损耗。

（7）按损耗最小的原则使多台整流器并列运行，这样可减少整流器损耗，节约电能，使变流装置达到经济运行。

（8）采用氧化锌避雷器替代交流侧 RC 过电压保护装置，氧化锌避雷器漏电流很小。

（9）对双反星形接线的整流器，其直流侧装有防止小负荷电压突升的稳压电阻，正常时稳压电阻中流过 1% ~2% 的额定整流电流，造成相当大的电能损耗。为降低该种损耗，可加装按负荷变化的自动投切装置，使在正常负荷时切除稳压电阻，在小负荷时投入运行。

B　进一步改造现有的硅变流设备

（1）硅整流元件本身损耗的能量占整流设备全部损耗能量相当大部分，其中正向压降损耗是整流元件的主要损耗，所以采用大功率、高电压、大电流的硅整流元件，可以减少整流设备中硅整流元件的个数，降低功率损耗，明显地提高整流设备效率。

（2）从整流变压器到整流柜间的母线要采用同相逆并联连接，以减少感应损耗。

（3）大型整流设备的饱和电抗器铁芯要采用冷轧钢片，以减少铁损。

11.5　同步电动机补偿

11.5.1　同步电动机补偿概述

11.5.1.1　同步电动机和异步电动机的比较

同步电动机和异步电动机相比，具有如下优点：

（1）可在功率因数超前的方式下运行，输出无功功率。

（2）可以制成低转速电动机直接与工作机械耦合。

（3）旋转力矩与电网电压波动的关系比较小（同步电动机的旋转力矩与电压的一次方成正比，而异步电动机的旋转力矩与电压的平方成正比）。

（4）在电网的频率不变时，电动机的转速是恒定的，与负荷的大小无关，所以生产率高，产品质量稳定。

（5）电动机在运行时可以采用强行励磁，提高电力系统的稳定性。但应注意到高转速同步电动机在采用强行励磁时所产生的加速力矩会导致较大的机械冲击，严重时甚至发生将机械轴扭坏的事故。

虽然同步电动机有着上述一些优点，但由于同步电动机价格较贵，控制设备复杂等原因，影响其在工业企业中的应用。同样鉴于具有上述优点，在企业中有条件时，应尽量采用同步电动机作为人工无功补偿装置，这是提高企业功率因数的行之有效的好办法。

11.5.1.2　同步电动机的无功功率调节

同步电动机直流励磁电流超过正常值后，功率因数即超前，产生无功功率，可供补偿之用，因而可以提高企业的功率因数。同步电动机产生无功功率的多少，由其定子电流与励磁电流值（即同步电动机的超前功率因数）而定。

当同步电动机的负荷与端电压不变时，电动机定子电流 I 与励磁电流 I_L 之间的关系，可用 U 形特性曲线来表示，如图 11-7 所示。

由图 11-7 可见，每条 U 形曲线都有一个最低点，此点表征该定子电流时的功率因数为 1，同时此点所对应的励磁电流为正常励磁电流。把这些点连接起来，就得到一条倾斜的 $\cos\varphi = 1$ 的曲线。这条曲线的右边是电动机的过励磁区，左边则是欠励磁区。当励磁电流 I_L 自此点增加时，定子电流也增加，$\cos\varphi$ 相应地向超前方向变动，同步电动机相当于无功电源，向网络输送容性无功功率；当励磁电流 I_L 自此点减少，定子电流增加，$\cos\varphi$ 向滞后方向变化，电动机相当于无功负荷，从电网吸收感性无功功率。

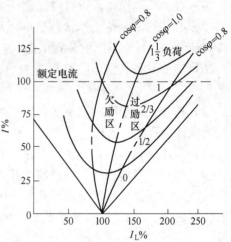

图 11-7　同步电动机的 U 形特性曲线

$I\%$ —定子电流的百分数；

$I_L\%$ —（实际励磁电流/正常励磁电流）的百分数

同步电动机一般是按照过励磁（$\cos\varphi = 0.9$ 超前）的运行条件设计的。这就是说，在额定负荷下，将励磁电流调节到额定值时，$\cos\varphi = 0.9$ 超前，向网络输送无功功率。但必须注意，如果为了改善网络功率因数而将励磁电流调节到超过额定值，制造厂是不允许的，因为这样做会导致电动机的励磁绕组过热而受损。

当同步电动机的轴负荷增加时，U 形曲线向上端移动，如图 11-7 中列出的 0 ~ 1 共五种负荷下的 U 形曲线。增减励磁电流时，各条 U 形曲线定子电流变化的规律仍同前所述。

11.5.2　同步电动机的补偿能力

同步电动机的补偿能力用该电动机的输出无功功率与额定容量的比值来表示，即

$$q = \frac{Q_d}{S_{Nd}} \tag{11-46}$$

或

$$Q_d = S_{Nd} q \tag{11-47}$$

式中　q——同步电动机的补偿能力，kvar/（kV·A）；

$\quad\quad Q_d$——同步电动机的输出无功功率，kvar；

S_{Nd}——同步电动机的额定容量，$kV \cdot A$。

当同步电动机的负荷率 β 在 $0.4 \sim 1$ 范围内变化时，同步电动机输出的无功功率也可按下式近似计算：

$$Q_d = S_{Nd}[\sin\varphi_N + r(1 - \beta)] \tag{11-48}$$

式中　φ_N——同步电动机额定功率因数角；

　　　r——同步电动机负载时的无功功率增加系数，其值见表11-4。

表 11-4　无功功率增加系数 r 值

$\cos\varphi_N$	0.8	0.9	1.0
$\sin\varphi_N$	0.6	0.44	0
r	0.2	0.36	0.4

当同步电动机的负荷率低于 0.4 时，其输出的无功功率等于式（11-48）求出的无功功率加 $(0.01 \sim 0.04)S_{Nd}$。

11.5.3　同步电动机的经济运行

同步电动机的经济运行是指运行中的同步电动机在满足所传动生产设备的工艺要求前提下，应充分利用其无功功率调节能力，根据企业功率因数或运行电压水平，动态地调节无功功率，提高网络功率因数，改善电压质量，增加供配电设备的输送能力，降低网损。

因此，当企业处在高峰负荷，功率因数较低时，即调节同步电动机过激运行，以提高企业的功率因数；当企业处在低谷负荷，且电容器补偿无功过剩或夜间电压过高时，即调节同步电动机欠激运行，以改善功率因数和电压质量。

总之，同步电动机运行中，应根据企业功率因数或运行电压水平，动态地调节无功功率，实行经济运行。

11.6　并联电容器补偿

11.6.1　并联电容器补偿概述

并联电容器（或称电力电容器、移相电容器）补偿的主要用途是补偿电网中感性负荷需要的无功功率，提高网络的功率因数，改善电压质量，增加发供电能力和降低有功损耗。并联电容器补偿具有投资少；且所发出单位无功功率消耗的有功功率损耗小；由于没有旋转部分，所以安装维护方便；故障范围小等优点。因此并联电容器在供用电企业供配电系统中是应用最为广泛的无功补偿设备。虽然它还存在着如下缺点：难以实现无级调节，以及在系统中有谐波时还有可能发生并联谐振而使谐波放大。

并联电容器补偿由并联电容器、开关电器、放电装置、保护装置、无功补偿自动控制器等器件组成。

11.6.2　确定并联电容器补偿容量的一般方法

根据无功补偿的作用，为提高电网的某种运行指标，对并联电容器补偿容量的确定有着多种方法。

A 计算法

并联电容器补偿容量的大小决定于电力负荷的大小、补偿前的功率因数及补偿后要求达到的功率因数。因此，补偿容量可按下式确定：

$$Q_C = P_{av}(\tan\varphi_1 - \tan\varphi_2) \tag{11-49}$$

式中　　　Q_C——补偿容量，kvar；

P_{av}——最大负荷月的平均有功负荷，kW；

$\tan\varphi_1$——补偿前的功率因数 $\cos\varphi_1$ 的正切值，$\tan\varphi_1 = \sqrt{\dfrac{1}{\cos^2\varphi_1 - 1}}$;

$\tan\varphi_2$——补偿后要求达到的功率因数 $\cos\varphi_2$ 的正切值，$\tan\varphi_2 = \sqrt{\dfrac{1}{\cos^2\varphi_2 - 1}}$;

$\cos\varphi_1$，$\cos\varphi_2$——补偿前、后的功率因数。

B 查表法

并联电容器补偿容量也可按下式结合查表确定：

$$Q_C = P_{av}q_C \tag{11-50}$$

式中　q_C——无功补偿率，即每单位有功功率所需的电容器补偿值，kvar/kW，可由表11-5 查得。

表 11-5　补偿 q_C 值　　　　　　　　　　（kvar/kW）

$\cos\varphi_1$	$\cos\varphi_2$																
	0.80	0.81	0.82	0.83	0.84	0.85	0.86	0.87	0.88	0.89	0.90	0.91	0.92	0.93	0.94	0.95	0.96
0.50	0.981	1.008	1.035	1.060	1.086	1.112	1.138	1.166	1.192	1.219	1.246	1.276	1.305	1.338	1.368	1.404	1.442
0.51	0.939	0.966	0.993	1.018	1.044	1.070	1.106	1.134	1.160	1.187	1.214	1.244	1.273	1.306	1.336	1.372	1.410
0.52	0.890	0.917	0.945	0.969	0.995	1.021	1.047	1.075	1.101	1.128	1.155	1.185	1.217	1.247	1.277	1.313	1.351
0.53	0.849	0.876	0.903	0.928	0.954	0.980	1.006	1.034	1.060	1.087	1.114	1.144	1.173	1.120	1.206	1.236	1.272
0.54	0.808	0.835	0.862	0.887	0.913	0.939	0.965	0.993	1.019	1.046	1.075	1.103	1.133	1.165	1.195	1.231	1.269
0.55	0.766	0.793	0.820	0.845	0.871	0.897	0.923	0.951	0.977	1.004	1.031	1.061	1.090	1.123	1.153	1.189	1.227
0.56	0.728	0.755	0.782	0.807	0.829	0.859	0.885	0.913	0.939	0.966	0.991	1.023	1.052	1.085	1.115	1.151	1.189
0.57	0.691	0.718	0.745	0.770	0.796	0.822	0.848	0.876	0.902	0.929	0.956	0.986	1.015	1.048	1.078	1.114	1.520
0.58	0.655	0.682	0.709	0.734	0.760	0.786	0.812	0.840	0.866	0.893	0.920	0.950	0.979	1.012	1.042	1.078	1.116
0.59	0.618	0.645	0.672	0.697	0.723	0.749	0.775	0.803	0.829	0.856	0.883	0.913	0.942	0.975	1.005	1.041	1.079
0.60	0.583	0.610	0.637	0.662	0.688	0.714	0.740	0.768	0.794	0.821	0.848	0.878	0.905	0.940	0.970	1.006	1.044
0.61	0.549	0.576	0.603	0.628	0.654	0.680	0.706	0.734	0.760	0.787	0.841	0.844	0.873	0.906	0.936	0.972	1.010
0.62	0.515	0.542	0.569	0.594	0.620	0.646	0.672	0.700	0.726	0.753	0.780	0.810	0.839	0.872	0.902	0.938	0.974
0.63	0.481	0.508	0.535	0.560	0.586	0.612	0.638	0.666	0.692	0.719	0.746	0.776	0.805	0.838	0.868	0.904	0.942
0.64	0.450	0.477	0.504	0.529	0.555	0.581	0.607	0.635	0.661	0.688	0.715	0.745	0.774	0.807	0.837	0.873	0.911
0.65	0.417	0.444	0.471	0.496	0.522	0.548	0.574	0.602	0.628	0.655	0.682	0.712	0.741	0.774	0.804	0.840	0.878
0.66	0.388	0.415	0.442	0.467	0.493	0.519	0.545	0.573	0.599	0.626	0.654	0.683	0.712	0.745	0.775	0.811	0.849
0.67	0.357	0.384	0.411	0.436	0.462	0.488	0.514	0.542	0.568	0.595	0.622	0.652	0.681	0.714	0.744	0.780	0.818

$\cos\varphi_1$	$\cos\varphi_2$																
	0.8	0.81	0.82	0.83	0.84	0.85	0.86	0.87	0.88	0.89	0.90	0.91	0.92	0.93	0.94	0.95	0.96
0.68	0.327	0.354	0.381	0.406	0.432	0.458	0.484	0.512	0.538	0.565	0.594	0.622	0.651	0.684	0.717	0.750	0.788
0.69	0.297	0.324	0.351	0.376	0.402	0.428	0.454	0.482	0.508	0.535	0.562	0.592	0.621	0.654	0.683	0.720	0.758
0.70	0.270	0.297	0.323	0.349	0.375	0.401	0.427	0.455	0.481	0.508	0.535	0.565	0.594	0.627	0.657	0.693	0.731
0.71	0.241	0.268	0.295	0.320	0.346	0.372	0.398	0.426	0.452	0.479	0.506	0.536	0.565	0.598	0.628	0.664	0.720
0.72	0.212	0.239	0.266	0.291	0.317	0.343	0.371	0.397	0.425	0.450	0.477	0.507	0.536	0.569	0.599	0.635	0.673
0.73	0.185	0.212	0.239	0.264	0.290	0.316	0.342	0.370	0.396	0.423	0.450	0.480	0.509	0.542	0.572	0.608	0.646
0.74	0.157	0.184	0.211	0.236	0.262	0.288	0.315	0.342	0.368	0.395	0.425	0.452	0.481	0.514	0.546	0.580	0.618
0.75	0.131	0.158	0.185	0.210	0.236	0.262	0.288	0.316	0.342	0.369	0.396	0.426	0.455	0.488	0.518	0.554	0.592
0.76	0.103	0.130	0.157	0.182	0.208	0.234	0.260	0.288	0.316	0.341	0.368	0.398	0.427	0.460	0.492	0.526	0.563
0.77	0.078	0.105	0.132	0.157	0.183	0.209	0.235	0.263	0.289	0.316	0.343	0.373	0.402	0.435	0.465	0.501	0.539
0.78	0.052	0.079	0.106	0.131	0.157	0.183	0.209	0.237	0.263	0.290	0.317	0.347	0.376	0.409	0.439	0.475	0.513
0.79	0.024	0.051	0.078	0.103	0.129	0.155	0.181	0.209	0.235	0.262	0.289	0.319	0.348	0.381	0.411	0.447	0.485
0.80		0.026	0.052	0.078	0.104	0.130	0.157	0.183	0.210	0.238	0.266	0.294	0.326	0.355	0.387	0.421	0.458
0.81			0.026	0.062	0.078	0.104	0.131	0.157	0.184	0.212	0.240	0.268	0.298	0.329	0.361	0.395	0.432
0.82				0.026	0.052	0.078	0.104	0.131	0.158	0.186	0.213	0.242	0.272	0.303	0.335	0.369	0.406
0.83					0.026	0.052	0.079	0.105	0.132	0.160	0.188	0.216	0.246	0.277	0.309	0.343	0.380
0.84						0.026	0.053	0.079	0.106	0.134	0.162	0.190	0.220	0.251	0.283	0.317	0.354
0.85							0.026	0.053	0.080	0.107	0.135	0.164	0.194	0.225	0.257	0.291	0.328

11.6.3　并联电容器的补偿方式

11.6.3.1　并联电容器的三种补偿方式

当电网需要增设的补偿容量确定后，即应按照"全面规划，合理布局，分级补偿，就地平衡"的总原则，进行合理的配置，以取得最大的综合补偿效益。

按照安装地点的不同，并联电容器的补偿方式（见图11-8）可分为集中补偿、分散补偿和就地补偿三种。

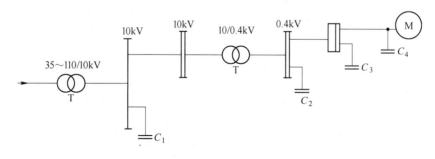

图 11-8　并联电容器的补偿方式

集中补偿方式是将高压电容器集中安装在地区变电所或高压供电用户总降压变电所10(6)kV 母线上，或功率因数较低、负荷较大的配电所高压母线上，如图11-8 中的 C_1 部分。其优点是：易于实现自动投切，利用率高，便于维护管理，电容器的总容量相对要少一些；缺点是：只能减少电力网和用户总降压变电所主变压器的无功负荷和电能损耗，不能减少用户内部 6～10kV 配电网的无功负荷和电能损耗。

分散补偿方式应用于用电负荷分散和功率因数较低的车间变电所，采用低压电容器组分别安装在各车间变电所 0.4kV 低压母线上或低压配电箱母线上，如图 11-8 中的 C_2 和 C_3 部分。其优点是：可减少 10(6)kV 配电线路、配电变压器和低压配电线路的无功负荷和电能损耗，利用率较就地补偿方式为高；缺点是：由于分散安装给维护管理上带来不便。

就地补偿（或称个别补偿）方式是对容量较大且经常运转的电感性低压用电设备，采用低压电容器组直接安装在单台用电设备附近进行补偿的一种方式，如图 11-8 中的 C_4 部分。这种补偿方式，电容器组一般与用电设备同时投入运行和断开。

在末端的负荷处进行就地补偿的优点是：可以最大限度地减少系统中的无功功率，使企业整个供配电线路的无功负荷和电能损耗，以及供配电线路的导线截面、变压器容量都得到减小，因而补偿效果最好。其缺点是：因为用电设备切除的同时电容器也切除，因此电容器的利用率较低；相对于集中补偿方式所需的电容器容量较大，投资较大；由于电容器安装在电动机和用电设备附近，易受到机械振动及其他环境条件的影响；如果补偿容量选择不当，还可能引起电动机自励磁使电动机遭到损坏。

11.6.3.2 无功功率就地补偿

A 电动机的无功功率就地补偿

a 电动机的无功功率就地补偿及其应用范围

电动机的无功功率就地补偿就是将并联电容器直接并接在电动机上，并安装在其附近，以补偿电动机本身所需的无功功率，提高配电系统功率因数的一种补偿方式。

无功功率就地补偿早已在国外推广，但在我国过去没有得到推广，究其原因是 20 世纪 80 年代中期以前国内生产的油浸纸绝缘低压并联电容器的单台容量限于 12～16kvar，无法满足诸多容量电动机的需求。目前，我国已生产出各种容量的金属化膜自愈式并联电容器，可以满足需求，这为无功功率就地补偿的推广应用提供了良好的物质条件。

就地补偿的应用范围：

（1）长期连续运行的电动机，经常轻载或空载运行的电动机。

（2）离供电点距离较远的电动机，一般不小于 10m。

（3）单台容量较大的电动机，一般高压电动机不小于 90kW，低压电动机不小于 5.5kW。

（4）由高负荷率变压器供电的电动机。

b 异步电动机无功就地补偿容量的确定

按功率因数标准计算补偿容量的公式为：

$$Q_C = \frac{P_N \beta}{\eta}(\tan\varphi_1 - \tan\varphi_2) \tag{11-51}$$

式中 Q_C——补偿电容器无功容量，kvar；

         P_N——电动机的铭牌额定功率，kW；

         β——负荷率；

η——电动机效率。

异步电动机无功就地补偿后功率因数应不低于 0.9。

为了防止产生自励磁过电压，单台异步电动机的补偿容量应按其额定电压下的空载电流进行确定，即：

$$Q_{\mathrm{C}} \leqslant \sqrt{3} U_{\mathrm{N}} I_0 \tag{11-52}$$

式中　Q_{C}——补偿电容器无功容量，kvar；

　　　U_{N}——电源的额定线电压，kV；

　　　I_0——电动机空载电流，A。

一般，I_0 应由电动机制造厂提供。但若得不到 I_0 数据时，可按以下几种方法估算：

（1）ABB 公司推荐的方法。

$$I_0 = 2I_{\mathrm{N}}(1 - \cos\varphi_{\mathrm{N}}) \tag{11-53}$$

式中　I_{N}——电动机额定电流，A；

　　$\cos\varphi_{\mathrm{N}}$——电动机的额定功率因数。

（2）按电动机最大转矩倍数推算的方法。

$$I_0 = I_{\mathrm{N}}\left(\sin\varphi_{\mathrm{N}} - \frac{\cos\varphi_{\mathrm{N}}}{2b}\right) \tag{11-54}$$

式中　b——最大转矩/额定转矩，$b = 1.8 \sim 2.2$，可从电动机产品样本查得。

（3）日本《电气计算》杂志推荐的方法，补偿容量 Q_{C} 可粗略地按下式估算：

$$Q_{\mathrm{C}} = \left(\frac{1}{4} \sim \frac{1}{2}\right) P_{\mathrm{N}} \tag{11-55}$$

式中　P_{N}——电动机的额定功率，kW。

B　交流弧焊机的无功功率就地补偿

交流弧焊机因其结构简单、使用方便、维护容易、使用寿命长、价格便宜而为工矿企业普遍采用，但其功率因数很低，需要安装并联电容器进行无功就地补偿。交流弧焊机安装无功补偿电容器的方法有两种，一种是装在每台弧焊机的内部，另一种则是将一组弧焊机所需的电容器集中安装在电源干线的末端。

用计算法确定弧焊机无功补偿容量的公式，已在 3.6.3.1 节中列出。

11.6.4　并联电容器的接线方式和投切方式

11.6.4.1　并联电容器的接线方式

电容器的接线方式通常分为三角形（单三角形或双三角形）和星形（单星形或双星形）两种。星形接线又有中性点接地和不接地之分。

11.6.4.2　并联电容器的投切方式

为防止并联电容器补偿发生过补偿和欠补偿，集中补偿和分散补偿方式中，电容器一般分为几组使用，根据运行情况的需要，适时投切电容器组，调节无功补偿容量。投切方式通常可采用手动方式或自动方式。

手动投切方式适用于：

（1）功率因数变化不大、稳定运行的负荷。

（2）虽然波动的幅度较大，但每天波动的频率较小仅为数次的负荷。

（3）总降压变电所的集中补偿电容器组。

（4）就地补偿装置。

自动投切方式适用于：

（1）无人值班的变电所为防止电容器组发生过补偿时。

（2）需用电容器补偿装置自动调节电压时。

并联电容器的自动投切是通过无功补偿控制器完成，它根据企业的负荷状况和网络的运行参数，对并联电容器组容量进行自动调整，以达到合理补偿和减少电能损耗的目的。

11.6.5　并联电容器运行的管理

11.6.5.1　并联电容器的运行

并联电容器正常运行时，其负荷接近于额定容量，电容器能达到正常的使用寿命。但在异常运行时，例如在过电压、过电流和过热情况下运行时都将缩短电容器的使用寿命，因此运行中必须特别注意其电压、电流和温度的变化，做好运行管理工作。

11.6.5.2　并联电容器的维护

并联电容器的维护工作，主要包括：

（1）日常巡视（外观检查、温度检查等）；

（2）电压、电流监视；

（3）定期进行停电清扫等。

11.7　并联补偿器补偿

11.7.1　静止无功补偿器

11.7.1.1　并联补偿器的发展历程

11.6 节介绍的并联电容器是传统的无功补偿装置，由于其阻抗是固定的，所以不能跟踪负荷无功需求的变化，亦即不能实现对无功功率的动态补偿。而随着现代热带钢连轧机、电弧炉等大功率冲击性负荷的出现，导致无功功率发生较大和频繁的变化，使得电网产生电压波动和闪变，甚至所产生的电压波动超过发生闪变干扰的允许值。为消除冲击负荷对电网的影响，需采取措施对无功功率进行快速动态补偿。

这种可以连续、快速动态调节无功功率的新颖无功补偿器，在我国电力部门多称为静止无功补偿器（Static Var Compencator，SVC），而在冶金部门多称其为动态无功补偿器。1967 年第一套饱和电抗器（Saturated Reactor，SR）型 SVC 在英国 GEC 公司制成，1978年美国西屋电气公司制造的晶闸管静止无功补偿投入实际运行，随后，世界各大电气公司竞相推出各具特色的系列产品。因使用晶闸管的静止无功补偿器具有优良的性能，故在世界范围内成为主导产品。其中应用最为广泛的是晶闸管控制电抗器（Thyristor Controlled Reactor，TCR）型和晶闸管投切电容器（Thyristor Switched Capacitor，TSC）型以及这两者的混合（TCR + TSC）型等。随着电力电子技术的进一步发展，高压大功率可自关断器件GTO、IGBT、IGCT 等的快速发展，20 世纪 80 年代以后，比 SVC 更为先进的补偿器出现，这就是采用自换相变流电路的静止无功发生器（Static Var Generator，SVG）以及静止同步补偿器（Static Compensator，STATCOM），并已开始在电力系统及电力用户中推广应用。由于 SVC、SVG、STATCOM 均属并联补偿方式，故总称为并联补偿器。经过几十年的发展，并联补偿器已具有稳定系统电压、抑制功率波动，动态控制无功平衡等功能，因而成为无功补偿技术的主流，广泛应用于工矿企业的动态无功补偿和电力系统柔性交流输电系统并联补偿。

11.7.1.2　无功功率动态补偿原理

静止无功补偿器通常由可连续调节电感量的可控电抗器（也称稳定器）与固定电容器组（Fixed Capacitor，FC）并联组成，从而可将无功补偿的范围扩大到超前和滞后两个可连续调节的范围。SVC 与传统并联电容器补偿装置的区别在于它能够跟踪电网或负荷的波动无功，进行随机性适时动态补偿，以维持电压稳定。

静止无功补偿器的补偿原理如图 11-9 所示。图 11-9（a）为静止无功补偿器的等值电路，图中 I_{sy} 为系统无功电流，I_L 为冲击负荷无功电流，I_R 为可控电抗器的基波电流，I_C 为并联电容器的基波电流，Q_{sy} 为系统供给的无功功率，Q_L 为冲击负荷所需无功功率，Q_R 为可控电抗器吸收的无功功率，Q_C 为并联电容器提供的无功功率。按照基尔霍夫电流定律，在图 11-9（b）中

$$I_{sy} = I_L + I_R - I_C \tag{11-56}$$

因为在同一电压等级下，所以

$$Q_{sy} = Q_L + Q_R - Q_C \tag{11-57}$$

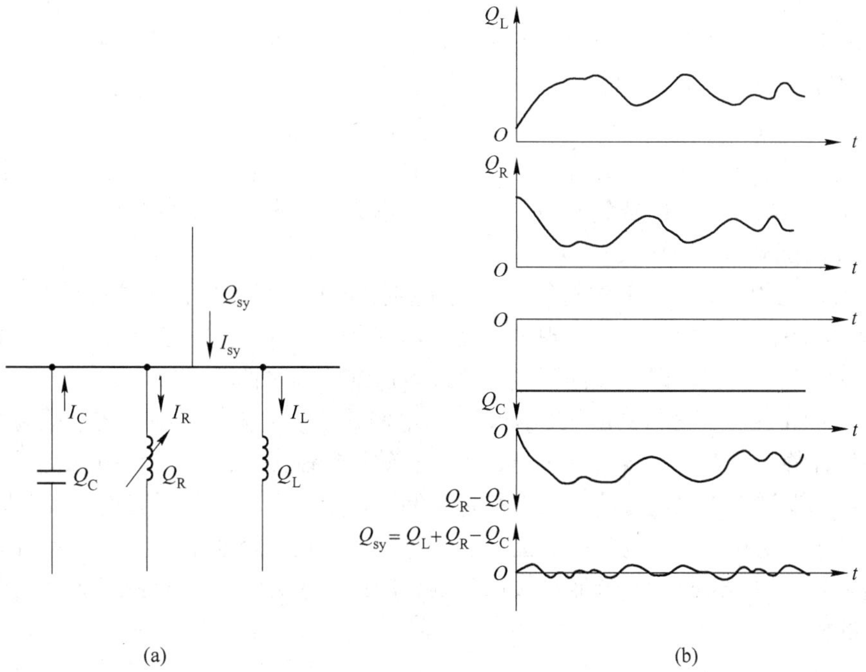

图 11-9　静止无功补偿器补偿原理

（a）等值电路；（b）补偿原理图解

为稳定电压，要求系统无功 Q_{sy} 为恒值，这可通过静止无功补偿器的调节来达到。由于电压稳定时 Q_C 可视为定值，因此要维持 Q_{sy} 恒定不变，就必须使可控电控器容量 Q_R 和冲击负荷 Q_L 之和为一恒值，即

$$Q_{sy} + Q_C = Q_L + Q_R \approx \text{const} \tag{11-58}$$

式（11-58）表明：当可控电抗器所吸收的无功功率 Q_R 的变化值与冲击负荷无功功率 Q_L 的变化值大小相等、方向相反时，就能维持系统供给的无功功率为恒值。

图 11-9 （b）示出静止无功补偿器补偿原理图解。图中 Q_L 为冲击负荷曲线；Q_R 为静止无功补偿器中可控电抗器吸收的感性（滞后）无功功率曲线，随 Q_L 成反比例变化；Q_C 为静止无功补偿器中固定并联电容器组 FC 提供的容性（超前）无功功率曲线；$Q_R - Q_C$ 为静止无功补偿器输出的无功功率曲线，与 Q_L 反向变化；$Q_{sy} = Q_L + Q_R - Q_C$ 为 SVC 合成的无功功率曲线。由此可见，通过静止无功补偿器的调节，即可实现无功功率动态补偿，使系统无功 Q_{sy} 恒定不变（或变化很小）。

11.7.1.3　静止无功补偿器在工业企业中的应用

20 世纪 70 年代以来，由于电力电子技术的高速发展，各种电力电子装置在工业企业中的应用日益广泛，导致谐波和无功问题日益严重，也使得这些现代企业中的电力负荷具有如下特点：

（1）非线性负荷产生大量的谐波，引起电压波形畸变。

（2）功率因数低落。

（3）运行中有有功功率和无功功率随机波动，特别是冲击负荷的有功和无功功率随机变动幅度和频度都较大。有功冲击负荷将对系统的频率产生影响，而无功冲击负荷将对系统的电压产生影响。

（4）运行中各相有功、无功功率各不相同，造成三相负荷经常不对称。

为了消除无功功率的影响和谐波带来的危害，最为有效的办法是采用静止无功补偿器。在这些企业供电系统中应用静止无功补偿器可以实现以下功能：

（1）进行动态无功补偿。采用静止无功补偿器，对负荷随机进行动态无功补偿，就地动态平衡无功需求，从而也避免电网和企业之间不必要的大量无功变换。

（2）抑制配电母线电压波动与闪变。

（3）实现三相不对称负荷的对称化。应用相控电抗器型的静止无功补偿器分相调控，按各相无功功率需求快速补偿以实现三相无功功率平衡，并通过平衡化原理对不对称的三相有功功率实现平衡化，即可保证母线三相线电压维持对称性。

（4）用静止无功补偿器的滤波器降低注入电网的谐波电流并限制谐波电压畸变。适当地选择和设计静止无功补偿器的滤波器，可以有效地抑制由非线性负荷和静止无功补偿器自身所产生的谐波，将供电母线的谐波指标限制到规定值以下，并可避免并联谐振。

由于静止无功补偿器所具有的功能完全能满足上述现代企业电力负荷所具特点提出的要求，达到对无功动态补偿和抑制谐波的目的，因此静止无功补偿器在工业企业中得到愈来愈广泛的应用。

11.7.2　晶闸管控制电抗器型静止无功补偿器

晶闸管控制电抗器型静止无功补偿器由主电抗器、晶闸管装置和相应的控制系统以及

并联电容器组组成。

　　晶闸管控制电抗型静止无功补偿器按其主电抗器的结构形式可分为晶闸管控制电抗器型、晶闸管控制高阻抗变压器型和降压变压器型。

11.7.2.1　晶闸管相控电抗器型静止无功补偿器

A　TCR 型静止无功补偿器的工作原理

　　高电压、大功率晶闸管元件的出现，使得用晶闸管控制的高电压、大容量 TCR 型静止无功补偿器得以实现。图 11-10 所示为晶闸管控制电抗器型静止无功补偿器的原理接线图。由图可见，TCR 型静止无功补偿器由固定电容器组（或滤波器）FC 和电抗器 L 以及 VT_1、VT_2 两个反并联的晶闸管组构成。其等值电路和电流波形如图 11-11 所示。

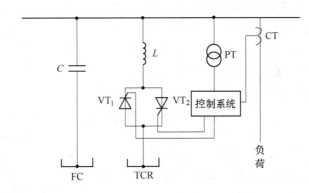

图 11-10　晶闸管控制电抗器型静止无功补偿器原理接线图

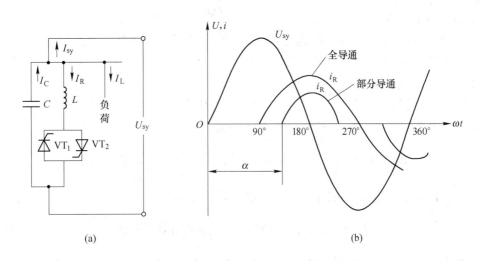

图 11-11　晶闸管控制电抗器型静止无功补偿器的等值电路和电流波形图
(a) 等值电路；(b) 电流波形

　　在图 11-11（a）中，L 为电抗器的电感；C 为电容器组的电容；I_C 为流过电容器的超前无功电流；I_R 为电抗器从系统吸取的感性滞后的无功电流；I_L 为冲击负荷的感性无功电流；I_{sy} 为供给电抗器和冲击负荷的系统感性无功电流。为了分析上的简化，等值电路中忽略了电抗器的直流电阻。

在图 11-11（b）中，U_{sy} 为系统电压波形；i_R 为电抗器的电流波形。基于电抗器的 VT_1、VT_2 两个反并联晶闸管组，分别在电源电压波的正、负半周波内轮流触发导通，同时由于电抗器几乎是纯感性负荷，因此其电流 i_R 滞后电压近似 $90°$，基本上是无功电流。$0\sim90°$ 之间且由于产生不可接受的、含有直流分量的不对称电流，故控制角 $\alpha<90°$ 将不用。控制角可在 $90°\sim180°$ 范围内调节，在 $\alpha=90°$ 时，晶闸管完全导通，与晶闸管串联的电抗器相当于直接接入电网上，此时电抗器吸收的感性无功最大（即短路功率）；在 $\alpha=180°$ 时，吸收的感性无功最小（即空载功率）；当 $90°<\alpha<180°$ 时，晶闸管则为部分区间导通，i_R 的电流波形变为断续。由此可见，改变 α 角，可以得到一系列不同的电流波形，实现装置感性电流的相位控制。

　　B　TCR 的基波电压-电流特性

　　TCR 的电压-电流特性如图 11-12 所示。图中单独的 TCR 由于只能吸收感性无功功率，因此在实际应用中总是将 TCR 与固定电容器组 FC 并联使用。并联电容器后，总的无功功率为 TCR 与并联电容器无功功率两者抵消后的净无功功率，这样可将无功功率的补偿扩充到第二象限超前的范围，向供电系统输出无功功率 Q_C 或吸收负的无功功率 $-Q_C=-Q_{FC}+Q_R$。此外，并联电容器串联上调谐电抗器还可兼作滤波器，以吸收 TCR 产生的谐波。

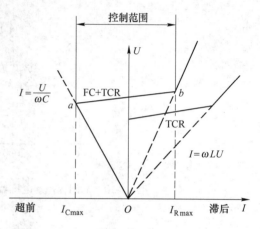

图 11-12　TCR + FC 型静止无功补偿器的电压-电流特性曲线

　　当 TCR 与固定电容器 FC 配合使用时，称为 TCR + FC 型静止无功补偿器，也可简称为 TCR 型静止无功补偿器。

　　由图 11-12 可见，整套 TCR 装置能实现控制范围内感性到容性的平滑调节。

　　C　TCR 型静止无功补偿器的动态无功补偿

$$I_{sy}=I_L+I_R-I_C=I_L+I_{Rmax}\left[2\left(1-\frac{\alpha}{\pi}\right)+\frac{1}{\pi}sin2\alpha\right]-I_C \qquad (11-59)$$

将式（11-59）两边分别乘以供电系统电压 U_{sy}，则得：

$$Q_{sy}=Q_L+Q_{Rmax}\left[2\left(1-\frac{\alpha}{\pi}\right)+\frac{1}{\pi}sin2\alpha\right]-Q_C \qquad (11-60)$$

根据式（11-60），对 TCR 型静止无功补偿器的动态无功补偿做如下阐述：

假设 TCR 的最大无功容量 Q_{Rmax} 等于 FC 的容性无功功率 Q_C，并且负荷的最大冲击无功功率 $Q_{Lmax}=Q_{Rmax}$。

（1）当负荷冲击无功 $Q_L=0$ 时，如果晶闸管触发角控制在 $\alpha=90°$，则 TCR 将从系统吸取最大感性无功 Q_{Rmax}，由于 $Q_{Rmax}=Q_C$，$Q_L=0$，从式（11-60）可见，系统无功 $Q_{sy}=0$。其物理意义为：在 TCR 从系统吸取 Q_{Rmax} 的同时，FC 电路注入系统等量的容性无功 Q_C，Q_C 正好补偿全部 Q_{Rmax}，维持系统无功恒定不变，如图 11-13（a）所示。

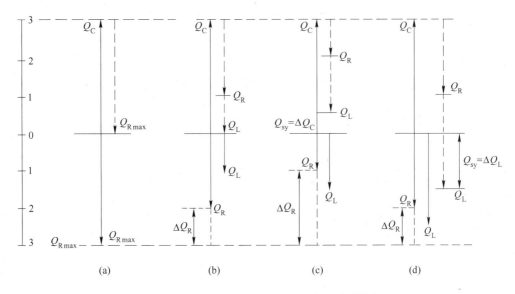

图 11-13　TCR 型静止无功补偿器的动态无功补偿概念图

（2）当负荷冲击无功为 Q_L 时，TCR 的晶闸管触发角控制在 $90° < \alpha < 180°$ 跟随冲击无功变化，使 TCR 无功容量减少，其减少量为 $\Delta Q_R = Q_{Rmax} - Q_R$，而且 $\Delta Q_R = Q_L$，那么 $Q_{sy} = Q_C - (Q_L + Q_R) = 0$，亦即 Q_C 的一部分用来补偿冲击无功 Q_L，而另一部分则正好用来补偿 Q_R，系统无功仍维持恒定不变，$Q_{sy} = 0$，如图 11-13（b）所示。

在上述情况下，不管冲击无功如何变化，静止无功补偿器始终能保持系统无功不变，这种补偿状态称为全补偿。

如果像图 11-13（c）那样，若 $\Delta Q_R > Q_L$，那么 $Q_{sy} = Q_C - (Q_L + Q_R) = \Delta Q_C$，亦即 Q_C 除补偿全部冲击无功和部分 TCR 的无功外，其剩余量 ΔQ_C 注入系统，使系统容性无功增加 ΔQ_C，这种补偿状态称之为过补偿。

如果像图 11-13（d）那样，若 $\Delta Q_R < Q_L$，那么 $Q_{sy} = Q_L + Q_R - Q_C = \Delta Q_L$，亦即 Q_C 除补偿 TCR 无功 Q_R 外，冲击无功 Q_L 没有完全能被 Q_C 补偿，其短缺量 ΔQ_L 必须从系统吸取，也就是说增加从系统吸取的感性无功量，这种补偿状态称之为欠补偿。

某钢厂的炼钢电弧炉 TCR 型静止无功补偿器采用了上述方式。

D　TCR 的接线和谐波

前面已经讲过，谐波电流大小与 α 角有关。α 角增大有两个影响，一是电流的减小使 TCR 的功率损失减小；二是电流波形畸变率增加，谐波含量增大。因此，TCR 的三相接线形式大都采用三角形连接，如图 11-14 所示。这种接线形式的优点是比其他形式的接线线电流中谐波含量要小，当供电系统三相平衡时，所有的 3 及 3 的倍数次谐波电流都不会在线电流中出现。此外，工程实际中还常将每一相的电抗分成如图 11-14 所示的两部分，分别接在晶闸管对的两端。这样做的目的是使晶闸管在电抗器损坏时能得到额外的保护。

每相只有一个晶闸管对的接线形式称为 6 脉动 TCR（又称 6 相 TCR），其线电流中所含谐波次数为 $6k \pm 1$ 次（k 为正整数），通常称为特征谐波。

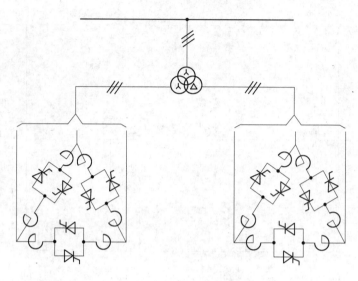

图 11-14　12 脉动 TCR 的接线形式

为进一步减小线电流中的谐波，可以采取增加相数减低谐波的措施。即可用两个 6 脉波 TCR 构成 12 脉波 TCR 来实现，如图 11-14 所示。由图可见，12 脉动 TCR 是由两组 6 脉动 TCR 分别接在星形和三角形接线的三绕组降压变压器的两个二次绕组上。在这样接法的两组 TCR 中，电压（或电流）之间形成 30°的相差，便可在一次侧的线电流中消除 5 次和 7 次谐波。12 脉动的 TCR 的特征谐波次数为 $12k \pm 1$ 次（k 为正整数）。

12 脉动接线的 TCR 还有一个优点，就是当其中一组 TCR 发生故障时，另一组 TCR 仍可正常运行。为此有的 TCR 不用三绕组变压器，而采用两个单独的三相变压器供电。

必须指出：各种 TCR 型 SVC，除特征谐波外，由于不能完全满足对称条件，因而会产生非特征的奇次、偶次及 3 的倍数次谐波。

11.7.2.2　晶闸管控制高阻抗变压器型静止无功补偿器

TCR 中电抗器在需使用降压变压器的场合，工程实际中有时将容量在 25Mvar 以下的 TCR 降压变压器设计成具有很大漏抗的高阻抗变压器，这样就可将降压变压器和电抗器合二为一，省去原来串联的电抗器，从而直接使高阻抗变压器二次绕组通过晶闸管短接起来。于是高阻抗变压器起着与晶闸管的最佳工作电压相匹配的降压和提供感性电抗的双重作用。这种形式的静止无功补偿器称为晶闸管控制高阻抗变压器（Thyristor controlled transformer，TCT）型，如图 11-15 所示。TCT 实质上是 TCR 的一种变型。

图 11-15 为 TCT 两种常用的接线方式。而 D，y11 接线是为了避免 3 及 3 的倍数次谐波流入高压电网。

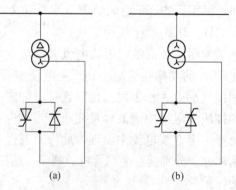

(a)　　　　　(b)

图 11-15　TCT 的接线方式
(a) D，y 接线；(b) Y，y 接线

11.7.3　晶闸管投切电容器型静止无功补偿器

11.7.3.1　晶闸管投切电容器型静止无功补偿器的工作原理

无论是饱和电抗器型静止无功补偿器，还是晶闸管相抗电抗器型静止无功补偿器都是间接调容式静止无功补偿器，其工作原理都是采用无级调节电抗器感性无功功率，间接地把不能无级调节的电容器组容性无功变成无级调节，达到动态无功补偿的目的。本节所述的晶闸管投切电容器型静止无功补偿器，是采用晶闸管直接调节电容器组的容性无功而构成直接调容式静止无功补偿器，这种直接调容式静止无功补偿器，具有能耗小，无谐波电流产生，投资少等优点。TSC 虽不产生谐波电流，但与系统并联时可能会发生谐波。故使用 TSC 型静止无功补偿器时，要根据系统参数和 TSC 的额定值，合理地选配串联电抗器的电抗，以避免发生谐振。

TSC 型静止无功补偿器主要由两个反并联晶闸管对以及和小电抗器串联的电容器构成。图 11-16 所示为 TSC 型静止无功补偿器的原理接线图。图中，串联小电抗器 L 的目的是用来限制操作暂态过电压，抑制合闸涌流。

TSC 型静止无功补偿器的工作原理是通过晶闸管作开关器件来控制电容器的导通数量来调节电纳，以改变电容器的无功补偿量。为了更有效地补偿急剧变化的无功负荷，工程实际中常把电容器分成若干组，各电容器组的导通控制分别由各组晶闸管开关予以实现。这样，随着负荷无功的变化，能相应地投入或切除部分电容器组，从而使无功负荷得到多级阶梯式动态补偿。

图 11-17 绘出 TSC 型静止无功补偿器的电压-电流特性。图中所示的电压-电流特性是按照投入电容器组数的不同而分别绘出 OA、OB 或 OC。

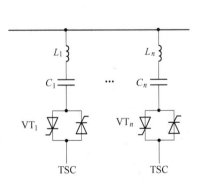

图 11-16　TSC 型静止无功补偿器原理接线图

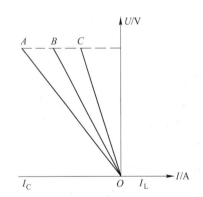

图 11-17　TSC 型静止无功补偿器电压-电流特性

当 TSC 用于三相电路时，可以是三角形连接，也可以是星形连接，但基本上为三角形连接，每相均如图 11-16 所示由若干个并联的电容器组构成，而每个电容器组由两个反并联的晶闸管投切。根据要求补偿的无功功率决定电容器组的额定容量。

早期的分组投切电容器是用机械断路器来实现，这就是机械投切电容器（简称 MSC）。和 MSC 相比，TSC 晶闸管的投切时刻可以精确控制，以减少投切时的冲击电流和操作困难，并且晶闸管的操作寿命几乎是无限的。和 TCR 相比，TSC 虽然不能连续调节无功功率，但由于其具有运行时不产生谐波而且损耗较小的优点而在电力系统中获得较为广泛的应用，并与 TCR 配合使用构成 TCR + TSC 混合型静止无功补偿器。

由于技术和经济上的原因，TSC 的应用仅限于 35kV 以下电网，用于高压和超高压电网中时需配置降压变压器。

11.7.3.2　混合型静止无功补偿器

TSC 的电容器分组投切造成电压阶跃变化，通常并联一个 TCR 来平缓这种特性，组成 TSC + TCR 混合型静止无功补偿器，如图 11-18 所示。这样，大容量无功补偿主要由 TSC 承担，余下连续的无功变动则由 TCR 作相位控制来补偿。

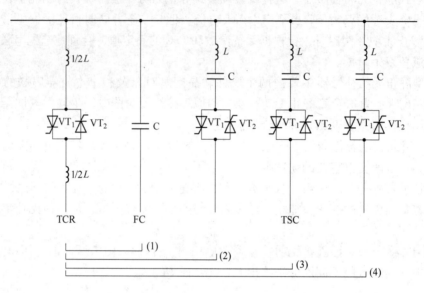

图 11-18　TSC + TCR 混合型静止无功补偿器

（1）TCR + 1 组电容器；（2）TCR + 2 组电容器；（3）TCR + 3 组电容器；（4）TCR + 4 组电容器

TSC + TCR 混合型静止无功补偿器的电压-电流特性示于图 11-19，图中的特性 0—1—1、0—2—2、0—3—3 和 0—4—4 分别是图 11-18 中的 TCR + 1 组、TCR + 2 组、TCR + 3 组、TCR + 4 组电容器时的电压-电流特性。

11.7.4　静止无功发生器和静止同步补偿器

随着电力电子技术的发展，出现了采用自换相半导体桥式变流器的静止无功补偿器，即 SVG 和 STATCOM。SVG 与 TCR 为代表的静止无功补偿器相比，调节速度更快，运行范围宽。STAT-COM 由直流电源、IGBT 和并联电抗器三部分组

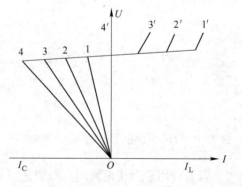

图 11-19　TSC + TCR 混合型静止无功补偿器的电压-电流特性

成，动态无功响应时间更快，可以减少补偿电流中谐波含量。

表 11-6 列出各种并联补偿器的性能比较。

表 11-6　各种并联补偿器的性能比较

补偿器	晶闸管相控电抗器型（TCR 或 TCR + FC）静止无功补偿器	晶闸管投切电容器型（TSC）静止无功补偿器	混合型（TCR + TSC）静止无功补偿器	静止无功发生器（SVG）	静止同步补偿器（STATCOM）
响应速度	较快	较快	较快	快	快
吸收无功	连续	分级	连续	连续	连续
控　制	较简单	较简单	较简单	复杂	复杂
谐波电流	大	无	大	小	无
分相调节	可以	有限	可以	可以	可以
损　耗	中	小	小	小	小
适用范围	电弧炉冲击负荷	谐波成分少、缺少容性无功场所	电弧炉、牵引变电站等	无功变化大、谐波成分大的冲击负荷	负荷突变、谐波成分大的场所

第12章 电能质量的改善

12.1 电能质量概述

12.1.1 电能质量的基本概念

电能作为一种特殊商品进入市场，其质量问题同样成为供需双方共同关注的问题。通常，电能质量描述的是通过公用电网供给用户端的交流电能的品质。理想状态的公用电网应以恒定的频率（50Hz）、正弦波形和标称电压对用户供电，同时在三相交流系统中，各相的电压和电流的幅值还应大小相等、相位对称且互差120°。但由于系统各元件（发电机、变压器、线路等）参数的非线性或不对称性，加之负荷性质各异且随机变化，以及运行操作、外来干扰和各种故障等原因，上述理想状态实际上并不存在，并由此在供用电系统中产生各种各样的问题，从而引出了电能质量的概念。

关于电能质量的确切定义，国内外至今尚没有形成统一的共识。但大多数专家认为，电能质量的定义应理解为：导致用户电力设备不能正常工作的电压、电流或频率偏差，造成用电设备故障或误动作的任何电力问题都是电能质量问题。

国际电工委员会（IEC）标准将电能质量定义为：供电装置正常工作情况下不中断和干扰用户使用电力的物理特性。

美国电气与电子工程师协会（IEEE）协调委员会对电能质量的技术定义为：合格电能质量的概念是指给敏感设备提供的电力和设备的接地系统是均适合于该设备正常工作的。这一定义主要是基于敏感设备进行的。

由此可见，供电质量问题的主要内容包括两个方面：一是供电的连续性（即可靠性），二是电能质量（含电压质量和频率质量）。关于供电可靠性，我国现行行业标准为《供电系统用户供电可靠性评价规程》（DL/T 836—2012）。图 12-1 所示为电能质量的主要内容。

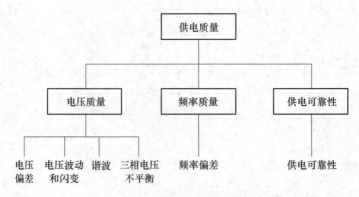

图 12-1 电能质量的主要内容

目前，IEC 和 IEEE 都成立了与电能质量相关的机构。在我国，组织制定电能质量标准的单位是全国电压电流等级和频率标准化技术委员会（TC1）和全国电磁兼容标准化技术委员会（TC246），并已有 6 项国家标准颁布实施：《电能质量　供电电压偏差》（GB/T 12325—2008）、《电能质量　电压波动和闪变》（GB/T 12326—2008）、《电能质量　公用电网谐波》（GB/T14549—1993）、《电能质量　三相电压不平衡》（GB/T 15543—2008）、《电能质量　电力系统频率偏差》（GB/T 15945—2008）、《电能质量　暂时过电压和瞬态过电压》（GB/T 18481—2001）。

12.1.2　电能质量控制技术

为保证电力系统的电能质量，包括电压、频率及波形等指标满足电能质量标准的要求，必须采用一系列的技术措施，即电能质量控制技术。电能质量控制技术是一项不断发展，不断丰富的技术，现代电能质量控制技术已将柔性交流输电系统延伸应用到配电系统的用户电力技术。

12.1.2.1　柔性交流输电系统

随着具有超高压、特高压输电网架、超大输送容量和远距离输电基本特征的大电网的建立，现代电力系统的发展迫切需要先进的输配电技术来提高电能质量、提高线路输送容量和系统稳定性。

20 世纪 80 年代，美国电力研究院提出柔性交流输电系统的新概念。柔性交流输电系统（Flexible AC Transmission System，FACTS）是一种交流输电新技术，它将现代电力电子技术、微电子技术、通信技术和现代控制技术综合应用于高压输电系统。从应用角度看，FACTS 是一种用于远距离输电的静态电力电子装置，其核心是 FACTS 控制器。应用FACTS 技术就是在输电系统的重要部位安装 FACTS 装置，对输电系统的主要参数进行控制，将不可控电网变得可以全面控制，灵活快速调整输电系统的潮流、电压、阻抗、相位角等，从而在不改变网络结构的情况下，提高输电系统的可靠性、可控性、运行性能和电能质量，进而提高输电线路的输送容量和增强系统的稳定性。将 FACTS 技术延伸应用于配电系统，以改善电能质量，则称为配电系统柔性交流输电系统（Distribution Flexible AC Transmission System，DFACTS），也称用户电力技术（Custom Power Technology，CPT）或定制电力技术。FACTS 和 DFACTS 都以大功率可控电力电子器件（如 GTO、IGBT）及微处理器为基础，具有控制精确、快速、灵活等特点，且均用于控制电力系统电压的幅值、频率和相位，所以通常基于相同或类似的工作原理，相应的常用控制器的名称和结构也往往十分类似或相同。其差别在于 FACTS 控制器所面对的问题主要是增大电力系统传输能力，保持系统稳定和优化系统运行，所以其控制主要面对潮流变化、功率流向、输送能力、阻尼振荡和防止事故扩大等。而 DFACTS 控制器由于是以提高供电可靠性改善电能质量为目的，其面对的问题则包括电弧炉、轧钢机等快速变化的冲击性负荷引起的闪变抑制和变流器等非线性负荷引起的波形畸变补偿等，所以控制器的算法及控制策略存在很大差别。

FACTS 控制器装置按其接入电力系统的方式可分为串联型、并联型和混合型三大类。

（1）串联型。串联型可视为一个可变阻抗，主要用于输电线路的有功潮流控制、系统的暂态稳定和抑制系统功率振荡，通过减少电力线路的电抗，提高电力系统功角稳定性、电压稳定性、优化并行线路功率分配等。常用的串联型控制器有静止同步串联补偿器

SSSC、晶闸管控制串联电容器 TCSC 或晶闸管控制串联电抗器 TCSR 等。

（2）并联型。并联型可看成可变阻抗、可变电源或两者的混合，主要用于电压控制和无功潮流控制，通过所连接的母线向系统注入恒定的无功功率，进而稳定所连接母线的电压。由于并联型补偿方式接入和切除都很方便，因此在电力系统中应用最为广泛。常用的并联型控制器有 STATCOM、SVC、SVG 等。

（3）混合型。混合型控制方式包括混合型串并控制及其他控制方式。常用的混合型控制器有统一潮流控制器 UPFC 等。

12.1.2.2 用户电力技术

作为 FACTS 技术在配电系统中的延伸，用户电力技术（CPT）是将现代电力电子技术、微电子技术、控制技术等高新技术应用集成为一整体，以实现电能质量，为用户提供特定要求的电力供应技术。

CPT 控制器用于中低压配电系统和用电系统中，以抑制电力谐波、消除电压波动与闪变、改善三相电压不平衡、限制电压暂降与短时中断，从而提高供电可靠性、可控性和电能质量。

CPT 控制器按其与电网连接形式以及功能的不同，也可分为串联型、并联型和混合型。并联型主要用于电流补偿，适用于电网电压波动相对较小而负荷电流波动较大的场合，目的是为了消除畸变负荷对电网侧的不利影响，其代表产品有配电用 SVC、STATCOM 和并联型有源电力滤波器（APF）等。串联型主要用于电压补偿，适用于线性负荷而电网电压有波动的场合，用以消除电网电压波动对负荷的不利影响，其代表产品有电压恢复器（DVR）。串并联混合型综合了上述两种补偿器的功能，具有双向补偿能力，是一种能解决绝大多数暂态电能质量问题的综合补偿装置，其代表产品有统一电能质量调节器（UP-QC）。除上述介绍的可用于配电系统的装置外，目前已开发出的此类补偿装置还有不间断电源（UPS）、动态电压恢复器（DVR）、蓄电池储能系统（BESS）/超导储能系统（SMES）等。

表 12-1 列出各种补偿设备对解决不同电能质量问题所起的作用。

表 12-1 各种补偿设备对解决不同电能质量问题所起的作用

补偿设备	电压波动	闪变	谐波	不平衡	电压暂降	电压中断
SVC	○	○	×	△	×	×
STATCOM	○	○	△	○	×	×
APF	○	○	○	○	×	×
UPS	△	△	△	△	○	○
DVR	○	△	△	△	○	×
BESS/SMES	△	△	△	△	△	○

注：○—补偿器有作用；△—可能具有作用；×—无作用。

12.1.3 电能质量的改善措施

电能质量的改善措施如图 12-2 所示。

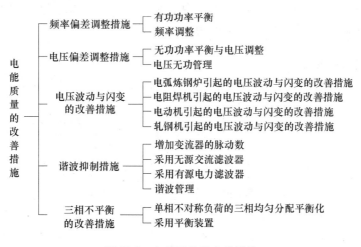

图 12-2　电能质量的改善措施

12.2　频率偏差及其调整措施

12.2.1　频率偏差限值

交流电力系统的标称频率有 50Hz 和 60Hz 两种，我国采用 50Hz，这是一个要求全系统一致的重要运行参数。

表 12-2 列出我国电力系统频率偏差限值。

表 12-2　频率偏差限值

序　号	频率偏差限值
1	电力系统正常运行条件下频率偏差限值为 ±0.2Hz，当系统容量较小时，偏差限值可以放宽到 ±0.5Hz
2	冲击负荷引起的系统频率变化为 ±0.2Hz，根据冲击负荷性质和大小及系统的条件也可适当变动，但应保证近区电力网、发电机组和用户的安全、稳定运行以及正常供电

12.2.2　频率偏差对电力系统的影响

系统低频率运行对电力系统以及电力负荷的影响，可分成以下两种工况讨论：

（1）系统运行频率低于标称值，但不超出正常运行允许下限值的工况。在这种工况下运行，短期内虽然不至于危及电力系统以及电力负荷的安全，但会对设备带来累积损伤，并使火力发电厂汽轮机汽耗、煤耗和厂用电率上升，企业异步电动机转速随频率成正比下降，其结果不仅影响到产量，产品质量也同时下降，废品率升高，原材料和电力消耗也随之上升，从而直接影响到企业的经济效益。

（2）系统运行频率超出正常运行允许下限值的工况。在这种工况下运行，不仅使设备效率降低，更是危及设备的安全，如使电厂汽轮机低压叶片发生共振，叶片的振动应力加大，以致产生断裂；使企业电动机烧毁及其他设备的损坏；使电厂辅助机械如水泵、风机、磨煤机等的电机转速下降，输出功率下降，从而使发电机输出功率下降，进而导致系统频率进一步下降，如此恶性循环，促使系统发生瓦解事故。

12.2.3　有功功率平衡与频率调整

12.2.3.1　有功功率平衡

系统频率的稳定性主要由系统发电、输配电、用电三个方面的有功功率的平衡来决定，即

$$P_{f} = \Sigma \Delta P_{1} + \Sigma P_{fh} \tag{12-1}$$

式中　P_{f}——系统电源发电机组送往电网的总有功功率，MW；

　　$\Sigma \Delta P_{1}$——全系统输配电网络的有功功率总损失（即在系统输配电网络中线路、变压器输送功率时产生的线损），MW；

　　ΣP_{fh}——系统用电负荷总和，MW。

式（12-1）表明，系统发电机组发出的总有功功率，必须与由输配电网络的有功功率总损失以及用电负荷总和所构成的系统负荷相平衡。因此，在电力系统，频率质量取决于系统中电源与负荷间的有功功率平衡，当系统电源与系统负荷间有功功率失去平衡时，就会发生频率变化。如系统电源发电机组输出功率大于系统负荷需求功率，产生有功功率过剩，就会造成系统运行频率升高；反之如果系统电源发电机组输出功率小于系统负荷需求功率，发生有功功率不足，则会造成系统运行频率下降。

12.2.3.2　频率调整

频率调整就是通过调整各电源机组出力来达到与系统负荷之间有功功率的平衡，使系统频率保持在以标称频率为轴线的允许范围内波动的措施。

频率的调整虽然比较复杂，但频率调整可从两方面着手：一是要做好电力负荷的均衡使用，这已在第1、2、6章中阐述；二是要做好电力系统的频率调整。关于电力系统的频率调整许多文献都已做了详细介绍，因限于篇幅，这里不再赘述。

12.3　电压偏差及其调整措施

12.3.1　电压偏差及其限值

12.3.1.1　电压偏差与电压损失

A　电压偏差

电压偏差是指电力系统在正常运行条件下，实际运行电压对系统标称电压的偏差相对值，以百分数表示。其数学表达式为：

$$\delta U = \frac{U_{re} - U_{N}}{U_{N}} \times 100\% \tag{12-2}$$

式中　δU——电压偏差，%；

　　U_{re}——实际运行电压，kV；

　　U_{N}——系统标称电压，kV。

B　电压损失

引起电压偏差和电压波动的原因，是由于网络中变化的负荷电流通过阻抗元件（主要是线路导线和变压器）而产生电压损失。在串联电路中，线路阻抗元件两端电压相量的几何差称为线路电压降。但在工程计算中，人们关心的是计算线路的电压损失。所谓电压损失，是指线路两端电压有效值之差（代数差）。当阻抗元件两端电压间的相角差较小时，允许忽略电压降横向分量的影响（其误差不超过实际电压降的 5%），而仅取电压降的纵向分量近似地看做电压损失，即

$$\Delta U \approx \frac{P_2 R + Q_2 X}{U_2} \tag{12-3}$$

由式（12-3）可见，电压损失 ΔU 由 $P_2 R / U_2$、$Q_2 X / U_2$ 两部分组成。通常在 110kV 以上电压等级输电线路中，$X \gg R$，所以无功功率 Q_2 对电压损失的影响很大，而有功功率 P_2 对其影响则要小得多。在变压器等值电路中，一般串联电抗的数值要比电阻大得多，故无功功率也是造成电压损失的主要因素。

12.3.1.2　供电电压偏差的限值

（1）35kV 及以上供电电压正、负偏差绝对值之和不超过标称电压的 10%。注意：如供电电压上下偏差同号（均为正或负）时，按较大的偏差绝对值作为衡量依据。

（2）20kV 及以下三相供电电压偏差为标称电压的 ±7%。

（3）220V 单相供电电压偏差为标称电压的 +7%、−10%。

（4）对供电点短路容量较小、供电距离较长以及对供电电压偏差有特殊要求的用户，由供、用电双方协议确定。

12.3.2　电压偏差对电力系统的影响

12.3.2.1　电压偏差对用电设备的影响

当用电设备端电压出现电压偏差时，不仅影响工厂产品的产量、质量，更直接影响用电设备的运行性能、效率和使用寿命，影响的程度视偏差的大小、偏差持续的时间长短而异。电压偏差超过一定范围，设备会由于过电压或过电流而损坏。

A　对电力传动设备的影响

端电压偏差对异步电动机特性的影响见表 12-3。

表 12-3　端电压偏差对异步电动机特性的影响（18.5kW 以上电动机）

电动机特性		电压函数	电压偏差	
			− 10%	+ 10%
起动转矩、最大转矩		u^2	− 19%	+ 21%
同步转速		常数	不变	不变
转差率		u^{-2}	+ 23%	− 17%
满负荷转速		同步转速 − 转差率	− 1.5%	+ 1%
效　率	满负荷		− 2%	略有增加
	3/4 负荷		实际不变	实际不变
	1/2 负荷		+ (1~2)%	− (1~2)%

续表 12-3

电动机特性		电压函数	电压偏差	
			− 10%	+ 10%
$\cos\varphi$	满负荷		+1%	−3%
	3/4 负荷		+ (2 ~ 3)%	−4%
	1/2 负荷		+ (4 ~ 5)%	− (5 ~ 6)%
满负荷电流			+11%	−7%
启动电流		u	− (10 ~ 12)%	+ (10 ~ 12)%
满负荷温升			+ (6 ~ 7)℃	− (1 ~ 2)℃
最大过负荷能力		u^2	− 19%	+21%
电磁噪声(特别空载时)			略微减小	略有增加

注:"+"号表示上升值,"−"号表示下降值。

由表 12-3 可见:当异步电动机端电压出现负偏差时,负荷电流增大,起动转矩、最大转矩和最大过负荷能力都明显下降,严重时将导致电动机不能起动或堵转;而当端电压出现正偏差时,转矩显著增加,严重时将导致联轴器剪断,或者设备损坏。

同步电动机的起动转矩与端电压平方成正比变化,由于同步电动机一般都采用异步起动方式,因此当电网电压降低就会影响其起动。同步电动机的最大转矩直接与端电压成正比变化,因此端电压降低会使最大转矩下降,影响同步电动机运行的稳定性。

B　对电加热设备的影响

电阻炉的热能输出与外施电压平方成正比变化,端电压降低 10%,热能输出降低 19%,会导致工艺过程加热时间显著延长,以致严重降低生产率;当电压长期偏高时,又会使电阻元件寿命缩短。

对于电阻焊机,当电压正偏差过大时,将使焊接处过热而造成焊件过熔;当电压负偏差过大时,则影响焊机输出功率,使焊接处热量不足而造成焊件虚焊。

C　对电化学设备的影响

电解设备由整流装置供给直流电流,当整流装置的交流电压下降时,电解槽直流电流区减小,电耗量逐步增大,电压下降过多,将使电解槽生产率严重下降。每吨生铝成本随着电压降低而递增。当电压偏差超过 +5% 时,又会造成电解槽不允许的过热,并使生产过程恶化。

D　对电照明设备的影响

电压偏差对白炽灯、气体放电灯的寿命和光通量的输出影响很大。如荧光灯,当端电压降低 10%,光通量降低 20%,端电压升高 10%,光能量升高 22%。当电压偏差为 −10% 及以下时,启辉将发生困难,当电压偏差超过 +10% 时,镇流器将过热而缩短寿命。此外,对于灯管本身,电压降低 10%,使用寿命降低 35%,端电压升高 10%,使用寿命降低 20%。

12.3.2.2　电压偏差对供配电设备的影响

A　对电力变压器的影响

电压偏差对电力变压器的影响主要表现在以下几个方面:

（1）对空载损耗的影响。变压器空载损耗包括铁损耗，其损耗的大小与铁芯中的磁感应强度 B 有关。变压器电压升高，B 也增大，铁损耗也增大。

（2）对绕组损耗的影响。在传输同样功率的条件下，变压器电压下降，会使电流增大，变压器绕组损耗增大。

（3）对绝缘的影响。变压器的内绝缘主要是变压器油和绝缘纸。变压器高电压运行会加速变压器油的电老化。

绝缘纸在高电压运行下，同样会加快失去机械强度和电气强度，加快老化的速度。

B　对电力电容器的影响

电容器向电网提供的无功 Q_C 与电压 U 平方成正比，当电压 U 下降时，Q_C 将大为降低，不能发挥电容器的作用，这是不经济的。但电容器上的电压太高，则会严重影响电容器的使用寿命。

12.3.3　无功功率平衡与电压调整

12.3.3.1　无功功率平衡

在电力系统，电压质量取决于系统中电源与负荷间的无功功率平衡，若无功电源与无功负荷失去平衡时，会引起系统电压的升高或下降。无功功率的平衡与有功功率的平衡不同，应本着分层、分区、就地平衡的原则。电网无功平衡的条件是：

$$Q_{\Sigma1} = Q_{\Sigma2} \tag{12-4}$$

式中　$Q_{\Sigma1}$——电网无功电源总和，Mvar；

　　　$Q_{\Sigma2}$——电网无功负荷总和，Mvar。

$$Q_{\Sigma1} = \Sigma Q_f + \Sigma Q_s + \Sigma Q_b + \Sigma Q_c + \Sigma Q_t \tag{12-5}$$

式中　ΣQ_f——网内所有发电厂可调输出无功功率，Mvar；

　　　ΣQ_s——电力系统注入的无功功率，Mvar；

　　　ΣQ_b——网内现有无功补偿容量，Mvar；

　　　ΣQ_c——网内 110kV 线路注入的无功功率，Mvar；

　　　ΣQ_t——网内所有调相机无功功率，Mvar。

$$Q_{\Sigma2} = \Sigma Q_{fh} + \Sigma Q_{pb} + \Sigma Q_{px} \tag{12-6}$$

式中　ΣQ_{fh}——网内各变电所二次侧所带的无功负荷，Mvar；

　　　ΣQ_{pb}——网内各主、配变无功功率消耗，Mvar；

　　　ΣQ_{px}——网内配电线路无功功率消耗，Mvar。

12.3.3.2　电压调整

电力系统电压调整分为系统电源的电压调整和用户企业的电压调整，两者是一个完整的有机体，不能割裂。

A　电力网的电压调整措施

a　中枢点电压管理

电力系统电压调整的主要目的是，采取各种调压措施，使在各种运行方式下，用户的电压偏差能保持在规定的允许范围内。但由于电力系统结构复杂，负荷点多面广，因此对其电压水平不可能也没有必要逐一进行监视和调整。电力系统电压的监视和调整通常可以通过对系统中某些中枢点电压的监视和调整来实现。所谓中枢点是指电力系统中能够反映系统电压水平的主要发电厂和变电站的母线，以这些母线为枢纽向很多负荷供电。控制这些中枢点的电压偏差，也就控制了系统中大部分负荷的电压偏差。

在中枢点进行电压调整，其方式有三种：

（1）逆调压方式。如果从中枢点向各负荷点供电的线路较长，且负荷变动较大，则在高峰负荷时可适当提高中枢点的电压以补偿线路上增大的电压损失，在低谷负荷时则适当降低中枢点的电压，以防止此时由于线路电压损失较小而引起的负荷点电压过高。这种高峰负荷时的电压值高于低谷负荷时的电压值的调整方式，称为逆调压。逆调压是目前中枢点常用的一种调压方式。采用逆调压方式，高峰负荷时可将中枢点电压升高至线路额定电压的105%，在低谷负荷时将其下降到线路额定电压。

（2）顺调压方式。对于供电线路不长，且负荷变化不大的中枢点，可以采用顺调压。顺调压就是在高峰负荷时中枢点电压略低，低谷负荷时电压略高的调压方式。顺调压一般要求高峰负荷中枢点电压不低于线路额定电压的102.5%，低谷负荷时中枢点电压不高于线路额定电压的107.5%。

（3）恒调压方式。介于逆调压与顺调压之间的是恒调压。恒调压是指在任何负荷下，均保持中枢点电压值基本不变，一般保持在额定电压的102%~105%。这种方式一般避免采用，只有在无功调整手段不足，负荷变动甚小、线路电压损耗小时，或用户处允许电压偏移较大的农业电网中，才可采用。

b   发电机调压

发电机不仅是有功电源，也是无功电源，有些发电机还能通过进相运行吸收无功功率，所以可用调整发电机端电压的方式进行调压。

对于以发电机电压直接供电的中、小系统，如果供电线路不长，电压损耗不大，可通过发电机自动励磁调节设备，改变发电机端电压进行调压，就能满足负荷的电压要求。但对于多级变压供电的系统，仅用发电机调压，往往不能满足负荷的电压要求，还得采取其他调压措施来解决，如采用有载调压变压器等。

c   变压器调压

（1）利用变压器分接头调压。对于调压范围要求不大（一般为±5%），且不需经常调整的场合，如按系统运行的特点，根据季节性的负荷及潮流变化，采用无载调压变压器，改变变压器绕组的分接头，即可改变其变比进行调压。

（2）利用有载调压变压器调压。有载调压变压器又称带负荷调压变压器。对于输电线路比较长，负荷变化又很大且系统不缺乏无功功率的场合，使用无载调压器又不能满足调压要求的情况下，可采用有载调压变压器调压。有载调压变压器的调压范围较大，常是1.25%、2.5%、2%的倍数，且能在保证连续供电的情况下根据负荷变动随时调压，因此在电力系统中得到广泛使用，成为保证用户电压质量的主要措施。

（3）利用加压调压变压器调压。加压调压变压器由电源变压器和串联变压器组成，当电源变压器采用不同的分接头时，在串联变压器中产生大小不同的电动势，从而改变线路上的电压。

加压调压变压器可以和主变压器配合使用，也可以单独串接在线路中使用。

d   改变电网无功功率分布调压

改变电力网无功功率分布进行调压，就是分层分区配置各种无功功率补偿装置（如并联电容器、并联电抗器、同步调相机、静止补偿器等），使无功功率尽可能就地平衡，降低电网无功潮流，从而减少由于长距离输送无功功率而引起的电压损失，满足电网电压质量指标。

e 改变电网参数调压

改变电网元件的电阻和电抗参数，也能起到改变电压损失的作用。但改变电网参数进行调压中用得最多的办法是减小线路中的电抗，包括在超高压输电线路中广泛采用分裂导线、采用串联电容器补偿。减小线路电抗，不仅降低了电压损失，调整了电压，也提高了电力系统运行的稳定性。

电压调整是个比较复杂的问题，如前所述，由于整个系统每一个节点的电压都不尽相同，运行条件也有所差别，因此要根据系统具体情况，合理选择调压措施。

发电机调压，因不需额外投资，故是各种调压措施的首选。

对于无功功率不足的系统，应是增加无功功率补偿设备，而不能单靠变压器调压。通常，可采用并联电容器做无功补偿设备，只有在有特殊要求的场合，才采用静止补偿器与同步调相机。在 500kV、330kV 及部分 220kV 线路，要装设足够的感性无功补偿设备（并联电抗器），以防止线路轻载时充电功率过剩所引起的电网过电压。

对于无功电源充裕的系统，应该大力推广采用有载调压变压器。但也要防御电网在某些特殊运行方式下，有载调压变压器自动调压具有破坏系统电压稳定的不良作用。

B 用户企业的调压措施

a 改进系统设计或改变网络参数

（1）提高配电电压。由于电压损失百分数与电压平方成反比，因此设计工厂供配电系统时，应尽量采用较高的配电电压，以减少电压损失，改善电压质量。

（2）改变系统阻抗。由于电压损失是电流通过系统阻抗时所产生的，因而可以采取下面一些措施来减少系统阻抗，达到减少电压损失的目的：

1）采用阻抗较低的电缆或封闭型导体代替阻抗较高的各相分开的裸导体。

2）采用交织结构的复母线排。

3）在一些情况下，采用两根截面较小的电缆并联，代替一根大截面电缆。

4）负荷较大时，架空线路采用相分裂导线。

5）配电网络应采用合理的供电半径，以及尽量缩短低压馈电线路的长度。

6）采用阻抗较低的变压器。

7）切合联络线或将变压器分、并列运行，借以改变配电系统的阻抗，调整电压偏差。

b 利用变压器调压

（1）合理选择电力变压器无载调压分接头。普通电力变压器的调压分接头只能在停电状态下进行切换操作，因此必须在投入运行前选择好一个合适的分接头，使之兼顾运行中出现最大负荷及最小负荷时，变压器二次侧电压偏差不超出允许范围。这种调压分接头不适合频繁操作，往往只是用作季节性切换。

我国生产的无载调压变压器，容量在 6300kV·A 及以下的高压绕组上，除主分接头外，一般还有两个附加分接头，调压范围为 $\pm 5\% U_N$；容量在 8000kV·A 及以上时，一般有四个附加分接头，调压范围为 $\pm 2 \times 2.5\% U_N$。

（2）采用有载调压变压器调压。由于普通无载调压变压器不适于对昼夜电压偏差大的网络进行经常性的电压调节，而且其调压幅度也不能满足由于最大和最小负荷引起的电压总偏差，因此，对于电压偏差大的 110～350kV 地区变电所或工厂总降压变电所，经计算，若普通无载调压变压器不能满足用电设备对电压的要求，采用有载调压变压器基本上能达到规定的电压水平。

有载调压变压器借助改变变比的方法来达到调整电压的目的。有载调压变压器高压侧除主绕组外，还设有一个可调分接头的调压绕组。目前，我国生产的 35kV、110kV 有载调压变压器在主分接头两侧各有三个分接头，调压范围为 $\pm 3 \times 2.5\% U_N$；220kV 的有载调压变压器调压范围为 $\pm 4 \times 2.5\% U_N$，共 9 个分接头。也可根据用户要求，制造调压范围更大、分接头更多的此类变压器。

有载调压分接开关可以手动、电动或自动控制，但用于自动调压时不宜动作过于频繁，以免影响其使用寿命。此外，由于有载调压变压器不能保证做到有载分接开关同步切换，从而导致产生少量环流，因此有载调压变压器不能并联运行。

c　就地进行无功补偿

变化的无功负荷是引起电网各级系统中均产生电压偏差的根源。因此，就地进行无功功率补偿，及时调整无功补偿量，是最经济和最有效的调压措施。其具体办法有：

（1）采用并联补偿电容器组进行就地补偿。当企业无功负荷大、电压低时，及时调整所安电容器组的投入容量加强补偿量，当企业无功负荷小、电压高时，又及时调整所安电容器组的切除容量减弱补偿量，就这样在调节无功的同时，改善了电压偏差。此外，有条件时宜采用调节低压电容器方式，以使调压效果更为显著，还应尽量采用按电压或功率因数调整的低压自动补偿装置。

（2）采用调整同步电动机的励磁电流。在铭牌规定值范围内适当调整同步电动机的励磁电流，使其超前或滞后运行，所产生超前或滞后的无功功率用以改善网络的功率因数以及电压偏差。

12.3.4　电压无功管理

电压质量是电能质量的重要组成。电压质量对电网的安全、经济运行，以及对保证用户安全生产和产品质量、供用电设备的安全与寿命，具有重要的影响。

电网的无功平衡、无功补偿和电压调整，是保证电压质量的基本条件。也就是说，改善、提高电压质量，必须紧抓无功平衡、无功补偿和电压调整。由此可见，加强电压质量和无功电力管理，是向用户提供合格电压的电力的基础工作。

电压无功管理是一项技术性、综合性很强的工作，它涉及的单位和部门多，地域广，必须按规定实行统一领导下的分级管理负责制，并建立必要的规章制度。

12.3.4.1　电压质量监测

电压无功管理最主要的目标是使用户的电压偏差保持在规定的范围之内。因此，需要加强电网各环节电压的监测和调整。但电网中的用户千千万，不可能对每一用户都进行监视，故有必要选择一些可反应电压水平的主要负荷供电点以及某些有代表性的发电厂、变电站的电压进行监测和调整。只要这些点的电压质量符合要求，电网其他各点的电压质量也就能基本满足要求。

A　电压监测点的选定

所谓电压监测点就是用来监测电网电压值和考核电压质量的节点。电网电压监测分为A、B、C、D 四类监测点：

（1）A 类为带地区供电负荷的变电站和发电厂的 20kV、10（6）kV 母线电压。

（2）B 类为 20kV、35kV、66kV 专线供电的电压和 110 kV 及以上供电电压。

（3）C 类为 20kV、35kV、66kV 非专线供电的电压和 10(6)kV 供电电压。每 10MW 负荷至少应设立一个电压监测点。

（4）D 类为 380/220V 低压网络供电电压。每百台配电变压器至少设 2 个电压监测点。监测点应设在有代表性的低压配电网首末两端和部分重要用户处。

各类监测点每年应随供电网络变化进行调整。

B　电压中枢点

通常把电网中重要的电压支撑点称为电压中枢点。电压中枢点一定是电压监测点，而电压监测点却不一定是电压中枢点。因此，电网的电压调整可转化为监视、控制各电压中枢点的电压偏差不越出给定范围的概念。

C　电压监测仪

电压监测点装设具有一定测量精度和功能的电压监测仪。电压监测仪用于对电网正常运行状态缓慢变化所引起的电压偏差进行连续监测和统计。其按产品功能分为：

（1）记录式电压监测仪。这种仪器对被监测电压的超限时间与总供电时间分别由相应的计时器记录、累计，由人工进行电压合格率的计算。

（2）统计式电压监测仪。这种仪器以微处理器为主构成，具有进行自动记录和统计计算电压合格率或电压超限率的功能。

12.3.4.2　电压质量的统计

（1）电压合格率统计。电压质量是以电压合格率为统计及考核指标。电压合格率是指实际运行电压偏差在限值范围内累计运行时间与对应的总运行统计时间之比的百分比，即

$$V_i = \left(1 - \frac{\sum T_{cx}}{\sum T_{jc}}\right) \times 100\% \tag{12-7}$$

式中　V_i——主网节点 i 电压合格率，%；

$\sum T_{cx}$——月电压超限时间总和，min；

$\sum T_{jc}$——月电压监测总时间，min。

（2）地区电网电压年（季、月）度合格率统计。

1）各类监测点电压合格率为其对应监测点个数的平均值。

$$\left. \begin{aligned} 月度电压合格率 \quad V_m\% &= \sum_1^n \frac{V_i}{n} \\ 年（季）度电压合格率 \quad V_y\% &= \sum_1^m \frac{V_m}{m} \end{aligned} \right\} \tag{12-8}$$

式中　n——各类监测点电压监测点数；

m——年（季）度电压合格率统计月数。

2）电网年（季、月）度综合电压合格率。

$$\gamma = 0.5\gamma_A + 0.5 \frac{\gamma_B + \gamma_C + \gamma_D}{3} \tag{12-9}$$

式中　　　　　γ——电网年（季、月）度综合电压合格率，% ；

γ_A，γ_B，γ_C，γ_D——A、B、C、D 类的年（季、月）度电压合格率。

12.3.4.3　无功功率补偿设备的运行和管理

根据无功功率平衡的特点，无功补偿设备配置的原则应该是就地平衡，应做到分层和分区平衡。分层平衡指的是按电压层次，不同电压等级的电网本身基本做到无功功率平衡；分区平衡指的是电网的各个地区，也应做到本地区无功功率基本平衡。

发电厂的无功出力应按运行限额图进行调节。在高峰负荷时，将无功出力调整至使高压母线电压接近允许偏差上限值，直至无功出力达到最大允许值，为电网提供尽可能多的无功功率。在低谷负荷时，将无功出力调整到使高压母线接近允许偏差下限值，直至功率因数达到 0.98 以上（迟相），具有进相运行能力的发电机应达到进相运行值，防止电网因无功过剩而出现高电压运行。

变电所应配置足够的无功功率补偿设备及调压手段。在最大负荷时，要多投入补偿设备，使一侧功率因数不低于 0.95。在最小负荷时，要切除一部分或全部补偿设备，使一次功率因数不高于 0.95（110kV 变电站不高于 0.98）。

凡列入运行的无功功率补偿设备，应随时保持完好状态，按期进行巡视检查。发生故障时，应及时处理修复，保持电容器可投率在 95% 以上，调相机每年因检修与故障停机时间不超过 45 天。无功补偿装置应逐步实现自动控制，且自动投切（控制）装置未经调度部门许可，不得停用。

对用户电压无功管理的主要内容是做好无功补偿设备的安全运行、合理补偿及调压工作。重点着眼于加强对用户运行功率因数的管理。1983 年，当时的水利电力部和国家物价局颁发了《功率因数调整电费办法》。办法规定，凡超过功率因数标准的用户，将根据其实际功率因数不同程度地降低电费，凡低于功率因数标准的用户，将不同程度地增加电费，实际功率因数越低，增加电费的幅度也越大。以此促进用户进行无功补偿，提高电压质量。

12.4　电压波动与闪变及其改善措施

12.4.1　电压波动与闪变概述

12.4.1.1　电压波动

电压波动为电压均方根值（有效值）一系列的变动或连续的改变。电压波动值为电压均方根值曲线上相邻两个极值 U_{max} 和 U_{min} 之差 ΔU，常以系统标称电压 U_N 的百分数表示，即

$$d = \frac{\Delta U}{U_N} \times 100\% = \frac{U_{max} - U_{min}}{U_N} \times 100\% \tag{12-10}$$

式中　U_{max}——最高电压，V ；

U_{min}——最低电压，V 。

12.4.1.2 闪变

供电电压波动导致灯光照度波动,从而引起人眼对灯光照度不稳定的视感称为闪变。

闪变的主要决定因素有:

(1) 供电电压波动的幅值、频度和波形。

(2) 周期性或近于周期性的电压波动对照明装置,特别是对白炽灯的照度波动影响最大,而且与白炽灯的瓦数和额定电压等有关。

(3) 人对闪变的主观视感。

12.4.1.3 冲击负荷及其危害

A 冲击负荷的定义

工厂中一些用电设备,如轧钢机、炼钢电弧炉、电焊机等,在生产(或运行)过程中周期性或非周期性地从电力系统中快速变动地取用功率,所取用的有功功率及无功功率变动的幅度、频度都较大,从而引起电力系统的频率波动、电压波动与闪变,这类负荷通称为冲击负荷(或波动性负荷)。图 12-3 为典型轧机的有功和无功冲击负荷曲线。

有功冲击负荷将对电力系统的频率产生影响,无功冲击负荷将对电力系统的电压产生影响。

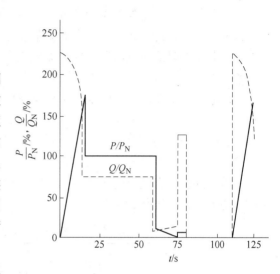

图 12-3 典型轧机的有功和无功冲击负荷曲线
P, Q—有功、无功冲击负荷;P_N, Q_N—电动机的额定功率或轧机的轧制有功功率和无功功率

B 冲击负荷的种类

因生产工艺及控制方式不同,产生的冲击负荷的类型也不相同。按三相平衡的特性,冲击负荷可分为三相基本平衡的冲击负荷(如各类大型轧钢机、大型矿井提升机等)和三相不平衡的冲击负荷(如大型电弧炉、大型焊机等)两类。此外,按周期的特性,冲击负荷也可分为周期性的冲击负荷和非周期性的冲击负荷两类。其中周期性或近似周期性的冲击负荷对闪变的影响更为严重。

C 冲击负荷的危害

a 冲击负荷对电力系统的影响

有功冲击负荷与无功冲击负荷造成系统各点的频率和电压波动,乃至导致系统电能质量受到严重影响,危及与其连接在公共供电点的其他用户设备的安全、经济运行。电压波动的大小可近似按下式计算:

$$d = \frac{100}{S_k}\left(\frac{R}{X}\Delta P + \Delta Q\right) \times 100\% \tag{12-11}$$

式中 ΔQ——无功冲击负荷,Mvar;

  S_k——系统短路容量,MV·A;

  R/X——正常情况下系统的阻抗比系数;

  ΔP——有功冲击负荷,MW。

对于工厂供电系统来说,$X \gg R$,所以 R/X 很小,因此可以认为造成电压波动的主要因素是无功冲击负荷。

总的来说，企业正常生产时产生的有功冲击负荷，须由电力系统承担。由无功冲击负荷引起的电压波动超过允许值的部分，则由企业装设无功功率补偿装置来解决。

b　冲击负荷对用电设备的影响

冲击负荷导致电力系统的电压和频率波动，这些波动将对与其连接在公共供电点的其他用电设备造成危害：

（1）电动机的转矩与电压的平方成正比，如果电动机长时间处于低电压运行，而负荷转矩不变，则会造成电机发热，甚至烧坏电机。

（2）电压下降造成继电器、接触器、磁力起动器等电磁元件、设备动作不可靠，甚至发生烧坏事故。

（3）电压下降造成晶闸管变流装置整流电压下降；移相器移相角变化，引起直流输出变化。

（4）电压波动会使电子控制系统失灵。

12.4.1.4　电压波动与闪变的限值

《电能质量　电压波动和闪变》（GB/T 12326—2008）规定的在电力系统公共连接点的电压波动限值 d 见表12-4。

表12-4　电压波动限值

r/次·h^{-1}	d/%	
	LV，MV	HV
$r \leqslant 1$	4	3
$1 < r \leqslant 10$	3 *	2.5 *
$10 < r \leqslant 100$	2	1.5
$100 < r \leqslant 1000$	1.25	1

注：1. r 为变动频度。

2. 系统标准电压 U_N 的划分：

低压（LV）：$U_N \leqslant 1kV$

中压（MV）：$1kV < U_N \leqslant 35kV$

高压（HV）：$35kV < U_N \leqslant 220kV$

3. 对于随机性不规则的电压波动，如电弧炉负荷引起的电压波动，表中标有 * 的值为其限值。

GB/T 12326—2008 同时规定，电力系统公共连接点，在系统正常运行的较小方式下，以一周（168h）为测量周期，所有长时间闪变值 P_{1t} 都应满足表12-5闪变限值要求。

表12-5　闪变限值

P_{1t}	
$\leqslant 100kV$	$> 110kV$
1	0.8

12.4.2　炼钢电弧炉引起的电压波动与闪变及其改善措施

12.4.2.1　三相电弧炉工作短路时的电压波动与闪变

由于发展大型电弧炉炼钢在技术经济上的优越性，现代大型炼钢电弧炉已日益增多，其单台容量已突破 100MV·A，成为电网中最大的波动性负荷。

炼钢电弧炉在炉料的熔化初期（起弧、穿孔到塌料阶段），炉子会频繁发生工作短路，电弧长度不断地波动，电弧电流的大小也随之反复不规则地波动，从而引起电网剧烈的电压波动与闪变，危及其他电气设备的正常运行。因此必须对电弧炉引起的电压波动与闪变采取改善措施，将电压波动与闪变值限制在允许范围之内。

12.4.2.2 炼钢电弧炉引起的电压波动与闪变的改善措施

改善炼钢电弧炉引起的电压波动与闪变的主要措施有：

（1）采用静止型无功补偿装置。为了改善大型高功率、超高功率电弧炉对电网带来电压波动与闪变的影响，而采用静止型无功补偿装置。SVC 装置不仅可改善对电网的影响，而且还能提高冶炼功率，缩短冶炼时间，提高产量，稳定炉况，保证质量，降低用电单耗，降低电极和耐火材料消耗量。

图 12-4 所示为某炼钢厂 150t 电弧炉 TCR 型 SVC 系统图。SVC 主要设备由可控电抗器（TCR）和固定电容器（FC）构成。其中可控电抗器采用晶闸管控制线性电抗器，固定电容器设计成交流滤波器方式，使具有发出容性无功和抑制高次谐波的双重作用。FC 由 2 次、3 次、4 次、5 次谐波滤波器组成。

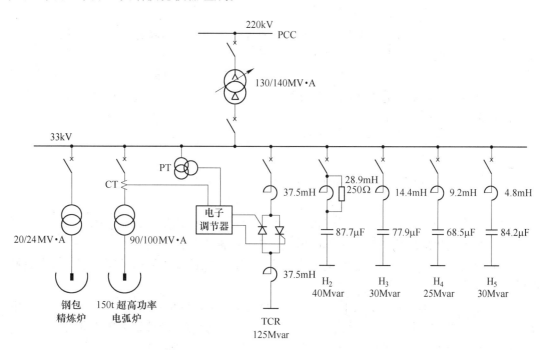

图 12-4 某炼钢厂 150t 电弧炉 TCR 型 SVC 系统图

（2）采用较高电压单独供电。采用较高电压设专线单独向电弧炉供电，这样可减少电压波动与闪变对其他用电设备的影响，同时由于提高了供电电压，从而增大了电力系统公共供电点短路容量，其有可能因此不装或少装 SVC 装置。

（3）采用串联快速自控电抗器。虽然在现代大型电弧炉变压器前串联电抗器，会导致炉子效率、功率因数、有功功率以及炉子作业率的下降，对冶炼来说是不合适的，但为了限制工作短路电流，改善电压波动，利于冶炼，从 20 世纪 80 年代末开始，国际上采用了用电子技术快速控制的串联电抗器，可将工作短路容量减少20%左右。

（4）采用液压快速自动调节电极升降装置。采用液压快速自动调节电极升降装置，可以减少工作短路的持续时间，并可减少最大工作短路的几率。

（5）多座电炉生产时，要合理安排其熔化期，减少冲击无功负荷重叠的几率。

12.4.2.3　直流电弧炉发生的闪变

直流电弧炉采用单电极接在多相晶闸管整流装置直流侧的供电方式，使得：

（1）从整流装置交流侧看，直流电弧炉是三相平衡负荷，它对电网没有基波负序电流干扰，仅有谐波的等值负序电流干扰。直流电弧炉对交流电网的谐波干扰，主要是整流装置的特征谐波和受到直流电弧电流调制所产生的非特征谐波，所以它比交流电弧炉所产生的谐波干扰要小。

（2）整流装置可以快速控制恒稳的直流电弧电流，尤其是当电极工作短路时电流仍可得到控制，从而有效地控制对交流电网的电压波动和闪变，与同容量的交流电弧炉相比可降低30%～50%。因此可不装或减少动态无功补偿装置的容量。

12.4.3　电阻焊机引起的电压波动与闪变及其改善措施

12.4.3.1　电阻焊机引起的闪变

电焊机有电弧焊机和电阻焊机等类型。电阻焊机是典型的间歇通电负荷。交流电弧焊机通电时间长，通常功率都较小不会引起闪变干扰。

电阻焊机是将焊接的工件通以大电流，使工件材料本身的电阻和工件之间的接触电阻发热，加压熔接。电阻焊通电时间短，仅几个周波，但它的使用率低、功率因数低、容量大，且多为单相负荷，对电网的闪变干扰大。

12.4.3.2　电焊机引起的电压波动与闪变的改善措施

改善电焊机引起的电压波动的主要措施有：

（1）对单相电焊机，应尽量采用线电压供电。

（2）有多台单相电焊机时，应将其均匀接在三相上。

（3）电焊机应选用较大容量或阻抗小的变压器供电，以减少变压器电压损失。

（4）大容量电焊机应尽量靠近变电所，以减少线路电压损失。

（5）对同时工作的多台大容量电焊机，应在其控制线路加入逻辑控制环节，使电焊脉冲值互不重叠。

（6）当单台电焊机容量大于供电变压器容量的10%，或成组电焊机总功率超过供电变压器容量50%时，该供电变压器不宜再接正常照明负荷和自动装置无触点元件。

（7）有必要时，对大容量电焊机装置可装设自动无功补偿装置。

12.4.4　电动机起动引起的电压变动与闪变及其改善措施

12.4.4.1　电动机允许全压起动的条件

鼠笼型电动机和同步电动机的起动方式有全压起动和降压起动两种。降压起动起动电流小，但起动转矩也小，起动时间延长，绕组温升较高，起动设备复杂。全压起动由于简便可靠，投资省，起动转矩大，应优先采用，但起动电流大，引起公用母线上的电压变动也大。

电动机允许全压起动的条件为：

（1）电动机自身允许全压起动。

（2）生产机械能承受全压起动时的冲击转矩。

（3）起动时电动机端子电压水平应符合下列允许值：

1）经常起动的，电动机端子电压水平应不低于90%的额定电压；

2）不经常起动的（每班不大于2次），端子电压水平应不低于85%额定电压。

当能保证生产机械要求的起动转矩，且在电网中引起的电压变动不致破坏其他用电设备工作时，允许值可低于85%。

（4）进行电动机引起的电压变动与闪变的预测计算，以确定该电动机能否满足接入电网的条件。

12.4.4.2　电动机起动引起电压变动与闪变的改善措施

改善电动机起动时引起的电压变动与闪变的主要措施有：

（1）合理选择起动方式。电动机起动方式的选择，应在既保证生产机械的起动转矩，又不至于造成系统过大的电压变动条件下，优先采用全压起动方式。当全压起动方式不能满足要求时，应考虑采用电抗器降压起动方式。如果电抗器降压起动方式仍然不能同时保证起动转矩以及降低起动电流的要求时，则需采用自耦变压器降压起动方式。当然，大型电动机还须考虑电动机的结构条件、允许温升等情况，按制造厂规定的方式起动。

此外，根据具体情况，还可采用其他的起动方式，如对大型同步电动机——直流发电机组采用准同步起动方式等等。

（2）改进供电系统设计。对于大型电动机，应尽量采用专用回路，直接由工厂总降压变电所母线供电。对于不能承受尖峰负荷冲击的用电设备，应尽量采用与冲击负荷分开的、独立的线路或变压器供电。

对于双电源线路和双变压器供电的工厂，可考虑采用并列运行的方式提高短路容量，以减小起动电流或冲击电流引起的电压变动。

对于大型的、具有剧烈冲击负荷的电动机，一般不采用自起动。此外，为了限制由于电动机自起动电流所引起的电压变动，应尽可能减小备用电源投入装置和自动重合闸装置的动作时限。

12.4.5　轧钢机引起的电压波动与闪变及其改善措施

12.4.5.1　轧钢机引起的电压波动

现代轧钢机传动装置的机组容量日益增大，例如一个现代热连轧机主传动机组容量就高达6万~7万千瓦。且现代冷、热连轧机主传动多采用交流调速系统（少数采用同步电动机传动），而其供电则普遍采用晶闸管变流装置。由于轧钢生产工艺上的原因，其负荷变动异常剧烈，特点是重复冲击，速度周期变化。图12-5所示为典型的轧机转速-时间特性曲线。

轧机主传动机组工作时，有功尖峰负荷有的可达额定容量的180%，周期约为数秒。与激烈的有功功率变动相适应，无功功率亦以相同程度发生波动，而且这种负荷上升的时间约为0.2s。如果系统容量足够大，则有功功率波动对系统频率几乎没有什么影响，但无功功率波动就要引起工厂母线电压波动，并且根据工厂供电系统情况，对地区电网也有一定影响。

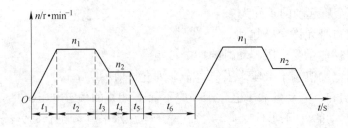

图 12-5   典型的轧机转速-时间特性曲线

由于采用晶闸管变流装置供电，从电网方面看，将增加一些新的特点：

（1）与"电动-发电机组"不同，冲击负荷无缓冲地直接反映到电网中去。

（2）大幅度调速时，尤其是低电压调速时，无功消耗增大，功率因数降低，从而无功功率冲击造成的电压波动更大。

（3）由于晶闸管调相调压的非线性特点，产生高次谐波分量，造成电网电压波形畸变，使电压质量下降。

12.4.5.2   轧钢机引起的电压波动与闪变的改善措施

改善轧钢机引起的电压波动与闪变的主要措施有：

（1）提高进线电压。由于电压波动与电压平方成反比，也就是说，进线电压越高，电压波动值就越小，因此，冲击负荷引起的电压波动对系统所造成的影响也就相应减少。所以在现代化的大型轧钢厂，甚至要求以 110kV 电压进入主电室直接降压，提高整流变压器初级电压，以保证生产时电压波动值更小。

（2）设法加大工厂电源的短路容量。鉴于在无功功率冲击下，电网电压波动值近似地等于无功功率变动量 ΔQ 与该点短路容量 S_{BS} 的比值。所以，设计时，在未考虑动态无功补偿的情况下，可以采用加大电源的短路容量的办法，使相应点的电网短路容量为冲击无功功率变动量的 20 倍以上，这样就能有效地将系统电压波动限制在 5% 以下。

（3）进行动态无功补偿。由冲击负荷引起的电压波动，主要取决于无功功率变动量 ΔQ 与计算点的系统短路容量 S_{BS} 的比值。因此，根据地区电网及工厂的具体情况，还可以采取在主传动整流变压器交流侧母线上装设动态无功补偿装置的办法，就地供给所需的无功功率变动量 ΔQ，使轧钢机生产时的动态电压波动及时有效地得到抵制。目前，对轧钢机进行动态无功补偿主要采用静止型无功补偿装置和利用轧钢机主传动本身的同步电动机。

（4）利用自备电厂发电机抵制无功冲击负荷引起的电网电压波动。当钢铁厂具有自备发电厂时，利用自备发电厂发电机组装设的自动励磁调节装置（AVR 或 AQR），可有效地抵制工厂由无功冲击负荷引起的电网电压波动。

12.5   谐波及其抑制措施

12.5.1   谐波及其允许值

12.5.1.1   谐波的基本概念

A   非正弦周期函数的分解为傅立叶级数

当交流电路中产生周期性变化的非正弦电压和电流时，可用傅立叶级数的方法将周期性函数分解为如下形式的傅立叶级数：

$$f(\omega t) = a_0 + A_1\sin(\omega t + \varphi_1) + A_2\sin(2\omega t + \varphi_2) + \cdots + A_h\sin(h\omega t + \varphi_h) + \cdots$$

$$= a_0 + \sum_{h=1}^{\infty} A_h\sin(h\omega t + \varphi_h) \tag{12-12}$$

式（12-12）中，傅立叶级数的第一项 a_0 称为直流分量，第二项频率与工频相同的分量 $A_1\sin(\omega t + \varphi_1)$ 称为基波，而其余各项频率为基波频率整数倍的正弦波分量 $A_h\sin(h\omega t + \varphi_h)$ 称为谐波或高次谐波。谐波次数 h 为谐波频率与基波频率的整数比。

如将各次谐波的两角之和的正弦展开，则式（12-12）可分解为工程中常用的另一种形式的傅立叶级数。

$$f(\omega t) = a_0 + \sum_{h=1}^{\infty} \left[a_h\cos(h\omega t) + b_h\sin(h\omega t) \right] \tag{12-13}$$

式中　a_0——直流分量；

A_h，φ_h——h 次谐波的幅值和初相角；

a_h，b_h——h 次谐波的余弦项系数和正弦项系数。

其相互关系为：

$$a_h = A_h\sin\varphi_h, \quad b_h = A_h\cos\varphi_h$$

$$A_h = \sqrt{a_h^2 + b_h^2} \tag{12-14}$$

当 $b_h > 0$ 　　　　　　$\varphi_h = \arctan(a_h / b_h)$

当 $b_h < 0$ 　　　　　　$\varphi_h = \arctan(a_h / b_h) + 180°$

各次谐波的频率为已知，利用三角函数的正交性，即可从式（12-13）得到 a_0、a_h、b_h 的计算式为：

$$\left. \begin{array}{l} a_0 = \int_0^T u(\omega t)\,\mathrm{d}(\omega t) = \int_0^{2\pi} u(\omega t)\,\mathrm{d}(\omega t) \\[2mm] a_h = \int_0^T u(\omega t)\cos(h\omega t)\,\mathrm{d}(\omega t) = \int_0^{2\pi} u(\omega t)\cos(h\omega t)\,\mathrm{d}(\omega t) \\[2mm] b_h = \int_0^T u(\omega t)\sin(h\omega t)\,\mathrm{d}(\omega t) = \int_0^{2\pi} u(\omega t)\sin(h\omega t)\,\mathrm{d}(\omega t) \end{array} \right\} \tag{12-15}$$

上列积分区间可在保持一个周期 T 或 2π 的条件下任意移动。

一般来说，电力系统的周期性非正弦波形（畸变波形），均能应用傅立叶级数分解得到基波和无限个高次谐波之和。

B　正弦波形畸变指标

为了有效地限制谐波，需对电力系统正弦波形的畸变程度进行定量化，为此采用下列波形畸变指标：

（1）谐波含有率（HR）。谐波含有率是第 h 次谐波分量的均方根值与基波分量的均方根值之比，并用百分数表示。

第 h 次谐波电压含有率为：

$$HRU_h = \frac{U_h}{U_1} \times 100\% \tag{12-16}$$

式中　U_h——第 h 次谐波电压均方根值（有效值）；

U_1——基波电压有效值。

第 h 次谐波电流含有率为：

$$HRI_h = \frac{I_h}{I_1} \times 100\% \qquad (12\text{-}17)$$

式中　I_h——第 h 次谐波电流有效值；

　　　I_1——基波电流有效值。

（2）总谐波畸变率（THD）。总谐波畸变率是谐波含量的均方根值与其基波分量的均方根值之比，并用百分数表示。

谐波含量（电压或电流）是指从周期性交流量中减去基波分量后所得的量。

谐波电压含量为：

$$U_H = \sqrt{\sum_{h=2}^{\infty} U_h^2} \qquad (12\text{-}18)$$

谐波电流含量为：

$$I_H = \sqrt{\sum_{h=2}^{\infty} I_h^2} \qquad (12\text{-}19)$$

电压总谐波畸变率为：

$$THD_u = \frac{U_h}{U_1} \times 100\% = \sqrt{\sum_{h=2}^{\infty} (HRU_h)^2} \times 100\% \qquad (12\text{-}20)$$

电流总谐波畸变率为：

$$THD_i = \frac{I_h}{I_1} \times 100\% = \sqrt{\sum_{h=2}^{\infty} (HRI_h)^2} \times 100\% \qquad (12\text{-}21)$$

12.5.1.2　公用电网谐波电压和谐波电流允许值

由于非线性负荷的发展和增多，公用电网中大量的谐波电压和谐波电流对用电设备和电网本身造成极大的危害，包括我国在内的不少国家已经制定出限制电网谐波的标准，规定了谐波的允许限值，以保证供用电质量，使电网和接在电网中的电气设备免受谐波的危害而能正常工作。

A　谐波电压限值

《电能质量　公用电网谐波》（GB/T 14549—1993）中规定的公用电网谐波电压限值见表 12-6。

表 12-6　公用电网谐波电压（相电压）限值

电网标称电压/kV	电压总谐波畸变率/%	各次谐波电压含有率/%	
		奇　次	偶　次
0.38	5.0	4.0	2.0
6	4.0	3.2	1.6
10			
35	3.0	2.4	1.2
66			
110	2.0	1.6	0.8

B　谐波电流允许值

为把公用电网谐波电压限制在表 12-6 的允许范围之内，还必须对用户注入电网的谐波电流予以相应的限制。因此，《电能质量　公用电网谐波》（GB/T 14549—1993）同时规定公共连接点的全部用户向该点注入的谐波电流分量（均方根值）不应超过表 12-7 中的允许值。

表 12-7　注入公共连接点的谐波电流允许值

标准电压/kV	基准短路容量/MV·A	谐波次数及谐波电流允许值/A											
		2	3	4	5	6	7	8	9	10	11	12	13
0.38	10	78	62	39	62	26	44	19	21	16	28	13	24
6	100	43	34	21	34	14	24	11	11	8.5	16	7.1	13
10	100	26	20	13	20	8.5	15	6.4	6.8	5.1	9.3	4.3	7.9
35	250	15	12	7.7	12	5.1	8.8	3.8	4.1	3.1	5.6	2.6	4.7
66	500	16	13	8.1	13	5.4	9.3	4.1	4.3	3.3	5.9	2.7	5.0
110	750	12	9.6	6.0	9.6	4.0	6.8	3.0	3.2	2.4	4.3	2.0	3.7

标准电压/kV	基准短路容量/MV·A	谐波次数及谐波电流允许值/A											
		14	15	16	17	18	19	20	21	22	23	24	25
0.38	10	11	12	9.7	18	8.6	16	7.8	8.9	7.1	14	6.5	12
6	100	6.1	6.8	5.3	10	4.7	9.0	4.3	4.9	3.9	7.4	3.6	6.8
10	100	3.7	4.1	3.2	6.0	2.8	5.4	2.6	2.9	2.3	4.5	2.1	4.1
35	250	2.2	2.5	1.9	3.6	1.7	3.2	1.5	1.8	1.4	2.7	1.3	2.5
66	500	2.3	2.6	2.0	3.8	1.8	3.4	1.6	1.9	1.5	2.8	1.4	2.6
110	750	1.7	1.9	1.5	2.8	1.3	2.5	1.2	1.4	1.1	2.1	1.0	1.9

注：220kV 基准短路容量取 2000MV·A。

12.5.2　电力系统的谐波源

在交流电路中，具有非线性负荷的电气设备向电源反馈谐波，导致电力系统电压、电流波形畸变，使电能质量变坏。

所谓非线性负荷，是指具有非线性阻抗特性的用电设备从电力系统吸取的功率。具有非线性阻抗特性的用电设备，其阻抗随外施电压或电流的变化而变化，也就是说其阻抗是电压或电流的函数。当向这类设备受电端施以正弦波形的电压时，它将从电力系统吸取非正弦波形的电流；反之，当向这类设备通以正弦波形的电流时，它的受电端上即形成非正弦波形的电压。由此可见，非线性负荷的最大特点是能引起电力系统电压或电流正弦波形畸变，导致谐波的产生。

造成电力系统正弦波形畸变，产生谐波的非线性设备和负荷称为谐波源。谐波源分为谐波电压源和谐波电流源两种：发、变电设备一般为谐波电压源；而变流装置、电弧炉和电抗器等为谐波电流源。

谐波源产生的谐波与其非线性特性有关。当前，在工业上使用十分广泛的属于谐波源的用电设备和负荷中，其非线性特性主要有三大类：

（1）铁磁饱和型。包括各种铁芯设备，如变压器、电抗器等，表现为其铁磁饱和特性呈非线性。

（2）电子开关型。包括各种交直流换流装置以及双向晶闸管可控开关设备等，其非线性呈现交流波形的开关切合和换向特性。

（3）电弧型。包括各种电弧炉、电弧焊机等，其非线性呈现电弧电压与电弧电流之间不规则的、随机变化的伏安特性。

12.5.3　谐波的危害

谐波的危害可以概括为以下几点：

（1）谐波使发电、输电及用电设备产生附加谐波损耗，降低了效率。

（2）谐波影响各种电气设备的正常工作。谐波对旋转电机的影响除附加损耗和发热外，还会产生机械振动、噪声和过电压；使变压器局部过热，还能引起变压器振动，使噪声增大；使电缆、电容器等设备过热，绝缘老化，寿命缩短，以致损坏。

（3）谐波会引起公用电网中局部的并联谐振、串联谐振和谐波放大，这就大大增加了谐波的危害性，甚至产生严重事故。

（4）谐波会导致继电保护和自动装置的误动作，造成系统事故，并会使电气测量仪表计不准确。

（5）谐波会对通信系统产生干扰，影响正常的通信工作。

12.5.4　谐波的抑制措施

抑制电力半导体变流器、变压器、电弧炉等谐波源产生的谐波污染问题，基本方法主要有三种：

（1）增加变流器的脉动数。

（2）装设谐波补偿装置来补偿谐波，这对各种谐波源都是适用的。谐波补偿装置包括交流滤波器、有源电力滤波器，以及增加变流器的脉动数。

（3）对电力半导体变流器本身进行改造，开发新型变流器使之不产生谐波，且功率因数可控制为1。

装设谐波补偿装置的传统方法就是采用交流滤波器（LC 调谐滤波器）。这种方法既可补偿谐波，又可补偿无功功率，而且结构简单，一直被广泛采用。这种方法的主要缺点是补偿特性受电网阻抗和运行状态的影响，容易和系统发生并联谐振，导致谐波放大，使 LC 滤波器过载甚至烧毁。另外，它只能补偿固定频率的谐波，补偿效果也不甚理想。

当前，谐波抑制的一个重要趋势是采用有源电力滤波器（Active Power Filter，APF）。有源电力滤波器较之 LC 滤波器有着更优越的补偿性能，其基本原理是能从补偿对象中检测出谐波电流，并产生一个与该谐波电流大小相等而极性相反的补偿电流，从而使电网电流只含基波分量。因而此法已在日本等国获得广泛应用。

至于另一种抑制谐波的方法，即在开发新型变流器，使其不产生谐波，且其功率因数为 1 方面，也有着很大的进展。其中对大容量变流器减少谐波的主要方法是采用多重化技术，对中等功率变流器多采用脉冲宽度调制（Pulse Width Modulation，PWM）整流技术，对于小功率变流器则多采用带斩波器的二极管整流电路。此外，采用矩阵式变频器，也可以使输入电流为正弦波，且功率因数接近 1。

12.5.4.1　增加变流器的脉动数

电力半导体变流器产生的特征谐波电流次数与脉动数 p 有关，$h = kp \pm 1$，$k = 1$，2，3，…。当脉动数增多时，产生的谐波次数增高，而谐波电流却近似地与谐波次数成反比，因此可以使一系列次数较低、成分较大的谐波得到消除，从而减小谐波源产生的谐波电流。如两个 6 脉动三相整流桥通过采用 Y，yn0 和 Y，d11 接线的整流变压器使其二次电压移相 30°，构成 12 脉动整流器，使两个整流桥产生的 5，7，17，19，…次谐波相互抵消而不注入电网，因而减小了注入电网的谐波电流。所以说，增加变流器的脉动数，是减小谐波电流经济可行的一种有效措施。

通过两个相角差 30° 的变压器分别向两个三相整流桥供电，可构成 12 相整流电路，其网侧电流仅含 $12k \pm 1$ 次谐波。同理，如以 m 个相位差 $60°/m$ 的变压器分别向 m 个三相桥式整流电路可以构 $6m$ 的多相整流电路，其网侧电流仅含 $6m \pm 1$ 次谐波。表 12-8 列出多相整流桥脉动数 p 和组数 m 及移相角 α 的构成。

表 12-8　多相整流桥的构成

p	m	$\alpha/(°)$	p	m	$\alpha/(°)$
12	2	30	36	6	10
18	3	20	48	8	7.5
24	4	15			

增加整流电路的脉动数，可以利用为其供电的整流变压器绕组不同的连接组合或移相来实现。如将两台整流变压器按 Y，yn0 和 Y，d11 进行接线，就能使之组合成 $p = 12$ 整流电路；采用三绕组变压器，其一次绕组为星形接线，二次绕组彼此接成星形和三角形，经二次绕组相位移 30° 后，由两个格雷兹桥串联，组合成 $p = 12$ 整流电路，如图 12-6 所示。

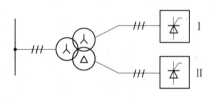

图 12-6　变压器相位移的格雷兹桥

对于 $p = 18$ 及以上的整流电路，可以通过变压器一次绕组的曲折接线（Z 接线）和其组合，使这相互转移相 $\pm 20°$、$\pm 15°$、$\pm 10°$、$\pm 7.5°$，即可等效为 $p = 18$、24、36、48 整流电路，这样谐波分量则只有 $18k \pm 1$、$24k \pm 1$、$36k \pm 1$、$48k \pm 1$ 次了。因脉动数为 36 或更大时对减小谐波已无明显效果，再加上投资增加，接线复杂，维护困难的原因，故一般不推荐使用，通常采用 $p = 12$ 为宜。图 12-7 所示为 $p = 18$ 整流器的组成，三个整流变压器二次绕组接线相同，均为三角形，一次绕组采用一个星形接线和两个分别前移和后移 20° 的曲折接线，使整流电压依次移相 20°，把原有的每个 60° 脉动组合成为三个 20° 脉动。图 12-8 所示为 $p = 24$ 整流器的组成，一次侧两个曲折接线绕组移相 $\pm 7.5°$，二次侧两个星形绕组电压的相位差 15°，两个三角形绕组按与星形绕组电压的移相反移 30° 接线，可使每个桥的外加交流电压及其对应的整流电压依次移相 15°，把原有的每个 60° 脉动组合成为 4 个 15° 脉动。

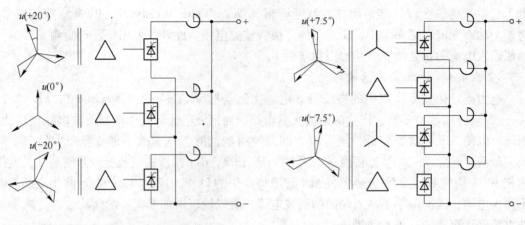

图 12-7 $p=18$ 整流电路   图 12-8 $p=24$ 整流电路

12.5.4.2 采用无源交流滤波器

抑制供电系统中的谐波是在 20 世纪 50 年代中随高压直流输电出现而产生和发展的，其方法是采用无源交流滤波器（简称交流滤波器，也称 LC 滤波器）。这种方法虽然出现最早，且存在一些较难克服的缺点，但因其结构简单，投资较少，运行可靠性高以及维护费用低等优点，目前仍被广泛应用于电力系统和企业供电系统。

交流滤波器是由滤波电容器、电抗器和电阻器适当组合而成，装设在谐波源处，与谐波源并联，除起滤波作用外，还兼顾无功补偿的需求。无源滤波器分为单调谐滤波器、双调谐滤波器和高通滤波器等几种。实际应用中常用的是几组单调谐滤波器和一组高通滤波器组成的滤波装置，且以单调谐滤波器为主。

A 单调谐滤波器

单调谐滤波器具有通频带窄，滤波效果好，损耗小，调谐容易等优点，是使用最多的一种类型。它用于滤除某一特定频率处的谐波，亦即对于整流器交流侧幅值较大的各个低次特征谐波，例如对于单桥 6 脉动的整流器，对其幅值较大的 5、7、11、13 等次谐波的滤除，一般都需装设单调谐滤波器。

图 12-9 所示为单调谐滤波器的电路及阻抗频率特性。

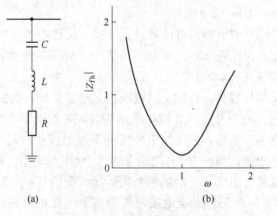

(a)   (b)

图 12-9 单调谐滤波器电路及阻抗频率特性
(a) 电路图；(b) 阻抗频率特性

由图 12-9（a）可见，单调谐滤波器是由电容器 C、电感 L 和电阻 R 等元件组成一个对 h 次谐波串联谐振的电路。当该滤波器 L、C 的谐振次数设计为与谐波源需要滤除的谐波次数一样时，产生串联谐振，电路即形成对该次谐波频率处的阻抗接近于零的低阻抗通路，将该次谐波的大部分流入滤波器，从而起到滤除该次谐波的目的。而串联阻尼电阻 R，调谐时则起抑制谐波电流放大倍数的功用。

单调谐滤波器谐波阻抗与谐波频率或谐波次数有关，它在角频率为 ω 时的谐波阻抗为：

$$Z_{\mathrm{fh}} = R_{\mathrm{h}} + \mathrm{j}\left(\omega L_{\mathrm{h}} - \frac{1}{\omega C_{\mathrm{h}}}\right) \tag{12-22}$$

由式（12-22）绘出滤波器阻抗随频率变化的关系曲线如图 12-9（b）所示。

B 高通滤波器

高通滤波器也称减幅滤波器。图 12-10 给出四种形式的高通滤波器，即一阶、二阶、三阶和 C 型四种高通滤波器。

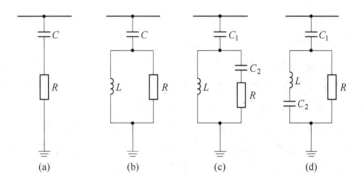

图 12-10 高通滤波器

（a）一阶高通滤波器；（b）二阶高通滤波器；（c）三阶高通滤波器；（d）C 型高通滤波器

一阶高通滤波器需要的电容太大，基波损耗也太大，一般不采用。

二阶高通滤波器通频带很宽，滤波性能最好，但与三阶高通滤波器相比，其基波损耗较高，通常用于较高次谐波。

三阶高通滤波器比二阶的多一个电容器 C_2，C_2 容量与 C_1 相比很小，但它提高了滤波器对基波频率的阻抗，从而大大减少基波损耗，这就成为三阶高通滤波器的主要优点。但三阶高通滤波器滤波效果不如二阶高通滤波器，一般用于电弧炉滤波。

C 型高通滤波器滤波性能介于二阶和三阶高通滤波器之间，C_2 与 L 调谐在基波频率上，故可大大减少基波损耗。其缺点是对基波频率失谐和元件参数漂移比较敏感。C 型高通滤波器用于电弧炉滤波，对二次谐波特别有效。

以上四种高通滤波器中，最常用要数二阶高通滤波器。下面仅对二阶高通滤波器予以介绍。

二阶高通滤波器也是利用电容和电感串联谐振的原理，但和单调谐滤波器不同的是，单调谐滤波器是调谐于某一特定频率的谐波，形成对该次谐波频率处的阻抗接近于零的低阻抗通路，滤除某一特定次数的谐波；而高通滤波器则是调谐至某次谐波及以上的各次谐波阻抗接近于零，同时减小或滤除某些幅值较小的几个高次谐波，如 17、19、23、25…等次谐波。

二阶高通滤波器的阻抗为：

$$Z_{hp} = \frac{1}{j\omega C} + \frac{1}{\dfrac{1}{j\omega C} + \dfrac{1}{R}} = \frac{\omega^2 L^2 R}{R^2 + \omega^2 L^2} + j\left(\frac{\omega L R^2}{R^2 + \omega^2 L^2} - \frac{1}{\omega C}\right) \qquad (12\text{-}23)$$

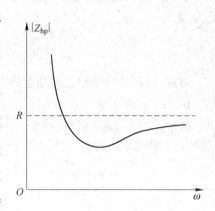

图 12-11 所示为二阶高通滤波器阻抗随频率变化的曲线。由图可见，该曲线在某一很宽的频带范围内呈现为低阻抗，形成对次数较高谐波的低阻抗通路，使得这些谐波电流大部分能流入高通滤波器。

另从二阶高通滤波器的结构和上述阻抗表达式可见，当 $R \to \infty$ 时，高通滤波器将转化成单调谐滤波器，其谐振频率为 $\omega_h = \dfrac{1}{LC}$。当 $\omega \to \infty$ 时，$Z_{hp} = R$，滤波器的阻抗为 R 所限制。实际上，当谐波频率高于一定频率后，滤波器在很宽的频带范围内具有低阻抗特性，此时 $|Z_{hp}| \leqslant R$，实现了高通滤波的目的。

图 12-11　二阶高通滤波器的
阻抗频率特性

图 12-12 所示为无源滤波器的装设。图中，对于大容量的谐波源，可对其次数较低、含量较大的谐波，如 3、5、7、11、13 等次谐波，各装设一个单调谐滤波器，将谐波分别滤除；对次数较高的各次谐波，如 17、19、23、25 等次谐波，则可装一个高通滤波器将其全部滤除。对于小容量的谐波源，可装一个高通滤波器。这样可使各次谐波电流进入滤波器，不再注入系统。

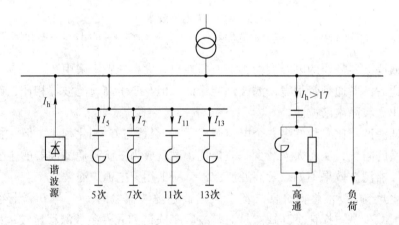

图 12-12　无源滤波器的装设

对于滤波和补偿无功功率兼顾的成套滤波装置，应能满足下列技术要求：

（1）滤波性能的下列指标：各次谐波电压含有率 HRU_h、电压总谐波畸变率 THD_u 以及注入电网的各次谐波电流大小等都应满足国家规定标准。

（2）成套滤波装置所发出的总无功功率，应等于或稍大于根据改善功率因数所需要补偿的无功功率。

（3）在滤波装置调谐和正常失谐情况下，所需用的滤波元件，特别是电容器，其过压和过流均应在允许范围之内。

（4）在滤波装置非正常失谐的情况下，所选用的滤波元件，特别是电容器，应不致损坏。

（5）在滤波装置操作开关的设置上，应保证不致由于个别滤波器的切除，而使其他未切除滤波器因并联谐振而损毁。

一般合理的做法是：几个单调谐滤波器共用一个开关，以便共同切合。或者一般原则是较低的几个单调谐滤波器共用一个开关（如 5、7 次），较高的单调谐滤波器又共用一个开关（如 11、13 次）。其切合顺序应如此规定：合上时，先合较低的一组开关，然后合较高的一组开关；切除时，则先切较高的一组开关。一旦较低的开关因各种原因跳闸时，应连动跳较高一组开关。而高通滤波器则可单独用一个开关，能单独切合。

C　双调谐滤波器

图 12-13 所示为双调谐滤波器电路及阻抗频率特性。由图可见，它有两个谐振频率，同时吸收这两个频率的谐波，因此其作用等效于两个并联的单调谐滤波器。

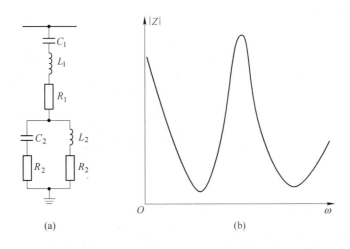

图 12-13　双调谐滤波器电路及阻抗频率特性
(a) 电路图；(b) 阻抗频率特性

双调谐滤波器与两个单调谐滤波器相比，其基波损耗较小，且只有一个电感 L_1 承受全部冲击电压。正常运行时，串联电路的基波阻抗远大于并联电路的基波阻抗，所以并联电路所承受的工频电压比串联电路的低得多。另外，并联电路中的电容 C_2 容量一般较小，基本上只通过谐波无功容量。

双调谐滤波器由于结构复杂，调谐困难，目前仅在超高压系统中应用。

12.5.4.3　采用有源电力滤波器

A　有源电力滤波器及其类型

有源电力滤波器是一种用于动态抑制谐波和补偿无功的新型电力电子装置。它能对频率和幅值都变化的谐波以及变化的无功进行跟踪补偿，因此它的应用可克服无源交流滤波器等传统的谐波抑制和无功补偿方法的缺点。由于上述优点，APF 受到广泛重视，并已在日本等国获得应用。

有源电力滤波器自 20 世纪 70 年代发展以来，已派生出多种类型。根据有源电力滤波器接入电网的方式，其系统构成可分为并联型和串联型两大类。

B　并联型有源电力滤波器

并联型有源电力滤波器装设在谐波源处，主要用于补偿可以看作电流源的谐波源。由于其主电路与谐波源并联接入电网，故称为并联型。目前，在各种有源电力滤波器中，应用最多的为单独使用的并联型有源电力滤波器，其系统构成原理图如图 12-14 所示。图中，e_s 为交流电源，负荷为谐波源，它产生谐波并消耗无功。有源电力滤波器系统由两大部分组成，即指令电流运算电路和补偿电流发生电路。指令电流运算电路的作用是根据有源电力滤波器的补偿目的得出补偿电流的指令信号，其核心是检测出补偿对象（谐波负荷电流中的谐波和无功等电流分量），因此有时也可称之为谐波和无功电流检测电路。补偿电流发生电路由电流跟踪控制电路、驱动电路和主电路三部分构成。其作用是接受指令电流运算电路从补偿对象中检测出的谐波电流信号，并由其产生一个与该谐波电流大小相等而极性相反的补偿电流，从而使电网电流只含基波分量。

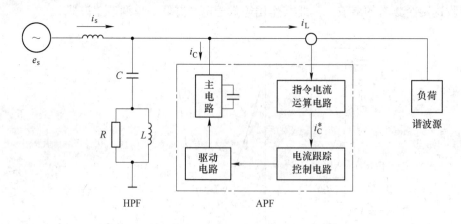

图 12-14　并联型有源电力滤波器系统构成原理

主电路目前均采用 PWM 变流器。作为产生补偿电路的主电路的 PWM 变流器，在其产生补偿电流时，主要作为逆变器工作，因此有的文献中将其称为逆变器。但它并不是单一地作为逆变器来工作的，如在电网向有源电力滤波器直流侧储能元件充电时，它就作为整流器工作。也就是说，它既工作于逆变状态，也工作于整流状态，因此这里称之为变流器。

电流跟踪控制电路是补偿电流发生电路中的第 1 个环节，其作用是根据补偿电流的指令信号和实际补偿电流之间的相互关系，得出控制补偿电流发生电路中主电路各个器件通断的 PWM 信号。该 PWM 信号经驱动电路来控制开关的通断，从而控制补偿电流的变化。控制的结果应保证补偿电流跟踪其指令信号的变化。

图 12-14 所示有源电力滤波器的基本工作原理是：当需要补偿负荷所产生的谐波电流时，指令电流运算电路检测出补偿对象负荷电流 i_L 的谐波分量 i_{Lh}，将其反极性后输出作为补偿电流的指令信号 i_C^*，该信号经补偿电流发生电路放大，产生出补偿电流 i_C，i_C 与负荷电流中的谐波分量 i_{Lh} 大小相等、方向相反，因而互相抵消，使得电源电流 i_s 中只含基波，不含谐波。这样就达到了动态抑制电源电流中谐波的目的。上述原理可用一组公式表达：

$$
\left.\begin{array}{l}
i_\mathrm{s} = i_\mathrm{L} + i_\mathrm{C} \\[6pt]
i_\mathrm{L} = i_{\mathrm{L}f} + i_{\mathrm{L}h} \\[6pt]
i_\mathrm{C} = -i_{\mathrm{L}h} \\[6pt]
i_\mathrm{s} = i_\mathrm{L} + i_\mathrm{C} = i_{\mathrm{L}f} + i_{\mathrm{L}h} - i_{\mathrm{L}h} = i_{\mathrm{L}f}
\end{array}\right\}
\tag{12-24}
$$

式中　$i_{\mathrm{L}f}$——负荷电流的基波分量。

如要求有源电力滤波器在补偿谐波的同时，补偿负荷的无功功率，则只要在补偿电流的指令信号中增加与负荷电流的基波无功分量反极性的成分即可。这样，补偿电流与负荷电流中的谐波及无功成分相抵消，电源电流等于负荷电流的基波有功分量。

同理，有源电力滤波还可对不对称三相电路的负序电流等进行补偿。

此外，图 12-14 中另有与有源电力滤波器并联的小容量二阶（或一阶）高通滤波器，用于滤除有源电力滤波器主电路所产生的补偿电流中开关频率附近的谐波。

以上也就是单独使用的并联型有源电力滤波器的基本工作原理。

12.5.5　谐波管理

为保证电网和用户电气设备免遭谐波的侵害，必须对电网中的谐波进行管理。谐波管理包括以下几个方面内容。

A　谐波管理体系

谐波管理采用分网、分级的管理体系。各级谐波管理机构的主要任务是：建立谐波测试技术机构，定期地对电网进行谐波测试并对电网的谐波水平作出评估；建立、整理新装及现有非线性用户的技术档案，消谐装置设计审查及投运前的谐波测试复合；用户消谐措施及电容器防谐振措施的推荐和审查；根据电网谐波计算分析，制定电网运行设备的防谐措施及反事故措施等。

B　谐波监测

（1）谐波监测点。谐波管理的基础是建立电网谐波监测点。根据实际情况，谐波监测点一般选择在 220kV 及以下的主要发电厂和枢纽变电站的高低压母线，以及接有谐波源负荷的系统和用户变电站的同级母线上，用以监视和控制系统及谐波源负荷的谐波水平。

（2）谐波的日常监测。谐波监测点对谐波的日常监测内容包括：谐波电压、谐波源用户的谐波电流以及容易引发谐波事故的有关量如大型电容器组的谐波电流和保护受干扰的线路谐波电流，按照谐波标准的规定和要求，进行连续或定时测量，统计超标谐波及观察变化趋势，以便掌握电网的谐波污染状况，落实管理措施，制定谐波治理方案，保证电能质量。

（3）谐波的定期普查。定期普查是指每隔一定时间（如 2～3 年）对全网进行普查测试，全面掌握全网的谐波水平和谐波源的特性。测量点及测试量可根据普查需要确定，但应包括日常监测的内容，并应对普查结果提交测量分析报告。

此外，还有各种专门测量，如谐波源、电容器、滤波器等设备接入电网前后，对电网的背景谐波及设备投运后的谐波水平及影响的测量，用以决定其能否正式投运，以及对谐波异常或事故的测量分析等。

C 谐波预测

谐波预测包括谐波评估和计算。新谐波源的接入、电容补偿的接入、电网谐波发展趋势以及对谐波异常或事故采取的对策等，均需要进行较为正确的预测计算工作，一般需借助计算程序，对全网或局部网的谐波进行计算。

D 谐波源管理

对谐波源用户的谐波管理是谐波管理的关键所在，稍有不慎，可能导致大量谐波电流涌入系统。谐波源管理可分为对现有谐波源和对新建或增容谐波源的管理。

（1）现有谐波源的管理。应建立和健全现有谐波源的技术档案，包括设备的容量、形式、参数、主接线，有关供电系统及参数，有关电容器或滤波器的参数，谐波设计计算值和实测值等。当谐波源产生的谐波电流或使公共连接点的谐波电流超出标准规定的允许值时，应按就地治理的原则，限期采取消谐措施。

（2）新建或增容的谐波管理。新建或增容的非线性用户在申请用电时，必须提供设备的有关技术设计参数、谐波电流计算报告及消谐装置设计方案，投运前需对消谐装置检验认可，并与用电设备同时投运。新设备投运后，须进行谐波实测复核，全部符合要求后才允许正式投网运行。

E 电网谐波管理

电网谐波管理包括以下工作：

（1）根据系统结构，建立谐波源用户、电容器及谐波电压监测数据的档案，重点管理电网容量较小、谐波源较大、结构薄弱、易引起谐波谐振或放大以及谐波事故多发的地区。

（2）建立谐波引起电网及用户的异常、故障及事故的档案。

（3）分析和寻找电网谐波电压超标的原因，对有关谐波源和电容器采取针对性的措施。

（4）对新增电容补偿设计，核算谐波谐振或放大的可能性，投运前后在系统和电容器组的各种运行方式下进行谐波实测。

（5）电网中的大型设备如发电机、变压器、线路投运时，应有谐波测量项目，确定投运前后电网和设备的谐波水平。

12.6 三相电压不平衡及其改善措施

12.6.1 三相电压不平衡及其限值

12.6.1.1 三相不平衡的基本概念

在理想的三相交流电力系统中，三相电压应有同样的幅值，且相位角互差120°，这样的系统称为三相平衡（或对称）系统。但实际上，电力系统往往存在种种不平衡因素，所以三相并不是完全平衡的。当系统三相电压在幅值上不同或相位差不是120°，或兼而有之时，则称之为三相不平衡（或不对称）系统。引起不平衡的因素可以分为事故性和正常性两类。事故性不平衡是由于三相中某一相（或两相）出现故障所致，事故性不平衡工况为系统运行所不允许，通常通过继电保护和自动装置动作迅速予以消除。正常性不平衡则是由于三相负荷的不平衡或由于系统三相元件参数不对称所致，正常性不平衡工况是允许长期存在或在相当长的一段时间内存在的。

　　由于某种故障或负荷和元件参数不对称,都会引起三相电压不平衡。本书仅讨论正常性三相不平衡运行工况。

12.6.1.2　三相不平衡度的计算

A　不平衡度的表达式

　　不平衡度是指三相电力系统中三相不平衡的程度。三相不平衡度用电压、电流负序基波分量或零序基波分量与正序基波分量的均方根值百分比表示。其表达式为:

电压的负序不平衡度　　　$\varepsilon_{U2} = \dfrac{U_2}{U_1} \times 100\%$

电压的零序不平衡度　　　$\varepsilon_{U0} = \dfrac{U_0}{U_1} \times 100\%$
$$\left.\begin{array}{}\end{array}\right\} \qquad (12\text{-}25)$$

式中　U_1——三相电压的正序分量均方根值,V;

　　　U_2——三相电压的负序分量均方根值,V;

　　　U_0——三相电压的零序分量均方根值,V。

　　将式 (12-25) 中 U_1、U_2、U_0 换为 I_1、I_2、I_0 则为相应的电流不平衡度 ε_{I2} 和 ε_{I0} 的表达式。

B　不平衡度的准确计算式

　　(1) 在三相系统中,通过测量获得三相电量的幅值和相位后应用对称分量法分别求出正序分量、负序分量和零序分量,由式 (12-25) 求出不平衡度。

　　(2) 在没有零序分量的三相系统中,当已知三相量 a、b、c 时也可以用式 (12-26) 求出负序不平衡度。

$$\varepsilon_2 = \sqrt{\frac{1 - \sqrt{3 - 6L}}{1 + \sqrt{3 + 6L}}} \times 100\% \qquad (12\text{-}26)$$

式中 L 可用式 (12-27) 计算。

$$L = \frac{a^4 + b^4 + c^4}{(a^2 + b^2 + c^2)^2} \qquad (12\text{-}27)$$

C　不平衡度的近似计算式

　　(1) 设公共连接点的正序阻抗与负序阻抗相等,则负序电压不平衡度为:

$$\varepsilon_{U2} = \frac{\sqrt{3} I_2 U_L}{S_k} \times 100\% \qquad (12\text{-}28)$$

式中　I_2——负序电流值,A;

　　　S_k——公共连接点的三相短路容量,V·A;

　　　U_L——线电压,V。

　　(2) 相间单相负荷引起的负序电压不平衡度可近似为:

$$\varepsilon_{U2} \approx \frac{S_L}{S_k} \times 100\% \qquad (12\text{-}29)$$

式中　S_L——单相负荷容量,V·A。

12.6.1.3　三相电压不平衡度限值

《电能质量　三相电压不平衡》（GB/T 15543—2008）规定：

（1）电力系统公共连接点正常运行时，负序电压不平衡度限值为2%，短时不得超过4%。

（2）接于公共连接点的每个用户引起该点负序电压不平衡度允许值一般为1.3%，短时不越过2.6%。

12.6.1.4　三相不平衡的干扰性负荷

前面已经说过，正常运行性不平衡是由于三相负荷的不平衡或由于系统三相元件不对称所致。也就是说，产生三相不平衡的原因有：

（1）单相用电设备接入系统。如电力机车、电阻炉、工频感应电炉、电焊机等单相大容量设备接入系统时存在分配不对称，都会造成运行中三相负荷不平衡。

（2）用电设备三相负荷不对称。如炼钢电弧炉在其熔化期中三相负荷经常是不对称的。

（3）电力变压器、输电线等供配电设备的三相磁路、电路（即三相阻抗）的不对称，引起三相负荷不对称。

上述造成系统三相不平衡的设备和负荷，称为负序干扰源。企业中最大的负序干扰源为炼钢电弧炉。

12.6.2　三相不平衡的危害

三相电压或电流不平衡会对电力系统的发电、输配电和用电设备的运行造成一系列的危害。

12.6.2.1　对电力系统的危害

A　不对称运行对发电机的影响

不对称运行对发电机的影响可以概括成两个方面：

（1）转子的附加损耗及发热。不对称运行时的负序电流，会在发电机气隙中产生与转子旋转方向相反的负序旋转磁场，它给转子带来众多的额外损耗，如在励磁绕组中感应出2倍工频的交流电流所引起的附加损耗，在转子表面感应的涡流所产生的附加表面损耗，在阻尼绕组中也会引起损耗。所有这些损耗均使转子发热，导致转子温升提高。

（2）附加力矩及振动。不对称运行时，由负序气隙旋转磁场与转子励磁磁动势及由正序气隙旋转磁场与定子负序磁动势所产生的2倍工频的交流电流，转而形成交变电磁力矩，此力矩将同时作用在转子转轴以及定子机座上，致使发电机产生100Hz的振动。

B　不对称运行对电力变压器的影响

在不对称负荷下运行，变压器的容量不仅不能得到充分利用，而且使负荷较大的一相绕组过热导致寿命缩短，同时还会由于磁路的不平衡，大量漏磁通经箱壁、夹件等使之严重发热，造成附加损耗。

C　不对称运行对输电线的影响

当电网输电线给不对称负荷供电时，其负序电流将引起输电线损耗增加，线损率也随之增大。由于电力线损是电网运行经济性标志，故下面介绍三相负荷不平衡时的线损计算。

a　三相三线制线路，负荷不平衡附加线损计算

对于三相三线制线路，在输送相同的有功功率情况下，三相电流平衡时的线损最小，三相电流不平衡时会使线损增加。三相电流不平衡与平衡时两者线损的差值，称为线路的电流不平衡附加线损。三相电流不平衡时的附加线损计算有以下四种情况。

（1）各相负荷的功率因数相等，而相电流有效值不相等时的附加线损计算。其附加线损可按下式计算：

$$\Delta P_{fj} = \frac{(I_{AB} - I_{BC})^2 + (I_{BC} - I_{CA})^2 + (I_{CA} - I_{AB})^2}{2} R \times 10^{-3} \qquad (12\text{-}30)$$

式中　I_{AB}，I_{BC}，I_{CA}——分别为 AB、BC、CA 相的相电流有效值，A；

R——线路的导线电阻，Ω。

（2）各相负荷的相电流有效值相等，而功率因数不相等时的附加线损计算。其附加线损可按下式计算：

$$\Delta P_{fj} = K_{\Delta} I_{AB}^2 R \times 10^{-3} \qquad (12\text{-}31)$$

式中　K_{Δ}——系数，$K_{\Delta} = 3 - \cos(\alpha - \beta) - \sqrt{3}\sin(\alpha - \beta) - 2\sin(30° - \alpha) - 2\sin(30° + \beta)$，

或由表 12-9 查取；

α——BC 相电流的滞后偏差角；

β——CA 相电流的滞后偏差角。

表 12-9　与 α、β 相对应的 K_{Δ} 值

$\beta/(°)$ ＼ $\alpha/(°)$	60	45	30	15	0	-15	-30	-45	-60
-60	4.0	3.1	2.27	1.55	1.0	0.65	0.54	0.65	1.0
-45	3.1	2.3	1.59	1.0	0.59	0.37	0.37	0.59	1.0
-30	2.27	1.59	1.0	0.55	0.27	0.17	0.27	0.55	1.0
-15	1.55	1.0	0.55	0.23	0.07	0.07	0.23	0.55	1.0
0	1.0	0.59	0.27	0.07	0	0.07	0.27	0.59	1.0
15	0.65	0.37	0.17	0.07	0.07	0.17	0.37	0.65	1.0
30	0.54	0.37	0.27	0.23	0.27	0.37	0.54	0.75	1.0
45	0.65	0.59	0.55	0.55	0.59	0.65	0.75	0.85	1.0
60	1.0	1.0	1.0	1.0	1.0	1.0	1.0	1.0	1.0

（3）各相负荷的功率因数和电流均不相等时的附加线损计算。其附加线损可按下式计算：

$$\Delta P_{fj} = \left[\frac{(I_{AB} - I_{BC})^2 + (I_{BC} - I_{CA})^2 + (I_{CA} - I_{AB})^2}{2} R + \left(\frac{I_{AB} + I_{BC} + I_{CA}}{3} \right)^2 R K_{\Delta} \right] \times 10^{-3}$$

$$(12\text{-}32)$$

（4）各相有功功率不相等引起的负荷不对称时的附加线损计算。设已知各相有功功率值，且 $\cos\varphi=1$，其附加线损可按下式计算：

$$\Delta P_{fj} = \frac{(P_{AB} - P_{BC})^2 + (P_{BC} - P_{CA})^2 + (P_{CA} - P_{AB})^2}{2U^2} R \times 10^{-3} \qquad (12\text{-}33)$$

式中　　　　U——线电压，V；

P_{AB}，P_{BC}，P_{CA}——分别为 AB、BC、CA 相的有功功率，kW。

以上公式适用于负荷为三角形接法。

b　三相四线制线路，负荷不平衡附加线损计算

同样，对于三相四线制线路，在输送相同的有功功率情况下，三相电流平衡时的线损最小，三相电流不平衡时会使线损增加。三相电流不平衡与平衡时两者线损的差值，就称为线路的电流不平衡附加损耗。三相四线制线路当电流不平衡时的附加线损计算也有以下四种情况。

（1）三相负荷的功率因数相等，而线电流不相等时的附加线损计算。其附加线损可按下式计算：

$$\Delta P_{fj} = \left[\frac{(I_A - I_B)^2 + (I_B - I_C)^2 + (I_C - I_A)^2}{3} R + I_0^2 R_0 \right] \times 10^{-3} \qquad (12\text{-}34)$$

式中　I_A，I_B，I_C——分别为 A、B、C 相的线电流，A；

I_0——中性线电流，A；

R_0——中性线电阻，Ω；

R——各相导线电阻，Ω。

【例 12-1】已知某企业一条三相四线制照明线路，各相功率因数相等，经实测三相负荷电流分别为 $I_A=250A$，$I_B=100A$，$I_C=50A$，$I_0=176A$，每相导线电阻 $R=0.1\Omega$，中性线电阻 $R_0=0.2\Omega$。求其三相电流不平衡附加线损。

解：根据式（12-34）计算其附加线损为：

$$\Delta P_{fj} = \left[\frac{(250-100)^2 + (100-50)^2 + (50-250)^2}{3} \times 0.1 + 176^2 \times 0.2 \right] \times 10^{-3}$$

$$= 8.362kW$$

（2）三相负荷的线电流相等而功率因数不相等时的附加线损计算。其附加线损可按下式计算：

$$\Delta P_{fj} = \left[3I_A^2 R(1 - K_y^2) + I_0^2 R_0 \right] \times 10^{-3} \qquad (12\text{-}35)$$

式中　K_y^2——系数，$K_y^2 = \frac{1}{9}[3 + 2\cos\alpha + 2\cos\beta + 2\cos(\alpha-\beta)]$，或由表 12-10 查取；

α——B 相电流的相位偏差，$\alpha = \varphi_B - \varphi_A$；

β——C 相电流的相位偏差，$\beta = \varphi_C - \varphi_A$。

表 12-10　三相电流相等时的 K_y^2 值

$\alpha/(°)$ $\beta/(°)$	60	45	30	15	0	−15	−30	−45	−60
−60	0.440	0.544	0.637	0.717	0.778	0.816	0.829	0.816	0.778
−45	0.544	0.648	0.740	0.816	0.870	0.898	0.898	0.870	0.816
−30	0.637	0.740	0.829	0.898	0.940	0.955	0.940	0.898	0.829
−15	0.717	0.816	0.898	0.955	0.985	0.985	0.955	0.898	0.816
0	0.778	0.870	0.940	0.985	1.0	0.985	0.940	0.870	0.778
15	0.816	0.898	0.955	0.985	0.985	0.955	0.898	0.816	0.717
30	0.829	0.898	0.940	0.955	0.940	0.893	0.829	0.740	0.637
45	0.816	0.870	0.898	0.898	0.870	0.816	0.740	0.648	0.544
60	0.778	0.816	0.829	0.816	0.778	0.717	0.637	0.544	0.440

（3）三相负荷的功率因数和电流均不相等时的附加线损计算。其附加线损可按下式计算：

$$\Delta P_{fj} = \left[\frac{(I_A - I_B)^2 + (I_B - I_C)^2 + (I_C - I_A)^2}{3}R + I_0^2 R_0 + 3(1 - K_y^2)\left(\frac{I_A + I_B + I_C}{3}\right)^2 R\right] \times 10^{-3}$$

$$(12-36)$$

式中　K_y^2——系数，$K_y^2 = \dfrac{(I_A + I_B\cos\alpha + I_C\cos\beta)^2 + (I_B\sin\alpha + I_C\sin\beta)^2}{(I_A + I_B + I_C)^2}$。

（4）三相有功功率不相等引起电流不平衡时的附加线损计算。设已知各相有功功率值，且 $\cos\varphi = 1$，其附加线损可按下式计算：

$$\Delta P_{fj} = \frac{(P_A - P_B)^2 + (P_B - P_C)^2 + (P_C - P_A)^2}{U^2}\left(R + \frac{3}{2}R_0\right) \times 10^3 \qquad (12-37)$$

式中　　　U——线电压，V；

　　R，R_0——分别为相线、中性线电阻，Ω；

P_A，P_B，P_C——分别为 A、B、C 相的有功功率，kW。

D　不平衡负荷对系统继电保护和自动装置的影响

当电力系统中有较大的不平衡负荷，特别是一些动态的非线性不平衡负荷时，在其近区电网中将出现较高的负序如谐波（电压和电流）水平，从而会诱发以负序滤过器为起动元件的继电保护和自动装置产生误动作，严重威胁电网的安全运行。

E　电压不平衡对变流器的影响

三相电压不平衡，将使半导体变流器产生附加的谐波电流（非特征谐波）。

12.6.2.2　对用电设备的危害

A　电压不平衡对感应电动机的影响

感应电动机在三相不平衡电压下运行，将对感应电动机产生如下影响：

（1）定子的铜损增加。

（2）负序磁场产生制动转矩，从而降低电动机的最大转矩和过载能力。

（3）转子的铜损增加，特别是转子与负序反转磁场的转差率较大，使集肤效应增强，更使转子铜损增大。

（4）正、反转磁场相互作用，建立脉动转矩，可能引起电动机的振动。

总之，感应电动机在不平衡电压下运行，一方面会由于损耗的增加而加大发热，另一方面还会使电机产生振动，危及其安全运行和正常出力。

B 三相不平衡对其他用电设备的影响

三相不平衡对其他用电设备的影响主要有：

（1）在低压配电线路中，三相不平衡会引起零电位漂移，产生可以影响计算机系统的电噪声干扰，如果该干扰超过允许极限范围，将导致计算机无法正常运行。三相不平衡还会引起照明电灯寿命缩短（电压过高）或照度不足（电压过低）。

（2）电力线路三相不平衡对通信系统的影响。在有多个中性点接地的电网中，若电力线路三相不平衡，则会加大对通信系统的干扰，影响正常通信的质量。

12.6.3 三相电压不平衡的改善措施

由不对称负荷引起的电网三相电压不平衡可以采用以下改善措施：

（1）单相不对称负荷的三相均匀分配平衡化。

（2）采用平衡装置。

此外，还可将不对称负荷接到更高电压级上供电，以增大其连接的短路容量 S_k。例如对于单相负荷，当 S_k 大于 50 倍负荷容量时，就能保证连接点的电压不平衡度小于 2%。

12.6.3.1 单相不对称负荷的三相均匀分配平衡化

在对工业企业进行供配电设计时，应努力做到三相负荷对称，遇有单相不对称负荷要采取三相均匀分配的措施，使之平衡化。现举两例说明。

企业单相不对称负荷的对称连接方法有：

（1）将同时运行的单相用电设备均匀地分布到各相线路上。

（2）若同一干线上有多种不同功率因数的单相用电设备，应将每一种单相用电设备均匀地分布到各相线路。

（3）将单相二线制照明干线改为三相四线制干线。

（4）尽量扩大三相四线制干线的配电区域，使之深入到负荷附近。

（5）不仅要使各相的照明负荷相同，还应使各相的负荷力矩相等。

12.6.3.2 采用平衡装置

A 三相平衡装置

单相无芯工频感应电炉的产热部件为感应器，其自然功率因数很低。因此，感应器上应并联补偿电容器，全补偿到功率因数为 1，所以感应器可视为一单相纯电阻负荷。

单相无芯工频感应电炉及其三相平衡装置的接线如图 12-15 所示。图中，炉子的单相感应器 R 接在三相电网的一相上，形成不平衡的三相系统。为将不平衡的三相系统变换成平衡的三相系统，可在主电路中配置三相平衡装置。该装置设有能够暂时储积电磁能量的电抗器 L 和电容器 C，即在其他两相分别适配感抗为 $j\omega L = j\sqrt{3}R$ 的电抗器和容抗

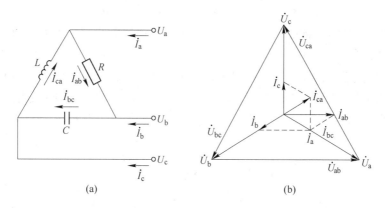

图 12-15　单相无铁芯工频感应电炉的三相平衡装置接线图

（a）接线图；（b）相量图

为 $\dfrac{1}{\mathrm{j}\omega C} = -\mathrm{j}\sqrt{3}R$ 的电容器，二者产生谐振，从而构成平衡的三相系统。

图 12-15 中，感应器、电容器和电抗器所构成的三相平衡装置以三角形接法与电网三相连接，且平衡装置必须按感应器→电容器→电抗器三者正序连接，如图 12-15（a）所示。如果相序接错，不仅达不到平衡的目的，反而会引起过电流。三相平衡装置的相量如图 12-15（b）所示，图中电阻电流 $\dot{I}_{ab}$ 与电压 $\dot{U}_{ab}$ 同相，电容电流 $\dot{I}_{bc}$ 超前电压 $\dot{U}_{bc}$ 90°，电感电流 $\dot{I}_{ca}$ 滞后电压 $\dot{U}_{ca}$ 90°，电感和电容电流均方根值相等，恰能构成电感和电容谐振的条件。由 $\dot{I}_a = \dot{I}_{ab} - \dot{I}_{ca}$、$\dot{I}_b = \dot{I}_{bc} - \dot{I}_{ab}$ 和 $\dot{I}_c = \dot{I}_{ca} - \dot{I}_{bc}$ 可以看出，此三相线电流 $\dot{I}_a$、$\dot{I}_b$、$\dot{I}_c$ 的均方根值相等，其相位依次滞后 120°。

满足三相平衡时的电容器和电抗器的参数可按下式计算：

$$P_C = P\left(\frac{\cos\varphi}{\sqrt{3}} - \sin\varphi\right) \tag{12-38}$$

$$P_L = P\left(\frac{\cos\varphi}{\sqrt{3}} + \sin\varphi\right) \tag{12-39}$$

式中　P，P_C，P_L——分别为炉子、电容器和电抗器的功率，kvar；

　　　$\cos\varphi$——补偿后炉子的功率因数。

当炉子全补偿时（$\cos\varphi = 1$），则

$$P_C = P_L = \frac{P}{\sqrt{3}} \tag{12-40}$$

即

$$X_C = X_L = \sqrt{3}R \tag{12-41}$$

式中　X_C——电容器的容抗，Ω；

　　　X_L——电抗器的感抗，Ω；

　　　R——炉子的电阻，Ω。

从上式可知，当 $\cos\varphi$ 补偿到 1 时，虽然三相线电流的大小相等，但负荷三角形内炉子那一相电流要比其他三相电流大 3 倍，即

$$I_{ab} = \sqrt{3}I_{bc} = \sqrt{3}I_{ca} \qquad (12\text{-}42)$$

通过上述平衡装置平衡化的电路，可将不平衡的三相系统变换成平衡的三相系统。

图 12-16 所示为平衡情况下，电容器和电抗器的无功功率及电网功率因数与炉子补偿后的单相功率因数的关系曲线。由图可见，炉子的功率因数不仅影响炉子的有功功率，而且还影响电网的功率因数。如当炉子的功率因数为 0.86 时，虽说电网三相负荷是平衡的，但是三相平衡负荷的功率因数却降到 0.5。故在熔炼过程中，总将炉子的功率因数补偿到 1 或接近于 1。

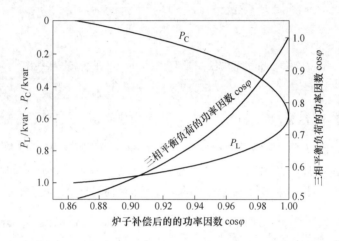

图 12-16　电容器和电抗器的无功功率及电网功率因数
与炉子补偿后的单相功率因数的关系

由于负荷是变化的，所以平衡应做成可调节的。实际的三相平衡装置线路如图 12-17 及图 12-18 所示。

图 12-17 为电抗器有抽头的三相平衡装置线路。其优点是非额定运行时损耗小，缺点

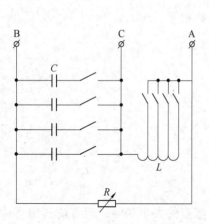

图 12-17　电抗器有抽头的三相平衡装置

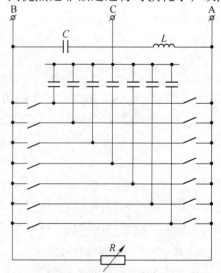

图 12-18　电抗器无抽头的三相平衡装置

是电抗器抽头不能做得很多，所以容量不能细调，此外不能带电操作。

图 12-18 为电抗器无抽头的三相平衡装置线路。其优点是电抗器无抽头（电抗器容量的改变是通过与之并联的电容量来实现的），这就易于制造，并节省有色金属；由于单台电容器的电容量小，平衡装置的容量就能进行细调；此外还可带电操作。其缺点是电抗器始终得工作在最大容量级，损耗大。

B　动态不平衡的补偿装置

对于炼钢电弧炉、电机车等不对称的冲击负荷所造成的动态三相电压不平衡，应该采用具有快速响应特性的平衡化装置来改善。目前对于这种动态不平衡的补偿装置，工程中常用具有分相平衡性能的静止型无功补偿装置。该装置按构成动态回路的不同方式，主要有两种形式：晶闸管相抗电抗器型、晶闸管投切电容器型。有关它们的工作原理已在 11.7 节中阐述，这里仅对其平衡化功能作一介绍。

TCR 装置的平衡化功能主要是通过其分相控调、按各相无功功率需求快速补偿以实现三相无功功率平衡，并通过平衡化原理对不对称的三相有功功率实现平衡化，使三相电压维持平衡。

分相控制的 TSC 装置也具有平衡化的补偿功能，但由于仅具容性电路且为阶梯形变化，故其平衡功能不如 TCR 装置。

第13章 分布式发电与能源系统 优化利用技术

13.1 分布式发电概述

13.1.1 集中式发电与分布式发电

集中式发电与分布式发电是发电的两种方式。集中式发电与分布式发电的结合，既能节省投资、降低能耗、提高电力系统稳定性和灵活性，又能实现能源资源大范围优化配置和能源系统优化利用，提升综合能效，是 21 世纪电力工业的发展方向。

13.1.1.1 集中式发电

所谓集中式发电，是指将一次能源在远离用户的地方通过大型发电设备转换成二次能源电力，然后通过大电网输入用户端。目前，全世界 90% 以上的电力负荷都是由这种集中发电、远距离输电和大电网互联的电力系统供电。

由于我国能源资源与能源需求呈逆向分布，一次能源集中在西部和北部地区，而负荷又集中在中东部和南部地区，因此，可采用大规模集中式发电以及先进的输电技术，进行远距离、大容量、低损耗、高效率的电能输送，实现全国范围内的能源资源优化配置。但是，集中式发电也存在一些弊端：

（1）远离负荷中心的大型机组，其余热被浪费，且线损增加，能源总利用率低下；

（2）超远距离的特高电压输电成本较高，且稳定性较差，不可能满足当今社会对能源与电力供应质量和安全可靠性越来越高的要求。

13.1.1.2 分布式发电

虽然分布式发电至今尚没有统一的定义，但一般认为，分布式发电（Distributed Generation，DG）是指为满足特定用户的需求、建在用户侧附近的小型发电系统，既可独立运行，也可并网运行。而分布式电源（Distributed Resource，DR）则是指分布式发电与储能装置（Energy Storage，ES）的联合系统（DR = DG + ES）。此外，为实现能源的合理梯级利用，提高能源的利用效率，往往采用冷热电联产（CCHP）的方式或热电联产（CHP）的方式。国内外常将这种在用户当地或靠近用户的地点生产电或热能，提供给用户使用的系统称为分布式能源（Distributed Energy，DER）系统。从上述关于 DG、DR、DER 的定义可以看出它们三者之间的关系，即：DR 包含 DG，DER 包含 DR，它们的概念是随着技术的发展由狭义趋于广义，成为统一的 DER 技术整体。分布式能源系统被认为是能够解决当前能源与社会经济发展、能源生产利用与环境保护等矛盾的一种新型能源系统。

分布式能源系统发电技术根据所使用的一次能源的不同，可分为：

（1）基于燃用化石能源的分布式发电技术，包括内燃机技术、微型燃气轮机技术、燃料电池技术。

（2）基于新能源和可再生能源的分布式发电技术，包括太阳能光伏发电技术、风力发电技术、生物质能发电技术等。

此外，由于分布式能源系统本质是一个总能系统，具有按照能源品位高低对能源进行梯级利用的特征，因此在分布式能源系统发电技术中，还应列入基于能源的梯级利用与资源的综合利用发电技术。

13.1.2　发展分布式能源系统的重要意义

发展分布式能源系统的重要意义在于其具有经济高效、清洁环保、安全可靠和发电方式灵活方便等优良特征，为未来大电网提供有力补充和有效支撑，因而得到越来越广泛的应用。

（1）高效性。分布式能源系统是一种全新的能源综合利用系统，它的高效性表现在能够实现能源系统优化利用。

1）能源的梯级利用。一些分布式能源系统，如以天然气为燃料的内燃机发电等，发电后工质的余热可用来制热、制冷，实现不同品位能源的梯级利用，从而提高能源综合利用效率（可达 60% ~ 90%）。

2）资源的综合利用。分布式能源系统具有能源利用的多样性，可以利用多种能源，如洁净能源、新能源和可再生能源等来发电，还可回收工业生产中所产生的余热、余压发电，以及使用低热值燃料发电、垃圾发电等，实现资源的综合利用，从而提高资源利用效率。

3）新能源和可再生能源的综合优化利用。分布式能源系统的发展，使得各种新能源和可再生能源的综合优化利用成为可能。目前，在我国新能源和可再生能源一般是指风能、太阳能、海洋能、地热能、生物质能、小水电等。这些能源资源丰富，可以再生，清洁干净，是最有前景的替代能源，将成为未来世界能源的基石。由于各种新能源和可再生能源都有自己的优势和劣势，因此如何综合互补优化利用这些新能源，发挥各自优势，提升其综合能效，是当前智能电网的重要课题之一。

（2）经济性。由于分布式能源系统靠近用户侧安装，能够实现就地供电、供热，因此可以降低输配电网的网损以及热力网的网损。更由于分布式能源系统与负荷距离近，节省输配电投资，且分布式能源系统的装机容量一般较小，其一次性投资和成本的费用较低，建设周期短，投资回报率高。

（3）清洁环保性。分布式能源系统采用天然气、沼气及可再生能源等清洁源，可大幅度减少 NO_x、SO_x、CO_2 等有害物的排放总量，减轻对环境造成的污染，因而具有良好的环保性能。

（4）安全性和可靠性。分布式能源系统可以弥补大电网安全稳定性的不足，当大电网出现大面积停电事故时，具有特殊设计的分布式发电系统仍能保持正常运行，继续供电，从而提高了供电的安全性和可靠性。

（5）调峰性能。夏季和冬季往往是电力负荷的高峰时期，此时如采用以天然气为燃料的燃气轮机等热、电、冷三联产联供系统，不但解决了冬夏季的供热与供冷需求，同时也提供了电力，降低电力峰荷，起到调峰的作用。

（6）方便灵活性。由于分布式能源系统方式灵活方便，既可独立运行，也可并网运行，许多边远山区及农村、海岛远离大电网，难以从大电网直接供电的场合，可以采用太阳能光伏发电、小型风力发电和生物质能发电等独立发供电系统。

13.1.3　分布式发电与智能能源网

分布式发电使传统能源的清洁利用、碳回收与应用、新能源和可再生能源的开发与应用成为可能。而未来能源创新的新高度将是传统能源的清洁利用、碳回收与应用、新能源和可再生能源的开发与应用。这就需要为这些新兴清洁能源建立一个能够提高能源效率、优化能源使用和服务的全新的能源网络平台。这个网络平台就是国内专家们所讲的智能能源网，或称泛能网。

简单地说，智能能源网就是通过智能化的手段，根据用户能源特点，以清洁能源技术为依托，借助互联网技术，为新兴清洁能源用户提供智能化平台和各种新兴清洁能源综合优化利用解决方案。智能能源网一揽子将传统能源清洁利用，碳回收与应用，新能源和可再生能源的开发与应用、各种能源之间的互补与转化等在统一的平台上进行整合，并适时进行不同能源之间的运用转化，发挥各自优势，实现其能效最大化。

使用泛能网，在未来建筑里不同类型的能源将得到集中管理，控制系统能根据不同用户的实际需求对不同形态的能源进行合理分配和转化。能量流在智能泛能网中，知道该如何最高效地工作，何时该使用何种能源来提供能量，从而降低能耗，最大限度地减少排放，实现家庭的节能减排。人们从 2010 年上海世博会国家馆泛能网的模拟演示中可以清楚地看到，在泛能网的有效管理下，除了风能、太阳能等可再生能源可以被有效利用外，传统的煤基能源也能通过地下气化、催化气化、气电联产和薇藻生物吸碳等技术实现高效开发与清洁利用。

使用泛能网，屋顶太阳能全息集成技术将充分利用太阳能全波段光谱，贯穿太阳能从生产、储运、应用到回收四个生命周期，实现太阳能源的光、热、电及光化学四种能效的最佳综合应用。

必须指出，智能能源网建设涉及范围很广，狭义的智能能源网建设包括智能油气网、智能电力网、智能水务网、智能热力网、智能建筑、智能交通、智能工业管理和智能交互架构管理等八个子网络。与本书相关的智能电网仅是八个子网络之一。

基于电力在国民经济中的重要地位以及电力系统发展的现状，建设智能能源网应优先发展智能电网（包括智能微电网），使之尽早通过智能化的手段将传统能源的清洁利用、碳回收与应用、新能源和可再生能源的开发与应用、各种能源之间的互补与转化等在统一的平台上进行整合，并适时进行不同能源之间的运用转化，发挥出它们的最大能效。

13.2　分布式能源系统发电技术

13.2.1　基于燃用化石能源的分布式发电技术

13.2.1.1　微型燃气轮机

在热电联产机组容量大型化发展的同时，微型燃气轮机作为一种新型的小型分布式发电装置和小型热电联产系统在微电网中得到蓬勃发展。

微型燃气轮机是指功率在数百千瓦以下的以天然气、甲烷、汽油、柴油等为燃料，靠燃烧产生的高温气体推动燃气叶轮旋转，驱动处于同一根轴上的高速交流发电机发电的超小型燃气轮机。其满负荷运行时效率达到 30%，实行热电联产，效率可提高到 75%，而冷热电联产，能源利用率可达 80%～90%。由于微型燃气轮机具有体积小、质量轻、发电效率高、污染小、运行维护简单等优点，逐渐成为世界能源技术的主流设备之一。

微型燃气轮机根据采用的结构不同分为单轴结构和分轴结构两种类型。通常燃气涡轮旋转速度高达 50000～120000r/min，单轮结构微型燃气轮机采用高能永磁材料的永磁同步发电机，其产生的高频交流电通过电力电子变流装置转化为工频交流电。分轴结构微型燃气轮机通过变速齿轮与发电机相连，降低燃气轮机转速，可以直接以工频交流输出。高速单轴结构微型燃气轮机是微型燃气轮机的主流产品，是目前最为常用的小型热电联产的动力机组。

根据系统结构类型，微型燃气轮机的并网方式分为逆变器并网和直接并网两种。

（1）逆变器并网。基于单轴结构微型燃气轮机发电机转速很高，发电机输出的高频交流电需采用如图 13-1 所示逆变器并网。由图可见，单轴结构微型燃气轮机发出的高频交流经过 AC/DC 的变换，变成直流电，再经过 DC/AC 的变换，变成工频交流电并入电网。

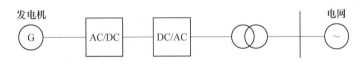

图 13-1　单轴结构微型燃气轮机逆变器并网示意图

（2）直接并网。分轴结构微型燃气轮机动力涡轮与燃气涡轮采用不同转轴，通过变速齿轮与发电机相连，由于降低了发电机转速，因此可以直接并网运行。图 13-2 为分轴结构微型燃气轮机系统并网示意图。

图 13-2　分轴结构微型燃气轮机系统并网示意图

13.2.1.2　燃料电池

燃料电池是一种不经过燃烧而以电化学反应方式将储存在燃料和氧化剂中的化学能直接转换成电能的装置。燃料电池主要由阳极、阴极和电解质组成。阳极即燃料电极，阴极即氧气电极，电解质（酸、碱、固体氧化物等）将两电极隔开。燃料电池的工作原理如图 13-3 所示，当在电池外部将反应物（燃料、氧化剂）分别供给电池的燃料极和氧气极时，氢气在催化剂的作用下变成氢离子，并释放出电子，电子沿燃料极经外部负荷电路流向氧气极，形成电流；在氧气极，也由催化剂的作用，氧得到电子成为氧离子，氧离子与以电解质中流出的氢离子进行反应生成水。

按电解质的不同，燃料电池分为碱性燃料电池、磷酸燃料电池、熔融碳酸盐燃料电池、固体氧化物燃料电池及质子交换膜燃料电池等。

燃料电池具有能量转换效率高（有效能量转换效率可达 60%～70%）、比能量或比功率高、污染小、噪声低和燃料多样化（可使用氢气、天然气、煤气、甲醇）等优点，适用于便携式电源、电动汽车及分散电站等场合，是一种很有前途的未来型发电技术。

13.2.2　基于新能源和可再生能源的分布式发电技术

新能源发电主要是指利用风能、太阳能、生物质能、地热能、海洋能等可再生能源进

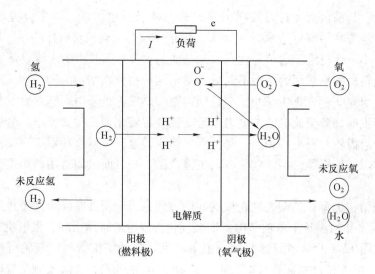

图 13-3   燃料电池工作原理图

行发电。国外的新能源发电以分散接入为主，我国资源状况与经济发展区域的逆向分布，决定了新能源发电具有大规模集中接入的特点。

13.2.2.1   风力发电

风能是地球表面大量空气流动所产生的动能。据估算，全球大气中总的风能量约为 $10^{17}kW$，其中可被开发利用的风能约有 $2 \times 10^{10}\,kW$，比世界上可利用的水能大 10 倍。因此，风能的开发利用具有非常广阔的前景。

利用风力发电已成为风能利用的主要形式，受到世界各国的高度重视，发展速度极快。风力发电机组就是将风能转换成电能的设备。风力发电机组主要由风力机和发电机两部分构成，当风的动能被风力机的桨叶捕获并转换为机械能，再由机械能驱动发电机发电。风力机多采用水平轴、三叶片结构。风力发电机按转速是否恒定，分为定转速运行与可变速运行两种方式；按发电机类型区分，有异步发电机(鼠笼型异步发电机、双馈异步发电机)和同步发电机(电励磁同步发电机、永磁同步发电机)。当前主流机型为双馈异步发电机的变速风电机组与永磁同步发电机的变速风电机组，它们都属于变速恒频的风电机组。

风力发电的运行方式通常可分为离网（独立）运行和并网运行两种方式。离网（独立）运行的风力发电机组输出的电能经蓄电池蓄能，再供应用户使用。并网运行是指风力发电机组与电网相连，向电网输送电能的运行方式，它克服了由风的随机性而带来的蓄能问题。由于不同类型风力发电机组的工作原理不同，其并网接入方式也不同，有直接并网、逆变器并网和混合并网三种方式，如图 13-4 所示。

图 13-4 （a）所示为风力异步发电机发出的交流电直接并入电网的方式；图 13-4 （b）所示为风力同步发电机发出的交流电，通过逆变器并网的方式；图 13-4 （c）所示为风力双馈发电机定子直接接入电网，转子采用绕线式，通过逆变器并网的混合并网方式。

在风能资源良好的地区，将几十台、几百台或几千台单机容量从数十千瓦、数百千瓦直至兆瓦级以上的风力发电机组按一定的阵列布局方式成群安装而组成风力发电机群体，称为风力发电场，简称风电场。风电场是大规模开发利用风能的有效形式，其发出的电能全部经变电设备送往大电网。

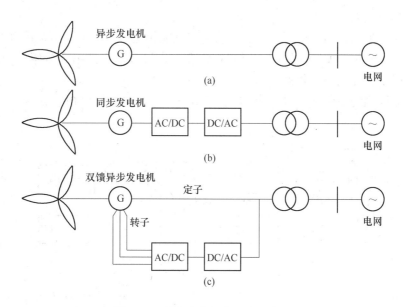

图 13-4　风力发电机接入电网方式

（a）直接并网；（b）逆变器并网；（c）混合并网

风力发电的主要优点是：风能是蕴藏量大的可再生能源，不会造成大气污染，建设周期短，投资灵活，自动控制水平高且安全耐用。其主要缺点是：风能的能量密度低且具有显著的间歇性和随机波动性，为了保证系统供电的连续性和稳定性，必须和其他形式供能或储能方式结合。

目前，风电在全球 100 多个国家和地区都有应用，并且在一些国家的电力供应中占有很高的比例，例如丹麦的风电已超过整个电力供应的 20%，西班牙达到了 14.3%。未来各国风电发展目标更加宏伟，丹麦计划 2025 年风电占到整个电力的 50%，美国提出了 2030 年风电占整个电力的 20% 目标。根据我国国情，近期风电重点开发西北、华北、东北以及东部沿海地区，在这些地区建立较大规模的风电场。据初步统计，截至 2011 年 3 月，我国风电装机容量已超过 4450 万千瓦，居世界第一。

13.2.2.2　太阳能光伏发电

太阳能是太阳内部连续不断的核聚变反应过程产生的能量，它以光辐射形式每秒钟向太空发射约 3.8×10^{20} kW 能量，其中约有 22 亿分之一投射到地球上。一年中地球上接收到的太阳辐射能高达 1.8×10^{18} kW · h，是全球每年能耗的数万倍。

我国太阳能资源丰富，有 2/3 以上的国土面积年日照在 2000h 以上，因此开发利用太阳能大有前途。

目前，将太阳能转换为电能的方式有两种，一种是太阳能热发电，即将太阳光辐射能转换为热能，使水转换成蒸汽，然后通过汽轮机、发电机发出工频交流电；另一种是太阳能光伏发电，即直接将光辐射能转换成电能的发电方式。

太阳能光伏发电的关键部件目前比较成熟且广泛应用的是一种单晶硅或多晶硅半导体器件——光伏电池（Photo-Voltaic，PV）。光伏电池受到太阳光辐射时产生光伏效应，太阳光的光子在电池里激发出电子空穴对，电子空穴分别向电池的两端移动，一旦接通外电路，即可输出直流电能。

单个光伏电池的输出功率不大，即使将电气性能相近的多个光伏电池串并联组装成组件，输出功率也不大。实际使用时，可根据需要，再将多个组件串并联组装组合在一起，构成所谓的模块化光伏电池阵列。

光伏电池阵列与控制器、储能蓄电池、DC/AC 逆变器等配套构成光伏发电系统，如图 13-5 所示。

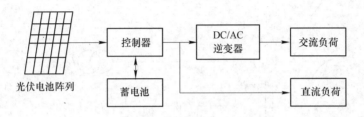

图 13-5　光伏发电系统

光伏发电系统可分为离网（独立）型光伏发电系统和并网型光伏发电系统以及与小风电机柴油发电动等构成混合型供电系统。离网（独立）型光伏发电系统必须配备储能蓄电池，并通过 DC/AC 逆变器借以组成交直流供电系统。并网型光伏发电系统是指与电网相连的光伏发电系统，根据其是否带有储能装置可以分为两类，不带储能装置的称为不可调度式并网型光伏发电系统，带有储能装置的称为可调度式并网型光伏发电系统。其中前者发电和负荷之间的不平衡量完全由主电网进行平衡，后者则可以通过储能元件对其进行控制，在太阳能发电较多时储能，在太阳能发电不足时释放能源以供用户使用。

13.2.2.3　生物质能发电

生物质能是指蕴藏在生物质中的能量，即绿色植物通过叶绿素将太阳能转化为化学能而储存在生物质内部的能量。生物质能资源各类繁多，通常包括木材及森林工业废弃物、农业废弃物、水生植物、油料植物、城市和工业有机废弃物、动物粪便等。

生物质能发电是生物质能规模化利用的主要形式。由于生物质能资源种类的多样性，以及将生物质原料转换成能源的装置不同，导致发电厂的种类较多，如垃圾焚烧发电厂、沼气发电厂、木煤气发电厂等。但从能量转换的角度和动力系统的构成来看，它们都与火力发电基本相同。生物质能发电可分为两类：一种是将生物质原料直接或处理后形成固体燃料送入锅炉燃烧，把化学能转换为热能，以蒸汽作工质进入汽轮机驱动发电机发电，如垃圾焚烧发电厂。另一种是将生物质原料处理后，形成液体燃料（如酒料、甲醇等）或气体燃料（如木煤气、沼气等）直接进入原动机驱动发电机，如沼气发电厂。

图 13-6 所示为生物质能发电系统工艺流程。由图可见，生物质发电系统装置主要包括：

（1）能源转换装置。不同生物质能发电的能源转换装置是不同的，如垃圾焚烧电厂的转换装置为焚烧炉，沼气电厂的转换装置为沼气池或发酵罐。

图 13-6　生物质发电系统工艺流程

（2）原动机。如垃圾焚烧电厂用汽轮机、沼气电厂用内燃机等。

（3）发电机。

（4）其他附属设备。

利用生物质能发电关键在于生物质原料的处理和转换技术。除了直接燃烧外，利用现代物理、生物、化学等技术，可以把生物质资源转换为可驱动发电机的能量形式，如液体、气体、固体形式的燃料和原料，以提高生物质能的利用效率，减少污染。

生物质能发电的特点有：

（1）生物质能为可再生能源，资源不会枯竭。

（2）粪便、垃圾和工业有机废弃物以及大量农作物秸秆在农田里燃烧会严重污染环境，如用于发电可以化害为利，变废为宝。

（3）由于生物质资源比较分散，不易收集，能源密度低，因此所用发电设备的装机容量一般较小，比较适合作为小规模的分布式发电，体现了发展循环经济和能源综合利用的方针。

13.2.3　基于能源的梯级利用与资源的综合利用发电技术

13.2.3.1　热电冷联产

A　热电冷联产基本概念

热电冷联产是一种利用以燃料（主要是天然气）为能源的分布式发电系统所排放的余热来驱动空调冷（热）水机组或余热锅炉进行制冷（供热）运行，实现热电冷联产，同时满足系统的供热（供冷）和供电需求的一种供能系统。

推广热电冷联产的目的是实现不同品位能源的梯级利用，提高能源综合利用效率。

B　热电冷联产系统中的主要设备

热电冷联产系统要实现供电、供冷和供热功能，系统中必须配置发电机组、制冷机组和供热机组。

（1）发电机组。用于热电冷联产系统的发电机组主要有燃气轮机发电机组、燃气内燃机发电机组等。

（2）余热锅炉。余热锅炉是一种以发电机组排放的温度约为500℃的高温烟气加热运行，对外提供蒸汽或热水的余热回收设备。换句话说，其功能就是回收发电机组排放的烟气余热，对外提供用于发电、供热或生活等用途的蒸汽或热水。

（3）溴化锂吸收式冷（热）水机组。溴化锂吸热式制冷机是一种由热能驱动运行，以水为制冷剂，溴化锂水溶液为吸收剂，在真空状态下制取空气调节或工艺用冷水的制冷设备。其驱动热源可以是蒸汽、热水、直接燃烧燃料（燃气、燃油）产生的高温烟或外部装置提供的余热烟气。因此，溴化锂吸收式冷（热）水机组主要有蒸汽型、热水型、烟气型等数种。

C　热电冷联产系统

图13-7所示为燃气轮机热电冷联产系统。系统中配置的设备包括燃气轮机发电机组、蒸汽轮机发电机组、蒸汽型余热锅炉、蒸汽型溴化锂吸收式冷水机组和汽水换热器。

图13-7设备配置的特点是：燃气轮机-蒸汽轮机联合循环发电，发电效率高，热、电、冷联产联供可以提高系统的用热量，提高发电机组的负荷率，经济效益高。本系统适用于

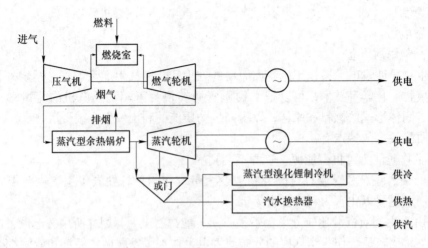

图 13-7 燃气轮机热电冷联产系统

电负荷、冷负荷（热负荷）均较大的场所，如工厂、商业区或向住宅区集中供电、供冷和供热。

13.2.3.2 余热、余压发电

推广余热、余压发电的目的是实现能源资源综合利用，提高能源资源利用效率。

A 余热发电

我国工业余热资源量很大，据估算，其值约有 4000 万吨标准煤。回收利用余热，是提高能源利用率、节约能源和保护环境的重要措施。

余热资源中，气态载体（包括烟气、放散蒸汽及可燃气体）的余热资源量占余热资源总量 50% 以上，是最多的一类资源。其中烟气余热回收特别是温度大于 650℃ 的高温烟气回收，因经济效益较好，一直是钢铁、有色金属、化工、建材、石化、轻纺和机械等行业余热回收利用的重点。

气态载体余热回收发电技术，因行为不同有所差异，现举例介绍如下：

（1）焦化厂干熄焦发电（CDQ）。所谓干熄焦发电，是指焦化厂焦炉生产赤热的焦炭导入密闭冷却仓中，利用 N_2、CO_2 等惰性气体进行冷却，使焦炭温度从 1050℃ 冷却到 250℃，而将 N_2、CO_2 带走的热量加热锅炉产生蒸汽发电。干熄焦发电系统如图 13-8 所示。

某厂有 2×100 孔焦炉，年产焦炭 171 万吨，1t 焦炭可发生蒸汽 450 ~ 500kg，可回收

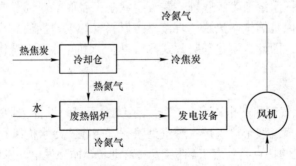

图 13-8 干熄焦发电系统

热量 1369MJ，CDQ 发电机为 2 台 20230kW。

（2）硫酸沸腾炉余热发电。图 13-9 所示为硫酸沸腾炉余热发电系统。我国硫酸厂多以硫铁矿为原料，应用沸腾炉来焙烧硫铁矿工艺。图 13-9 中，温度为 800～1000℃的沸腾炉出炉炉气进入余热回收锅炉，并按制酸工艺要求将剩余温度为 400℃ 的炉气引出到净化工段。由于含硫原料在沸腾炉焙烧是放热反应，为控制其炉温，在沸腾炉内设置有汽化冷却器。余热锅炉及汽化冷却器所产蒸汽，都进入汽包，其蒸汽压力为 3.825MPa，蒸汽温度为 450℃，蒸汽进入汽轮发电机发电，并抽出 0.5MPa 低压蒸汽用于供热。

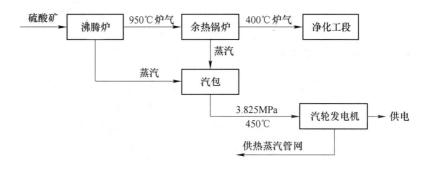

图 13-9　硫酸沸腾炉余热发电系统

B　高炉煤气余压发电

在炼铁生产中，为了提高高炉化学反应的效力，大多采用在高压条件下供给原料以加速其反应的工艺。

现代高炉炉顶煤气压力高达 0.15～0.25MPa，温度约 200℃，这剩余的压力能将主要被高炉减压阀组消耗掉，节流降压到 0.01MPa，然后流向低压煤气罐。如果这样，大量的余压能就白白地浪费掉而未能回收利用。

高炉煤气炉顶余压发电（TRT）技术，就是利用高炉炉顶压力由高压降到低压时，煤气体积膨胀，利用膨胀功推动发电机发电的设备。这种发电机由煤气透平机和同轴发电机组成，称为压差发电机。高炉炉顶煤气余压发电系统如图 13-10 所示。

TRT 将高炉煤气原来通向减压阀组的阀门关闭，改道通向 TRT 的透平发电机组，于是高炉煤气的压力能推动透平叶片旋转，并带动同轴发电机旋转而发出电能，从而将压力能

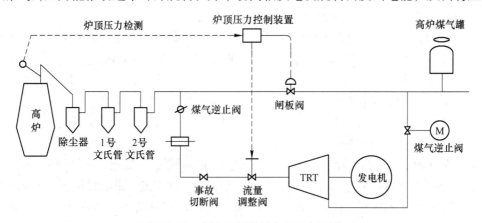

图 13-10　高炉炉顶煤气余压发电系统

充分回收利用。经过透平做功后的高炉煤气压力降到 0.01MPa 左右，仍流向低压煤气罐。据资料，根据炉顶压力的不同，每炼 1t 生铁可发电 20~40kW·h。

此外，煤气温度对透平功率有重要影响，上述湿式 TRT 煤气除尘系统经过洗涤塔后温度降低，影响煤气的做功能力。自 20 世纪 80 年代以来，采用干法除尘的 TRT 获得了迅速发展。之所以能得到发展，是因为干法除尘能保存煤气的部分热能，在高炉煤气流量压力不变的条件下，能充分利用煤气显热，加上干法除尘压力损失要比湿法小，出力还可增加，综合两者结果，通常可提高出力 30% 以上，经济效益更大。

13.3　储能

13.3.1　储能技术的作用与储能形式的分类

储能技术是实现灵活用电，互动用电的重要基础，也是发展智能电网的重要基础。储能技术作为电力系统运行的补充环节，可从时间上有效隔离电能的生产和使用，解决电力系统供需瞬时平衡的执行原则，将电网的规划、设计、布局、运行管理以及使用等从以功率传输为主转化以能量传输为主，给电力系统运行带来革命性的变化，也能对传统电力起到改善和改良的作用。

储能技术在电网中所发挥的作用主要体现在以下几个方面：

（1）削峰填谷。电力系统的一个重要特点是发电和用电随时处于平衡状态，但电力负荷具有白天高峰深夜低谷、不同季节间存在巨大峰谷差的周期性变化特性，如果电力系统能够建立起既经济又反应快速的调峰电站和大规模储能系统，那么可以将低谷电能转化为高峰电能，达到削峰填谷，从而提高系统能效和现有电力设备的利用率，减小线路损耗，减少和延缓用于发电、输配电设备的建设投资的功效。

（2）平滑间歇性新能源发电功率波动，促进新能源的集约化开发利用。风力发电和光伏发电等新能源发电方式所提供的电力具有显著的间歇性和随机波动性，当并网规模较大时，将对电网的安全稳定运行带来影响。利用储能技术能够为电力系统提供快速的有功支撑，增强电网调频、调峰能力，可有效解决风能、太阳能等间歇式新能源的间歇性和波动性问题，从而大幅度提高电网接纳新能源发电的能力，促进新能源的集约化开发和利用。

此外，当分布式发电以独立或孤岛方式运行时，储能系统也是必不可少的。电能储存技术和设备正越来越受到人们的关注。

（3）增加备用容量，提高电网安全稳定性和供电质量。储能设备使电网具有足够的备用容量，如当系统发生短路等事故时，储能设备可以瞬时吸收或释放能量，使系统中的调节装置能及时调整，避免系统失稳，恢复正常运行。又如对电压暂降和短时中断等暂态电能质量问题具特别敏感的用电负荷，采用储能设备可以快速补偿各种电能质量扰动，保证优质供电。此外，当系统因故障而停电时，储能设备又可以起到不间断电源（UPS）的作用，避免突然停电带来的损失。

（4）新能源发电与储能设备的组合，将使电能购售关系发生变化，电力用户既能够向电网购电，又能够向电网售电，单一方向的电网输出变为双向交流，供电服务向多元化转变。

根据所转化的能源类型不同，目前主要的电能储存的形式可分为机械储能、电磁储能、电化学储能和相变储能等四类。

13.3.2　机械储能

机械储能是指将电能转化为动能或势能等机械能的储能方式，包括抽水蓄能、压缩空气储能和飞轮储能，目前应用较广的是抽水蓄能与飞轮储能。

A　抽水蓄能

抽水蓄能是目前比较成熟的大规模储能技术。其抽水蓄能机组是一种兼具水轮发电机和水泵两种功能的、能双向运转的水轮机组。当系统电力负荷处于低谷期时，抽水蓄能机组以水泵方式运行，将水从下水库抽到上水库，于是电能转化成势能储存起来。当系统电力负荷出现高峰期时，将上水库的水通过管道释放下来，抽水蓄能机组以水轮发电机方式运行，输出电能供给用户，起到削峰填谷的作用。抽水储能的释放时间可以几个小时到几天，综合效率为 70% ~85%，其最大特点是储存能量非常大，非常适合于电力系统调峰和用作长时间备用电源的场合。

B　压缩空气储能

压缩空气储能（CAES）的原理是基于常规燃机轮机在发电时约需消耗输入燃料的 2/3 进行空气压缩，因此可以利用电网负荷低谷时的电力预先压缩空气，并将其储存在典型压力为 7.5MPa 的高压密封设施内，在用电高峰时释放出来驱动燃气轮机发电。这样对于同样的电力输出，采用压缩空气储能的机组所消耗的燃气要比常规燃气轮机少 40%。压缩空气储能安全系数高、寿命长，可以冷启动、黑启动，响应速度快，主要用于峰谷调节、负荷平衡、频率调整、分布式储能和发电系统备用等。

C　飞轮储能

图 13-11 所示为飞轮储能系统工作原理。由图可见，飞轮储能系统主要由储存能量用的飞轮转子、支撑转子的轴承、实现能量转换的电动机/发电机、实现飞轮储能系统能量转换控制的电力电子装置和真空室五部分组成。除电力电子装置外，飞轮储能系统的其他部件全部密封在真空室中，这样飞轮和电动机转子旋转时几乎没有风磨损。飞轮的支撑采用磁悬浮的方式以消除摩擦损耗。

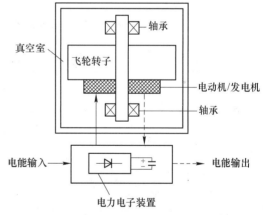

图 13-11　飞轮储能系统工作原理

飞轮储能的基本原理是电能通过电力电子装置变换后，驱动电动机带动飞轮高速运转，将电能转化成机械能储存起来，在需要时飞轮减速，电动机作为发电机运行，将飞轮动能转换成电能，并通过交—直—交变换的电力电子装置，生成适用于负荷的标准频率和电压的电能与电网连接。飞轮的升速和减速实现了电能的储存和释放。

13.3.3　电磁储能

电磁储能包括超导磁储能和超级电容器储能等。

A　超导磁储能

超导磁储能（SMES）的工作原理是利用超导磁体制成的螺旋管线圈（或环形线圈），

通过大功率电力电子变换装置与电网相连，在电网运行负荷处于低谷时把过剩的能量以电磁形式储存起来，而在电网运行处于用电高峰时，再通过整流逆变器将能量馈送回电网。由于储能线圈为超导线绕制，且维持在超导态下无焦耳热损耗运行，转换效率可达95%，同时其电流密度比一般常规线圈高 $1 \sim 2$ 个数量级。超导磁储能能量储存与释放的响应速度也快，在几毫秒至几十毫秒之间。超导磁储能装置不仅可用于电力系统的负荷均衡调节，而且可用于无功补偿和功率因数的调节，提高系统电能质量和输电系统稳定性，同时还可用于消除系统低频功率振荡，改善电网电压和频率特性等。目前超导线圈大多用电铌钛或铌三锡等材料组成的导线绕制而成，它们都要运行在液氮的低温区，储能容量较大。

B 超级电容器储能

超级电容器就是有超大电容量的电容器。这是由于它的电解质具有极高的介电常数，因此可以较小体积制成容量为法拉级的电容器，比普遍电容器的容量要大几个数量级。但超级电容器的电介质耐压很低，所以在应用中通常需将多个电容器串联使用。采用电化学双电层原理的超级电容器——双电层电容器（EDLC）是一种介于普遍电容器和二次电池之间的新型储能装置。该类超级电容器具有能量密度高、功率密度高、使用寿命长、受环境温度影响小、可靠性高、可快速循环充放电和长时间放电等特点。由于超级电容器造价较高，目前主要用于需要短时间、高峰值输出功率场合，如大功率直流电机的启动支撑、动态电压恢复器等，在电压跌落和瞬态干扰期间提高供电水平。

13.3.4 电化学储能

电化学储能包括铅酸蓄电池、钠硫电池、液流电池、锂离子电池等。

A 铅酸电池

铅酸电池是一种分别以二氧化铅、海绵状金属铅为正、负极活性物质，硫酸溶液为电解质的蓄电池。铅酸蓄电池已经有140多年的历史，技术比较成熟，具有价格低廉、安全性能相对可靠的优点，广泛应用于车用辅助电源、电动车用电源、不间断电源、电力系统的储能电源等场合，目前在产量和产值方面均居各种化学电源首位。但铅酸蓄电池有循环寿命短、不可深度放电、运行和维护费用高以及容量与放电功率密切相关等缺点。

B 钠硫电池

钠硫电池是一种由熔融液体电极和固体电解质组成的高能蓄电池，其负极活性物质为熔融金属钠，正极活性物质为熔融硫和多硫化钠（Na_2S_x），固体电解质兼隔膜为β-氧化铝导电陶瓷。钠硫电池理论比能量高达 $760W \cdot h/kg$，目前已大于 $100W \cdot h/kg$，是普通铅酸蓄电池的 $3 \sim 4$ 倍，由于采用固体电解质，没有自放电现象，充放电效率高。钠硫电池的基本单元为单体电池，将数百个单体电池组合后形成模块，功率可达到数十千瓦。目前在日本及北美已有100余座钠硫电池储能电站在运行中，是各种二次电池中最成熟也是最具潜力的技术。近年来，我国也在大容量钠硫电池关键技术上取得了突破，2010年5月，100kW钠硫电池储能系统在上海嘉定区钠硫电池试验基地并网运行。

C 液流电池

液流电池是一种正、负极活性物质均为液态流体氧化还原电对的电池。目前液流电池已有多个体系，其中全钒液流电池是技术发展的主流。全钒液流电池是将具有不同价态的钒离子溶液分别作为正极和负极的活性物质，储存在各自的电解液储罐中，并通过送液泵循环流过电池，电池内的正、负极电解液则由离子交换膜隔开成两室。全钒液流电池的基本工作原理是：在对电池进行充放电时，电解液通过泵的作用，由外部储液罐分别循环流经电池的正极室和负极室，并在电极表面发生氧化和还原反应，实现对电池的充放电。全钒液流电池电化学极化小，能够100%超深度放电而不引起电池的不可逆损伤，电解液活性物质易保持一致性和均匀性，循环寿命长，电池的功率和储能容量可以独立设计，给实际应用带来灵活性。目前，我国已具备100千瓦级全钒液流电池系统的生产制造能力。

13.3.5　相变储能

相变储能是利用某些材料在其物相变化过程中，具有与外界环境进行能量交换的性质，可以自动吸收或释放潜热，达到能量转换从而实现调控环境温度的目的。具体相变过程为：当环境温度高于相变温度时，相变储能材料（简称相变材料）吸收并储存热量，以降低环境温度；当环境温度低于相变温度时，相变材料释放储存的热量，以提高环境温度。根据相变形式不同，相变储能材料可分为固-固相变、固-液相变、液-气相变和固-气时候变四类。从材料的化学组成来看，相变储能材料又可分为无机相变材料、有机相变材料和复合相变材料三类。

在节能领域，相变储能的使用可作为电力系统调峰的重要手段。使用冰为相变蓄冷材料的蓄冰空调，已经从20世纪80年代中期起成为国际上普遍使用的调峰填谷的技术，我国从90年代中期开始利用此项技术。所谓蓄冰空调，是在晚上用电低谷时启动空调主机制冷，然后通过蓄冷设备，以冰的形式将冷量储存起来，次日用电高峰时无需再开空调主机，仅需将冰通过能量转换，就能达到制冷目的。

除上述冰蓄冷储能外，在节能领域还有蓄热储能。如对于电热蓄热系统，采用电锅炉在用电低谷和非峰谷时段（或部分非峰谷时段）制取一次水先送到储热罐（设有相变材料）中储存，待用电高峰时段停止电加热，使用储存的一次水与二次水换热，将二次水送至负荷区供热。

各种储能技术的特点和应用场合见表13-1。

表 13-1　各种储能技术的特点和应用场合

储能技术		典型额定功率/kW	额定功率下的放电时间	特　点	应用场合
机械储能	抽水储能	100000~2000000	4~10h	适于大规模储能；技术成熟；响应慢，受地理条件限制	调峰、日负荷调节，频率控制，系统备用
	压缩空气储能	10000~300000	1~20h	适于大规模储能；响应慢，受地理条件限制	调峰、调频，系统备用，平滑可再生能源功率波动
	飞轮储能	5~10000	1~1800s	寿命长，比功率高，无污染；成本高	调峰、调频控制，不间断电源、电能质量控制
电磁储能	超导磁储能	10~50000	2~300s	响应快，比功率高；低温条件，成本高	输配电稳定、抑制振荡
	超级电容器储能	10~1000	1~30s	响应快，比功率高；成本高，比能量低	电能质量控制

续表 13-1

储能技术		典型额定功率 /kW	额定功率下的放电时间	特　　点	应用场合
电化学储能	铅酸电池	几千瓦至几万千瓦	几分钟至几小时	技术成熟,成本低;寿命短,存在环保问题	备用电源、黑启动
	钠硫电池	100～100000	数小时	比能量与比功率高,高温条件、运行安全问题有待改进	电能质量控制、备用电源、平滑可再生能源功率波动
	液流电池	5～100000	1～20h	寿命长,可深度放电,便于组合,环保性能好;储能密度稍低	备用电源、能量管理、平滑可再生能源功率波动
	锂离子电池	几千瓦至几万千瓦	几分钟至几小时	比能量高,循环特性好;成组寿命有待提高,安全问题有待改进	电能质量控制、备用电源、平滑可再生能源功率波动

13.4　微电网

13.4.1　分布式发电与微电网

13.4.1.1　分布式发电与微电网的基本概念

如前所述,分布式发电（DG）具有一系列的优点,但数量众多的 DG 接入现有配电网后,传统辐射状的无源配电网络将变为一个遍布中小型 DG 和负荷的有源网络,而且分布式发电中大量电力电子设备和电容、电感的引入,都将改变原有系统的网络拓扑,从而影响潮流的分布,给电网的稳定性带来不确定性。同时由于分布式发电的不可控性及随机波动性,其渗透率的提高也增加了对电力系统稳定性的负面影响。此外,分布式发电的并网运行可能会引起电网电压和频率偏移、电压波动和闪变等电能质量问题,给电网的安全可靠运行带来很大威胁。

为解决大电网与分布式电源并网所产生的运行问题,2001 年,美国威斯康星大学的 R. H. Lasseter 教授首先提出了微电网（Micra Grid,简称 MG 或微网）的概念。随后美国电气可靠性技术解决方案联合会（Consortium for Electric Reliability Technology Solution,CERTS）给出微电网的定义为:这是一种由负荷和微型电源共同组成的系统,它可同时提供电能和热量;微电网内部的电源主要由电力电子器件负责能量的转换,并提供必需的控制;微电网相对于外部大电网表现为单一的受控单元,并可同时满足用户对电能质量和供电安全等要求。欧盟微电网项目（European Commission Project Micro-Grid）给出的定义是:利用一次能源;使用微型电源,分为不可控、部分可控和全控三种,并可冷、热、电三联供;配有储能装置;使用电力电子装置进行能量调节。

由此可见,微电网将分布式发电、负荷、储能装置及控制装置等整合在一起,形成一个单一可控的独立发配电系统。它采用了大量的现代电力电子技术,将分布式发电和储能设备并在一起,直接接在用户侧。微电网是一个具备自我协调运行的智能控制系统,能够实现能量互补、经济调整和优化管理。微电网作为分布式发电的高级组织形式,将发电单元和负荷通过控制有效地组合在一起,既可以独立运行,也可以与大电网并网运行。微电网通过有效的资源配置、系统规划和能量管理,可以提高分布式发电的能源利用效能和运行稳定性，实现分布式发电与大电网高效、安全、可靠地互补运行，已被视为分布式发电无缝集成到现有电力系统的重要组织方案和技术。通过微电网合理的规划、组织、管理，能够使分布式发电对电力系统的负面影响最小化，并能使分布式发电的控制柔性发挥至最高。

从电网调度角度看，微电网是电网中一个可控电源或负荷，它既可从配电网获得能量，也可以向配电网倒送电能。对于用户来说，微电网可以满足他们对电能质量的不同要求，极大地提高了供电灵活性、可靠性，并能充分利用回热提高资源的利用效率。

总之，微电网作为对大电网的有效补充与分布式能源的有效利用形式，对我国新能源的最大化利用有着广阔的发展前景。

13.4.1.2　智能微电网

智能微电网的概念在国际上早已出现，其关键技术涉及众多领域，包括高级通信技术、高级传感与计量技术、高级能量管理技术、高级分析技术、先进设备技术等方面。

（1）集成的通信体系。高级通信技术的采用，使微电网自身、多个微电网以及微电网与配电网之间的信息交换变得实时互动：

1）宽带电力线（BPL）接入技术，利用现有交流配电网的中、低电力线路，传输和接入互联网的宽带数据业务，实现如远程抄表等多种电力服务以及视频传输、故障诊断等用户网络服务，是未来智能微电网通信技术的主导力量。

2）无线通信技术，如 WiFi、3G 和 WiMax 技术和无线网格网络（WMN）技术，实现设备间及能量管理的无线通信。

（2）高级传感与计量技术。基于数字通信技术的高级传感和计量技术能够迅速在网络各节点进行数据采集和数据融合，诊断智能微电网的健康度和完整度，同时具备自动抄表、消费计额、窃电检测等功能，并能缓解电力阻塞，提供需求侧响应和新的控制策略。

（3）高级能量管理。高级能量管理是智能微电网的核心组成部分，能够根据能源需求、市场信息和运行约束条件等迅速做出决策，通过对分布式设备和负荷的灵活调度来实现系统的最优化运行。

（4）高级分析技术。高级分析技术是高级能量管理的功能化，是实现智能微电网自治运行的工具，包括系统性能监测与模拟、测量分析系统、综合预测系统、实时潮流分析和市场模拟系统。

（5）先进设备技术。先进设备技术主要包括有：

1）高级电力电子技术，目前应用在分布式电源和储能的并网接口、电源控制和保护、孤岛/反孤岛检测方面。

2）超导电力技术，如超导电缆、变压器、限流器和超导储能等。

13.4.2　微电网的基本结构

13.4.2.1　美国提出的微电网基本结构

图 13-12 所示为美国 CERTS 提出的微电网基本结构。图中的微电网有一个单独的公共连接点 PCC。微电网内部有三条馈线，其中馈线 A 和 B 上连接有敏感负荷，馈线 A 和 B 上安装有分布式电源，每个分布式电源出口处都配有断路器，绝大部分的分布式电源都采用电力电子变换器和配电网/负荷相连接，同时具备功率和电压控制器，控制灵活，可以

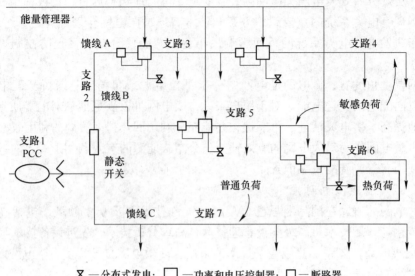

图 13-12　微电网基本结构

在电网的能量管理器或本地的控制下，调整各自功率输出以调节馈线潮流。馈线 C 上接入普通负荷，所以没有安装分布式电源。

微电网在带有重要负荷的馈线 A 和 B 的电路前装有静态开关，该静态开关与配电网公共连接点相连，一旦配电网出现电压扰动等电能质量问题或断供时，静态开关会打开，使微电网转入孤岛运行模式，以保证网内重要敏感负荷的不间断供电。同时各分布式发电在电压控制器的控制下，调整输出电压，以减少它们之间的无功环流。

13.4.2.2　微电网的三层控制架构

图 13-13 所示为微电网三层控制架构。最上层为配电网调度层，中间层为集中控制层，下层为就地控制层。

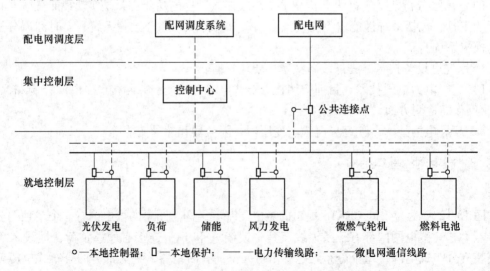

图 13-13　微电网三层控制架构

（1）配电网调度层。配电网调度层为微电网配网调度系统，从配电网的安全、经济运行的角度协调调度微电网，微电网接受上级配电网的调节控制命令。

1）微电网对于大电网表现为单一可控、可灵活调度的单元，既可与大电网并网运行，也可在大电网故障或需要与大电网断开时运行。

2）在特殊情况（如发生地震、暴风雪、洪水等意外灾害情况）下，微电网可作为配电网的备用电源向大电网提供有效支撑，加速大电网的故障恢复。

3）在大电网用电紧张时，微电网可利用自身的储能进行削峰填谷，从而避免配电网大范围的拉闸限电，减少大电网的备用容量。

4）正常运行时参与大电网经济运行调度，提高整个电网的运行经济性。

（2）集中控制层。集中控制层为微电网控制中心（MGCC），是整个微电网控制系统的核心部分，集中管理 DG、储能装置和各类负荷，完成整个微电网的监视和控制。根据整个微电网的运行情况，实时优化控制策略，实现并网、离网、停运的平滑过渡；在微电网并网运行时，优化微电网运行，实现微电网最优经济运行，在离网运行时调节分布式发电输出功率和各类负荷的用电情况，实现微电网的稳态安全运行。

1）微电网并网运行时实施经济调度，优化协调各 DG 和储能装置，实现削峰填谷以平滑负荷曲线。

2）并网过渡中协调就地控制器，快速完成转换。

3）离网时协调各分布式发电、储能装置、负荷，保护微电网重要负荷的供电，维持微电网的安全运行。

4）微电网停运时，启用"黑启动"，使微电网快速恢复供电。

（3）就地控制层。就地控制层负责运行微电网各 DG 调节、储能充放电和负荷控制。就地控制层由微电网的就地保护设备和就地控制器组成，微电网就地控制器完成分布式发电对频率和电压的一次调节，就地完成微电网的故障快速保护，通过就地控制和保护的配合实现微电网故障的快速"自愈"。DG 接受 MCCC 调度控制，并根据调度指令调整其有功、无功输出。

1）离网主电源就地控制器实现 U/f 控制和 P/Q 控制的自动切换。

2）负荷控制器根据系统的频率和电压，切除不重要负荷，保证系统的安全运行。

3）就地控制层和集中控制层采取弱通信方式进行联系。就地控制层实现微电网暂态控制，微电网集中控制中心实现微电网稳态控制和分析。

上面介绍了微电网的结构形式，但是其基本单元都是由分布式发电、负荷、储能装置和控制装置四部分组成。

（1）分布式发电。DG 可以是新能源为主的多种能源形式，如光伏发电、风力发电、燃料电池等；也可以是热电联产（CHP）或冷热电联产（CCHP）形式，就地向用户提供热能，提高 DG 利用效率和灵活性。

（2）负荷。负荷包括各种一般负荷和重要负荷。

（3）储能装置。储能装置可采用各种储能方式，包括机械储能、电化学储能、电磁储能等，用于新能源发电的能量储能、负荷的削峰填谷、微电网的"黑启动"。

（4）控制装置。由控制装置构成控制系统，实现分布式发电控制、储能控制、并离网切换控制、微电网实时监控、微电网能量管理等。

13.4.2.3 分布式发电并网方式及微电网类型

A 分布式发电并网方式

根据 DG 技术类型的不同，分布式发电并网方式可以分为直接并网、逆变器并网和混合并网三种情况。

（1）直接并网。这类 DG 有风力异步发电机和分轴结构微型燃气轮机发电机等，其发出的是稳定的工频交流电可以直接并网，如图 13-14（a）所示。

（2）逆变器并网。这类 DG 又可以分为两种类型：一种是直流源型，如太阳能光伏电池、燃料电池和储能装置等；另一种是需要整流的高频交流源型，如风力同步发电机、单轴结构微型燃气轮机发电机等。这两种类型的电源最后都需要转换成标准的工频交流电并网。

其中，太阳能光伏电池、燃料电池和储能装置等为直流电源，由于它们的电压等级低，所以必须采用 DC/DC 中的 Boost 电路升压至合适的电压等级，然后再通过 DC/AC 逆变器并网，如图 13-14（b）所示。

而风力同步发电机、单轴结构微型燃气轮机发电机等为不稳定的交流电源，需要首先把它们通过 AC/DC 整流器变成直流电，然后通过 DC/AC 逆变器变换为标准的交流电后并入电网，如图 13-14（c）所示。

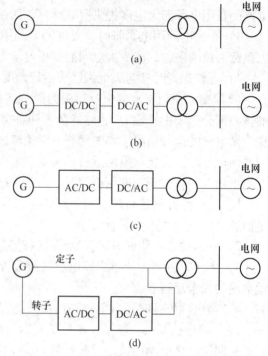

图 13-14 分布式发电并网方式
(a) 直接并网；(b), (c) 逆变器并网；(d) 混合并网

（3）混合并网。这类 DG 有风力双馈式异步发电机，其定子直接并入电网，转子采用绕线式，通过 AC/DC 和 DC/AC 逆变器并入电网，如图 13-14（d）所示。

由此可见，电力电子技术在分布式电源的电能变换、传递和存储中具有关键作用。在整个能量的变换过程中使用到了电力电子技术中的 AC/DC、DC/DC 和 DC/AC 三种变流技术。

B 微电网类型

按交直流类型划分，微电网分为直流微电网、交流微电网和交直流混合微电网。

（1）直流微电网。直流微电网是指采用直流母线构成的微电网，如图 13-15 所示。DG、储能装置、直流负荷通过变流装置接至直流母线，直流母线通过逆变装置接至交流负荷，直流微电网向直流负荷、交流负荷供电。

直流微电网与交流微电网相比，控制容易实现，不需考虑各 DG 间同步问题，环流抑制更具有优势；其缺点是常用用电负荷为交流负荷，需要通过逆变装置给交流负荷供电。

（2）交流微电网。交流微电网是指采用交流母线构成的微电网，如图 13-16 所示。图中 DG、储能装置通过逆变装置接至交流母线，交流母线通过公共连接点（PCC）断路器

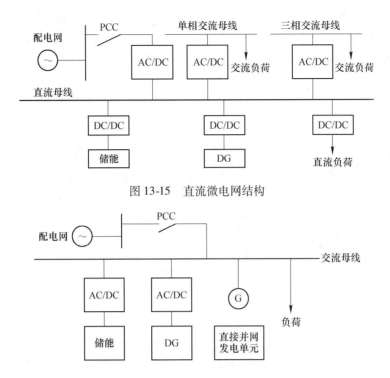

图 13-15　直流微电网结构

图 13-16　交流微电网结构

控制，实现微电网并网运行与离网运行。

基于交流微电网是微电网的主流形式，因此交流用电负荷可与之直接相连，不需要专门的逆变装置，但交流微电网存在控制运行困难的缺点。

（3）交直流混合微电网。交直流混合微电网是指采用交流母线和直流母线共同构成的微电网，如图 13-17 所示。交直流混合微电网可以直接给交流负荷及直流负荷供电。

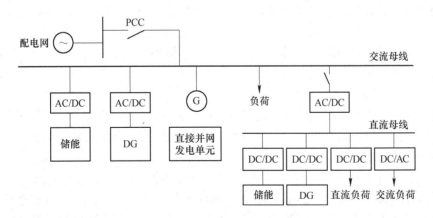

图 13-17　交直流混合微电网结构

13.4.2.4　微电网接入配电网的电压等级

微电网根据接入配电网的电压等级的不同，可分为 380V 接入、10kV 接入和 380V/10kV 混合接入三种，如图 13-18 所示。

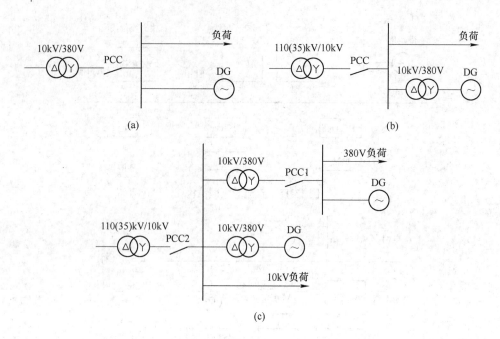

图 13-18　微电网接入配电网的电压等级

（a）380V 接入；（b）10kV 接入；（c）380V/10kV 混合接入

13.4.3　微电网的运行

微电网的运行分为并网运行和离网运行两种状态。

并网运行方式是指微电网通过公共连接点（PCC）与配电网相连，并与配电网进行功率交换。当负荷大于 DG 发电时，微电网从配电网吸收缺额的电力，当负荷小于 DG 发电时，微电网向配电网输送多余的电力。

离网运行又称孤岛运行，是指在电网故障或计划需要时，与主网配电系统 PCC 断开，即由 DG、储能装置和负荷所构成的运行方式。基于微电网离网运行时自身提供的能量一般较小，不足以满足所有负荷的电能需求，因此需根据负荷供电重要程度的不同进行分级，以确保给重要负荷供电。

13.4.3.1　微电网并网运行

微电网并网运行期间，除与配电网进行功率交换，达到运行能量平衡外，还要实现经济优化调度、配电网联合调度、自动电压无功控制、间歇性分布式发电预测、负荷预测、交换功率预测等功能。

（1）经济优化调度。微电网在并网运行时，在保证微电网安全运行的前提下，以全系统能量利用效率最大化为目标，最大限度利用系统可再生能源，同时结合储能的充放电、分时电价等实现用电负荷的削峰填谷，提高整个配电网设备利用率及配电网的经济运行。

（2）配电网联合调度。通过微电网集中控制层与配电网调度层实时信息交互，将微电网公共连接点处的并离网状态、交换功率上送调度中心，并接受调度中心对微电网的并离网状态的控制和交换功率的设置。当集中控制层收到调度中心的设置命令时，通过综合调节分布式发电、储能和负荷，实现有功功率、无功功率的平衡。配电网联合调度可以通过交换功率曲线设置来完成，交换功率曲线可以在微电网管理系统中设置，也可以通过远动由配电网调度自动化系统命令下发进行设置。

（3）自动电压无功控制。微电网对大电网来说可视为一个可控的负荷，在并网方式下微电网不允许进行电网电压管理，需要微电网运行在统一的功率因数下进行功率因数管理，通过调度无功补偿装置、各分布式发电无功输出以实现在一定范围内对微电网内部母线电压的管理。

（4）间歇性分布式发电预测。通过气象局的天气预报信息以及历史气象信息和历史发电情况，预测短期内的 DG 发电量，实现 DG 发电预测。

（5）负荷预测。根据用电历史情况，预测短期内各种负荷（包括总负荷、敏感负荷、可控负荷、可切除负荷）的用电情况。

（6）交换功率预测。根据分布式发电的发电预测、负荷预测、储能预置的充放电曲线等因素，预测公共连接支路上交换功率的大小。

13.4.3.2　微电网离网运行

微电网离网运行的主要功能是保证离网期间微电网的稳定运行，最大限度地给更多负荷供电。

（1）低频低压减载。如果负荷波动、分布式发电出力波动超出了储能装置的补偿能力，可能会导致系统频率和电压的跌落。当跌落超过定值时，切除不重要或次重要负荷，以保证系统不出现频率和电压的崩溃。

（2）过频过压切机。如果负荷波动、分布式发电出力波动超出储能装置的补偿能力，导致系统频率和电压上升，当上升超过定值时，限制部分分布式发电出力，以保证系统频率和电压恢复到正常范围。

（3）分布式发电较大控制。分布式发电出力较大时可恢复部分已切负荷的供电，恢复与 DG 多余电力相似大小的负荷供电。

（4）分布式发电过大控制。如果分布式发电过大，此时所有的负荷均未断电、储能也充满，但系统频率、电压仍过高，分布式发电退出，由储能来供电，待储能供电到一定程度后，再恢复分布式发电投入。

（5）发电容量不足控制。如果发电出力可调节的分布式发电已达最大化出力，储能当前剩余容量已小于可放电容量时，切除次重要负荷，以保证重要负荷有更长时间的供电。

13.4.4　微电网的控制

13.4.4.1　微电网的控制模式

微电网基本的控制模式有主从型、对等型、综合型三种。

A　主从型控制模式

主从型控制模式是对微电网中各个 DG 采取不同的控制方法，并赋予不同的职能，即将其中一个或几个作为主控，其他作为"从属"。并网运行时，所有 DG 均采用 P/Q 控制策略；孤岛运行时，主控 DG 切换为 U/f 控制策略，以确保向微电网中的其他 DG 提供电压和频率参考，负荷变化也由主控 DG 来跟踪，因此要求其功率输出应能够在一定范围内可控，且能足够快地跟随负荷的波动，而其他"从属"的 DG 仍采用 P/Q 控制策略。

B 对等型控制模式

对等型控制模式是基于电力电子技术的"即插即用"与"对等"的控制思想,认为微电网中各个 DG 之间是"平等"的,各控制器间不存在主从关系。因此对所有 DG 采用以预先设定的控制模式参与有功和无功的调节,从而维持系统电压、频率的稳定。亦即对等控制对所有 DG 均采用下垂特性的下垂(Droop)控制策略,在对等控制模式下,当微电网离网运行时,每个采用 Droop 控制模型的 DG 都参与微电网电压和频率的调节。在负荷变化的情况下,自动依据 Droop 下垂系数分担负荷的变化量,即各 DG 通过调整各自输出电压的频率和幅值,使微电网达到一个新的稳定工作点,最终实现输出功率的合理分配。Droop 控制模型能够实现负荷功率变化在 DG 之间的自动分配,但负荷变化前后系统的稳态电压和频率也会随之有所变化,对系统电压和频率指标而言,这种控制实际上是一种有差控制。由于无论是在并网运行模式还是在孤岛运行模式,微电网中 DG 的 Droop 控制模型可以不加变化,因此系统运行模式易于实现无缝切换。

采用 Droop 控制模型的 DG 根据接入系统点电压和频率的局部信息进行独立控制,实现电压、频率的自动调节,不需要相应的通信环节,可以实现 DG 的"即插即用",灵活方便地构建微电网。

C 综合控制模式

基于主从控制和对等控制各有其特点,以及在实际微电网中,可能存在多种类型的 DG,而不同类型的 DG 控制特性差异又很大,采用单一的控制模式显然不能满足微电网运行的要求,因此根据 DG 的不同类型可以采用既有主从控制又有对等控制的综合控制模式。

13.4.4.2 微电网中逆变器的控制模式

分布式发电接入微电网后存在并网和离网两种运行模式。并网运行时,由于微电网的总体容量相对于电网来说较小,因此其额定电压和额定频率都由电网来支持和调节,DG 只需控制功率的输出以保证微电网内部功率的平衡。据此,DG 并网逆变器采用 P/Q 控制方式,按照微电网控制中心下发的指令控制其有功功率和无功功率输出。离网运行时,微电网与电网断开,此时微电网内部要保持电压和频率的额定值,就需要在诸 DG 中取一个或几个 DG 担当电网的角色来提供额定电压和额定频率,因而这些 DG 常采用 U/f 控制和 Droop 控制策略。

A P/Q 控制

P/Q 控制是指逆变器能够实现有功功率和无功功率控制,而逆变器参考功率的确定则是逆变器功率控制的前提。对于功率控制,中小容量的 DG 可采用恒定功率方式进行并网,其电压和频率由电网提供刚性支撑,不考虑频率调节和电压调节,仅发出或吸收功率,使之避免 DG 直接参与电网馈线的电压调节,从而避免对电力系统造成负面影响。

P/Q 控制采用电网电压定向的 P/Q 解耦控制策略,外环采用功率控制,内环采用电流控制。

B U/f 控制

U/f 控制是指逆变器输出稳定的电压和频率,以维持微电网离网运行中其他从属 DG 和敏感负荷继续工作。但由于孤岛容量有限,一旦出现功率缺额,需切除次要负荷以确保敏感负荷的工作,因此 U/f 控制要能够响应跟踪负荷投切。

U/f 控制策略是利用逆变反馈电压以调节交流侧电压来保证输出电压稳定，常采用电压外环、电流内环的双环控制方案。

C　Droop 控制

Droop 控制是模拟传统电网中发电机的下垂特性，根据输出功率的变化控制电压源逆变器的输出电压和频率。即通过调节逆变器无功输出，调节其输出电压；通过调节逆变器有功输出，调节其输出频率，从而得到图 13-19 所示的下垂控制特性。

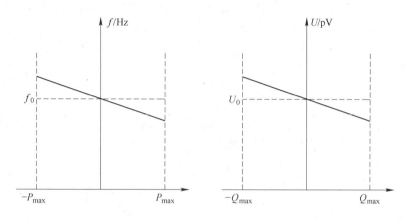

图 13-19　下垂控制特性

逆变器控制也可采用倒下垂控制。倒下垂控制是根据测量电网电压的幅值和频率分别控制输出有功功率和无功功率，使其跟踪预定的下垂特性。这种控制与根据测量输出功率调节输出电压控制的方式完全相反，即通过调节逆变器输出电压幅值调节其无功输出，通过调节逆变器输出频率调节其有功输出。

13.4.4.3　独立微电网的三态控制

A　独立微电网的三态控制的概念

独立微电网主要是指边远地区，包括海岛、边远山区、农村等常规电网辐射不到的地区，其主网配电系统采用柴油发电机组或燃气轮机发电供电，而 DG 接入容量接近或超过主网配电系统，成为高渗透率独立微电网。

由于独立微电网主网配电系统容量小，DG 接入渗透率高，不容易控制，为保证高渗透率独立微电网的稳定运行，需采用稳态恒频恒压控制、动态切机减载控制、暂态故障保护控制的三态控制（而接入大电网的并网微电网仅需稳态控制即可）。独立微电网的三态控制系统如图 13-20 所示。图中，微电网就地控制层的智能采集终端把每个节点电流电压信息通过网络送到集中控制层的微电网控制中心（MGCC）。微电网控制中心由三态稳定控制系统构成（包括集中保护控制装置、动态稳定控制装置和稳态能量管理系统）。三态稳定控制系统根据电压动态特性及频率动态特性，对电压及频率稳定区域按照一定级别划分为一定区域，如图 13-21 所示。

A 区域：在额定电压 U_N、额定频率 f_N 附近，电压、频率偏差在电能质量要求范围内，属波动的正常范围。

B 区域：稍微超出额定电压、频率允许波动范围，通过储能调节，很快回到 A 区域。

C 区域：严重超出电压、频率允许范围，需通过切机、切负荷，使系统稳定。

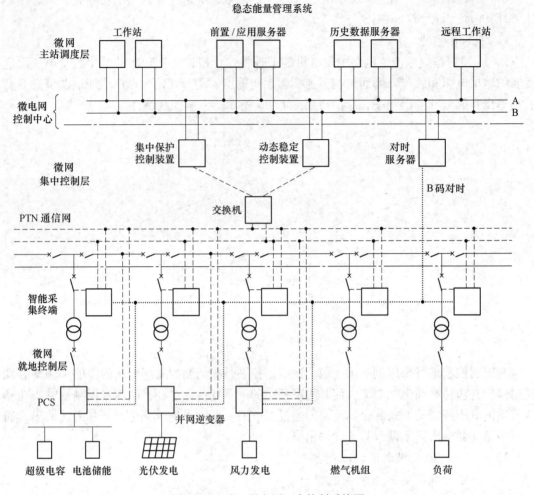

图 13-20   独立微电网三态控制系统图

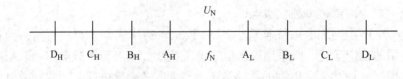

图 13-21   电压、频率稳定区域划分

D 区域：超出电压、频率可控范围，电网受到大的扰动，如故障等，应采取快速切除故障技术，切除故障，恢复系统稳定。

B   微电网稳态恒频恒压控制

当 U、f 处在 A 区域，由稳态能量管理系统采用稳态恒频恒压控制，通过对储能装置充放电控制、DG 发电控制、负荷控制，可达到平滑间歇性 DG 输出，实现发电与负荷用电处于稳态平衡，独立微电网稳态运行的目的。其工作流程如下：

（1）稳态能量管理系统实时监视分析独立微电网当前的 U、f、P，若负荷变化不大，U、f、P 在正常范围内，则进一步检查各 DG 发电状况。

（2）如 DG 发电盈余，判断储能状况的荷电状态（SOC）。若储能到达 SOC 规定上限，充电已满，不能再充电，则限制 DG 出力；若储能未到 SOC 规定上限，继续再充电，存储多余电力。

（3）如 DG 发电缺额，判断储能的荷电状态。若储能到达 SOC 规定下限，不能再放电，则切除不重要负荷；若储能未到 SOC 规定下限，让储能放电，补充缺额电力。

（4）如 DG 发电不盈余不缺额，各 DG 发电与负荷用电处于稳态平衡状态，则不需控制调节。

C　微电网动态切机减载控制

用电负荷的变化导致电网频率变化，对于常规的大电网主网系统，负荷变化所引起的频率偏移将由电力系统的频率调整来限制在规定的范围内，使系统进入新的稳定状态并重新保持稳定运行。而独立微电网系统并没有该频率调整功能，为规避频率失调所带来的种种风险，采用动态稳定控制装置进行动态切机减载控制，通过对储能充放电控制、DG 发电控制、负荷控制、无功补偿控制，达到平滑负荷扰动，实现独立微电网系统电压频率动态平衡，稳定运行的目的。其工作流程如下：

（1）从各节点的智能终端采集上送的各节点量测数据到动态稳定控制装置，动态稳定控制装置实时监视分析系统当前的 U、f、P。若负荷变化大，U、f、P 异常，f 偏离正常区域，则进一步检查各 DG 发电状况，对储能、DG、负荷、无功补偿设备进行联合控制。

（2）如负荷突然增加，引起功率缺额、电压降低、频率减低，此时 f 在 B_L 区域，储能放电，补充功率缺额，若扰动小于 30min，依靠储能补充功率缺额，若扰动大于 30min，为保护储能，切除不重要负荷；f 在 C_L 区域，频率波动较大，直接切除不重要负荷。U 在 B_L 区域，通过无功补偿装置，增加无功，补充缺额；U 在 C_L 区域，切除不重要负荷。

（3）如负荷突然减少，引起功率盈余，电压上升，频率升高，此时 f 在 B_H 区域，储能充电，储存多余电力，若扰动小于 30min 依靠储能调节功率盈余，若扰动大于 30min，限制 DG 出力；f 在 C_H 区域，直接限制 DG 出力。U 在 B_H 区域，减少无功，调节电压；U 在 C_H 区域，限制 DG 出力。

（4）故障扰动。当 U、f 处于 D 区域所引起的电压、频率异常，依靠切机、减载无法恢复到稳定状态，需采用保护故障隔离措施，即下面介绍的暂态故障保护控制。

D　微电网暂态故障保护控制

独立微电网系统在某个运行情况下突然受到短路故障、突然断线等大的故障扰动后，若不快速切除，将失去频率稳定性，发生频率崩溃，从而引起整个系统全停电事故。

根据独立微电网故障发生时的特点，采用快速的分散采集和集中处理相结合的方式，由集中保护控制装置实现故障后的快速自愈，取代目前常规配电网保护，提升电网自愈能力。其主要功能如下：

（1）当微电网发生故障时，综合配电网系统各节点电压、电流等电量信息，自动进行电网开关分合，实现电网故障隔离、网络重构和供电恢复，提高用户供电可靠性。

（2）对各路供电路径进行快速寻优，消除和减少负荷超限，实现设备负荷基本均衡。

（3）采用区域差动保护原理，在保护区域内任意节点接入分布式电源，其保护效果和保护定值不受影响。

（4）对故障直接定位，取消上下级设备自投的配合延时，实现快速的负荷供电恢复，提高供电质量。

独立微电网的暂态故障保护控制大大提高了故障判断速度，减少了停电时间，提高了系统稳定性。

13.4.4.4　微电网中储能变流器控制

微电网中的储能系统一般由储能电池组、电池管理系统（BMS）、储能变流器（PCS）、隔离变压器、中央监控系统等组成，如图 13-22 所示。

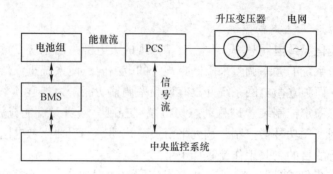

图 13-22　典型储能系统拓扑结构

图 13-22 中的储能电池通过 PCS 完成交直流变换，又经隔离变压器升压后与配电网相连。储能变流器的实质是连接储能电池与电网之间的双向逆变器，基本功能是实现直流储能电池与交流电网之间的双向能量转换传递，即储能系统的充放电。在充电状态，PCS 作为整流器将电能从交流变成直流储存到储能系统中；在放电状态，PCS 作为逆变器将储能系统中的储存的电能从直流变为交流输送到电网。同时，PCS 还具有以下功能：

（1）P/Q 控制。基于 PCS 本身具备四象限运行能力，可为微电网提供必要的无功支撑。因此，并网运行时，PCS 具备对储能装置的 P/Q 控制，亦即 PCS 可根据微电网控制中心 MGCC 下发的指令控制其有功功率输入/输出、无功功率输入/输出，实现有功功率和无功功率的双向调节功能。

（2）U/f 控制。PCS 还具备在离网运行时作为主电源进行 U/f 控制，亦即 PCS 可根据 MGCC 下发的指令控制以恒压恒频方式输出，作为主电源，为其他 DG 提供电压和频率参考。

（3）微电网黑启动。黑启动能力是微电网从故障状态快速恢复至工作状态的重要能力。但通过旋转设备，如柴油发电机、燃气轮机均需要几分钟到几十分钟的冷启动或者热启动时间，而利用储能系统中储存的能量，通过 PCS 可以在毫秒级别完成储存系统的黑启动。因此储能系统对微电网内恢复用电具有重要的作用，也是提高未来智能电网自愈能力的体现。

图 13-22 中的电池管理系统（BMS）主要用于监控电池状态，对电池组的电池电量估算，防止电池出现过充电和过放电，提高其使用安全性和延长使用寿命，提高电池的利用率。BMS 的主要功能为：

（1）检测储能电池剩余电量情况的荷电状态（SOC），保证 SOC 维持在合理的范围内，防止由于过充电或过放电时电池的损伤。

（2）动态监测储能电池的工作状态，在电池充放电过程中，实时采集电池组中每块电池的端电压、充放电电流、温度及电池包总电压，同时能够判断出有问题的电池，保证整组电池运行的可靠性和高效性，使剩余电量估计模型的实现成为可能。

（3）为单体电池均衡充电，保持单体电池间的均衡，使电池组中各个电池都达到均衡一致的状态。

13.4.5 微电网的监控与能量管理及优化控制

微电网监控与能量管理系统包括基本的 SCADA 系统及微电网能量管理系统。该一体化监控及能量管理系统是整个微电网系统经济高效安全稳定运行的保证，是整个互补智能系统的控制、测量、信息交互和调度管理的核心部分。

13.4.5.1 微电网监控

微电网监控主要是对微电网内部的分布式发电、储能装置和负荷状态进行实时综合监视。微电网监控系统架构如图 13-23 所示。

微电网监控系统通过实时采集低压测控单元、分布式发电逆变器、并/离网控制器、无功补偿控制器等的模拟量、开关量等信息量，完成整个微电网运行工况的监视，主要包括数据采集和处理、数据库的建立与维护、控制操作、报警处理、画面生成与显示、在线计算与制表、人机交互、系统自诊断和自恢复。并在取得实时监控数据的基础

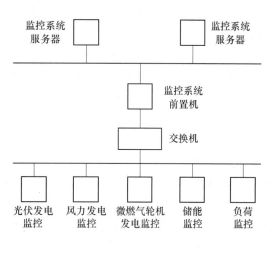

图 13-23 微电网监控系统架构

上进一步完成整个微电网的在线统计计算，为微电网能量管理系统提供基本数据，包括分布式电源发电监控、统计和分析；储能充放电监控、统计和分析；负荷分类进行监控、统计和分析；微电网综合监视与统计。

由图 13-23 可见，微电网监控系统由光伏发电监控、风力发电监控、微燃气轮机发电监控、储能监控和负荷监控等组成。

13.4.5.2 微电网能量管理

微电网能量管理系统是基于数据采集和监控（SCADA）基础之上的分析和计算，实现微电网实时统计和高级分析，使之在微电网并网运行、离网运行和状态切换时，根据电源和负荷特性，对内部的分布式发电、储能装置、负荷进行优化控制，保证微电网的经济高效安全稳定运行。微电网能量管理系统的功能主要有以下几个方面。

A 并/离网自动切换

微电网并/离网控制器具有从并网状态到离网状态、离网状态到并网状态这两个过渡状态的稳定平滑自动切换功能。并/离网切换控制由并/离网控制器实现。

（1）微电网并转离控制。在平滑切换前，为了提高切换的快速性必须要用双向通断的快速开关，并事先将负荷、分布式电源、储能 PCS 连接于一段母线，该母线通过一个快速开关连接于微电网总母线中，形成一个离网瞬间能实现能量平衡的供电区域。

负荷要按照敏感负荷、可调节负荷、可中断负荷连接于母线，为平滑地实现并转离，

敏感负荷容量要适当。

当并/离网控制器监测到需要并转离切换时，同时断开公共连接点处的快速开关，储能 PCS 快速转为离网模式，为重要的敏感负荷供电的同时，为其他分布式电源提供电压和频率的支撑。

（2）微电网离转并控制。微电网并/离网控制器具有自动并网功能。当微电网并/离网控制器检测到外部电网恢复供电（连接支路电压频率恢复到正常范围内）时，或接收到微电网能量管理系统结束计划孤岛命令后，先进行微电网内外部两个系统的同期检查，当满足同期条件时，闭合 PCC 点的快速开关，并同时发出并网模式切换指令，储能停止功率输出并由 U/f 模式切换为 P/Q 模式，PCC 点快速开关闭合后，系统恢复并网运行。

微电网并网后，逐步恢复被切除的负荷分布式电源，完成微电网从离网到并网的快速切换。

B　微电网的功率平衡控制

（1）并网运行功率平衡控制。微电网并网运行时，由大电网提供刚性的电压和频率支撑。通常情况下并不限制微电网的用电和发电，只有在需要时大电网可通过交换功率控制对微电网下达指定功率的用电或发电指令，即在并网运行方式下，大电网调整根据经济运行分析，给微电网下发交换功率定值，微电网能量管理系统按照调度下发的交换功率定值，控制分布式发电出力、储能系统的充放电功率等，在保证微电网内部经济安全运行的前提下按指定交换功率运行，以实现整个微电网最优运行。

（2）从并网转入孤岛运行功率平衡控制。微电网从并网转入孤岛运行瞬间，流过 PCC 的功率被突然切断，切断前通过 PCC 处的功率如果是流入微电网的，则它就是微电网离网后的功率缺额；如果是流出微电网的，则它就是微电网离网后的功率盈余；大电网的电能供应突然中止，微电网内一般存在较大的有功功率缺额。因此，微电网离网瞬间，如果不启用紧急控制措施，微电网内部频率将急剧下降，最终使得微电网崩溃。

微电网离网瞬间，如果存在功率缺额，则需立即切除全部或部分非重要的负荷、调整储能装置的出力，甚至切除小部分重要负荷；如果存在功率盈余，则需迅速减少储能装置的出力，甚至切除一部分分布式电源。这样，使微电网快速达到新的功率平衡状态。

（3）离网功率平衡控制。当大电网由于故障造成微电网独立运行时，通过离网能量平衡控制能够实现微电网的稳定运行。离网能量平衡控制是通过调节分布式发电出力、储能出力、负荷用电来实现离网后整个微电网的稳定运行的。对分布式电源出力的调整，原则是优先保证可再生能源的最大出力发电，再通过控制充放电状态对储能装置进行出力调整，以及通过对微电网采取分级负荷管理措施，切除非重要负荷以保证重要负荷供电的可靠性和供电质量，最终达到微电网离网后供需平衡的目标。

（4）从孤岛转入并网运行功率平衡控制。微电网从孤岛转入并网运行后，微电网内部的分布式发电工作在恒定功率控制（P/Q 控制）状态，它们的输出功率大小根据配电网调度计划决定。MGCC 所要做的工作是将先前因维持微电网安全稳定运行而自动切除的分布式电源与负荷逐步投入运行。

C　储能充放电功率曲线控制

在微电网并网运行中，根据负荷峰谷时段用电情况、光伏发电情况形成储能的预期充放电曲线，微电网能量管理系统根据该曲线实时控制储能的充放电状态以及充放电功率，实现微电网的削峰填谷、平滑用电负荷和分布式电源出力的功能。

D　分布式电源平滑出力控制

分布式电源常常受天气影响出现出力瞬增大或减小，这种闪变会对大电网造成一定的冲击，分布式电源平滑出力控制是利用储能的充放电功率来降低分布式电源出力的骤变，使分布式电源出力平滑。

E　电压无功控制

微电网系统电压常常偏离允许范围造成较严重的电能质量问题，电压无功控制功能是在并网运行时，通过调节各分布式电源、无功补偿装置等设备的无功输出，保证电压在合格范围内，并实现无功功率的就地平衡。

13.4.5.3　微电网的优化控制

微电网经济运行控制是在保证微电网安全稳定运行的前提下，以全系统能量利用效率最大和运行费用最低为目标，充分利用新能源和可再生能源，实现多能源互补发电，保证整个微电网的经济最优运行。根据各种能源的发电特性，制订各种的经济优化措施。

A　风光储系统运行模式

风电系统、光伏系统和储能系统在拓扑结构上具有既相互独立又互为补充的特点，这决定了风光储系统运行模式的多样性。风光储联合发电系统可以有下列 6 种组态运行模式：

（1）风电单独出力模式。当处于夜晚或者有云层遮挡的情况下时，光伏系统没有输出。若此时风力发电符合相关并网标准或自定义并网条件，同时顾及电池的寿命，让储能系统不动作的情况下，可由风电系统单独发电。

（2）光伏单独出力模式。当风速处于风力发电机组正常运行风速之外时，风力发电机组无输出。若此时光伏系统出力符合相关并网标准或自定义并网条件，同时顾及电池的寿命，让储能系统不动作的情况下，可由光伏系统单独发电。

（3）风电、光伏联合出力模式。当风电和光伏都有输出，但两者单独出力都不能满足并网标准时或自定义并网条件时，由于风电出力和光伏出力具有一定的相互平滑性，因此风电与光伏的合成出力可以满足并网标准，此时在储能系统不需要动作的情况下，可由风电光伏联合发电。

（4）风电、储能联合出力模式。当处于夜晚或者有云层遮挡等无光照的情况时，光伏系统无输出。若此时风速处于风力发电机组正常运行风速范围之内，但风力发电机组出力不能满足并网标准或自定义并网条件，则需要储能出力进行调节的情况下，可由风电和储能联合出力。

（5）光伏、储能联合出力模式。当风速处于风电机组正常运行风速范围之外时，风电系统无输出。若此时光伏系统有输出，但其单独出力不能满足并网标准或自定义并网条件，则需要储能系统辅助调节的情况下，可由光伏和储能联合出力。

（6）风电、光伏、储能联合出力模式。当风电和光伏都有输出，但两者合成出力不能满足并网要求时，需要储能出力进行调节的情况下，可由风电、光伏和储能联合出力。

B　微电网中光伏发电优化控制

光伏发电的最优控制需考虑光伏发电的能源特性和光伏逆变器特性两个方面的因素。

（1）光伏最大化出力控制。在多种可再生能源分布式发电联合供电时，光伏发电相对较稳定，因此光伏发电具有最高优先权。通常情况下光伏以最大输出功率，仅当光伏发电输出大于负荷用电且储能已无充电能力时方能抑制光伏发电输出。

（2）光伏逆变器群控。由于光伏逆变器工作在 30% ~ 70% 额定功率范围内时，其转换效率和电能质量才处于最佳。但是，光伏逆变器的转换效率和电能质量与输入功率有关：1）当输入功率较逆变器额定功率小很多（例如小于 20%）时，逆变器的转换效率开始大幅下降；当输入功率大于额定功率的 80% 时，逆变器的转换效率也会降低。2）逆变器输出电流谐波畸变率（THD）随输入功率的增加而减小；在逆变器轻载时，谐波会明显变大，在 20% 额定出力以下时，THD 会超过 5%，在 10% 额定出力以下时，THD 甚至会达到 20% 以上。因此微电网采用光伏发电群控技术，以提高光伏发电系统的总体工作效率。

光伏发电群控技术是将光伏阵列分组，光伏系统直流侧电流可通过切换开关分散给多个逆变器进行转换，也可通过一个集中逆变器进行转换。在微电网优化调度中，光伏群控策略为：早晨启动时，根据光照情况先将一台逆变器投入运行，等功率接近该逆变器满载时，再投入另外一台，依次投入其他逆变器；傍晚停机时，根据电池板输出功率的减少逐台停机。这种控制方式通过对每天正常光照变化和阴天进行判断；在一天内对逆变器输入功率进行检测，当逆变器输入功率过低时控制光伏直流侧切换开关，汇集直流电流于一台逆变器，保证逆变器的转换效率不会随着输入功率下降而降低。

C　微电网中风力发电优化控制

风力资源的不确定性和风电机组本身的运行特性使风电机组的输出功率存在较大波动。这种波动常常引起电压偏差、电压波动和闪变等问题，因此微电网风力发电控制首先需要解决风机出力波动性对微电网系统带来的稳定性问题。解决该问题的方法是：

（1）微电网集中控制中心（MGCC）通过网络获得系统测量数据，当 MGCC 监测到系统频率波动或电压波动较大时，快速制定并下发控制计划调节储能 PCS 的出力，弥补风力出力波动，实现风力发电的平滑。

（2）当储能设备调节能力受限时，微电网能量管理系统可以通过风力发电机逆变器下发功率输出命令来短时抑制风力发电机的输出。只要下发的功率变化比较平缓，就可保证风力发电机最终输出功率的平滑。该控制方式会限制风力发电机的最大出力。

当风力发电机具有平滑出力能力后，为了最大化利用风力资源，可通过控制手段实现风力发电机的最大出力，但当可再生能源发电出力大于负荷总用电量时，出于对系统稳定性的考虑，在制定切机方案时需采用先切除风力发电机而全力保证光伏发电最大化的策略。

D　微电网多元复合储能优化控制

储能在微电网稳定运行中起着重要作用，因此设计时就已根据微电网系统对储能的实际需求配置多种不同类型的储能装置。微电网优化调度管理系统必须根据各种储能装置类型的特性，制订不同的控制策略。

（1）电池类储能装置（能量型）。能量型储能自损耗小、能量存储时间长，但响应速度慢、循环寿命短，仅在大量储存可再生能源发电，作为备用电源对负荷进行供电时对其进行控制。

（2）飞轮、超级电容器、超导磁储能装置（功率型）。功率型储能响应速度快、输出功率大，但储能过程中自损耗较大，不适用于长时间的储能，因此常常在紧急功率缺额、模式切换、系统扰动干扰等情况下对其进行控制。

采用多种储能互补优化控制，可满足微电网平滑功率、稳定电压、短时间的紧急备用电源等多种需求。但无论何种情况下使用储能，在对储能进行控制时需时刻关注储能的剩余电量，当电池荷电状态过低或过高时不允许对其下发有损坏性的功率输出命令，以防止发生过充、过放等降低储能寿命。

第14章 电力企业管理信息系统

14.1 电力企业管理信息系统概述

从 20 世纪 80 年代初，电力企业纷纷推广实施管理信息系统（MIS）开始，电力企业管理信息化已经过了 30 多年的发展历程。其间，由于信息化管理方面先进的管理理念和管理思想的不断涌现，管理系统（软件）得到了扩展，当今的电力企业管理信息系统和工业企业管理信息系统一样，正朝着集成化、智能化和网络化的方向发展。集成化方向的突出代表有计算机集成制造系统（CMIS）、企业资源计划系统（ERP）；智能化方向的突出代表就是决策支持系统与专家系统的结合，即智能决策支持系统（IDSS）；网络化方向的典型代表是电子商务（EC）。

电力企业信息化包括生产过程自动化和管理信息化两个方面。电力企业信息化的发展进一步推动企业的生产过程控制自动化系统与企业的管理信息系统相融合，构成管理与控制一体化系统，从而克服企业自动化系统中的自动化"孤岛"，并避免管理信息系统成为缺乏底层数据支撑的"空中楼阁"，实现数据信息集成共享，有利于企业的综合管理。

和第 9 章一样，我们把上述电力企业的管控一体化系统称为广义管理信息系统或信息系统（IS），把传统的管理信息系统（MIS）称为狭义管理信息系统。

由图 0-2 电力供需企业管理信息化体系架构可见，电力企业（电网企业）信息系统是由企业的管理信息系统，以及企业的生产过程控制自动化包括能量管理系统（EMS）、配电管理系统（DMS）、电力负荷管理系统（LMS）/用电信息采集系统等融合而成的管控一体化系统。下面就能量管理系统、配电管理系统、电力负荷管理系统/用电信息采集系统等作重点介绍。

14.2 能量管理系统

电力系统由发电、输电、配电、用电等环节构成，在系统中用以辅助电网企业进行生产调度管理、运行管理的有能量管理系统（Energy Management System，EMS）、配电管理系统（Distribution Management System，DMS）等。

图 14-1 所示为能量管理系统、配电管理系统在电力系统中的关系。能量管理系统又

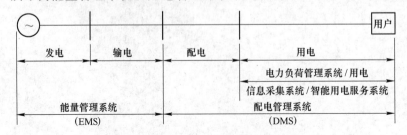

图 14-1 EMS 和 DMS 在电力系统中的关系

称电网调度自动化系统，是以计算机技术为基础的现代电力系统的综合自动化系统，主要是管理发电和输电环节，用于大区级和省市级电网调度中心。根据能量管理系统的技术发展的配电管理系统，主要是管理配电和用电环节，用于 10kV 以下的电网。电力负荷管理系统/用电信息采集系统等则隶属于配电管理系统，实施需方用电管理。

14.2.1　能量管理系统的技术发展

能量管理系统主要是为电网调度管理人员提供电网各种实时信息，包括频率、发电机功率、线路功率、母线电压等，并对电网进行调度决策管理，实现电力生产和输送的集中监视和控制，保障电网安全、优质、经济运行。

20 世纪 30 年代，电力系统虽已建立了调度中心，但调度员面对的是一个固定的系统模拟盘，仅依靠电话与发电厂和变电站相联系，无法及时而全面地知道电网上的变化，尤其是在事故的情况下调度员也只能凭经验摸索着处理。

20 世纪 40 年代出现的数据采集与监控系统（Supervisory Control And Data Acquisition，SCADA）能将电网上各厂站的数据集中显示到电力系统模拟盘上，使整个电力系统运行状态一目了然地展现在调度员面前，它还能将开关变化和数值超限及时报告给调度员，大大减轻调度员监视电力系统运行状态的负担，增强其对电力系统的感知能力。

20 世纪 50 年代出现的自动发电控制（Automatic Generation Control，AGC）包括负荷调频控制（LFC）和经济调度控制（EDC）两大部分，将调度员从频繁的操作中解放出来，增强了对电力系统的控制能力。

20 世纪 60～70 年代，自动化技术经历由模拟技术转向数字技术的重大变化。在调度中心用数字计算机代替模拟计算机之后，SCADA、AGC/EDC 和高级应用软件（PAS）等功能均由数字计算机完成。因此，在 70 年代中期出现了 EMS。EMS 的出现是电力系统自动化技术质的一次飞跃，它将各个自动化孤岛连接成为综合自动化（管理系统）的一个有机整体。

14.2.2　能量管理系统总体结构

能量管理系统总体结构如图 14-2 所示。由图 14-2 可见，EMS 由硬件设备、系统软件、支撑平台和应用软件所组成。底层是包括计算机、网络、通信、远动在内的硬件设备；之上是包括操作系统、程序设计语言等在内的支撑计算运行的系统软件；再上是包括数据库、人机界面等在内的支撑平台；最上层是应用软件层，包括基本 SCADA 软件、自动发电控制/经济调度控制软件、高级应用软件以及调度员培训模拟软件（DTS）等。EMS 最终是通过 SCADA、AGC/EDC、PAS 等应用软件来实现对电力系统的监视、控制和管理。

14.2.3　能源管理系统的硬件结构

EMS 的硬件结构配置如图 14-3 所示。在图 14-3 中，EMS 计算机的硬件系统包括：

（1）系统服务器。采用两台系统服务器实现服务器的热备用以及信息的热备份，并配有磁盘阵列。系统服务器负责保存所有历史数据、登录各类信息：各种电网管理信息、地理信息系统（GIS）所需的多种信息、各类设备信息和用户信息等，其强大的数据库管理功能可方便用户查询和统计各种数据。

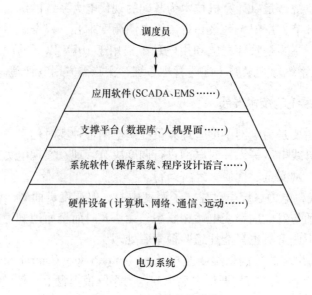

图 14-2   EMS 的总体结构

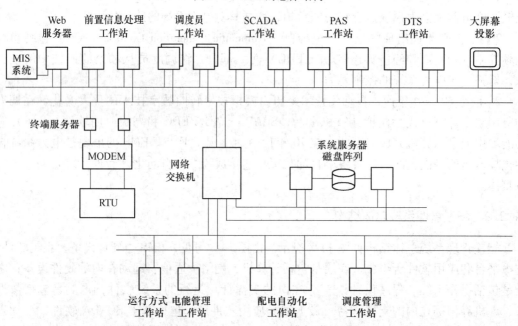

图 14-3   EMS 的硬件结构配置示意图

（2）SCADA 工作站。SCADA 工作站为双机热备用，主要运行 SCADA 软件及 AGC/EDC 软件，完成基本的 SCADA 功能和 AGC/EDC 控制与显示功能。SCADA 工作站通过两组终端服务器接收安装于所辖各发电厂、变电站远方终端 RTU（也称远动终端）信息。两组终端服务器直接挂在网上，实现双机、双通道的自动/手动切换，承担前置系统信息处理以及网络信息流优化功能。

（3）前置信息处理工作站。两台互为热备用的前置系统担负着与系统服务器及 SCA-DA 工作站通信，以及与厂站 RTU 通信及通信规约处理等任务，是 EMS 的桥梁和基础。

（4）PAS 工作站。PAS 工作站用于各项 PAS 计算以实现各项 PAS 功能，如潮流计算、短路计算等，并保存 PAS 的计算结果，如某些结果需要历史保存，则同时保存到商用数据库的历史数据库中。

（5）调度员工作站。调度员工作站承担对电网实时监控和操作的功能，实时显示各种图形和数据，并进行人机交互。

（6）配电自动化工作站。配电自动化工作站完成配电自动化管理功能，其地理信息系统（GIS）功能极强。

（7）DTS 工作站。两台 DTS 机，一台为教员机，另一台为学员机，可通过图形界面进行直观操作，也可用一台机进行仿真培训。

（8）电量管理工作站。电量工作站实现电量的自动查询、记录、奖罚电量的计算等功能。

（9）Web 服务器。EMS 通过 Web 服务器与电力公司管理信息系统连接。

（10）网络。网络是分布式计算机系统的关键部件，EMS 采用高速双网结构，保证信息能高速可靠传输。

14.2.4　能量管理系统的应用软件

（1）SCADA。SCADA 软件功能主要包括数据采集、信息显示、监视控制、报警处理、信息存储及报告、事故顺序记录、事故追忆、数据计算等。

（2）AGC/EDC。AGC/EDC 是对发电机出力的闭环自动控制系统，不仅能够保证系统频率合格，还能保证系统间联络线的功率符合合同规定范围，同时能使全系统发电成本最低。

（3）PAS。PAS 具有网络建模、网络拓扑、状态估计、在线潮流、静态安全分析、无功优化、故障分析及短期负荷预报等功能。

（4）DTS。DTS 用于培训调度员在正常状态下的操作能力和事故状态下的快速反应能力，也可用作电网调度运行人员分析电网运行的工具。DTS 与 SCADA/EMS 系统相连，可以方便地使用电网实时数据和历史数据。DTS 本身由两台工作站组成，一台充当电网仿真和教员机，另一台用来仿真 SCADA/EMS 和兼做学员机。

14.2.5　能量管理系统与其他系统的连接

SCADA 系统是电力系统自动化的实时数据源，不仅为 EMS 提供大量的实时数据，MIS/ERP、DMS 等其他相关系统也都需要用到电网实时数据，因此，SCADA/EMS 系统与这些相关系统连接就显得非常重要。而且 EMS 与企业管理信息系统相连，从中还可以取得许多经营信息用于计算电价，以取得更大范围的效益；EMS 与配电管理系统相连接，从中获取负荷管理和电压控制等信息，有利于事故处理。

14.3　配电管理系统

14.3.1　配电管理系统概述

随着电力系统综合自动化由上而下的发展，进而促使针对发电、输电环节的 EMS 技术向配电、用电环节发展,于是在 20 世纪 80 年代中期形成配电管理系统(DMS)。DMS 是一种对变电、配电到用电过程进行监视、控制和管理的综合自动化系统。其内容包括配电网 SCADA、配电网分析应用、基于地理信息系统的停电管理、需求侧负荷管理等功能。

14.3.2 配电管理系统的组成与功能

14.3.2.1 配电管理系统的组成

DMS 主要由配电主站、配电子站、配电终端和通信信道组成,如图 14-4 所示。DMS 的构成方式实质上是在标准型配电自动化系统的基础上发展而得的集成型配电自动化系统。

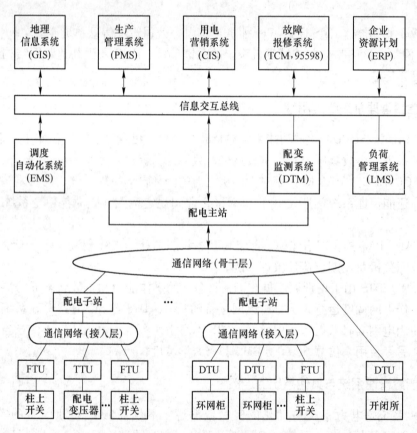

图 14-4 配电管理系统构成

FTU—馈线终端单元;TTU—配变终端单元;DTU—站所终端单元

配电主站主要由计算机硬件、操作系统、支撑平台软件和配电网应用软件组成。其中,支撑平台包括系统数据总线和平台的多项基本服务,配电网应用软件包括配电 SCA-DA 等基本功能和配网分析应用、智能化应用等扩展功能,以及支持通过信息交互总线实现与其他相关系统的信息交互。

配电子站是为优化系统结构层次、提高信息传输效率、便于配电通信系统组网而设置的中间层,实现所辖范围内的信息汇集、处理或配网区域故障处理、通信监视等功能。

配电终端是安装于中压配电网现场的各种远方监测、控制单元的总称。配电终端处于配电自动化系统的基础层，负责采集、处理反映配网与配电设备运行工况的实时数据与故障信息并上传配网主站，接收主站命令，对配电设备进行控制与调节，是配电自动化的重要组成部分。根据监控对象的不同，配电终端分为馈线终端（FTU）、配变终端（TTU）、站所终端（DTU）等三大类。馈线终端可对架空柱上分段开关、联络开关以及分支线开关等中压馈线开关设备进行测控；配变终端用于配电变压器、配电室/箱变变压器运行工况的监测以及无功补偿设备的控制，完成变压器运行数据采集、负荷变化记录、谐波测量、停电时间检测等监测以及无功补偿设备的调节控制功能；站所终端用于环网柜、开闭所（开关站）、配电所、箱变等中压馈线中站所设备的测控。

通信信道是连接配电主站、配电子站和配电终端实现信息传输的通信网络。根据我国国家电网公司企业标准《配电自动化系统技术导则》中的相关要求，配电通信网分为骨干网和接入网两层。骨干层通信网络实现配电主站和配电子站之间的通信，骨干网的建设宜选用已建成的 SHD 光纤传输扩容的方式。接入层通信网络实现配电主站（子站）和配电终端之间的通信，接入层的建设方案可采用光纤 EPON、工业以太网、中压 PLC、无线专网、无线公网 GPRS/CDMA、3G 等多种通信方式相结合，确保通信信道安全、可靠、稳定运行。

配电管理系统信息流程为：配电远方终端实施数据采集、处理并上传至配电子站或配电主站，配电主站或子站通过信息查询、处理、分析、判断、计算与决策，实时对远方终端实施控制、调度命令并存储、显示、打印配电网信息，完成整个系统的测量、控制和调度管理。

14.3.2.2　配电主站的功能

配电主站是 DMS 的核心部分，按照国内新近颁布的相关标准的定义，主站功能分为公共平台服务、配电 SCADA、馈线故障处理、配网分析应用和智能化功能等。

（1）公共平台服务。公共平台服务是指建立在计算机操作系统基础之上的基本平台和服务模块，如数据库管理、模型管理、图形管理、报表管理、打印管理、权限管理、接口管理等。

（2）配电 SCADA。配电 SCADA（也称 DSCADA），是配电自动化系统的基本功能。DSCADA 通过人机交互，实现配电网的运行监视和远方控制，为配电网的生产指挥和调度服务。DSCADA 主要功能包括数据采集、数据处理及数据记录、事件与事故处理、人机界面、操作与控制等。

（3）馈线故障处理。馈线故障处理是馈线自动化（FA）中最重要的功能。当配电线路发生故障时，FA 根据馈线终端的故障信息进行自动快速故障定位，并与配电终端配合进行故障隔离和非故障区域恢复供电，从而达到减小停电面积和缩短停电时间，提高供电可靠性的目的。

（4）配网分析应用。配网分析应用也称为高级应用（DPAS），用以辅助配网运行人员对系统进行有效分析，实现配网的优化运行。配网分析应用主要内容有拓扑分析、状态估计、潮流计算、解/合环分析、负荷预测、负荷转供、网络重构等。

（5）智能化应用。随着智能电网建设的开展，智能化应用也成为配电自动化系统扩展功能的重要内容。智能化应用通过智能型配电自动化系统实现。智能型配电自动化系统是在标准型或集成型配电自动化系统的基础上，扩展对于分布式电源/储能装置/微电网的接入及控制功能；基于快速仿真和智能预警分析技术的配电网自愈控制功能；实现与上级电网的协同调度以及与智能用电系统的互动功能；若对配电网的安全控制和经济运行辅助决策有进一步的需求，可通过配电网络优化和提高供电能力的高级应用软件实现配电网的经济优化运行功能。智能型配电自动化系统如图14-5所示。

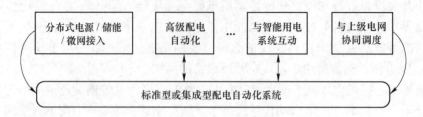

图 14-5　智能型配电自动化系统

14.3.3　配电管理系统与其他相关系统的互联

经过多年的信息化建设，电力企业已建有调度自动化系统、配电自动化系统（配电管理系统）、配变监测系统、负荷管理系统、地理信息系统、生产管理系统、用电营销系统、故障报修系统等计算机应用系统。它们各司其职，在各自系统积极完成其自身的功能作用。

配电管理系统的信息量大、面广，单靠其终端采集的实时信息是远远不够的，它必须通过与其他相关系统接口来获得必需的实时、准实时和非实时信息。同时，配电管理系统也需把自己的数据传输给与之相关的应用系统，进行信息交互，实现信息共享和业务集成。

IEC 61968（DL/T 1080）为电力企业内部各应用系统之间的信息共享提供了接口标准和实现机制。IEC 61968 提出了总线型的接口标准，使得多系统的接口关系变得简单，每个系统相对于总线只要一个接口，即可实现与多个应用系统的信息交互。

配电管理系统与其他相关系统的信息交互内容如下：

（1）配电管理系统从相关应用系统获取的信息。

1）从上一级调度自动化系统（EMS）获取输电网及高压配电网的网络拓扑、变电站图形、设备参数、实时数据和历史数据等。

2）从生产管理系统（PMS）获取中压配电网的馈线电气单线图、网络拓扑以及相关设备参数信息（台账）、配电网设备计划检修信息和计划停电信息等。

3）从用电营销系统（CIS）获取低压配电网公变和专变运行数据、用户信息、用户故障信息等。

4）从地理信息系统（GIS）获取配电网络图、电气接线图、单线图、地理图、线路地理沿布图、网络拓扑、馈线模型、拓扑和设备数据。

5）从负荷管理系统（LMS）获得大用户配变（专变）参数、遥测数据等。

6）从故障报修系统（TCM，95598）获得用户故障信息和特殊情况信息。

（2）配电管理系统向相关应用系统提供的信息。配电管理系统向相关应用系统提供配电网图形（系统图、站内图等）、网络拓扑、实时数据、准实时数据、历史数据、分析结果等信息。

14.4　电力负荷管理系统及用电信息采集系统

14.4.1　我国电力负荷管理系统的发展

20 世纪 70 年代，我国处于计划经济时代，电力供应比较紧张，为解决电力供需矛盾，1977 年底，我国开始电力负荷控制技术的研究和应用工作。刚开始主要是借鉴国外的电力负荷控制技术，引进一批音频控制设备，安装在北京、上海、沈阳等地。在引进消化国外技术的基础上，我国也开始自行研制音频、工频波形畸变、电力线载波和无线电控制等多种装置。1987 年开始国产化试点，主要试点开发国产的音频和无线电负荷控制系统，分别在济南、石家庄、南通、郑州使用。在试点成功的基础上，1989 年底在郑州召开了全国计划用电会议，要求首先在全国直辖市、省会城市和主要开放城市重点推广应用，然后在所有地（市）级城市中全面推广。1990～1996 年进入全面推广应用阶段，经过这 7 年多的努力，全国有近 200 个地（市）级城市建设了电力负荷控制系统，还有部分县级城市也开展了这项工作。电力负荷控制系统的投运，使各地区的负荷曲线有了明显的改善。

20 世纪 90 年代中后期，随着产业结构调整和电力事业的发展，我国电力供需矛盾得到缓解，电力负荷控制系统的控制功能减弱。从 1998 年起，我国电力负荷控制系统改名为电力负荷管理系统，重点转向对用户电力负荷的管理，即从控制用户负荷，调节用电负荷曲线为主向为电力需求侧管理、营销服务和客户服务提供技术支持的转变。同时，为适应电力负荷管理系统的发展需求，保证系统建设具有良好的规范性、兼容性、开放性和扩展性，2004 年，国家电网公司组织对原有负荷控制系统的技术标准进行修订，《电力负荷管理系统通用技术条件》（Q/GDW 129—2005）和《电力负荷管理系统数据传输规约》（Q/GDW 130—2005）在 2005 年底由国家电网公司颁布实施。新版标准增加了电力需求侧管理、客户服务、营销支持等用电管理功能。

电力负荷管理系统能及时有效地调整负荷、平衡电力供需矛盾，是实施电力需求侧管理的重要技术手段，配合经济手段，能更有效地灵活调整地区负荷，均衡用电，延缓电厂建设。同时电力负荷管理系统拥有丰富的实时数据和历史数据，可以对用户自身的分析和应用提供数据支持，通过手机短消息、终端语音和显示、互联网等方式，为用户了解电网状况、加强用电管理、节能降耗提供定向增值服务。电力负荷管理系统也为电力营销管理技术支持以及营销分析与决策支持，是电力营销技术支持系统的重要组成部分。

14.4.2　电力负荷管理系统结构

电力负荷管理系统是以计算机网络技术、现代通信技术、电力自动控制技术为基础的，针对电力负荷进行数据采集、处理和实时监控的自动化系统，是实施电力需求侧管理的重要技术手段，是电力营销技术支持系统的重要组成部分。

电力负荷管理系统由主站、子站、中继站、信道及终端等组成，如图 14-6 所示。

（1）主站。主站或称主站系统、中心站，是电力负荷管理系统的核心，由计算机系统

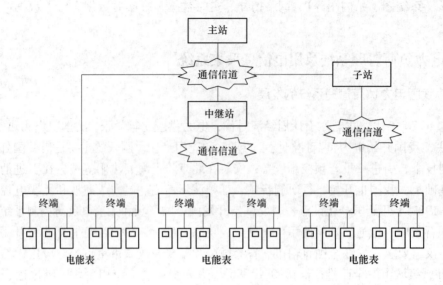

图 14-6　电力负荷管理系统的组成

（服务器、前置机、工作站、存储设备等）、网络设备、专用通信设备等硬软件构成的信息平台。

（2）子站。子站或称分站、分中心，是为系统分区域管理而设置的二级主站。

（3）中继站。中继站是在通信距离远，或无线通信受地形影响较大的情况下，专门设立用于通信接力的基站。

（4）信道。主站到子站或中继站的信道，可以采用电力微波、电力专用光纤通道、230MHz 无线专网等通信方式。而主站、子站和中继站到终端的信道，可以采用电力专用光纤通道、230MHz 无线专网、GPRS 无线公网等通信方式。

（5）终端。终端是安装在用户侧用于实现负荷管理功能的智能装置。

14.4.3　电力负荷管理系统功能

电力负荷管理系统功能主要包括数据采集、负荷控制、需求侧管理和服务支持、电力营销管理技术支持、营销分析与决策分析支持等。

数据采集功能主要包括负荷数据采集、电能量数据采集、抄表数据采集、工况数据采集、电能量数据采集。

负荷控制是指现场终端在系统主站的集中管理下，通过对用户侧配电开关的控制，从而达到调整和限制负荷的目的。负荷控制功能有功率定值闭环控制（简称功控）、电能量定值闭环控制（简称电控）和遥控等方式。

需求侧管理与服务支持功能主要包括：

（1）系统采集用户侧用电数据，为负荷需求预测、调整电力供需平衡提供准确的基础数据。

（2）根据有序用电方案控制负荷，实施错峰、避峰等需求侧管理。

（3）通过终端向用户提供用电负荷曲线、定值参数等用电数据，发表用电信息，帮助用户进行用电负荷曲线优化分析、企业生产用电成本分析，为用户经济用电、合理用电、提高用电效率提供技术指导。

（4）在线监测用户端电能质量，以提供电压、功率因数、谐波等电能质量的统计分析数据。

电力营销管理技术支持功能主要包括远程抄表、实施催费限电和购电控制、电能表运行状况在线监测。

营销分析与决策支持功能主要包括面向用户信息发布、负荷和能量分类数据分析、线损分析。

14.4.4　用电信息采集系统的发展历程

从 20 世纪 90 年代开始，我国各省（市、自治区）电力公司陆续开展了以负荷管理系统、集中抄表系统为主的用电信息采集系统试点建设。经过多年的建设和完善，用电信息采集系统的覆盖率逐年提高，随着覆盖率的不断扩大，依托于该系统的需求响应、有序用电、电费催收、预购电等各种业务应用也得到逐步扩大。用电信息采集系统在电力营销、安全生产和经营管理中发挥了积极作用。

由于当时，用电信息采集系统是各省级、地市公司自行建设，缺乏统一的规划和标准规范。另外，在管理体制上，用电信息采集系统与电网关口电能采集系统、电力负荷管理系统、公用配电变压器监测系统、低压集中抄表系统等同时存在，分属不同的部门管理，各系统缺少统一的数据整合平台和标准规范，所采数据格式不兼容，无法实现信息互联，不能有效利用共享，形成一个个信息孤岛等问题，不能满足电力营销的改革与发展需要。因此，必须对用电信息采集系统进行升级改造。

2008 年，国家电网公司启动了电力用户用电信息采集系统建设，新的系统整合了原有的电力负荷管理系统、配电变压器监测系统和集中抄表系统。2009 年国家电网公司又在坚强智能电网建设规划中，对用电信息采集系统建设作了全面部署，提出了用电信息采集系统"全覆盖、全采集、全费控"的建设目标。用电信息采集系统是智能电网的重要组成部分，是实现智能电网用户环节基础数据信息采集、监控、统计、分析的管理平台，为营销业务应用、智能用电业务应用、综合业务应用提供重要的技术支撑。

2008 年 9 月，为规范统一用电信息采集系统，国家电网公司组织中国电力科学研究院等单位，启动了"电力用户用电信息采集系统"系列标准制定工作。2009 年 12 月，"电力用户用电信息采集系统"系列标准正式发布。这是我国制定的首套有关用电信息自动采集方面的标准，该标准旨在自动采集所有电力用户的用电信息，包括各类大中小型专用变压器用户、各类 380/220V 供电的一般工商业用户和居民用户、各类关口计量点等。"电力用户用电信息采集系统"系列标准为电力生产管理、营销现代化以及日后智能电网建设给出新一代电能信息采集整体解决方案，构建起购、供、售一体化电能信息平台，构建起电网与用户之间的电力流、信息流、业务流实时双向互动的新型供用电关系，大幅度提高供电可靠性和用电效率，实现电力资源的最佳配置。

目前，用电信息采集系统建设正在按照"全覆盖、全采集、全费控"的总体目标，科学、有序、规范、快速地推进。

14.4.5　用电信息采集系统架构

14.4.5.1　用电信息采集系统的物理架构

用电信息采集系统是对电力用户的用电信息进行采集、处理和实时监控的系统，实现用电信息的自动采集、计量异常监测、电能质量监测、用电分析和管理、相关信息发布、分布式能源监控、智能用电设备的信息交互等功能。用电信息采集系统架构主要由主站、通信信道和现场终端三部分组成，如图 14-7 所示。

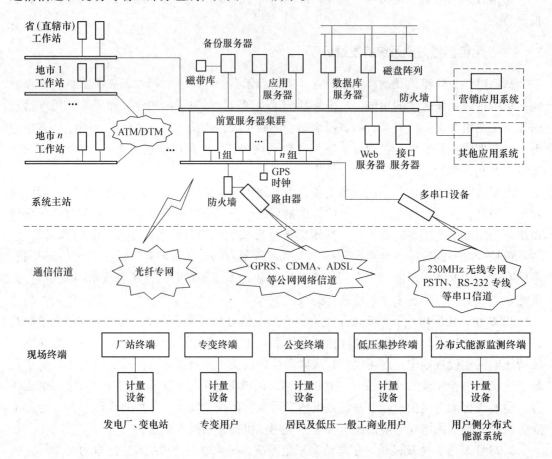

图 14-7　用电信息采集系统物理架构

14.4.5.2　主站

主站是整个用电信息采集系统的管理中心，管理着全系统的数据传输、数据处理、数据应用、系统运行和系统安全，并管理与其他系统的数据交换。

主站是一个包括软件和硬件的计算机网络系统。主站系统网络从结构上可划分为服务器主网络、前置通信子网、工作站子网以及互联子网等四部分。图 14-7 中，服务器主网络主要由数据库服务器、应用服务器、Web 服务器、接口服务器以及主网络交换机等设备组成。前置通信子网主要由前置服务器集群、通信设备以及通信子网交换机等设备组成。工作站子网包括各地市公司（供电局）远程工作站、省（直辖市）公司工作站以及相关内部网络设备。与营销应用系统和其他应用系统的互联网主要由接口服务器、防火墙等设备组成。

下面对主站主要硬件设备进行介绍：

（1）数据库服务器。数据库服务器承担着系统数据的集中处理、存储和读取，是数据汇集、处理的中心。为满足系统对稳定性、可靠性和高性能的要求，用电信息采集系统数据库服务器采用双机热备份模式。

（2）存储设备。存储设备为系统数据提供物理存储空间。由于用电信息采集系统的数据采集规模较大，应用对象多，工作站并发性访问多，要求采用高性能的存储设备来满足系统性能、数据规模及存储年限等的需要。一般采用存储区域网络（SAN）结构的磁盘阵列，以方便数据库服务器集群的扩展。

（3）应用服务器。应用服务器主要运行后台服务程序，为应用功能提供逻辑服务，进行系统数据的统计、分析、处理以及为用户端提供应用服务。应用服务器通过集群技术保障系统的可靠性和稳定性，通过负荷均衡技术保障系统的负荷以及工作站并发数等性能指标要求。应用服务器一般采用机架式 PC 服务器或小型机。

（4）Web 服务器。Web 服务器是应用服务器的一种，主要运行 Web 服务程序，提供 Web 方式的信息发布、信息查询、信息反馈服务。

（5）接口服务器。接口服务器主要运行接口程序，负责与其他系统的接口服务，需要满足系统的安全性、可靠性、稳定性等要求。接口服务器的配置应根据接口系统的需求而定。接口服务器也是应用服务器的一种。

（6）前置服务器。前置服务器是系统主站与现场采集终端通信的唯一接口，所有与现场采集终端的通信都由其负责，所以对前置服务器的实时性、安全性、稳定性等方面的要求较高。

下面对前置机配置数量、性能要求、安全防护措施等方面提几点建议：

1）前置服务器应具有分组功能，以支持大规模系统的集中采集，同时也有利于规模的扩展。

2）每组前置机采用双机，以主辅热备或负荷均衡的方式运行，当其中一台服务器出现故障时，另一台服务器自动接管故障服务器所有的通信任务，从而保证系统的正常运行。

3）每组前置服务器可接入系统所有类型的信道，对于采用串行方式（230MHz 无线专网等）的通信信道，通常采用终端服务器等多串口设备来扩展前置服务器的串口数量，以便同时接入多路串口信道；对于采用公网的通信信道，需增加防火墙和认证服务器来提高接入的安全性；对于电力公司自建的光纤等专网信道，则可直接接入前置服务器。

4）不同规模的系统对前置服务器的配置数量要求有所不同，每组前置服务器设计容量为可接入的终端总数不小于 30000 台。

5）对于较大规模的系统，通常采用前置服务器集群并选择合适的集群模式。

（7）运行操作工作站。运行操作工作站提供操作人员与系统的交互界面和手段，通常按功能区分为系统运行操作和业务应用两类。工作站设备选型通常为个人电脑，可为台式个人电脑或笔记本电脑。

用电信息采集系统的主站应用软件（简称软件）分别在应用服务器、Web 服务器、接口服务器和工作站等设备上部署工作，完成对系统运行操作的任务响应，处理采集信息的数据，为业务应用功能提供数据，实现业务应用功能，实现与其他系统的数据交换等系统应用功能。

从系统的业务应用出发，软件应用功能主要包含自动抄表、预付费管理、负荷管理、用电监测、终端管理和运行管理几个方面。

（1）自动抄表：

1）采集任务编制。根据不同业务对采集数据的要求编制采集任务。

2）自动任务执行。根据编制好的自动任务，通过远程技术手段，按照要求自动下发采集指令，获取终端或量测设备的数据。

3）实时召测。根据接收到的实时数据采集要求，通过远程技术手段，自动下发采集指令，实时召测终端或量测设备的数据。

4）数据检查。对采集的数据的合理性、有效性进行检查，并提供有效的数据检查审核的辅助工具。

5）数据查询。对采集到的各项数据提供查询功能，并支持图表形式展现。

6）数据导出。按照规定的格式生成数据报表。

7）数据上传。调用营销系统接口，将已审核数据上传至营销系统。

8）采集质量统计。对采集任务的执行质量进行检查，统计数据采集成功率、采集完整率。

（2）预付费管理：

1）预付费单接收。获取预付费信息，并进行初次预付费的调试工作，为预付费控制投入与解除提供技术保障。

2）预付费控制参数下发。通过远程控制的技术手段下发预购电控参数到控制终端，执行预购电控制，包括预购电控制投入和预购电控制解除。

3）用户余额查看。召测用户终端预付费余额并显示。

4）催费控制。获取催费控制通知、停复电通知，并返回停复电结果，根据欠费管理的要求，投入或解除催费告警、催费限电。

5）预付费情况统计。列出预购电用户数量，并通过时间等条件查询预购电命令记录。

（3）负荷管理：

1）限电方案编制。根据有序用电方案管理或安全生产管理要求，编制限电控制方案。

2）负荷控制。根据编制好的限电控制方案，通过远程控制的技术手段下发限电控制参数到控制终端，限制用电负荷，包括控制投入和控制解除。

3）营业报停控。接受营业报停控指令和下发报停控参数。

4）终端保电。通过向终端下发保电投入命令，使用户控制开关在设置的保电持续时间内不受终端控制；向终端下发保电解除命令，使用户控制开关处于正常受控状态。

5）终端剔除。通过向终端下发剔除投入命令，使终端处于剔除状态，终端对除剔除、对时命令以外的任何广播命令和组地址命令均不响应；向终端下发剔除解除命令，使处于剔除状态的终端返回正常工作状态。

6）群组管理。根据要求，编制相应的采集点分组，对需要下发组地址的下发组地址到终端。

7）负荷控制方案执行查看。对负荷控制方案执行统计分析和效果评估。

（4）用电监测：

1）用电异常监测。用电信息采集与管理系统通过对现场事件以及采集数据的分析，发现异常时及时给出告警信息，并启动异常处理流程。

2）用电质量监测。电能质量作为供用电的重要指标，主要是通过用电信息采集系统采集的电压、电流、功率因数、谐波、周波来评价用户、电网的电能质量状况，便于完善电网供电方案和用户调整用电方式，提高电能质量。

3）重点用户（台区）监视。针对重点用户（台区）提供用电情况跟踪、查询和分析功能。

4）事件处理和查询。主站系统能够对终端侧发生的事件做出主动或被动响应，及时处理终端事件。

（5）终端管理：

1）终端安装。根据所接收的终端安装任务制定安装工程单，领取安装设备到现场执行安装作业，记录现场安装信息。

2）终端拆除。根据所接收的终端拆除任务制定拆除工作单，进行拆除作业，记录现场拆除信息，并将拆回的终端入库。

3）终端更换。根据所接收的终端更换任务制定更换工作单，领取终端，到现场执行更换作业，记录现场更换信息，并将更换拆回的终端入库。

4）终端检修。根据终端运行情况与使用年限，对终端零配件（含天线、馈线）进行批量更换或软件升级作业。

5）终端参数设置。设置终端各项参数，并通过远程通信技术将参数下发到终端。

6）终端对时。系统获取标准时间，并且为终端对时。

（6）运行管理：

1）值班日志。根据交接班制度，在系统中填写并保存值班信息。记录日期、时间、主站值班人员、交接班人员、当班运行简述、当班运行维护简述等信息。

2）权限管理。管理系统的用户账号及权限分配。

3）档案管理。维护系统运行必需的电网结构、用户、采集点及相关参数、档案信息。

4）通信管理。对系统使用的通信设备、路由参数等进行配置管理。对系统使用的GPRS/CDMA 无线公网通信方式进行流量管理。

5）报表管理。按照规定的格式生成档案及数据报表。

6）运行情况监测。对系统中关键设备的运行工况以及操作进行监测、记录。

14.4.5.3　通信信道

用电信息采集系统中用于连接主站、采集终端及电能表进行数据交换的通信网络也称为通信信道，是信息交互的承载体。用电信息采集系统通信由远程通信和本地通信两类通信网络有机构成。远程通信网络完成主站系统和采集终端之间的数据传输通信，远程通信方式可分为光纤专网、230MHz 无线专网、GPRS/CDMA 无线公网等。通过远程通信，主站与用户侧的采集终端设备间建立起联系，即可下达指令和参数信息，收集用户信息。本地通信是指采集终端和用户电能表之间的数据通信，在用电信息采集系统中主要是集中器和采集器、集中器和电能表、采集器和电能表之间的通信。本地通信方式主要有电力线载波、RS485 总线和微功率无线三种通信模式，其中电力线载波通常又分为窄带和宽带两类。

14.4.5.4　现场终端

现场终端是指用电信息采集系统安装在现场的采集终端及电能表。

A　采集终端

采集终端是对各信息采集点进行用电信息采集的设备，是实现电能表数据采集、数据管理、数据双向传输以及转发或执行控制命令，并对用电异常信息进行管理和监控的设备。采集终端按应用场所可分为厂站采集终端、专变采集终端、公变采集终端、低压集中抄表终端（集中器和采集器）、分布式能源监控终端等类型。

厂站采集终端是实现发电厂或变电站电能表数据采集、对电能表和有关设备的运行工况进行监测，并对采集的数据实现管理和远程传输。

专变采集终端是对大中小型专用变压器用户用电信息进行采集的设备，可以实现电能表数据的采集，电能计量设备工况和供电电能质量监测，以及用户用电负荷和电能量的监控，并对采集数据进行管理和双向传输。专用变压器采集终端不仅用于采集、监测、计算与传输电能表的各种数据，还可以根据设定的参数进行负荷控制，以及进行遥控和告警提示。

公变采集终端是公变综合监测设备，实现公变侧电能信息采集、配变和开关运行状态监测、供电电能质量监测，并对采集的数据实现管理和远程传输，同时还可以集中计量，公变台区电压考核等功能，为配电管理部门制定经济、安全的运行方案及设备增容等提供参考数据。

集抄终端是对低压用户用电信息进行采集，并对用电异常信息进行管理和监控的设备。集抄终端通常包含集中器和采集器两部分。集中器是收集各采集终端或电能表的数据，并进行处理储存，同时能和主站或手持设备进行数据交换的设备。采集器是用于采集多个电能表电能信息，并可与集中器交换数据的设备。通常采集器与集中器配合使用，实现低压用户的用电信息采集。集中器如果直接收集各电能表的数据，也可不与采集器配合使用。

分布式能源监控终端是对接入公用电网的用户侧分布式能源系统进行监测与控制的设备，可以实现对双向电能计量设备信息采集、电能质量监测，并可接受主站命令对分布式能源系统接入公网进行控制。

B　智能电能表

智能电能表是智能电网高级计量体系中的重要设备，由测量单元、数据处理单元、通信单元等组成，具有电能量计量、信息存储及处理、实时监测、自动控制、信息交互等功能，是一种多功能电能表，以满足坚强智能电网电能计量、营销管理和用户服务目的。除了基本功能外，智能电能表还具备以下功能：

（1）有功电能和无功电能双向计算，支持分布式能源的接入。

（2）具有阶梯电价、预付费及远程通断等功能，支持智能需求侧管理。

（3）可以实时监测电网运行状态、电能质量和环境参数，支持智能用电用能服务。

（4）具备异常用电状况在线监测、诊断、报警及智能化处理功能，满足计量装置处理和在线监测的需求。

（5）配备专用安全加密模块，保障电能表信息安全储存、运算和传输。

C 现场终端的采用

用电信息采集系统的采集对象是所有电力用户,主要包括以下 6 类用户:大型专变用户、中小型专变用户、三相一般工商业用户、单相一般工商业用户、居民用户和公变关口计量点。根据 6 类用户对用电信息采集的要求,应采用不同的现场终端。对于大型专变用户和中小型专变用户,应采用专变采集终端 + RS485 多功能电能表采集模式,大型专变用户选择带交流采样模块或不带交流采样模块的专变终端,中小型专变用户选择不带交流采样模块的专变终端,实现用户用电信息采集和控制管理。对于低压三相一般工商业用户,可选择安装远程多功能电能表,也可以是集中器采集方式。对于低压单相一般工商业用户和居民用户采用集中器 + 载波预付费电能表或集中器 + 采集终端 + 载波电能表两种采集方式,实现集中抄表和预付费管理。对低压公用配变关口计量点采用集中器 + RS-485 多功能电能表数据转发形式实现抄表功能。远程终端与主站通信信道优先选用电力光纤专网,对于未完成光纤通道建设的各省,可选用无线公网(GPRS、CDMA 等)、230MHz 无线专网等信道作为过渡。

14.4.5.5 用电信息采集系统及其相关子系统

在全面建设智能电网用电信息采集系统之前,就已经存在一些系统,包括电力负荷管理系统、公用配电变压器监测系统、集中抄表系统、厂站关口电能采集系统等,随之这些系统被统一整合为"电力用户用电信息采集系统",成为智能电网用电信息采集系统的子系统,如图 14-8 所示。

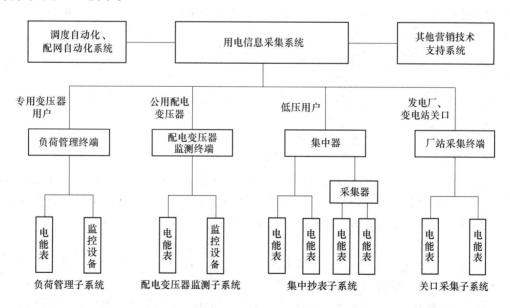

图 14-8 用电信息采集系统及其相关子系统

电力负荷管理子系统通过对专用变压器用户数据采集、负荷监控及用电管理,实现对营销计量设备、用户用电状态、预付费情况等的监视。

公用配电变压器监测子系统通过对公用配电变压器运行数据和设备状态的采集和监视,实现无功就地补偿,实现电能质量的统计和分析。

低压集中抄表系统用于实现低压用户的电能量数据采集、存储、处理和传送,为营销计费系统的电费计算及收费模块提供基础数据。

厂站关口电能采集系统完成某个供电区域上网发电厂、联络线关口、下网关口、直供大用户电能信息和数据的采集、存储、处理和传送。

这些子系统通过有效的整合，加以完善利用，同样可以实现"全覆盖、全采集、全费控"的总目标。

14.4.6　用电信息采集系统功能

用电信息采集系统的主要功能包括数据采集、数据管理、控制、综合应用、运行维护管理、系统接口等。

14.4.6.1　数据采集

用电信息采集系统能按照定时自动采集、随机召测、主动上报等方式，采集电能量数据、交流模拟量、工况数据、电能质量越限统计数据、事件记录数据和其他数据等信息。

用电信息采集系统还能检查采集任务的执行情况，分析采集数据，根据后台用电分析专家管理系统自动分析和报告采集任务失败或采集数据数据异常，以便系统管理人员及时发现问题并通知用电检查人员进行现场处理。同时，系统可按日、月统计数据采集成功率、采集数据完整率。

14.4.6.2　数据管理

（1）数据合理性检查。系统提供采集数据完整性、准确性的检查和分析手段，发现异常数据或数据不完整时自动进行补采，提供数据异常事件记录和告警功能。对于异常数据不予自动修复，并限制其发布，保证原始数据的唯一性和真实性。

（2）数据计算分析。根据应用功能需求，可通过配置或公式编写，对采集的原始数据进行计算、统计和分析。

（3）数据存储管理。采用统一的数据存储管理技术，对采集的各类原始数据和应用数据进行分类存储和管理。

（4）数据查询。支持数据综合查询功能，支持组合条件方式查询。

14.4.6.3　控制

用电信息采集系统主站可以对终端设置功率定值、电量定值、费率定值以及相关参数的配置和下达控制命令，实现系统功率定值控制、电量定值控制、费率定值控制和远方控制功能。实现控制功能时，既可以点对点控制，也可以点对面控制。

14.4.6.4　综合应用

（1）自动抄表管理。根据采集任务的要求，自动采集电力用户电能表的数据，获得电费结算所需的用电计量数据和其他信息。

（2）费控管理。费控管理需要由主站、终端、电能表多个环节协调执行，主要有主站实施费控、终端实施费控、电能表实施费控三种方式。

（3）有序用电管理。根据有序用电方案或安全生产的要求，编制限电控制方案，对用户的用电负荷进行有序控制，并可对重要用户采取保电措施。

（4）用电情况统计分析。用电情况统计分析包括综合用电分析和负荷预测支持。综合用电分析包括负荷分析、负荷率分析、电能量分析、三相平衡度分析，以便及时了解系统负荷、电能量的变化情况以及三相不平衡情况，进而为优化配电管理提供依据。负荷预测支持主要是分析地区、行业、用户等历史负荷、电能量数据，找出负荷变化规律，为负荷预测提供支持。

（5）异常用电分析。异常用电分析包括计量及用电异常监测、重点用户监测和事件处理和查询。计量及用电异常监测是对采集数据进行比对、统计分析，从中发现用电异常，例如功率超差、负荷超容量等用电异常。重点用户监测是对重点用户提供用电情况跟踪、查询和分析功能。事件处理和查询是根据系统应用要求，主站将终端记录的告警事件设置为重要事件和一般事件。对于不支持主动上报的终端，主站接收到来自终端的请求访问要求后，立即启动事件查询模块，召测终端发生的事件，并立即对召测事件进行处理；对于支持主动上报的终端，主站收到终端主动上报的重要事件，应立即上报事件进行处理。

（6）电能质量数据统计。电能质量数据统计包括电压越限统计、功率因数越限统计和谐波数据统计等。

（7）电能损耗、变损分析。根据各供电点和受电点的有功和无功的正/反向电能量数据以及供电网络拓扑数据，按电压等级、分区域、分线、分台区进行电能损耗的统计、计算、分析。可按日、月固定周期或指定时间段统计分析电能损耗。主站应能人工编辑和自动生成电能损耗计算统计模型。

变损分析是指将计算出的电能量信息作为原始数据，将原始数据注入指定的变损计算模型中，生成对应计量点各变压器的损耗率信息。变损计算模型可以通过当前的电网结构自动生成，也主持对于个别特殊变压器进行特例配置。

（8）增值服务。系统采用一定安全措施后，可以实现以下增值服务功能：

1）Web 查询。支持通过 Web 进行查询，能够按照设定的操作权限，提供不同数据页面信息及不同的数据查询范围。

2）Web 信息发布。Web 信息发布包括原始电能量数据、加工数据、参数数据以及基于统计分析生成的各种电能量、电能质量分析报表、统计图形（曲线、棒图、饼图）等。

3）数据共享。系统可以通过手机短信、语音提示等多种方式向用户发布用电信息、缴费通知、停电通知、恢复供电等相关信息，通过银电联网，支持网上售电服务，以及提供相关信息网上发布、分布式能源的监控、智能用电设备的信息交互等扩展功能。

14.4.6.5 运行维护管理

（1）系统对时。具有与标准时钟对时的功能，保证系统内设备时钟准确。

（2）权限与密码管理。对系统操作员实行权限和密码管理。

（3）采集终端管理。主站对终端运行相关的采集点和终端档案参数、配置参数、运行参数、运行状态等进行管理。

（4）档案管理。档案管理主要是对维护系统运行必需的电网结构、用户、采集点、设备进行分层分级管理。

（5）通信和路由管理。通信和路由管理主要是对系统使用的通信、中继路由参数等进行配置和管理。

（6）运行状况管理。运行状况管理包括对主站、终端、专用中继站运行状况监测和操作监测。

（7）维护及故障记录。系统自动检测主站、终端以及信道的运行情况，记录故障发生时间、故障现象等信息，生成故障通知单，提示标准的故障处理流程及方案，并建立相应的维护记录。

（8）报表管理。系统提供专用和通用的制表功能。根据不同需求，对各类数据选择各种数据分类方式和不同时间间隔组合生成各种报表，并支持导出、打印等功能。

（9）安全防护。系统应具有安全防护的功能，安全防护应符合相关技术规范要求。

14.4.6.6　系统接口

通过统一的接口规范和接口技术，实现与营销管理业务应用系统连接，接收采集任务、控制任务及装拆任务等信息，为抄表管理、有序用电管理、电费收缴、用电检查管理等营销业务提供数据支持和后台保障。系统还可与其他业务应用系统连接，实现数据共享。

14.5　智能用电服务系统

14.5.1　智能用电服务系统概述

14.5.1.1　智能用电服务系统

智能用电信息采集系统是对电力用户的用电信息进行采集、处理和实时监控的系统，但其系统建设边界（智能电能表）决定其还不能深入用户，进而实现在终端用户用电管理的"互动化"。因此，需要匹配以智能用电服务系统作为用电信息系统的延伸建设，深入用户提供智能化、多样化、互动化的用电服务，借助用电信息采集系统的技术手段，实现与用户能量流、信息流、业务流的友好互动，提升用户服务的质量和水平。

《智能用电服务系统技术导则》（Q/GDW Z518—2010）对智能用电服务系统的定义是：智能用电服务系统是以坚强智能电网为坚实基础，以通信网络与安全防护为可靠保证，以信息共享平台为信息交换途径，通过技术支持平台和互动服务平台，为电力用户提供智能化、多样化、互动化的用电服务的智能化综合应用集合。该系统实现与电力用户能量流、信息流、业务流的友好互动，达到提升用户服务质量和服务水平的目的。

14.5.1.2　系统架构

智能用电服务系统总体架构如图 14-9 所示。

智能用电服务系统的核心内容包括互动服务平台、技术支持平台、信息共享平台、通信网络与安全防护等；智能用电服务的支撑体系包括组织管理及标准、关键技术及装备等。

14.5.2　互动服务平台

互动服务平台是电力企业实现与电力用户友好互动、为电力用户提供智能化和多样化服务的综合平台。该平台采用先进的通信、信息和网络等技术，通过 95598 供电服务中心、智能营业厅、手机、电脑、数字电视、智能交互终端、自助终端等多种网络互动和本地互动渠道，实现电网与电力用户之间的远程和现场互动，完成信息提供、业务受理、客户缴费、三网融合增值服务等多元化服务内容。

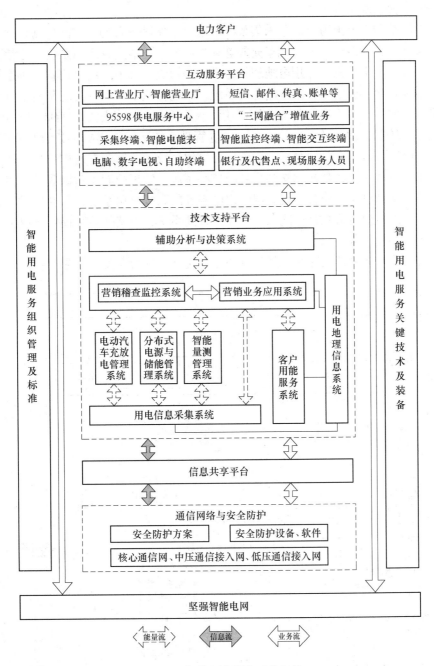

图 14-9　智能用电服务系统架构

14.5.3　技术支持平台

14.5.3.1　技术支持平台及其构成

技术支持平台是完成智能用电双向互动服务和营销业务应用的核心技术支撑平台。该平台采用先进的通信、计算机和自动化等技术，通过构建与智能用电服务相关的辅助系统、基础应用系统、专业应用系统、综合业务应用系统和高级应用系统，实现对智能用电互动服务的全面技术支撑。

技术支持平台主要由用电信息采集系统、用户用能服务系统、智能量测管理系统、分布式电源与储能管理系统、电动汽车充放电管理系统、营销业务应用系统、营销稽查监控系统、辅助分析与决策系统、用电地理信息系统等构成。其中，用电信息采集系统、用户用能服务系统是智能用电服务的基础应用系统，用电信息采集系统实现智能用电服务相关信息的采集与监控，用户用能服务系统向用户提供多样化用能服务；智能量测管理系统、分布式电源与储能管理系统、电动汽车充放电管理系统是智能用电服务的专业应用系统，实现智能用电服务不同专业的管理；营销业务应用系统、营销稽查监控系统是智能用电服务的综合业务应用系统，是技术支持平台的核心系统，实现智能化营销业务应用管理与集中稽查监控；辅助分析与决策系统是智能用电服务的高级应用系统，为管理层提供辅助决策服务；用电地理信息系统是智能用电服务的辅助系统，为其他系统提供可视化、形象化的智能用电地理图形服务。

技术支持平台各系统间存在大量信息与业务交互，其交互关系如图 14-10 所示。

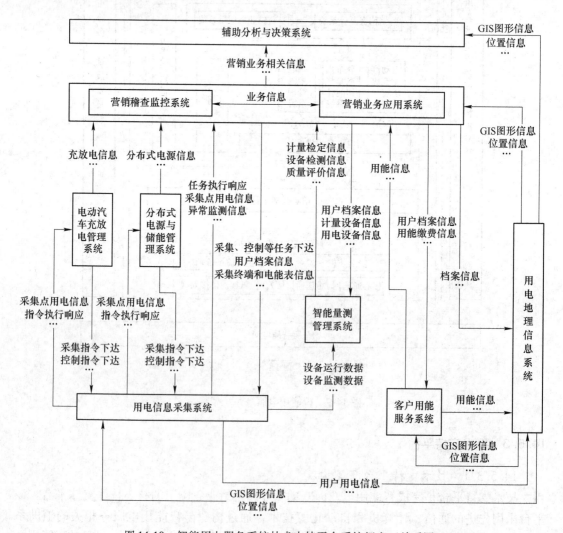

图 14-10 智能用电服务系统技术支持平台系统间交互关系图

14.5.3.2　用电信息采集系统

用电信息采集系统是对电力用户的用电信息进行采集、处理和实时监控的系统。该系统通过采集终端、智能电能表、智能监控等设备，实现用电信息自动采集、计量异常监测、电能质量监测、用电分析与管理、相关信息发布、分布式电源监控、智能用电设备的信息交互等功能。

用电信息采集系统由主站、通信信道、采集终端、智能监控终端、智能电能表等部分组成，采集对象包括大型专用变压器用户、中小型专用变压器用户、三相一般工商业用户、单相一般工商业用户、居民用户和公用配电变压器考核计量点等，同时可将关口计量、分布式电源接入点、储能装置接入点、电动汽车充放电设施等计量点与监控设备纳入信息采集与监控的范围。该系统是智能用电服务的基础应用系统。

用电信息采集系统的构成及与其他系统的交互关系如图 14-11 所示。

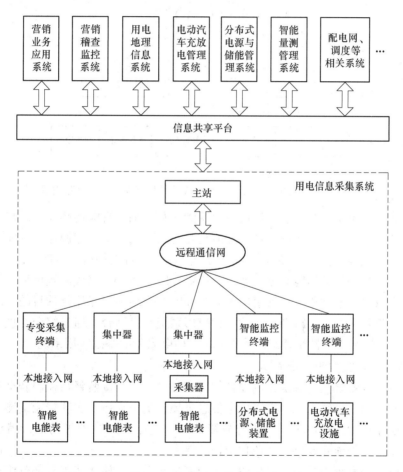

图 14-11　用电信息采集系统的构成及与其他系统的交互关系

14.5.3.3　用户用能服务系统

用户用能服务系统是对用户的智能用能设备进行信息采集与远程监控并提供辅助用能服务的基础应用系统。该系统通过各种智能传感器、智能交互终端等设备，实现用能信息采集与设备监控，为用户提供用能策略、用能信息管理、能效管理、智能家电辅助控制等多样化服务功能，指导用户科学合理用能。

　　用户用能服务系统的构成及其与其他系统的交互关系如图 14-12 所示。

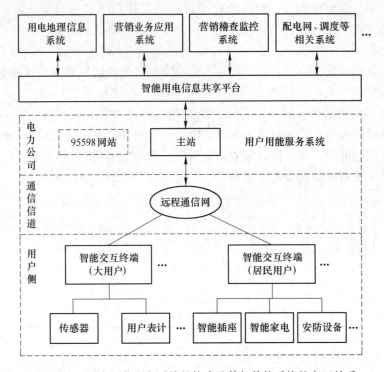

图 14-12　用户用能服务系统的构成及其与其他系统的交互关系

　　用户用能服务系统由主站、通信信道、智能交互终端、智能传感器、用户表计、智能用电设备等部分组成，通过主站实现对智能交互终端的信息采集和操作。智能交互终端涵盖了大客户（工商业用户、智能楼宇等）和居民客户（智能小区、智能家居等）。对于大客户，该系统可将采集的用能数据传递至营销业务应用系统，完成能效评测等服务，达到提高能源利用效率、科学用电、安全用电、提高电能占终端用能比例的目的；对于居民用户，该系统可与智能小区、智能家居的各种应用系统有机结合，通过综合管理，实现智能家居服务、"三网融合"服务等。该系统是智能用电服务的基础应用系统。

14.5.3.4　智能量测管理系统

　　智能量测管理系统是对智能量测设备的检定与检测、质量监督与控制和全寿命周期智能化管理的专业应用系统。该系统以用电信息采集系统为支撑，实现智能量测设备自动化检定检测、运行质量分析评价、状态与故障监测、生命周期管理等功能，满足整体式授权、自动化检定、智能化仓储、物流化配送的要求。

　　智能量测管理系统由主站、通信信道、智能量测设备、检测装置等部分组成，是智能用电服务的专业应用系统。

14.5.3.5　分布式电源与储能管理系统

　　分布式电源与储能管理系统是对分布式电源和储能装置进行智能化监控与管理的专业应用系统。该系统以用电信息采集系统为支撑，通过通信和控制等技术，实现对分布式电源与储能装置的灵活接入、并网实时监测、柔性优化控制等管理功能。

分布式电源与储能管理系统由主站、通信信道、智能监控终端、并网逆变器等部分组成，在用电信息采集系统的支撑下，实现分布式电源与储能装置的智能化综合管理，是智能用电服务的专业应用系统。

14.5.3.6　电动汽车充放电管理系统

电动汽车充放电管理系统是对电动汽车充放电进行监控与网络化管理的专业应用系统。该系统以用电信息采集系统为支撑，采用通信和控制等技术，实现电动汽车有序充电与灵活充放电的控制、充放电的计量计费等管理功能。

电动汽车充放电管理系统由主站、通信信道、智能监控终端、充放电设施等部分组成，在用电信息采集系统的支撑下，实现电动汽车充放电的网络化管理，是智能用电服务的专业应用系统。

14.5.3.7　营销业务应用系统

营销业务应用系统是对电力营销服务与业务处理全过程进行电子化、网络化管理的综合业务应用系统。该系统通过营销各领域具体业务的分工协作，为用户提供各类服务，完成各类业务处理，为供电企业的管理、经营和决策提供支持；同时，通过营销业务与其他业务的有序协作，提高整个电网企业信息资源的共享度。

营销业务应用系统主要由用户服务与用户关系、电费管理、电能计量及信息采集、市场与需求侧等 4 个业务领域及综合管理构成。该系统是智能用电服务的综合业务应用系统，是营销业务处理的核心系统。

14.5.3.8　营销稽查监控系统

营销稽查监控系统是对营销关键经营指标、工作及服务质量、服务资源、应急处理等实施集中稽查与监控的综合业务应用系统。该系统通过对营销业务在线稽查监控、任务执行等工作进行全过程跟踪、全方位评价，实现营销运作能力、用户服务能力、管理控制能力的全面提高。

营销稽查监控系统主要由营业管理、市场管理、计量管理、服务管理、综合管理等业务领域构成。该系统是智能用电服务的综合业务应用系统，是实施营销集中监控与稽查的核心系统。

14.5.3.9　辅助分析与决策系统

辅助分析与决策系统是面向公司决策层并为其提供智能化营销管理和辅助分析决策的高级应用系统。该系统以营销业务应用系统为依托，实现营销业务的智能化查询、统计和分析，为管理层提供决策依据。

辅助分析与决策系统应包含报表、监管、分析预测和综合查询四大部分。该系统应以智能用电服务技术支持平台各专业系统为依托，为管理层提供决策辅助服务，是智能用电服务的高级应用系统。

14.5.3.10　用电地理信息系统

用电地理信息系统是为其他应用系统提供可视化、智能化、形象化的用电地理信息服务的辅助系统。该系统实现智能用电的可视化地理图形服务，为用户用电信息和营销业务应用提供地理图形的展示手段。

用电地理信息系统由基础平台层、应用系统平台层和业务应用层等部分构成。其中，底层基本架构是基础平台层，承担平台供用电档案的地理位置数据管理、存储供用电基本数据和矢量地图数据等；应用系统平台层用于对各类数据进行分析和管理，并向业务应用层提供数据应用接口和功能应用接口；业务应用层实现业务应用模块构建，提供地理图形信息应用服务。该系统是智能用电服务的辅助系统。

14.5.4　信息共享平台

信息共享平台是为智能用电服务系统提供基础的信息交换和接口服务，供各系统实现统一便捷的存取访问和信息标准化交互的信息交换和数据共享平台。该平台实现用电信息、用户档案信息、设备台账信息、业务信息、分布式电源信息、电动汽车充放电信息、电能质量信息、增值服务信息等的集中管理和高度共享。

智能用电服务系统的信息共享平台主要由数据库服务器、关系型数据库系统、信息共享接口等部分构成。

14.5.5　通信网络与安全防护

14.5.5.1　通信网络

A　通信网络构成

通信网络作为支撑智能用电服务信息传输、交换的载体，是实现电力企业与用户间交互的基础网络，具有结构复杂、分布广泛的特点。根据通信网的布局和用途，智能用电服务系统的通信网络可分为远程通信网和本地接入网。智能用电服务系统通信网络层次结构如图 14-13 所示。

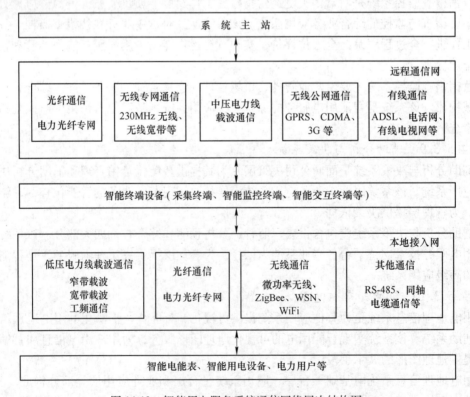

图 14-13　智能用电服务系统通信网络层次结构图

远程通信网是指系统主站和智能终端设备（采集终端、智能监控终端、智能交互终端等）之间的远距离数据通信网络。

本地接入网是指智能终端设备与智能电能表、智能用电设备、用户之间的数据短距离通信网络。

B　通信方式

远程通信网应具备较高的带宽和传输速率，保障大量数据通信的双向、及时、安全、可靠传输。主要的通信方式包括电力光纤专网、230MHz 无线专网、无线公网（GPRS、CDMA、3G 等）、中压电力线载波、有线公用网（有线电视网、ADSL、电话网）等。

本地接入网应具备一定的带宽和传输速率，保障基础数据通信的双向、低时延、稳定可靠传输。主要的通信方式包括电力光纤专网、低压电力线载波（窄带、宽带、工频通信等）、微功率无线、无线传感网络（ZigBee、WiFi、WSN 等）、RS-485、同轴电缆通信等。

14.5.5.2　安全防护

智能用电服务系统的安全防护建设应严格遵循安全防护的有关规定，重视智能用电服务系统的安全防护体系建设。安全防护工作首先应做到统一规划，全面考虑，应结合智能用电服务的特点和要求，从信息安全和用户用电安全两方面加以保障，在系统日常运行管理中，要加强规范管理、严格执行安全管理制度等。

A　信息安全防护要求

（1）应在充分评估与分析系统安全风险的基础上，制定有效的安全策略和安全措施，采取科学、适用的安全技术手段对信息重点区域实施安全防护和全面的安全监控。

（2）应整体规划、突出重点，构建完善合理的安全防护体系，做到系统建设与安全防护建设同步开展，建立应急预案，完善突发事件的反应机制。

（3）应遵循已颁布的相关安全防护技术规范和安全防护方案，并根据智能用电服务各业务系统的不同特点和要求，制定和完善安全防护的内容。

（4）应重点关注用户用电信息、隐私信息、电能表结算信息、控制信息、重要参数设置信息、共享信息的安全防护。

B　用户用电安全防护要求

（1）应制定严格的智能用电服务安全管理办法。

（2）应采用切实有效的技术装备和技术措施保障智能用电服务安全。

（3）应重点关注用户侧分布式电源接入、储能装置接入、电动汽车充放电、智能用电设备控制的安全防护。

（4）应加强用户用电安全的宣传工作，通过互动方式提高用户的安全用电意识。

参 考 文 献

[1] 国家电网公司农电工作部. 农网供电可靠性培训教材[M]. 北京: 中国电力出版社, 2006.

[2] 周昭茂. 电力需求侧管理技术支持系统[M]. 北京: 中国电力出版社, 2007.

[3] 国家发展和改革委员会, 国家电网公司. 电力需求侧管理工作指南[M]. 北京: 中国电力出版社, 2007.

[4] 李世林, 刘军成. 电能质量国家标准应用手册[M]. 北京: 中国标准出版社, 2007.

[5] 韩民晓, 尹忠东, 徐永海, 等. 柔性电力技术——电力电子在电力系统中的应用[M]. 北京: 中国水利水电出版社, 2007.

[6] 胡景生. 配电变压器能效标准实施指南[M]. 北京: 中国标准出版社, 2007.

[7] 胡景生. 变压器能效与节电技术[M]. 北京: 机械工业出版社, 2007.

[8] 龚静. 配电网综合自动化技术[M]. 北京: 机械工业出版社, 2008.

[9] 陈建业. 工业企业电能质量控制. 北京: 机械工业出版社, 2008.

[10] 周梦公. 工厂系统节电与节电工程[M]. 北京: 冶金工业出版社, 2008.

[11] 余龙海. 电动机能效与节电技术[M]. 北京: 机械工业出版社, 2008.

[12] 刘业翔, 李劼. 现代铝电解[M]. 北京: 冶金工业出版社, 2008.

[13] 张晶, 郝为民, 周昭茂. 电力负荷管理系统技术及应用[M]. 北京: 中国电力出版社, 2009.

[14] 程汉湘. 柔性交流输电系统[M]. 北京: 机械工业出版社, 2009.

[15] 王向臣. 电网无功补偿实用技术. 北京: 中国水利水电出版社, 2009.

[16] 周胜, 赵凯. 电机系统节能实用指南[M]. 北京: 机械工业出版社, 2009.

[17] 马小军. 智能照明控制系统[M]. 南京: 东南大学出版社, 2009.

[18] 刘振亚. 智能电网技术[M]. 北京: 中国电力出版社, 2010.

[19] 上海市质量协会. 能源管理体系的建立与实施[M]. 北京: 中国标准出版社, 2010.

[20] 陈丽娟, 许晓慧. 智能用电技术[M]. 北京: 中国电力出版社, 2011.

[21] 廖学琦, 郑大方. 城乡电网线损计算分析与管理[M]. 北京: 中国电力出版社, 2011.

[22] 杨勇平. 分布式能量系统[M]. 北京: 化学工业出版社, 2011.

[23] 国家电网公司营销部. 能效管理与节能技术[M]. 北京: 中国电力出版社, 2011.

[24] 敖志刚. 智能家庭网络及其控制技术[M]. 北京: 人民邮电出版社, 2011.

[25] 曾鸣. 电力需求侧响应原理及其在电力市场中的应用[M]. 北京: 中国电力出版社, 2011.

[26] 王志良, 王粉花. 物联网工程概论[M]. 北京: 机械工业出版社, 2011.

[27] 刘建民. 物联网与智能电网[M]. 北京: 电子工业出版社, 2012.

[28] 王毅, 张标标, 赵甜, 等. 智慧能源[M]. 北京: 清华大学出版社, 2012.

[29] 张晶, 徐新华, 崔仁涛. 智能电网用电信息采集系统技术与应用[M]. 北京: 中国电力出版社, 2013.

[30] 牛迎水. 电力网降损节能技术应用与案例分析[M]. 北京: 中国电力出版社, 2013.

[31] 吴安官, 倪宝珊. 电力系统线损分析与计算[M]. 北京: 中国电力出版社, 2013.

[32] 程利军. 智能配电网[M]. 北京: 中国水利水电出版社, 2013.

[33] 刘健, 沈兵兵, 赵江河, 等. 现代配电自动化系统[M]. 北京: 中国水利水电出版社, 2013.

[34] 上海市能效中心. 工业企业电能平衡实用手册[M]. 上海: 上海科学技术出版社, 2013.

[35] 李存斌. 电力企业管理信息化[M]. 北京: 中国电力出版社, 2013.

[36] 李富生, 李瑞生, 周逢权. 微电网技术及工程应用[M]. 北京: 中国电力出版社, 2013.

[37] 国家发改委经济运行调节局, 国家电网公司营销部, 南方电网公司市场营销部. 电机系统节能技术[M]. 北京: 中国电力出版社, 2013.

[38] 国家发改委经济运行调节局, 国家电网公司营销部, 南方电网公司市场营销部. 负荷特性及优化[M]. 北京: 中国电力出版社, 2013.

[39] 张琦, 王建军. 冶金工业节能减排技术[M]. 北京: 冶金工业出版社, 2013.

[40] 李建林, 李蓓, 惠东. 智能电网中的风光储关键技术[M]. 北京: 机械工业出版社, 2013.

[41] 许海洪, 林瑜, 何浩然. 冶金企业管理信息化技术[M]. 2版. 北京: 冶金工业出版社, 2014.

冶金工业出版社部分图书推荐

书　　名	作　者	定价(元)
刘玠文集	文集编辑小组　编	290.00
冶金企业管理信息化技术(第2版)	许海洪　等编著	68.00
炉外精炼及连铸自动化技术(第2版)	蒋慎言　编著	76.00
炼钢生产自动化技术(第2版)	蒋慎言　等编著	88.00
冷轧生产自动化技术(第2版)	孙一康　等编著	66.00
钢铁生产控制及管理系统	骆德欢　等主编	88.00
过程控制(高等教材)	彭开香　主编	49.00
自动检测技术(第3版)(高等教材)	李希胜　等主编	45.00
工业自动化生产线实训教程(高等教材)	李　擎　等主编	38.00
冶金生产过程质量监控理论与方法	徐金梧　等著	78.00
钢铁企业电力设计手册(上册)	本书编委会	185.00
钢铁企业电力设计手册(下册)	本书编委会	190.00
变频器基础及应用(第2版)	原　魁　等编著	29.00
安全技能应知应会500问	张天启　主编	38.00
煤气安全作业应知应会300问	张天启　主编	46.00
特种作业安全技能问答	张天启　主编	66.00
走进黄金世界	胡宪铭　等编著	76.00
钢铁企业风险与风险管理	牟宝喜　主编	106.00
稀土在低合金及合金钢中的应用	王龙妹　著	128.00
冶金机电设备标准汇编(2009—2013)	冶金机电标准化委员会　编	180.00
现行冶金轧辊标准汇编	冶金机电标准化委员会　编	260.00
非煤矿山基本建设施工管理	连民杰　著	62.00
2014年度钢铁信息论文集	中国钢铁工业协会信息统计部　等编	96.00
现行冶金行业节能标准汇编	冶金工业信息标准研究院　编	78.00
现行冶金固废综合利用标准汇编(第2版)	冶金工业信息标准研究院　编	198.00
竖炉球团技能300问	张天启　编著	52.00
烧结技能知识500问	张天启　编著	55.00
煤气安全知识300问	张天启　编著	25.00
非煤矿山基本建设管理程序	连民杰　著	69.00
有色金属工业建设工程质量监督工程师必读	有色金属工业建设工程质量监督总站　编	68.00
有色金属工业建设工程质量监督工作指南	有色金属工业建设工程质量监督总站　编	45.00
稀土金属材料	唐定骧　等主编	140.00
钢铁材料力学与工艺性能标准试样图集及加工工艺汇编	王克杰　等主编	148.00